航空发动机钛合金材料与应用技术

蔡建明　曹春晓　著

北　京

冶金工业出版社

2023

内 容 提 要

本书内容包括6章：第1章回顾了世界航空发动机钛合金材料的发展与应用简史，总结了航空发动机钛合金的材料特点、组织结构特征及物理和力学性能特点等；第2章介绍了钛合金的合金化、相变、组织演变及力学性能控制；第3章介绍了钛合金材料的先进熔炼、钛合金零部件的制造技术及质量控制技术；第4章介绍了钛合金材料和部件常见的异常高低倍组织的特征及其判定；第5章介绍了钛合金材料典型冶金缺陷、加工缺陷及影响钛合金部件安全可靠使用的因素；第6章介绍了钛合金关键件和重要件的设计准则及钛合金材料选择的基本原则。

本书可供从事航空钛合金材料和航空发动机领域的工程技术人员和相关专业高校师生阅读。

图书在版编目(CIP)数据

航空发动机钛合金材料与应用技术/蔡建明，曹春晓著 . —北京：冶金工业出版社，2021.12（2023.11 重印）

ISBN 978-7-5024-8861-1

Ⅰ.①航…　Ⅱ.①蔡…　②曹…　Ⅲ.①航空发动机—航空材料—钛合金—研究　Ⅳ.①V252.2

中国版本图书馆 CIP 数据核字(2021)第 137094 号

航空发动机钛合金材料与应用技术

出版发行	冶金工业出版社	**电　话**	(010)64027926
地　址	北京市东城区嵩祝院北巷 39 号	**邮　编**	100009
网　址	www.mip1953.com	**电子信箱**	service@ mip1953.com

责任编辑　卢　敏　美术编辑　彭子赫　版式设计　孙跃红　郑小利
责任校对　李　娜　责任印制　窦　唯
北京捷迅佳彩印刷有限公司印刷
2021 年 12 月第 1 版，2023 年 11 月第 2 次印刷
787mm×1092mm　1/16；23.25 印张；560 千字；357 页
定价 126.00 元

投稿电话　(010)64027932　投稿信箱　tougao@cnmip.com.cn
营销中心电话　(010)64044283
冶金工业出版社天猫旗舰店　yjgycbs.tmall.com
(本书如有印装质量问题，本社营销中心负责退换)

序

　　航空发动机是飞机的心脏，是国之重器，是决定飞机使用性能、可靠性和经济性的主导因素之一。航空发动机技术的发展史，充分说明了先进高性能材料的重要作用，"一代新材料　一代新发动机"已成为行业共识。与铝合金、钢及高温合金相比，钛合金在-60~600℃温度范围内具有低密度、高比强度、高比疲劳强度、耐腐蚀等显著的综合性能优势，于20世纪50年代初开始试用于航空发动机并迅速获得大量应用，集中用于风扇和压气机的关键件和重要件，如叶片、盘、整体叶盘、盘轴、机匣以及各类紧固件等。目前钛合金在先进航空发动机上的用量占整机质量的25%~40%，对减轻发动机结构质量、提高推重比（或功重比）、降低耗油率等起到了关键作用。随着航空发动机朝着高涡轮前温度、高推重比、高增压比方向发展，对钛合金材料创新、工艺创新提出了新的挑战。在材料创新方面，不断开拓新的材料研究领域如 Ti-Al 系金属间化合物和钛基复合材料；在工艺创新方面开发了钛合金高纯净化冷炉床熔炼、叶片精锻、复杂精密锻件等温模锻、机匣环件低应力精密轧制、宽弦空心风扇叶片超塑成形/扩散连接、压气机转子电子束焊和线性摩擦焊、双性能整体叶盘梯度热处理、增材制造技术等，并与发动机设计创新融合发展了如整体叶盘、整体叶环等新型结构。航空发动机钛合金新材料技术、材料和部件制造工艺技术、工程化应用技术等呈现了欣欣向荣且良性发展的态势。

　　航空发动机用钛合金的研发与应用有70多年历史。各航空大国根据本国国情构建了较为完整的钛合金材料体系、制造体系和标准体系，材料技术和工艺技术不断进步，积累了丰富的生产与使用经验。当然，发展与应用历程充满了艰辛与坎坷，出现了不少的失效事例，甚至出现过多起因钛合金部件过早失效造成重大空难事件。航空发动机钛合金零部件特别是叶片、盘等转动件的工作条件极为复杂和苛刻，承受着巨大的气动应力、离心应力和温度负荷作用，会受到各种材料缺陷、加工缺陷、钛火、外物冲击、氢脆、热盐应力腐蚀、微动疲劳、保载疲劳等失效问题的困扰。"前车之鉴，后车之师"，每一起故障和失效案例，或多或少促进从业者对钛合金材料、制造和应用技术认识的加深，并通过优化改进，逐步提高了材料和部件的使用性能和使用可靠性。因此，有必要梳理和总结航空发动机钛合金材料的发展史和研究方向、钛合金材料和制造工艺的发展动态及工艺适应性、钛合金材料冶金缺陷和制造工艺缺陷的性质与预防、钛合金材料和部件的失效模式，以及航空发动机关重件（关键件和重要件）用钛合金的选材及部件设计准则等。

　　本书是以曹春晓院士、蔡建明博士为代表的钛合金研究团队几十年在航空发动机钛合金新材料研制、工程化应用研究、质量与仲裁分析等诸多方面取得成果的集中展现，是对航空发动机钛合金材料研究、生产和应用相关理论知识与实践经验的一个很好总结。该著作回顾了国际上航空发动机钛合金领域的研究、生产与应用历史，对钛合金材料的合金化、相变机理、组织性能控制、制造加工工艺等进行了系统总结；根据高性能航空发动机的发展，提出了新型钛合金材料及其关键部件制造技术的发展方向；系统总结了钛合金材料的冶金缺陷、加工缺陷、组织缺陷的特征、产生原因及其对力学性能和使用可靠性的影响；基于航空发动机叶片、盘、机匣等部件的服役特点，详细分析了相应钛合金材料的选用原则及疲劳设计、损伤容限设计、概率设计等设计和选用准则。该著作提供了大量的实际生产与应用案例，内容丰富、结构严谨、层次清晰，兼具学术性和工程应用价值，对从事航空发动机设计、钛合金材料研究、钛合金材料和部件制造单位的广大科技人员具有重要参考价值。该著作的及时出版，对于推进我国"航空发动机及燃气轮机重大专项"的顺利实施将起到积极作用，特为作序。

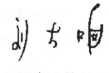

2021 年 6 月 16 日

前　言

　　1790 年，英国牧师和业余矿物学家 W. Gregor 发现一种新的未知名金属元素的氧化物，1795 年，德国化学家 M. H. Klaproth 提炼出与 W. Gregor 发现相同的金属氧化物，并依希腊神话中天穹之神乌拉诺斯和大地女神盖娅的孩子们的名字——泰坦神族（Titans），将此金属命名为 Titanium。直到 1908 年，M. A. Hunter 首次采用 Na 还原 $TiCl_4$ 制取了纯的海绵钛。1932 年，W. J. Kroll 采用 Mg 还原 $TiCl_4$ 制取海绵钛。到 1948 年，每批可以生产吨级重的海绵钛，标志着钛工业生产时代的开始。多孔的海绵钛必须经进一步熔炼使其成为致密的铸锭，并经后续锻造、铸造、粉末冶金等工艺制成所需的产品才可以在工程上应用。20 世纪 40 年代末，真空自耗电弧熔炼技术基本成熟，电弧炉的水冷铜坩埚提供了一种方便实用的容器，可以保持和存储活性极高的熔融钛金属，因此适合用于钛合金的熔炼。到 20 世纪 50 年代前中期，钛合金材料已具备工业化稳定生产和商业供货的能力。与当时航空常用的铝合金、钢等金属材料相比，钛合金具有密度低、强度高、工作温度高、耐腐蚀等几乎完美的性能组合，极其适应喷气式航空发动机的设计及服役要求，钛合金材料获得了航空发动机设计师的极大兴趣，1954 年，PW 公司的 J57、RR 公司的 Avon、GE 公司的 J73 发动机压气机部件开始使用钛合金，标志着钛合金在航空发动机应用的开端。航空发动机技术的高速发展为钛合金材料及其制造技术的发展和应用提供了强大的驱动力和巨大的市场，同时，钛合金材料、制造及应用技术的发展及不断成熟极大地促进了航空发动机技术的进步。

　　众所周知，航空发动机工业技术精深，是当代尖端技术集成的标志之一。"一代新材料　一代新发动机"已成为行业共识，先进材料及其制造技术对于推动航空发动机的发展起着重要作用。减重是提高航空发动机性能的决定因素，钛合金材料最大的性能特点是具有高的比强度，代替铝合金、钢或高温合金，可以获得显著的减重效益。在钛合金耐热能力的范围内，航空发动机部件大部分选用了钛合金材料，主要是风扇（低压压气机）和高压压气机的叶片、盘、机匣等关键件或重要件，以及各类管路、紧固件等，钛合金用量占先进航空发动机整机质量的 25%~40%，使用温度从进气口的大气温度到接近 600℃。

我国航空发动机钛合金历经了六十余年风风雨雨的发展，在不同的历史阶段，仿制和研制了一大批钛合金材料，应用于各个型号航空发动机风扇和压气机的叶片、盘、整体叶盘、机匣等。这些部件多在高温、高压、大载荷的苛刻条件下工作，一旦出现故障或失效，会严重危及发动机的安全运行。因此，对航空发动机应用特别是转子级用的钛合金材料及其部件的制造工艺以及组织控制如组织形态、组织均匀性和微织构等方面提出了最严苛的要求。在钛合金科研、生产和应用过程中，我们经常会遇到各类组织缺陷和失效故障，将其中的典型案例进行收集整理，对于提高科技工作者加深了解钛合金材料特性、工艺特性和应用特性有所帮助。

鉴于当前我国"航空发动机及燃气轮机重大专项"背景和航空发动机钛合金材料和应用大发展的形势，将理论知识与实践经验相结合，充分融合钛合金材料技术、制造技术、应用技术与发动机设计技术，撰写了本书。本书共分6章：第1章回顾了世界上航空发动机钛合金材料的发展与应用简史，总结了航空发动机钛合金的材料特点、组织结构特征及物理、力学性能特点，并展望了先进航空发动机用高性能钛合金材料及制造工艺技术的发展与应用潜力；第2章介绍了航空发动机钛合金的合金化特点、相变、显微组织演变及其与力学性能关系的普遍规律；第3章介绍了航空发动机钛合金材料与关键零部件如叶片、盘、机匣等的先进熔炼、塑性成形、热处理、焊接、机械加工、表面强化工艺技术及质量控制技术如无损检测、腐蚀检验等发展；第4章介绍了航空发动机钛合金材料和部件常见的异常高低倍组织如绝热剪切变形带、年轮组织、过热组织、单个大晶粒、长条α、大块α、扭曲α、α条带、双套组织等的特征及其判定；第5章介绍了航空发动机钛合金材料典型冶金缺陷如硬α夹杂物、高密度夹杂物、富Al偏析、富Ti偏析、β斑，加工缺陷如锻造开裂、折叠、应变诱导孔洞、表面损伤，以及影响钛合金部件安全使用的因素如钛火、氢脆、热盐应力腐蚀开裂、低熔点金属致脆、微动磨损、微动疲劳、外物冲击损伤等；第6章介绍了航空发动机钛合金关键件和重要件如叶片、盘、机匣的设计准则及钛合金选材的基本原则，介绍了钛合金部件的保载疲劳敏感性等。

本书提供的部分案例和资料得益于国内的钛合金材料生产单位、航空锻件生产单位、航空发动机设计所和制造单位领导和技术人员的大力协助，通过课题研究、质量分析、质量仲裁等方式积累了丰富的钛合金质量故障案例和素材。在此要感谢航空工业贵州安大航空锻造有限责任公司叶俊青、舒毅、田丰、邹伟、谢永富、夏春林、李艳英、陈再鼎，陕西宏远航空锻造有限责任公司魏志坚、吴锐红，贵州航宇科技发展股份有限公司张华、吴永安、卢漫宇、刘朝晖，中国第二重型机械集团德阳万航模锻有限责任公司曾菁；苏州昆仑重型装备制造有限公司姜星智、蒋永忠，南山锻造公司李本江，中国航发沈阳发动机设计研究所王志宏、王刚，沈阳黎明航空发动机有限责任公司方波、赵兴东，成发集团黄麟錾，贵州黎阳航空动力有限公司刘庆瑢、樊国福、肖清云、李永斌，南方工业有限公司王红，中国商用发动机公司雷力明，以及北京航空材料研究院郭灵、刘东升、王晔、黄旭、段锐、李娟、刘石双、李臻熙、曹京霞、弭光宝、黄浩、林海、韩波、徐劲松；陕西天成航空材料有限公司车伟、林波、张鹏；宝钛集团张延生、宋晋、何书林、王永梅、李渭清；西部超导材料科技有限公司马文革；重庆金世利钛业有限公司刘和平；中国航空技术国际控股有限公司王洋；西北工业大学刘东；南昌航空大学王家宣；同济大学高玉魁。特别感谢北京航空材料研究院老一辈钛合金科技工作者马济民、王金友、高扬、唐龙章等的指导与帮助。感谢宝钢公司（原上海钢铁五厂）、宝钛集团（902 厂）、贵州安大（3007 厂）、成发集团（420 厂）、606 所、624 所、黎阳公司（460 厂）、黎明公司（410 厂）、西航公司（430 厂）、中科院金属所等单位老一辈科技工作者的支持。本书撰写过程始终得到北京航空材料研究院各级领导的重视与关心。

特别感谢中国工程院刘大响院士为本书作序，给予高度评价；感谢中国工程院才鸿年院士、中国科学院申长雨院士、北京航空材料研究院李兴无研究员的大力支持；冶金工业出版社卢敏责任编辑的耐心帮助；陕西天成航空材料有限公司和贵州航宇科技发展股份有限公司对本书出版的赞助。

全书由中国锻压协会航空材料成形委员会主任委员曾凡昌研究员主审，对本书提出了许多宝贵的修改意见，使内容更加充实，文理更加顺畅。

限于作者有限的能力与技术水平，书中定有错误与不妥之处，敬请读者批评指正。愿本书出版能为广大从事航空发动机设计和钛合金材料的科技工作者、大专院校师生提供有益的帮助与参考。

蔡建明　曹春晓

2021 年 3 月

目　录

1 航空发动机钛合金材料发展与应用

航空发动机是工业皇冠上的明珠，又被称为飞机的心脏，是影响飞机使用性能、可靠性和经济性的决定因素，是关系国家安全、经济建设和科技发展的战略性产业。先进航空发动机朝着高涡轮前温度、高推重比、高增压比方向发展，对轻质、耐热、耐蚀材料提出了迫切需求。钛合金具有显著的低密度、高比强度、耐腐蚀等优势，于 20 世纪 50 年代初应用于航空领域，快速地在航空发动机的风扇和压气机上获得大量应用，代替铝合金、钢和镍基高温合金等材料，对于减轻发动机结构质量、提高推重比（或功重比）、降低耗油率等起到了关键作用。目前，钛合金在先进航空发动机上的用量占整机质量的 25%~40%，大多为关键件或重要件，如风扇和压气机的叶片、盘、整体叶盘、盘轴、轴颈、机匣等，对材料和部件的力学性能与使用可靠性提出了极其严苛的要求。

航空发动机钛合金材料 70 余年的发展和应用历程充满艰辛与坎坷，各航空大国竞相开发适应本国发动机设计要求的钛合金材料，开发适应钛合金部件生产的制造工艺，如真空自耗电弧熔炼、冷炉床熔炼、反复镦拔改锻、等温模锻、超塑成形/扩散连接、电子束焊接、增材制造技术等，逐步构建了航空发动机钛合金材料体系、制造工艺体系及标准体系。随着先进军民用航空发动机技术的发展，对钛合金材料的性能与使用可靠性提出了越来越高的要求，有力推动了比强度更高、耐热能力更强的高温钛合金、Ti-Al 系金属间化合物（含 Ti_3Al、Ti_2AlNb 和 TiAl）和纤维增强钛基复合材料的研发与应用。通过材料创新、工艺创新及与设计创新的融合，钛合金材料研究领域不断扩大，性能不断提高。目前已初步形成航空发动机用传统钛合金、Ti-Al 系金属间化合物和钛基复合材料"三钛争艳"的局面，为新一代高性能航空发动机技术指标的实现提供了坚实的材料和技术支撑。

1.1 钛与航空概述

1.1.1 钛的发现与早期冶金技术

1790 年，英国牧师和业余矿物学家 William Gregor（1761~1817 年）在英格兰西南端的康沃尔（Cornwall）郡 Manaccan 山谷 Helford 河中的黑色磁性砂（即钛铁矿，$FeTiO_3$）中，发现一种新的未知名金属元素的氧化物，当时将之命名为 Manaccanite[1]。1791 年，他向康沃尔皇家地质学会报告了他的发现，并发表于德国科学杂志《Crell's Chemisches Annalen》（柯瑞尔化学纪事）上。T. W. Lippert[2] 在第一届国际钛会（1968 年）的论文里，将钛的第一次发现深情地描述为"在 Cornwall 听到了钛金属婴儿第一次心跳"。1795 年，德国化学家 Martin Heinrich Klaproth（1743~1817 年）从匈牙利的矿石（即金红石，TiO_2）中提炼出与 Gregor 所发现相同的金属氧化物，并依希腊神话中天穹之神乌拉诺斯（Uranos）和大地女神盖娅（Gaia）的孩子们的名字——泰坦神族（Titans），将此金属命名为 Titanium[1]。

在地壳中不存在游离态的钛金属。早期尝试从钛的氧化物中提取纯钛，结果往往形成 TiN、TiC 或 TiCN，由于它们具有金属的光泽和外观，常被误以为是钛金属。1887 年，L. F. Nilson 和 O. Peterson 将 $TiCl_4$ 与 Na 在密闭的钢瓶中反应，得到纯度为 97.4% 的钛金属。H. Moissan 采用 C 还原 TiO_2，在一个石灰坩埚中，经强电弧作用，得到含 5%C 的钛金属，加入额外的 TiO_2 并重新加热，使得钛金属中的 C 含量降至 2%。1906 年，美国人 Matthew Albert Hunter（1878~1961 年）在通用电气（GE）公司工作期间，采用 L. F. Nilson 和 O. Peterson 的方法，在装置中抽走空气，首次采用 Na 还原 $TiCl_4$ 制取了含低杂质元素的纯钛，因其呈多孔海绵状，称为海绵钛，此方法称为 Hunter 法。虽然 Hunter 法于 1910 年就已被试验证实是可行的，但直到 1955 年，英国帝国化学公司（ICI：Imperial Chemical Industries）才采用 Hunter 法商业化地生产海绵钛。A. C. Van Arkel 和 J. H. deBoer 于 1925 年在荷兰采用 $TiCl_4$ 热解法生产钛金属，纯度很高，但这个制造成本太高而不具有实用性。1932 年，卢森堡化学家 William Justin Kroll（1889~1973 年）在惰性气体保护的封闭系统中，采用 Mg 还原 $TiCl_4$ 制取海绵钛，此方法称为 Kroll 法，Kroll 先生被誉为"钛工业之父"。1938 年，在美国首次展示了美国矿务局（Bureau of Mines）生产的韧性钛金属。1940 年，美国矿务局在盐湖城建造了生产海绵钛的 Kroll 反应装置，一批生产的海绵钛质量不断增加，到 1948 年，一批可生产 104kg（230 磅）的海绵钛，意味着基本具备了商业化生产的能力。美国矿务局将几千磅的海绵钛分发出去，以刺激技术和商业上的兴趣。1952 年，美国矿务局采用真空蒸馏工艺除去海绵钛中过多的 Mg 和 $MgCl_2$。此外，美国杜邦（DuPont）公司于 1947 年建立了 Kroll 中试装置以生产海绵钛，1948 年，杜邦公司用 Mg 还原法成吨生产了海绵钛，标志着钛工业生产的开始[2]，到 1952 年，每年可生产 800 吨海绵钛[3]。

多孔海绵钛不能直接用作结构材料，必须经过进一步的熔炼使其成为致密的铸锭，并经后续锻造、铸造或粉末冶金等工艺制成所需的产品。20 世纪 40 年代之前，没有一种方法适用于高活性钛金属的熔炼，因为液态钛会与除惰性气体（如 Ar、He）外的几乎所有固体、液体和气体发生化学反应。约从 1948 年开始，美国 Battelle Columbus 公司和 Remington Arms 公司开展了钛的熔炼工艺、合金开发、物理冶金等研究，同时评估了粉末冶金方法生产钛合金产品的可行性，在当时的工艺技术条件下，钛粉末中含有残存的 $MgCl_2$ 和高的氢含量，因而降低了力学性能和焊接性。20 世纪 40 年代末，真空自耗电弧熔炼（VAR：Vacuum Arc Remelting）技术已基本成熟。试验表明，VAR 炉的水冷铜坩埚提供了一个方便实用的容器，可以保持和存储熔融钛金属，认为 VAR 方法适用于钛合金熔炼，可显著降低钛及钛合金熔炼时受到 H、O、N、C 等的污染程度；另外，真空状态可以很好地抽走熔融钛中残存的 H_2 气和 $MgCl_2$[4]。为了提高铸锭成分均匀性和除气，钛合金熔炼往往需要采用两次或三次 VAR 熔炼。早期进入钛熔炼领域的美国公司有 Mallory-Sharon（1964 年改名为 RMI）及 Titanium Metals Corporation of America（TMCA，后来改名为 TIMET）[5]。

1.1.2　钛合金在航空领域的初期试用

1941 年，英国人 Frank Whittle 发明了喷气式发动机，1949 年，以涡轮喷气发动机埃汶（Avon）作为哈维兰彗星（de Havilland Comet）客机动力装置为代表，标志着喷气航空发动机时代的到来[6]。20世纪50年代开始，快速的民用航空运输成为主要的交通出行方式，对喷气发动机的推力、可靠性、耗油率、使用寿命、全寿命期成本（包括制造成本和维修成本）等提出了越来越高的要求[7]。第二次世界大战以后，全球很快进入冷战状态，鉴于对未来战争以空战形式为主的判断，美国、苏联、欧洲大力发展航空工业，军用飞机的飞行速度成为各国比拼的主要目标，飞机的飞行性能极大地依赖于大推力、高推重比航空发动机的应用。

先进航空发动机朝着高涡轮前温度、高推重比、高增压比方向发展，这"三高"要求，使得发动机零部件的工作条件愈加复杂和苛刻：其一，高增压比和高涡轮前温度要求，使得转子部件如叶片和盘的气动应力、热应力和离心应力大幅提高；其二，高推重比要求需要通过提高部件工作应力、减轻部件质量来实现，其中，减重是提高发动机性能的最有效有段。20世纪50年代之前，可选用的金属材料主要是钢和铝合金。钢的强度高，但是密度大；而铝合金密度小，但是强度又太低，而且工作温度低。与钢和铝合金相比，钛合金具有密度低、强度高、工作温度高、耐腐蚀好等几乎完美的性能组合，极其适应发动机的设计及服役要求：其一，利用钛合金的低模量和低密度特性，可以显著降低发动机转子部件的离心力和振动应力；其二，利用钛合金高比强度特性，可以显著减小发动机转子叶片和盘高速旋转时产生的离心应力，相应地可以将叶片和盘做得更大，并削弱发动机有限空间的限制；其三，钛合金优异的耐蚀性对于航空发动机应用来说也有显著优势。从20世纪50年代初开始，钛合金材料获得了航空发动机设计者的极大兴趣。

20世纪50年代前期，钛合金材料已具备工业化稳定生产和商业供货能力。许多钛合金的研制是适应当时的一些航空项目需求而提出的，典型的有 Ti-8Mn（1951年）、Ti-4Al-4Mn（1951年）、Ti-6Al-4V（1954年）、B120VCA（Ti-13V-11Cr-3Al，1955年）等。20世纪50年代中期开始，钛材料与航空技术结下了深厚的不解之缘，航空技术的发展为钛合金材料及其制造技术的发展和应用提供了强大的驱动力和巨大的市场，同时，钛合金材料、制造及应用技术的发展及不断成熟极大地促进了航空技术的进步[8]。

1949年，美国 Douglas 公司首次将纯钛薄板组件用于设计马赫数为 2~3 的匕首（Stiletto）实验性喷气式飞机[3]。1952年，Douglas 公司首次商业性地将工业纯钛用于 DC-7 飞机的短舱和防火墙，开启了飞机用钛的先河。随后，Ti-6Al-4V 钛合金在飞机和航空发动机上得到了大量应用，到目前为止，其在航空领域的用量仍占所有钛合金总量的一半以上，无愧于"骏马"合金的美誉。B120VCA 钛合金在 20 世纪 60 年代研制的 3 倍音速的黑鸟飞机（SR71）上得到了大量应用，值得一提的是，SR71 飞机的钛合金用量达 93%，誉为"全钛飞机"。当代先进战斗机的钛合金用量达到 30%~40%，广泛用于机身框梁、接头、起落架等重要承力构件。在民用飞机上，随着树脂基复合材料用量的增加，与复合材料具有良好相容性的钛合金也获得了广泛应用，如 B787 飞机的钛合金用量达 15%。

在航空发动机领域，1954年，美国普拉特·惠特尼公司（Pratt & Whitney，简称 PW）的 J57 发动机（轴流式双转子，由七级低压压气机、七级高压压气机、一级高压涡轮、两级低压涡轮组成）压气机叶片、盘、隔圈使用了钛合金，代替钢部件，减重 95kg；英国的罗罗（Royce & Rolls，简称 RR）公司 Avon 发动机开始使用 IMI315（Ti-2Al-2Mn）钛合金，替代之前的铝叶片，叶片截面可以做得更薄，以满足叶片超声速工作的需求，并提高了抗外物冲击损伤能力[5]；GE 公司的 J73 发动机也开始使用钛合金。上述早期应用标志着钛合金在航空发动机上应用的肇始。虽然与铝、钢等材料相比，钛合金的价格要高得多，然而在航空发动机和飞机上应用钛合金可以实现显著的结构减重，其性能优势明显。

20 世纪 50 年代开始，英国、美国、苏联在不断地研发和应用实践中逐步建立起了各具特色的航空发动机用钛合金材料体系与标准体系，钛合金迅速地扩大应用于各型航空发动机，典型应用对象有风扇和压气机的叶片、盘和机匣等[9]，航空发动机用钛合金成为钛合金研究领域的重点和热点，不断开发强度更高、耐热更强的高温钛合金材料，以适应和满足各类先进军民用航空发动机关键部件对更高性能的设计要求。

1.1.3　钛合金在航空发动机上的应用趋势

众所周知，航空发动机工业是一个与众不同的行业，其特点是技术精深、投入大、周期长，是当代尖端技术集成的标志之一。目前，全球能独立从事航空发动机研制与生产的国家及相应企业寥寥，著名的有美国的通用电气（GE）公司、普拉特·惠特尼（PW）公司，英国的罗罗（RR）公司，俄罗斯的克里莫夫（Klimov）公司和留里卡土星科研生产联合体，乌克兰的马达西奇（Motor Sich）公司，法国的赛峰（Safran）集团（生产航空发动机的子公司有 Snecma 和 Turbomeca），以及中国航发旗下的黎明、成发、西航、黎阳、南方等公司。在民用涡扇发动机制造领域，国际合作是一大特色，如德国宝马（BMW）公司与 RR 公司联合研制生产 BR700 系列发动机，GE 和 Snecma 联合研制生产 CFM56 和 LEAP 发动机，PW、RR、日本航空发动机公司（JAEC）、慕尼黑发动机涡轮联合公司（MTU）、意大利菲亚特公司（Fiat）五家组成的国际航空发动机公司联合研制生产 V2500 发动机。

到目前为止，全球涡扇型军用发动机已发展了五代，其中，第三代推重比 8 一级涡扇发动机（如 F404、F100、F110，主要结构特点之一是叶片与盘采用榫齿连接结构，部分改进型采用整体叶盘）是现役第三代主力战斗机的动力装置；第四代推重比 10 一级涡扇发动机（主要结构特点之一是采用整体叶盘）已于 20 世纪 90 年代起陆续配装第四代战斗机，如美国 PW 公司的 F119-PW-100 发动机配装 F-22（猛禽，Raptor）战斗机，欧洲四国联合研制的 EJ200 发动机配装 EF2000（台风，Typhoon）战斗机，F135 发动机配装 F-35 多用途战斗机；第五代推重比 15~20 一级发动机，对减重的要求更加苛刻，压气机结构设计采用整体叶环，选材时倾向于采用更轻质的树脂基复合材料、陶瓷基复合材料、钛基复合材料以及 Ti-Al 系金属间化合物。

全球民用航空发动机发展迅猛，从第一代大涵道比涡扇发动机 JT9D、CF6、RB211 开始，到目前为止已发展到了第五代，涌现了一批著名的发动机如 GE90、GEnx、Trent 系列、CFM56、LEAP 等，其技术特点是涵道比大、推力大、油耗低、可靠性高，如波音 777 的动力装置 GE90-115B 发动机，推力达到 547kN，是当今世界上推力最大的发动机，耗油率下降到了 0.05kg/（N·h）[6]。

航空发动机推力、推重比等性能的提高，50%以上的技术依赖于新材料及与之相适应的新结构、新工艺的支撑[10]。减重是提高航空发动机性能的决定性因素，主要通过如下两个途径实现：一是改进气动力学设计，使用更少的叶片和级数，并达到相同的工作载荷；二是提高材料的比强度（包括拉伸强度、蠕变强度、疲劳强度）和部件的损伤容限性能。钛合金的最大性能特点是高比强度，代替铝合金、钢或高温合金，可以获得显著的减重效益。在钛合金耐热能力的范围内，航空发动机部件大部分选用钛合金材料，主要是风扇（低压压气机）和高压压气机的叶片、盘、机匣等关键件或重要件（合称关重件），以及各类管路、紧固件等，钛合金用量占发动机整机质量的25%~40%，使用温度从室温到接近600℃。从国内外航空发动机钛合金的应用经验可知，钛合金使用温度的提高，可以替代高压压气机更多级数的镍基高温合金转子，减重效果显著。除了这个直接的减重外，压气机转子质量的降低还可以减小对轴和轴承的施加应力，实现二次减重，或者提高轴和轴承的使用可靠性，发动机性能有明显提高，甚至达到"换代"的标准，更多数量钛合金的应用起着关键作用。如 RR 公司斯贝（Spey）发动机用了 IMI685 钛合金（最高使用温度500℃），RB211-535E4 发动机用了 IMI829 钛合金（最高使用温度550℃），Trent 发动机用了 IMI834 钛合金（最高使用温度600℃），使得发动机减重效益更为显著，发动机的性能有了质的提升。RR 公司发动机用钛合金的经验很好地说明了"一代新材料 一代新发动机"提法的科学性和正确性。

压气机是航空发动机的主要结构之一，压气机系统（含风扇）一般占发动机总长度的50%~60%，总质量的40%~50%，总制造费用的35%~40%，甚至总维修成本的30%左右[11]，大量使用钛合金对于提高发动机的推重比、使用性能和降低油耗起到了关键作用[12]。高压压气机的理想设计是使用全钛结构，除了获得强度、蠕变、疲劳等性能的合理搭配外，还可消除钛合金与镍基高温合金异种材料在弹性模量、热膨胀系数不匹配的问题，而且钛与镍部件的连接只能采用螺栓连接等机械连接方式。如果是全钛设计，则可以考虑采用电子束焊或摩擦焊连接方式，可以进一步减重，并避免螺栓连接相关的复杂性、质量和几何尺寸问题，提高结构完整性[13]，实现压气机结构的最大增压优势[14]。新型大型民用涡扇发动机压气机总增压比已达到甚至超过40，压气机出口温度接近或超过700℃，钛合金已不能胜任如此高温环境的应用，压气机均做成数段，前几段的轮盘和鼓筒采用钛合金，后几段则采用镍基高温合金。

进入21世纪，全球航空发动机技术呈现加速发展态势，新型轻质新材料不断涌现，有局部替代钛合金的趋势，如制造大型涡扇发动机的风扇叶片和风扇机匣，树脂基复合材料有逐步替代 Ti-6Al-4V 钛合金的趋势，但是这个过程是漫长的，需要大量的成本投入和经过长期复杂的适航认证等程序。在未来短期内，因制造成本和设计惯性等因素，传统钛合金仍是航空领域的主干材料。基于当前地缘政治的不确定性，全球各国的国防预算依然很高，新的防御平台如轰炸机、教练机和战斗机的需求依然旺盛。另外，国际民用客机发展不断增长。据预测，航空钛合金用量的年复合增长率大约是4%[15]。

传统钛合金经过70余年的发展，其性能潜力提升空间已有限，材料创新难度加大，更多的工作是通过结合设计创新、工艺创新来推动传统钛合金材料技术的发展与应用。作为广义"钛家族"的成员，连续 SiC 纤维增强钛基复合材料（SiC$_f$/Ti）、Ti-Al 系金属间化合物等新材料的推出和技术成熟度的提高，有力地推动和支撑着新一代航空发动机技术的发展。SiC$_f$/Ti 复合材料具有显著的比强度优势，有望应用于高推重比军用发动机压气机整体叶环、轴等部件，SiC$_f$/Ti 复合材料对于先进军用发动机非常有吸引力，降低材料制造加工成本，提高制件的性能稳定性，将会促进其在发动机中的应用[16]；γ-TiAl 合金在600~800℃具有优异的热强性、低密度、高刚性、阻燃等性质，代替镍基高温合金，有望用于高推重比军用发动机和先进民用发动机高压压气机叶片和低压涡轮叶片。此外，随着增材制造（AM：Additive Manufacturing）、集成计算材料工程（ICME：Integrated Computational Materials Engineering）、数值模拟仿真等技术的发展，赋予了钛合金新的生命力。可以预见，在不远的将来，增材制造部件如 γ-TiAl 合金低压涡轮叶片等将在航空发动机上得到工程应用，并与铸造、锻造成形等技术相结合，提供了极大的灵活性，为设计选材和应用开创新的思路。

1.2 国外航空发动机钛合金的发展与应用简史

钛及钛合金以其显著的低密度、高比强度、耐腐蚀等性能优势，从 20 世纪 50 年代初期快速地在航空发动机上找到了用武之地，在风扇和压气机上的应用恰如其分地发挥了钛合金的性能优势，所获得的减重效益无疑显著优于之前最常使用的钢和铝合金材料[17]。基于高性能发动机部件强烈减重需求的驱动，钛合金经历了一个快速发展过程，特别在 20 世纪 60 年代和 70 年代，各航空大国如英国、美国、苏联和中国，根据本国国情，开发了航空发动机用各具特色的系列钛合金，构筑了航空发动机用钛合金材料体系。目前在役的大部分钛合金材料是在此时期研制并得到成功应用的。各国钛合金材料的发展历程除了反映钛合金材料自身的技术进步和认识之外，还间接地反映了航空发动机技术的发展历程。

1.2.1 英国航空发动机钛合金的发展与应用

英国拥有独立的航空发动机钛合金材料体系，主要是由帝国金属工业公司（IMI：Imperial Metal Industries）研制，先后开发了 IMI230、IMI550、IMI679、IMI685、IMI829、IMI834 等著名的钛合金材料，基本情况见表 1-1，主要用户为英国 RR 公司及其他欧洲发动机公司。随着对钛合金认识的不断加深和新钛合金牌号的出现和应用，RR 公司的发动机上钛合金用量在过去的 70 年里呈现不断上升趋势，见表 1-2。

表 1-1 英国 IMI 公司开发的主要钛合金材料[18]

牌号	名义成分	研制年代或年份（大致）	应用的典型发动机	最高长时使用温度/℃
IMI230	Ti-2.5Cu	1950s	RB199	350
IMI315	Ti-2Al-2Mn	1953	Avon、Conway、Tyne	330
IMI550	Ti-4Al-4Mo-2Sn-0.5Si	1958	Pegasus、Olympus593	400
IMI679	Ti-11Sn-5Zr-2.25Al-1Mo-0.2Si	1962	Spey	450
IMI685	Ti-6Al-5Zr-0.5Mo-0.25Si	1968	Adour、RB199、RB211、M53、Larzac	520
IMI829	Ti-5.5Al-3.5Sn-3Zr-1Nb-0.25Mo-0.3Si	1980	RB211-535E4	550
IMI834	Ti-5.8Al-4Sn-3.5Zr-0.7Nb-0.5Mo-0.35Si-0.06C	1984	EJ200、Trent500/700/800、PW150、PW300	600

表 1-2 RR 公司发动机中钛合金用量[18]

发动机型号	研制年份（大致）	钛合金用量/%
Avon	1954	3
Spey	1959	3~9
TF41	1968	8
RB211-524	1971	18
RB211-535C	1980	25
RB211-535E4	1980	26
V2500	1986	31

1953 年，IMI 公司开发了一种 α+β 型钛合金 IMI315（Ti-2Al-2Mn），用于 Avon 发动机（用于 Comet 和 Canberra 飞机）、Conway 和 Tyne 发动机。

1954 年，引进美国的 Ti-6Al-4V 钛合金，命名为 IMI318，广泛应用于 GEM、RB211、RB199 等发动机，压气机转子部件部分采用了电子束焊接结构[19]。Ti-6Al-4V 钛合金几乎用于所有型号的飞机和发动机，在 GE 公司 CF6、PW 公司 JT9D 和 PW2037、RR 公司 RB199、RB211 等发动机上均有大量应用[20]。

1956 年，Jessop-Saville 公司开发了 Hylite50 钛合金（Ti-4Al-4Mo-2Sn-0.5Si），后被 IMI 公司采用并命名为 IMI550，IMI550 的耐热能力比 Ti-6Al-4V 提高了 100℃，比强度更高，第一次应用是 1960 年在 Bristol Siddeley（目前为 RR 公司的 Bristol 发动机分公司）飞马 2（Pegasus 2）发动机（用于 Hawker Siddeley 公司的 P1127"红隼"垂直/短距起落飞机）压气机盘[21]，后又扩大应用于 Pegasus 新款发动机的三级低压和八级高压压气机盘，以及六个隔圈和一个隔罩。之后，超音速协和号飞机（Concorde）用的 Olympus 320 及 593 发动机共八级压气机盘件、隔圈，两级转子叶片和静子叶片，支撑环、密封件以及一些辅件使用了 IMI550 钛合金[21, 22]，采用螺栓连接方式将 IMI550 钛合金盘组成鼓筒组件[18]。除了应用于航空发动机外，IMI550 钛合金还用于飞机结构，如 A300B 客机、美洲虎（Jaguar）攻击机、狂风（Tornado）战斗机、三叉戟（Trident）客机的襟翼导轨、前缘缝具翼轨[19]，以及 RB211 发动机装于 L-1011 三星（Tristar）客机发动机前后挂架[21]。IMI550 钛合金的一个不足之处是具有较差的可焊性[23]，因此应尽量避免使用焊接结构。认识到 Si 对于提高钛合金蠕变抗力的显著作用后，从 IMI550 钛合金开始，加入 Si 作为一项有效的合金化措施成为英国开发航空发动机用高温钛合金的基石。

发动机的发展对部件减重提出了日益迫切的需求，需要开发耐热温度更高的钛合金，以满足更高温度环境下工作的压气机部件的设计要求，这导致一系列基于近 α 型的含 Si 钛合金的涌现。20 世纪 50 年代后期，在钛合金中尝试加入高含量的 α 稳定化元素 Al、Sn，称为超 α 合金，如 Ti-13Sn-2.75Al 等，但因严重的室温脆性和差的加工工艺性，未获成功。同一时期，美国也尝试开发超 α 合金 Ti-7Al-12Zr、Ti-5Al-5Sn-5Zr，均未成功。认识到 Al 元素是导致室温脆性的主因后，但只要控制其含量就可以有效抑制脆化倾向，在大量研究的基础上，H. W. Rosenberg[24] 提出了 Al 当量经验公式，被用于高温钛合金成分设计的边界判据。

1961 年，IMI 公司推出 IMI679 钛合金，它是在 Ti-11Sn-2.25Al 的 α 相基础上，加入

Zr、Mo、Si 形成的，采用 α+β 区加工和热处理，耐热能力达到 450℃，在斯贝（Spey，又称 MK202）发动机压气机盘和叶片上得到应用，盘之间的连接采用螺栓连接结构。IMI679 钛合金在固溶时效状态表现了高的强度，但其断裂韧度较低，接近能接受的临界值范围[19]。

20 世纪 60 年代，RR 公司提出三转子发动机概念，为钛合金的应用提供了广阔空间。三转子发动机的压气机系统包括低压、中压和高压三部分，每个转子在各自最佳转速下工作，级数少，压气效率提高；转子的长度短，刚性好，稳定工作范围宽，只需要一排可调的中压进口导流叶片；高压压气机级数少，减少了启动功率，启动后加速性好；在总增压比和涡轮进口温度一定的情况下，高压涡轮工作转速较高，使进入叶片的空气温度相对较低[25]。随后研发的 RB211、Trent 系列发动机均为三转子结构，保持有竞争力的燃油效率。为了适应 RB211 发动机压气机转子焊接结构的设计（代替螺栓连接结构，在限定的空间内使部件之间的配合更容易[26]），研制了耐热能力达 520℃ 且可焊的 IMI685 钛合金，并认识到通过 β 区热处理可提高高温蠕变抗力（但塑性下降）的作用，IMI685 钛合金部件采用了 β 区热处理工艺，以细小的片层组织状态使用。20 世纪 60 年代中期之前，所有钛合金部件均采用 α+β 区热处理工艺，得到双态组织或等轴组织状态使用。IMI685 钛合金采用 β 区热处理还有一个原因是其 β 稳定元素含量低，热加工对应的 α+β 区温度区间窄小，意味着在 α+β 区锻造和热处理时无法精确控制显微组织（主要是初生 α 含量）[26]。对于近 α 合金，采用 β 区热处理代替 α+β 区热处理，是钛合金工艺创新的一个典型[8]。β 区热处理遇到的最大问题是 β 晶粒度的控制，在 β 单相区，温度高，容易得到粗晶组织，即 β 晶粒尺寸大[27]。IMI685 钛合金是欧洲航空发动机中用量最多的钛合金，成功用于 RR 公司 RB211、Snecma 公司的 M53、Turbomeca 和 Snecma 联合研制的 Larzac、多国联合研制的 RB199、Adour 发动机，在 M53、Adour、Larzac 发动机中，整个高压压气机鼓筒采用焊接盘和隔圈，连接好之后进行 550℃/4~6h 消除应力退火[19]。当 IMI685 钛合金推广应用于 RB211 发动机风扇盘时，因其锻件截面明显增厚，粗大的片层组织具有明显的保载疲劳敏感性，导致于 1972 年末和 1973 年初短时间内发生了两起 RB211 发动机风扇盘提前疲劳断裂的故障，后改用 Ti-6Al-4V 钛合金风扇盘。

为了进一步提高钛合金的蠕变抗力，研制了 IMI829 钛合金，采用与 IMI685 钛合金相似的 β 区热处理工艺，在 540℃ 时的蠕变强度比 IMI685 钛合金提高了 15%~20%[18,28]。通过严格控制 β 区热处理时间，以减小 β 晶粒尺寸，盘锻件的平均 β 晶粒尺寸控制在 0.5~0.75mm，保证了优良的疲劳性能。IMI829 钛合金用于 RB211-535E4 高压压气机第 4~6 级盘和后锥，第 2~4 级叶片及隔圈，取代 RB211-535C 上的镍基高温合金部件，使转子减重 51kg[29]。

随着先进发动机压气机增压比的不断提高，高压压气机出口温度已超过 600℃，发动机设计需要一种具有更高拉伸强度、疲劳强度和蠕变强度的钛合金。1984 年，IMI 公司推出了最高长时耐热温度为 600℃ 的 IMI834 钛合金，该合金被认为是冶金学、原料质量、熔炼以及热机械处理技术综合发展而形成的成果，也是材料技术发展响应先进航空发动机设计的一个成功案例[30]。IMI834 钛合金是在 IMI829 的基础上进行了成分优化，与 IMI829 钛合金相比，IMI834 钛合金的抗拉强度提高了 10%，耐热温度提高了 40℃，疲劳性能大约提高 10%[31]。值得一提的是，IMI834 钛合金通过加入微量 C（0.06%），减小了 β 转变温度（T_β）以下 α+β 区间的 β 含量与温度（T）关系曲线的斜率（见图 1-1），亦即扩大了 α+β 区上部热处理的工艺窗口，便于更精确地控制所希望的初生 α 含量（7.5%~15%），同时保持细小的 β 转变组织集束尺寸（约 0.1mm），而通常采用 β 区热处理得到的 β 晶粒尺寸为 0.5~1mm，这对于提高发动机盘的疲劳性能特别重要[31]。为此，可以采用双态组织，以实现在高温条件下蠕变抗力和疲劳强度的优化匹配[26]。与 IN718 高温合金相比，在 550℃ 以下，IMI834 钛合金具有更高的比强度、更优的低周疲劳性能和更低的疲劳裂纹扩展速率，IMI834 钛合金更好地满足航空发动机转子在 550℃ 以下高温环境长期使用的要求[32]。

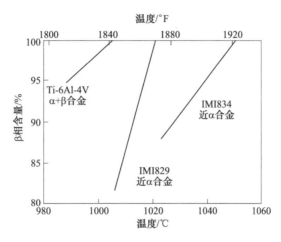

图 1-1 IMI834 钛合金与 Ti-6Al-4V、IMI829 钛合金的 α+β 区上部工艺窗口比较

IMI834 钛合金用于 Trent500/700 发动机高压压气机所有盘、鼓筒及后轴，用电子束焊接焊为一体，成为民用发动机中第一种采用全钛高压压气机转子的发动机[33]，这是 Trent500/700 发动机很有特色的设计。当然，全钛转子系指盘与鼓环采用钛合金，装在它上面的转子叶片并非全是钛合金材料，Trent700 发动机高压压气机转子的第 1~3 级转子叶片为钛合金，第 4~6 级转子叶片采用 IN718 高温合金[34]。到 Trent800 发动机，压气机的增压比增大（达到 40），且高压压气机的工作温度更高，高压压气机前三级采用 IMI834 钛合金，后三级采用镍基高温合金[35]。到 Trent900/1000/XWB，因核心机结构尺寸按 0.9 倍比例缩小，且要求发动机压气机转子载荷大幅增加，评估之后认为 IMI834 钛合金的强度等性能不能满足设计使用要求。为此，高压压气机后三级轮盘及后锥轴改用 RR1000 镍基高温合金。IMI834 钛合金还用于 EJ200 发动机高压压气机第 3 级整体叶盘和隔圈[1]，以及 PW150、PW300 发动机离心叶轮[26]。IMI834 钛合金设计是可焊的，不仅可以使用锻件，也可以使用铸件，铸件可以用于发动机的静子件。IMI834 钛合金还用于制造 F119 发动机高压压气机后机匣。

IMI834 钛合金的最高长时耐热温度说法不一，大多数认为不得超过 600℃，但也有认为可以达到 630℃。实际上，Trent700 发动机高压压气机后段的 IMI834 钛合金部件，在某些工况下局部温度已超过 600℃[14]，在起飞阶段，高压压气机盘的工作温度高达 630℃，保持时间约 5min；在巡航期间，温度有所下降。IMI834 钛合金盘在高温下的累计时间还是很长的，如以 15000 个飞行循环计算，这个累计时间有 1250h[36]。

　　用 Si 进行合金化是英国开发高温钛合金的最大特色,利用 Si 的固溶强化和沉淀析出强化作用,可以显著提高高温蠕变抗力。但是加入 Si 也带来一些负面作用,在时效处理及高温长时使用时,因硅化物沉淀相的不均匀析出,会降低塑性。另外,因为早期钛合金熔炼技术问题,加入 Si 的钛合金熔炼时,容易在铸锭中形成 Si 元素偏聚,在后续锻造产品中以硅化物偏析条带形式存在。

1.2.2　美国航空发动机钛合金的发展与应用

　　美国最早关注全 α 型合金的发展,研制了 Ti-5Al-2.5Sn 钛合金,用于 TF39 发动机第 2 级风扇静子(由薄板、棒材和锻件复合组成)和风扇框(由锻件、薄板和铸件组成,采用电子束焊接,获得好的尺寸控制和接头完整性)[37],该合金是唯一还在应用的全 α 型钛合金。

　　1953 年,H. D. Kessler 和 M. Hansen 开发了著名的 Ti-6Al-4V 钛合金,获得了世界范围的广泛应用,在航空领域,直到现在,Ti-6Al-4V 钛合金的生产量和用量仍占所有钛合金总量的一半以上。此后,又推出了可热处理强化的 α+β 钛合金 Ti-7Al-4Mo 和近 α 钛合金 Ti-8Al-1Mo-1V(Ti-811)[38],主要用于风扇和低压压气机的叶片、盘、机匣等。Ti-811 钛合金具有高的弹性模量和蠕变抗力,最高使用温度达到 425℃,非常适合用于压气机转子叶片,但存在高温环境长期使用时因 α_2 相析出引起的脆性问题,即热稳定性降低,以及引起明显的热盐应力腐蚀敏感等问题或潜在的失效风险,因此不得不充分控制其成分和热机械处理工艺,限制了其应用范围。

　　为了进一步提高钛合金的使用温度,研制了 Ti-5Al-5Sn-5Zr 和 Ti-6Al-2Sn-4Zr-2Mo(即 Ti-6242 钛合金,美国专利 No.3343951),最高使用温度达 470℃。美国研究者认为 Si 元素对钛合金高温蠕变性能的改善不起决定性作用,并认为 Si 只有在 β 区热处理条件下才会产生有利的蠕变抗力作用,这个研究结果加上以前在发动机用钛合金不加 Si 元素的传统,美国开发的发动机用钛合金在早期均是不加入 Si 元素的。直到 1975 年,随着钛合金使用温度的升高,Si 对提高热强性的有益作用逐步得到认识,于是改进 Ti-6242 钛合金,加入 0.08% 的 Si,命名为 Ti-6242S 钛合金(美国专利 No.3833363),最高使用温度达 540℃,用于 PW 公司的 JT9D、PW2037,GE 公司的 CF6、CFM56 等发动机。如果没有特别指明,Ti-6242 或 Ti-6242S 钛合金均表示是加入 Si 元素的。美国宇航材料标准 AMS4975《Titanium Alloy, Bars, Wire and Rings, 6Al-2Sn-4Zr-2Mo-0.08Si, Solution and Precipitation Heat Treated》从 F 版(1988 年)开始,将 Si 作为合金化元素进行控制,其含量要求为 0.06%~0.10%。为了提高 Ti-6242S 钛合金的使用温度,PW2037 发动机高压压气机第 14 级和第 15 级盘件采用 β 等温模锻工艺,得到片层组织而使用。另外,β 区模锻工艺还用于 JT8D 发动机的 Ti-6242S 钛合金混合器部件[29]。

　　20 世纪 60 年代,美国开发了两种中温高强钛合金 Ti-17 和 Ti-6246,Ti-17 钛合金为 GE 公司专用,用于 GE 公司 GE90、GE9X 发动机以及法国 Snecma 公司 M88 发动机的风扇和压气机盘;Ti-6246 钛合金为 PW 公司专用,Ti-6246 钛合金是在 Ti-6242 钛合金的基础上研制的,其目的在于提高抗拉强度。Ti-17 和 Ti-6246 钛合金主要用于压气机盘或整体叶盘。从减重的角度考虑,使用高强度钛合金材料是相对有利的,但需要认识到在提高强度的同时往往会降低断裂韧度这一规律。通过工艺优化和稳定的工艺控制,采用 β 模锻和两相区热处理生产 Ti-17 和 Ti-6246 钛合金盘类锻件，得到细小的网篮组织，在保持高拉伸强度的同时，与双态组织相比，虽然低周疲劳性能有所下降，但具有更高的断裂韧度和更低的疲劳裂纹扩展速率，更加适应发动机盘件的损伤容限设计。与 Ti-6Al-4V 钛合金相比，采用 Ti-6246 钛合金可减重近 9%[39]。除了航空发动机应用外，法国 SEP 公司（欧洲最大的火箭发动机和卫星推进系统制造单位）选用 Ti-6246 钛合金用于阿丽亚娜 5（Ariane 5）型运载火箭项目。Ti-6246 钛合金也引起法国 Snecma 公司的兴趣，用于 MTR 390 发动机[40]。

RR 公司在开发 Trent 发动机时，引进了 Ti-6246 钛合金，主要用于中压压气机盘及叶片（后来也有设计为整体叶盘）。RR 德国公司的 BR700 发动机压气机盘也设计采用 Ti-6246 钛合金，并使用 β 模锻工艺，得到细小网篮组织而使用，可以提高高温蠕变性能和断裂韧度。另外，Ti-6246 钛合金具有高的拉伸强度，可以更好地适应压气机转子抵抗超转破裂的要求。

20 世纪 60 年代后期，与英国 IMI685 合金相似的是，美国推出了一个 β 热处理的近 α 钛合金 Ti-5Al-6Sn-2Zr-0.8Mo-0.25Si，专门用于为商用超音速运输机（SST：Supersonic Transport）而研发的发动机，后因该飞机项目终止，合金没有得到持续研究，也未在其他发动机上获得应用。

在 Ti-6242S 钛合金的基础上，经过成分优化和工艺优化，TIMET 公司于 1988 年推出了能在 593℃（1100℉）下长期使用的 Ti-1100 钛合金，名义成分为 Ti-6Al-2.75Sn-4Zr-0.4Mo-0.45Si，T_β 为 1010℃，硅化物溶解温度为 1040℃[41]，如图 1-2 所示。通过严格控制杂质元素含量（要求控制 O 含量在 0.07% 左右，Fe 含量小于 0.015%~0.02%）和采用低于硅化物溶解温度的 β 锻/空冷+直接时效（600℃/8h）的工艺，获得的片层组织具有优异的高温蠕变抗力，并能保持满足设计要求的塑性[42]。Ti-1100 钛合金的断裂韧度能达到发动机使用提出的指标要求。对于厚截面锻件，β 锻后应立即采用风冷或油冷的冷却方式[43]。Ti-1100 钛合金 β 锻的加热温度（1025℃）略低于硅化物溶解温度（1040℃），组织内析出的细小硅化物颗粒可以阻碍 β 晶粒的长大，从而获得细小原始 β 晶粒度的片层组织，使强度、蠕变、疲劳、疲劳裂纹扩展等性能有一个好的匹配[41]。Allison 发动机公司积极推进 Ti-1100 钛合金在更大推力的 T406/GMA3007/GMA2100 系列发动机上的应用[44]，

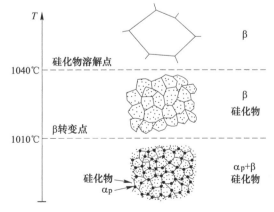

图 1-2　Ti-1100 钛合金在三个不同温度区间的组织组成示意图

感兴趣的原因主要是用 Ti-1100 钛合金生产复杂外形的铸件。另外，Ti-1100 钛合金薄板吸引了航空制造商的关注，设计用于发动机喷口部位以及 NASP（National Aerospace Plane）项目的飞机蒙皮[42]。最后值得提及的是，Ti-1100 钛合金的商业化应用领域仅限于高档赛车发动机的高温排气阀。

鉴于发动机钛火故障给飞机安全飞行带来的巨大风险，钛合金在发动机转动部件特别是叶片上的应用受到了巨大挑战。因受外物冲击、叶片断裂、转子不平衡等原因影响，发动机压气机叶片与机匣发生偶尔的摩擦是难免的，为了避免钛火，亟需采取可靠的防钛火措施，其中，转子采用阻燃钛合金是解决钛火问题的根本办法。20 世纪 80 年代中期，F119 发动机设计时，在预测的服役条件下，传统钛合金在过高的温度和压力条件下易发生持续燃烧，同时为了避免采用镍基高温合金会产生附加的增重，提出要求研制一种不会燃烧的钛合金，用于压气机叶片及排气喷口的设计。20 世纪 80 年代末，PW 公司着手启动了一个快速的合金开发项目，在 Ti-V-Cr 三元系中拟定一种具有阻燃能力的钛合金，经过阻燃性能试验，至少需要 11%~13% 以上的 Cr 才能保证合金具有良好的阻燃能力。经过大量的成分筛选，确定最终的合金成分为 Ti-35V-15Cr，命名为 Alloy C，Ti-35V-15Cr 成分是 Ti-V-Cr 三元系液相线的最低值，通过改进抗氧化性、低的熔点及减少 Ti 含量，降低给定温度下的有效活性，这样可以允许熔融物从叶尖处甩出[14]，从而保证合金良好的阻燃性能。从冶金稳定相结构的角度看，V 是主要的 β 稳定元素，与 Cr 一起固溶强化，可以得到高的高温拉伸强度，长时工作温度可达 540℃[45]。模拟发动机的工作条件，采用 1.78mm 厚的刀片状试样，试样刃边气流速度为 137m/s；采用 200W 的 CO_2 激光器尝试点燃试样刃边，比较了 Ti-6Al-4V 与 Alloy C 合金的阻燃性能，结果如图 1-3 所示[45]，可见，Alloy C 合金比 Ti-6Al-4V 钛合金具有更高的点燃温度和压力条件。Alloy C 合金由 Teledyne Wah Chang 公司（现在是 ATI Specialty Alloys and Components）开发和规模化生产，尽管应用市场有限，但生产和应用一直在持续。因加入昂贵的 V，导致 Alloy C 合金成本很高；而且这么一种高合金化的钛合金，铸锭熔炼时要实现成分均匀是极其困难的，需要开发特殊的合金化添加方式和熔炼工艺来解决。以 Alloy C 合金为基进行改进，通过加入 Si 或 C 提高力学性能，成为 Alloy C^+ 合金。直到现在，Alloy C 合金仅有专有的企业标准，没有纳入行业标准。

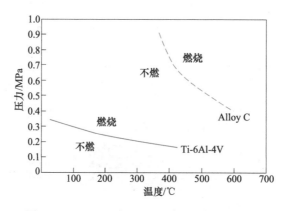

图 1-3　Ti-6Al-4V 与 Alloy C 合金阻燃性能比较

据报道，Alloy C 合金用于 F119 发动机高压压气机前机匣、尾喷管和加力燃烧室外壳。也有报道，Alloy C 合金还用于 F119 发动机压气机前几级的转子叶片和静子叶片，Alloy C 合金可调压气机静子叶片采用重力金属模铸造成形[46]。PW 公司的 XTE-65/2 联合技术验证机（JTDE：Joint Technology Demostration Engine），六级高压压气机的第 1 级转子采用 SiC 纤维增强 Alloy C 合金制造，第 2、3 级压气机转子和机匣则采用 Alloy C 合金制造，既减重，又防钛火。Alloy C 合金还可考虑用于低压涡轮叶片。

TIMET 公司于 1988 年开发了 β-21S（Ti-15Mo-2.7Nb-3Al-0.2Si）钛合金，具有良好的抗氧化性能和锻造成形性能，还能抵抗热的液压流体侵蚀，早期主要提供箔材，McDonnel Douglas 公司将之用于 NASP（National Aerospace Plane）项目的钛基复合材料基材[47]。该合金独特的优异成形性、高温强度、非凡的环境退化抗力，证明可以在航空发动机尾喷口（排气系统）部件上应用，Boeing777 飞机所用的三款发动机（PW4084、GE90 和 Trent800）尾喷口的后罩、尾锥、喷口、蒙皮和纵梁结构均采用 β-21S 钛合金[48]，图 1-4 为 Trent800 发动机的 β-21S 钛合金尾锥和喷口组件，采用 β-21S 钛合金代替膨胀系数更高的 Inconel 625，每架 Boeing777 飞机大约减重 164kg[45,49]。PW4168 发动机压气机机匣隔热罩采用 β-21S 钛合金制造，尺寸大约为 ϕ1140mm，工作温度接近 650℃[50]。图 1-5 为 A340-500/600 飞机用 Trent500 发动机尾喷口 β-21S 钛合金尾锥和喷口。Garrett 公司还将 β-21S 钛合金用于 Garrett331-500 的辅助动力装置（APU：Auxiliary Power Unit）的喷口，最高工作温度 540℃，承载的应力很小。β-21S 钛合金还应用于 Boeing737MAX 飞机的反推装置内壁，这样可以允许 CFMI 公司的 LEAP-1B 发动机采用更大直径的风扇，不用相应地增加短舱尺寸来提高反推力，同时降低质量和维修成本[45]。

(a)　　　　　　　　　　　(b)

图 1-4　Trent800 发动机的 β-21S 钛合金尾锥和喷口组件[48]

(a) 尾锥；(b) 喷口

综上所述，目前在美国航空发动机上常用的钛合金情况见表 1-3，在我国都曾有研究，其中 Ti-64、Ti-811 和 Ti-17 是目前我国航空发动机主干钛合金材料。

图 1-5　β-21S 钛合金发动机尾喷口部件

表 1-3　美国航空发动机主干钛合金材料

牌号 （简称）	名义成分	推出年代 或年份	发动机	最高长时 使用温度/℃
Ti-5-2.5	Ti-5Al-2.5Sn	1950s	早期各型发动机机匣	480
Ti-64	Ti-6Al-4V	1954	几乎所有	350
Ti-811	Ti-8Al-1Mo-1V	1960	F100、JT9D、CFM56	450
Ti-17	Ti-5Al-2Sn-2Zr-4Mo-4Cr	1960s	F101、F404、F414、CF6、 CFM56、GE90	430
Ti-6246	Ti-6Al-2Sn-4Zr-6Mo	1960s	F100、F119、BR700、Trent 系列	450
Ti-6242	Ti-6Al-2Sn-4Zr-2Mo	1966	F100、JT9D、PW2037	500
Ti-6242S	Ti-6Al-2Sn-4Zr-2Mo-0.08Si	1975	F119、CFM56、JT9D、PW2037、CF6、GE90	520
Ti-1100	Ti-6Al-2.75Sn-4Zr-0.4Mo-0.45Si	1988	曾在 T406/GMA3007/GMA2100 试用， 主要为铸件	600
Alloy C	Ti-35V-15Cr	1990	F119	540

1.2.3　苏联航空发动机钛合金的发展与应用

　　苏联（后来的俄罗斯等国家）在航空钛合金研究方面起步早，全俄航空材料研究院（ВИАМ）于 1951 年建立了苏联的第一个钛研究室，早期的研究工作主要集中于海绵钛和铸锭的制备工艺以及研制可用于航空的钛合金材料。从 20 世纪 50 年代早期开始到 80年代末，快速地建立了较为完整的航空发动机用钛合金材料体系，主要合金情况见表 1-4。在不同温度级别有两或三个各具特色可供选用的材料牌号，即使对于同一个牌号，针对不同部件的使用要求和基于当时的工艺条件，灵活调整合金成分含量，衍生出新的牌号，如BT8 系列就有 BT8、BT8-1、BT8M、BT8M-1，其中，BT8-1 钛合金推荐用于长寿命设计要求的压气机盘件，BT8M 钛合金用于制造叶片，通过降低 Al 含量以改善热工艺成形性能，BT8M 钛合金允许有 40% 的冷变形，可以采用冷轧工艺制造发动机叶片，通过降低 Si 含量，提高抵抗裂纹萌生和扩展性能。

表 1-4 苏联（俄罗斯）航空发动机主干钛合金材料

牌号	名义成分	推出年份（大致）	最高长时使用温度/℃
OT4	Ti-4Al-1.5Mn	1959	350
OT4-1	Ti-2Al-1.5Mn	—	350
OT4-1B	Ti-3Al-2.5V	—	350
BT3-1	Ti-6Al-2.5Mo-1.5Cr-0.5Fe-0.3Si	1957	450
BT6	Ti-6Al-4V	1956	350
BT8	Ti-6.5Al-3.3Mo-0.3Si	1958	500
BT8-1	Ti-6.3Al-1Sn-1Zr-3.3Mo-0.18Si	—	450~500
BT8M	Ti-5.5Al-4Mo-0.2Si	—	450~500
BT8M-1	Ti-5.4Al-1Sn-1Zr-4Mo-0.15Si	—	400~450
BT9	Ti-6.5Al-1.5Zr-3.5Mo-0.25Si	1958	500
BT18y	Ti-6.5Al-2.5Sn-4Zr-1Nb-0.7Mo-0.15Si	1971	550~600
BT20	Ti-6.5Al-2Zr-1Mo-1V-0.15Si	1964	500
BT22	Ti-5Al-5Mo-5V-1Cr-1Fe	1965	350
BT25	Ti-6.7Al-1.5Sn-2Zr-2Mo-1W-0.15Si	1971	500~550
BT25y	Ti-6.5Al-1.8Sn-4Zr-4Mo-1W-0.2Si	1984	500~550
BT36	Ti-6.2Al-2Sn-3.6Zr-0.7Mo-5W-0.15Si	1992	600
BT41	Ti-Al-Sn-Zr-Nb-Mo-W-Si-Fe-C 系	—	600
BTT-1	Ti-4Al-13Cu-4Mo-2Zr	—	450
BTT-3	Ti-2Al-18Cu-2Mo	—	—

早期，苏联研制了 Ti-Al-Mn 系的 OT4 钛合金及其衍生合金 OT4-1、OT4-0（Ti-1Al-1Mn），具有良好的工艺性能，可冷成形，主要生产薄板，用于发动机的焊接件和复杂外形的飞机结构件[51]。到了 20 世纪 80 年代，ВИАМ 仿制了美国的 Ti-3Al-2.5V，命名为 OT4-1B，以替代 OT4-1。与 Ti-Al-Mn 系合金相比，Ti-Al-V 系合金具有更小的氢脆敏感性[52]，主要用于飞机和发动机的燃油和液压系统管路。含 Mn 的钛合金熔炼时由于 Mn 容易挥发，VAR 熔炼的最后一次经常采用充 Ar 气。另外，Ti-Al-Mn 系合金容易出现富 Mn 的 β 斑缺陷。

在苏联及随后的俄罗斯、乌克兰的航空发动机上，获得广泛应用的钛合金有 BT3-1、BT8、BT9、BT20、BT25、BT25У 和 BT18У 等。直到 1991 年苏联解体之前，苏联在航空发动机上钛合金所占应用比例、制造工艺技术水平、质量控制能力等始终走在世界前列。以俄罗斯留里卡土星科研生产联合体研制的带加力燃烧室的 АЛ-31Ф 发动机选材为例，BT3-1 钛合金用于风扇第 1~4 级转子叶片和静子叶片、压气机第 1~3 级转子叶片、风扇第 2、3 级机匣；BT9 钛合金用于风扇第 1~4 级盘、压气机第 1~3 级盘；BT20 钛合金大量用于发动机进口零级可调叶片、低压机匣、中介机匣、外涵机匣、加力筒体及尾喷口的搭接片；BT18У 钛合金的长期耐热温度可达 550~600℃，与 Ti-6242 钛合金具有相同的强度级别，但高温蠕变抗力更好，用于压气机的第 4~6 级盘、第 4、5 级转子叶片、0 级和 1 级静子叶片。

在高温钛合金中加入 W 元素，可以起到延缓合金元素在 α 和 β 相间的再分配过程，因而能提高热稳定性，这是研制 BT25 钛合金时的一个重要考虑因素[53]。BT25 钛合金的热稳定性与 BT8 钛合金相似，而热强性显著优于 BT9 钛合金。BT25 钛合金应用于克里莫夫设计局研制的 РД-33 发动机（用于米格-29 飞机）高压压气机的第 1～7 级盘、上下隔环、外封严篦齿环、第 1～3 级机匣等零件。BT25 的改型合金 BT25y 提高了 Mo 含量，因而具有更高的拉伸强度，推荐用于制造工作温度低于 500℃的压气机盘和较低寿命要求的发动机部件，该合金在 400～500℃的中温条件下具有比其他钛合金更高的拉伸强度，更加适应大应力条件下工作的压气机盘应用。

在苏联解体之前，ВИАМ 研制了 600℃高温钛合金 BT36，该合金含 5%W，可以采用两种合金化方式添加，一是纯 W，二是 Ti-W 中间合金。实践表明，采用纯 W 形式加入，由于 W 的熔点太高，采用常规的 VAR 熔炼难以将 W 充分熔化和均匀扩散，在随后的产品中容易形成 W 夹杂或富 W 的 β 斑，因此后来考虑采用凝壳熔炼+VAR 的方法。BT36 钛合金在研发时曾加入 0.1%稀土元素 Y，以细化原始铸锭的 β 晶粒。因苏联解体后经费来源的限制，中断了 BT36 钛合金的开发研究[54]。据作者了解，俄罗斯开发 BT36 钛合金盘锻件采用的是 β 区模锻工艺，经过两相区固溶和时效处理得到网篮组织，条状初生 α 含量约为 40%。BT36 钛合金叶片用小规格棒材采用两相区轧制方法生产，得到非常细小的等轴组织[55]。目前，ВИАМ 还在继续开发新一代的 600℃高温钛合金，推出了 BT41（Ti-Al-Sn-Zr-Nb-Mo-W-Si-Fe-C 系）钛合金，成分控制要求为：Ti-（5.8～6.6）Al-（2.5～4.5）Sn-（2.0～4.0）Zr-（0.8～2.5）Nb-（0.8～1.5）Mo-（0.35～0.8）W-（0.25～0.45）Si-（0.06～0.13）Fe-（0.05～0.1）C，与 BT18y 相比，其高温强度、疲劳和蠕变抗力可提高 15%～30%[56]。但要将性能优势实现工程化，还需要完成大量的材料学和工艺学方面的研究，进一步提高热稳定性和蠕变抗力。俄罗斯的 BT25、BT25y、BT36 和 BT41 钛合金中加入了 W，目前 W 是以 Al-Ti-W 或 Al-Ti-W-Mo 中间合金的形式加入的。

另外，ВИАМ 还研制了两种阻燃钛合金 BTT-1 和 BTT-3，均含有高含量的 Cu 和 Mo 元素，其阻燃原理是当转子与静子摩擦升温时，合金中低熔点（990℃）的 Ti_2Cu 相首先熔化吸热并起到润滑作用。然而，这两种合金迄今未实现实用化，原因包括：断裂韧度低，高温力学性能远不如常规的高温钛合金；熔铸时有严重的缩孔问题；采用目前的熔炼方法难以得到成分均匀的优质铸锭，Cu 元素沿铸锭横向和高向有严重偏析，凝固时析出的化合物相难以均匀分布。

早期俄罗斯专家提出的航空发动机钛合金选材方案见表 1-5，后来对所有钛合金重新进行评估，推荐的选材方案见表 1-6。BT3-1 和 BT9 钛合金曾在苏联的航空发动机上广泛应用，但在新机上不再使用，BT3-1 钛合金在 400～450℃使用的零件改用 BT8 钛合金，400℃以下则改用 BT6 钛合金。BT9 钛合金根据使用温度的需求分别被 BT25 和 BT18y 钛合金取代。BT3-1 和 BT9 钛合金被限制使用的原因主要是它们在很高的温度下长期工作因 Ti_3Al、$TiCr_2$、Ti_xSi_y 等脆性相的析出导致热稳定性的下降。此外，BT3-1 和 BT9 钛合金的带预制裂纹的冲击韧度（K_{CT}）偏低，被认为是影响结构稳定性的因素。据 ВИАМ 专家介绍，在苏联曾发生过因 K_{CT} 过低导致钛合金盘破裂的事故，因此很重视对 K_{CT} 的控制；对于钛合金盘锻件，完全细小的等轴组织也是不希望的，因为其 K_{CT} 值过低。

表 1-5 俄罗斯航空发动机钛合金材料选材方案（前期）

使用温度范围/℃	推荐的材料
≤350	BT5-1、BT20、BT6
300~450	BT8、BT9、BT3-1、BT8-1、BT8M-1
450~500	BT8、BT9、BT8-1、BT8M-1
≤550	BT25y
≤600	BT18y
≤700	BTИ-4（Ti₂AlNb）

表 1-6 俄罗斯航空发动机钛合金材料选材方案（后期）

使用温度范围/℃	推荐的材料
≤450	BT8-1 和 BT8M-1（用于叶片）
≤500	BT25y（仅做盘件）
≤550	BT18y（可以做叶片和盘件）

1.3 我国航空发动机钛合金的发展历程与现状

1.3.1 发展历程

1956 年，我国制定新中国《十二年科学技术发展规划》的第 26 项任务"钛冶金及其合金"说明书，为我国钛合金技术的发展绘制了蓝图。说明书指出任务的中心问题有三个：（1）掌握并改进钛的现行冶炼技术并探索新方法；（2）研究钛合金的结构和性能以建立钛合金系统；（3）掌握并改进钛合金的加工工艺[57]。1959~1960 年，北京航空材料研究所在实验室条件下开始研制 TC6 钛合金（仿制苏联 BT3-1），熔炼出合格铸锭，锻制出性能符合技术要求的棒材，并在 410 厂成功试制第一批钛合金叶片锻件。到 1964 年，经过充分认证，明确国产航空发动机应以 TC4 钛合金为主。20 世纪 60 年代中期，以 WP6 发动机为应用对象开展了研究工作，成功试制我国第一批 TC4 钛合金压气机叶片和盘模锻件。1969 年，装有共五级 TC4 钛合金压气机盘和叶片的发动机连续通过三次地面长期试车，并于 1972 年顺利完成一个 50h 寿命的试飞任务[58]。研制成功后，钛合金在某型发动机上的应用进一步扩大至多级压气机盘和叶片，减重 32kg，更重要的是，以此为突破口，钛合金在我国航空工业中开始了工程化应用[59]。

20 世纪 70 年代，应某型发动机研制需要，开始了 TC9（Ti-6.5Al-2.5Sn-3.5Mo-0.3Si）和 TC11（Ti-6.5Al-1.5Zr-3.5Mo-0.25Si）钛合金的研制。用 TC9 钛合金代替 1Cr11Ni2W2MoV 钢制造高压压气机第 4~6 级盘，减重 22.75kg，顺利通过了 263h 台架试车考核[60]。用 TC11 钛合金制成的某型发动机第 3~8 级压气机盘和叶片，顺利通过了 500h 地面长期试车。1984 年，装有 TC11 钛合金压气机盘和叶片转子（见图 1-6）的某型发动机，作为两款飞机的动力装置，成功地通过了试飞考验[58]。TC11 钛合金在某型发动机上的成功应用，开启了我国发动机大量使用钛合金的先河，某型发动机的钛合金用量占整机质量的

13%。TC11 钛合金压气机盘锻件，外径为 520mm，制备饼坯时采用高低温交替锻造工艺（AHLT），创造必要的 β 再结晶条件以均匀和细化低倍晶粒组织，创造必要的 α 再结晶条件以均匀和细化显微组织，促进原来同一个粗大 β 晶粒或集束内形成的初生 α 颗粒晶体取向的随机分布，显著提高了疲劳性能。在贵州安大航空锻造有限责任公司（3007 厂）的 10t 模锻锤上进行 α+β 区的模锻成形，显著改善了锻件的组织均匀性。另外，根据某型飞机的重要承力构件伞仓梁的设计要求，用 TC11 钛合金代替 30CrMnSiA 钢，并采用 β 区热处理工艺（BRCT 工艺，为三重退火工艺），显著提高了合金的蠕变、断裂韧度、裂纹扩展抗力等性能[61]。

图 1-6　某型发动机 TC11 钛合金高压压气机转子

　　20 世纪 80 年代以后，我国航空发动机工业得到了快速发展，先后引进美国和苏联的发动机型号，前述美国、苏联钛合金牌号中，大部分材料在我国曾进行仿制，并建立了我国相应牌号，如 Ti-8Al-1Mo-1V 对应 TA11，Ti-17 对应 TC17，Ti-6242S 对应 TA19，Ti-6246 对应 TC19，BT3-1 对应 TC6，BT9 对应 TC11，BT25 对应 TC25 等，这些合金是目前我国航空发动机主干钛合金材料。在引进国外发动机型号时，也曾用国内已有合金替代国外相近合金的例子，如引进 RR 公司斯贝发动机时，用 TC11 钛合金成功代替 IMI679 钛合金制造压气机盘、转子叶片、隔圈等零件。2002 年定型的某涡喷发动机，钛合金用量占 15%，到某涡扇发动机，钛合金用量占 25%，相当于国际上第三代发动机的用量水平。

　　根据我国发动机设计需求，从 1980 年以后，我国开始自主研制用于 550~600℃的新型高温钛合金，早期主要的技术途径是添加稀土元素如 Nd、Y，这是有别于国外的一种新颖做法。欧美曾经在快速凝固和粉末冶金方法生产的钛合金中尝试加入少量稀土元素，以细化组织，但未在铸锭冶金方法生产的钛合金中加入稀土元素，并且对痕量的稀土元素含量有严格规定，如涉及航空发动机钛合金如 Ti-6Al-4V、Ti-6242、Ti-811 等的美国宇航材料规范（AMS）中，几乎无一例外地要求钛合金中的稀土元素 Y 含量不大于 0.005%（即 50ppm）。稀土元素在钛中的固溶度极低，且有极大的活性，在铸锭熔炼阶段的熔融金属中，稀土元素易与 O、Sn 元素相结合形成硬度极低且松散的稀土相颗粒。边熔化边凝固的 VAR 熔炼工艺，电极中的所有物质都要进入铸锭之中，无法将熔融钛液与稀土相颗粒进行分离，形成的稀土相颗粒会残存于铸锭中，并且大多以非均匀方式分布于 β 晶界上，后续的锻造等热加工过程难以实现稀土相颗粒的细化和均匀分布[62]。

　　"八五"期间，中科院金属所、航材院等单位联合开展 550℃高温钛合金的研制，推出 Ti55 钛合金（即 TA12），其主要成分特点是加入 0.85%稀土元素 Nd，Nd 在 Ti 中的固溶度极小，因 Nd 与 O 有强烈的亲和力，熔炼时在钛液中 Nd 与 O 反应即发生内氧化，形成与基体非共格、分散分布的富 Nd、Sn、O 的稀土氧化物相，从而降低熔体和随后铸锭中的 O 含量，间接降低合金的 Al 当量，可以起到适当提高塑性和热稳定性的作用[63]。稀土相与钛基体之间几乎无结合力，通过金相分析可知，金相试样经过打磨和抛光，试样表面的稀土相颗粒大多会脱落，形成微坑。"九五"期间，沿着 Ti55 钛合金的设计思路，进一步调整成分，开展 600℃ 高温钛合金的材料研究和应用试验。随着工业铸锭制备、盘件制造、零件焊接等研究的深入，稀土相颗粒的负面作用逐渐浮现，主要表现为：当锭型变大后，稀土相颗粒趋向于粗化，平均尺寸超过 10μm，最大尺寸甚至超过 100μm，而且异常聚集成团分布状况加剧，容易在铸锭冒口处富集，造成冒口切除量增大。另外，铸锭内的稀土相颗粒沿晶界呈长串状分布（见图 1-7）。经过后续的锻造变形和热处理，稀土相颗粒聚集成团分布状况不会有明显变化，在某些变形条件下，稀土相颗粒富集区域会产生内裂（见图 1-8）。对含 Nd 的 Ti55 钛合金盘锻件进行超声检测时，经常发现有单个显示信号。经金相分析，该信号是因稀土相颗粒团聚引起的，尺寸在 1mm 左右[64]。

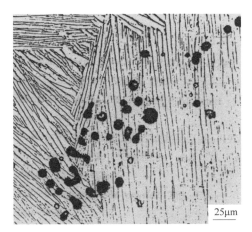
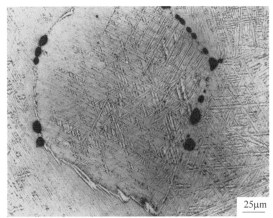

图 1-7　Ti60（早期，含 Nb）钛合金工业铸锭中含 Nd 稀土相颗粒的分布状况

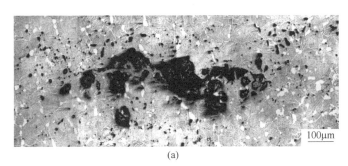
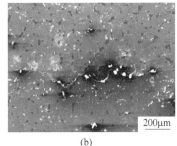

(a)　　　　　　　　　　　　　　　(b)

图 1-8　Ti60（早期，含 Nb）钛合金饼坯中的裂纹

(a) 金相形貌；(b) SEM 形貌

含稀土 Nd 元素的 Ti60 钛合金叶片经过振动光饰处理后，表面的稀土相颗粒均脱落形成微坑，影响叶片的表面完整性，降低了叶片的振动疲劳性能。稀土相颗粒会不会成为钛

合金零件承受疲劳载荷作用时作为裂纹萌生位置，长期以来存在争议。经实验研究，Ti60钛合金高周疲劳试样的疲劳裂纹萌生位置无一例外是稀土相颗粒与基体的界面处[65]。另外，在保载疲劳试验条件下，Ti60钛合金中的富Nd第二相颗粒会加快疲劳短裂纹的萌生和扩展速率，颗粒的存在使疲劳裂纹萌生的概率增加[66]。

含稀土Nd元素的Ti60钛合金具有反常差的电子束焊接工艺性能，在电子束焊接过程中，焊缝处就产生开裂，无法采取后续的去应力退火或补焊措施进行挽救。焊缝开裂位置的断口分析表明，断口呈现明显的沿晶断裂特征，富含稀土相的晶界成为薄弱位置（见图1-9）[67]。焊缝处的金属经过熔化和随后的快速凝固，稀土相颗粒在短时间内经历了回溶和重新析出的过程，再次形成的稀土相颗粒明显细化，且基本分布于β晶界上（见图1-10）。因稀土相颗粒与基体金属之间几乎无结合力，因此造成晶界严重弱化，在部件焊接冷却过程形成的残余拉应力作用下，焊缝处容易发生沿晶开裂。

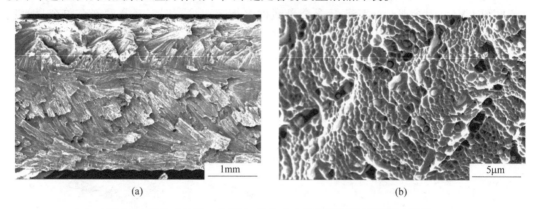

（a）   （b）

图 1-9　Ti60（早期，含 Nb）钛合金电子束焊缝处开裂断口形貌

（a）低倍数下的断口形貌；（b）高倍数下的断口局部形貌

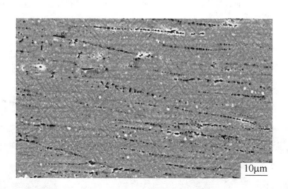

图 1-10　Ti60（早期，含 Nb）钛合金电子束焊接焊缝处的显微组织

对于航空发动机转动部件来说，可焊性和疲劳性能至关重要。鉴于此，最终放弃在高温钛合金中添加稀土元素的合金化思路；针对先进航空发动机对新材料更高的性能要求，通过成分创新，开展新一代600℃高温钛合金的合金化设计、制造工艺优化、大规格棒材制备、大尺寸整体叶盘锻件制备、零部件机械加工工艺及检测等研究。

除了传统钛合金研究之外，我国从20世纪80年代以来还开展了Ti₃Al合金和TiAl合金的预研和工程化研究，开发了 Ti₃Al 基合金 TD2（Ti-24.5Al-10Nb-3V-1Mo，原子分数，%）和 TD3（Ti-24Al-15Nb-1.5Mo，原子分数，%），研制了相应的发动机导风板和结合环，如图 1-11 所示。

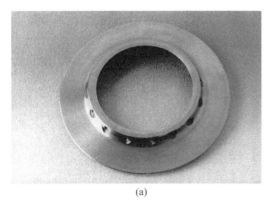

(a)   (b)

图 1-11　Ti₃Al 基 TD2 合金发动机典型件

（a）导风板；（b）结合环

在铸造钛合金方面，北京航空材料研究所于 1962 年自行设计和制造了我国第一台 8kg 真空自耗电极电弧凝壳炉。到目前为止，钛合金的铸造设备还有电子束凝壳炉、冷壁坩埚熔炼炉等，但技术上最成熟的还是真空自耗电极电弧凝壳炉。1964～1965 年，北京航空材料研究所与沈阳铸造研究所合作开展捣实石墨型工艺研究，铸造出了国内第一批钛合金压气机六级静子叶片，并顺利通过了发动机台架长时试车。20 世纪 60 年代中期，北京航空材料研究所开展了钛合金熔模精铸工艺研究，研究成功钛合金精铸熔模石墨型壳系统，到 70 年代中期相继铸造出了涡扇发动机钛合金精铸零级风扇空心叶片和飞机空调增压器叶轮，并顺利通过台架试车[68]；开发了 ZTA1、ZTA7、ZTC3、ZTC4、ZTC5 和 ZTC6 等铸造钛合金，目前绝大部分铸件采用 ZTC4（Ti-6Al-4V）合金制造，大部分航空钛铸件以热等静压状态供货，以消除或减少铸造孔隙，显著提高疲劳强度，减小力学性能分散性，从而提高钛铸件的使用可靠性。钛精铸技术的发展适应了飞机及发动机减轻质量的要求，同时由于原材料利用率高，加工成本低、制造周期短，钛精铸件在发动机中的比例明显增加。F100 发动机用了 25 种类型的 130 多个 Ti-6Al-4V 钛合金精铸件，取代原来的钢制零件，使每台发动机减重 14kg。目前大型复杂的航空发动机中介机匣或风扇框架基本采用 Ti-6Al-4V 钛合金精铸件，随着钛精铸技术的不断发展，铸钛机匣越来越复杂，冶金质量越来越高，可以满足高性能航空发动机的设计需要[69]。

1.3.2　在役主干钛合金材料

据不完全统计，我国在役的航空发动机用主干钛合金材料见表 1-7，主要列出了用于发动机关键件、重要件如叶片、盘、整体叶盘、轴颈、鼓筒等钛合金材料。这些钛合金在发动机中的应用部位与国外发动机是相似的，这些材料具体的成分上下限控制可参见 GB/T 3620.1《钛及钛合金牌号和化学成分》。

表 1-7　我国航空发动机用主干钛合金材料及典型应用

牌号	名义成分	相近国外牌号	最高长时使用温度/℃	主要特征	典型应用部件
TA7	Ti-5Al-2.5Sn	IMI317、BT5-1	500	唯一仍在应用的全 α 型合金；中等强度；$T_β$ 以下锻造性能差，易出现应变诱导孔洞和表面开裂；优异的焊接性能	压气机机匣
TA11	Ti-8Al-1Mo-1V	Ti-811	450	近 α 型合金；高的弹性模量和低的密度，适用于发动机叶片；有明显的氢脆、热盐应力腐蚀开裂倾向	压气机转子叶片
TA15	Ti-6.5Al-2Zr-1Mo-1V-0.15Si	BT20	500	近 α 型合金；较高的强度和热强性；良好的热加工成形性能；优异的焊接性能	承力环、安装边
TA19	Ti-6Al-2Sn-4Zr-2Mo-0.08Si	Ti-6242S	540	近 α 型合金；良好的强度、蠕变、韧性和热稳定性的组合；良好的热加工成形性能；可焊	压气机盘、叶片、整体叶盘、叶轮、机匣
TC4	Ti-6Al-4V	BT6	350	典型的 α+β 型合金；中等强度；具有最佳的强度、工艺性能、使用性能、成本的综合；可生产几乎所有类型的半成品和成品；发动机上用量最大、应用面最宽的一种钛合金材料	风扇叶片、盘，压气机叶片、盘，离心叶轮，安装边、紧固件
TC6	Ti-6Al-2.5Mo-1.5Cr-0.5Fe-0.3Si	BT3-1	450	α+β 型合金；高的强度和热强性；断裂性能不如 TC4；易出现 β 斑缺陷	压气机叶片、盘、作动筒筒体、紧固件
TC11	Ti-6.5Al-1.5Zr-3.5Mo-0.25Si	BT9	500	典型的 α+β 型合金；高的强度和热强性；良好的锻造成形性能；不建议焊接	压气机叶片、盘、离心叶轮、轴颈、隔圈、空气导管
TC17	Ti-5Al-2Sn-2Zr-4Mo-4Cr	Ti-17	430	富 β 相的 α+β 型合金；高的 Mo 和 Cr 保证合金有深的淬透性；高的中温强度；当锭型扩大或熔炼工艺不当时，易出现 β 斑缺陷	压气机盘、叶盘、轴颈
TC19	Ti-6Al-2Sn-4Zr-6Mo	Ti-6246	450	富 β 相的 α+β 型合金；高的 Mo 含量保证合金有深的淬透性；高的中温强度；也易出现 β 斑缺陷，但形成 β 斑倾向性比 TC17 低	压气机盘、叶盘、叶轮

牌号	名义成分	相近国外牌号	最高长时使用温度/℃	主要特征	典型应用部件
TC25	Ti-6.7Al-1.5Sn-2Zr-2Mo-1W-0.15Si	BT25	500~550	α+β型；高的强度和热强性；锻造成形性能一般	压气机盘、机匣
ZTC3	Ti-5Al-2Sn-5Mo-0.3Si-0.02Ce	—	500	高强高韧	铸造机匣、支架
ZTC4	Ti-6Al-4V	—	350	中温中强	铸造机匣、支架、安装座等

除上述钛合金牌号外，在我国航空发动机上曾经使用过且还在少量使用的变形钛合金有 TA13（IMI230，Ti-2.5Cu）、TA14（IMI679，斯贝发动机曾用此合金制造压气机叶片和盘，我国引进斯贝发动机的国产型发动机上，采用 TC11 替代了 IMI679）、TC1（OT4-1，Ti-2Al-1.5Mn，用于某老型号发动机的安装边、整流叶片等）、TC2（Ti-4Al-1.5Mn，曾用于某型号发动机的前罩圆环、垫板、凸块等）、TC9（进行了较为充分的试验研究，后采用了含 Zr 的 TC11 钛合金，此合金未进入型号应用）。研制或使用过的铸造钛合金有 ZTA7、ZTA15、ZTA19 等[70]。

1.3.3　在研主干钛合金材料

先进航空发动机朝着高涡轮前温度、高推重比、长寿命和低油耗方向发展，除了应用先进的设计技术外，发动机性能的提高还强烈依赖于先进材料及其制造技术的发展，发动机的关键和重要部件亟需耐高温、高比强度、高比模量、抗氧化、耐腐蚀的新材料。随着使用温度的升高，材料的高温性能尤其是蠕变性能显得越来越重要。先进的材料及制造技术保障了新材料制件及新型结构的实现，使发动机的质量不断减轻，发动机的工作效率、使用寿命、稳定性和可靠性不断提高。钛合金材料在发动机 375℃ 以下低温段的应用受到密度更小的树脂基复合材料的竞争，而传统钛合金材料 600℃ 以上的蠕变、持久、组织稳定性、表面抗氧化等性能已无法胜任发动机的使用要求[71]。与镍基高温合金相比，600℃高温钛合金、Ti-Al 系金属间化合物、SiC 纤维增强钛基复合材料（SiC_f/Ti）在 600~800℃温度区间的比强度、比蠕变强度和比疲劳强度方面有优势，在保持相同强度和使用性能的情况下，以钛代镍可减重 1.7 倍以上，这对提高发动机的推重比和使用性能效果显著，这些新材料与整体叶盘（Blisk）、整体叶环（Bling）等轻量化结构相结合，有望应用于第五代发动机高压压气机和低压涡轮部件[11]。在 Ti-Al 系金属间化合物家族中，与 Ti_3Al、Ti_2AlNb 合金相比，TiAl 合金以其显著的低密度、高比模量、高蠕变抗力、阻燃等优势，成为发动机高温结构应用最有潜力的材料之一，有望应用于工作温度在 650℃ 以上的高压压气机叶片和低压涡轮叶片。钛火一直是影响发动机安全可靠使用的重大隐患，其发生往往是无征兆的，而且往往在短时间内发生，来不及采取有效的控制措施。发动机钛火问题直接推动了阻燃钛合金的研究与发展[72]。

随着 600℃ 高温钛合金、阻燃钛合金、TiAl 合金、SiC_f/Ti 复合材料这类新材料研究工作的不断深入，技术成熟度得以提升，并逐步积累了工程化生产和应用经验，研制的典型件逐渐在新型发动机上进行了强度考核和装机试用，成为发动机新材料应用领域的新力军。600℃高温钛合金适用于工作温度为 500~600℃ 的高压压气机整体叶盘、机匣等；TiAl 合金适用于工作温度在 650℃ 以上的高压压气机叶片、低压涡轮叶片等；SiC_f/Ti 复合材料适用于高压压气机整体叶环等；阻燃钛合金适用于压气机机匣和叶片。

虽然 600℃ 高温钛合金、阻燃钛合金、TiAl 合金、SiC_f/Ti 复合材料在某一项或几项性能方面具有独特优势，但并非十全十美，在某些方面还存在明显不足。与传统钛合金相比，TiAl 合金的塑性、断裂韧性、冲击韧性、裂纹扩展性能要低得多，裂纹尖端的应力通过局部塑性变形而下降的能力更差，但在接近 700℃ 时会得以显著改善[73]。根据 TiAl 合金的特点，设计并制定科学合理的技术指标，在发挥热强性的同时，应保证有一定的塑性，充分重视制件的断裂性能。发动机设计选材和强度计算时，需要建立完整的材料设计性能数据库。对于低塑性的 TiAl 合金，应根据材料的性能特点，确定合理的部件设计和定寿方法，以及成本合算的供应链[74]。合理控制 TiAl 合金制件结构的设计应力水平，避免出现明显的应力集中，提高表面完整性[73]。对于 SiC_f/Ti 复合材料整体叶环，在高温下使用的时候，同一个零件上存在较大的温度梯度，一部分材料会约束另一部分材料的变形，会引起热应力，从而影响部件的疲劳性能和使用可靠性。在进行选材和制定工艺时，应针对具体零部件的使用要求，综合协调力学性能、加工性能、生产成本等因素，遵循先进科学的设计准则如损伤容限设计、可靠度设计、概率寿命设计等，改进和提高材料性能，避免出现严重影响使用的短板，兼顾结构强度设计、材料研究和部件制造工艺技术，相互推动，促进设计、材料、工艺与应用四者的有机配合和互相适应[75]。加强材料和构件主要性能的波动性、平均性能的代表性和标准性的分析。在使用这类新材料时，应谨慎控制零件的应力水平，避免引起局部的高应力集中和结构的不连续性，并采取抗断裂设计措施，在生产和使用维修中采用可靠的检查方法。当然，新材料技术面临的主要问题还有经济性、一致性和可修复性。

下面主要介绍我国近 20 年来在 600℃ 高温钛合金、阻燃钛合金、TiAl 合金、SiC_f/Ti 复合材料研究及应用领域取得的主要成果。

1.3.3.1　600℃ 高温钛合金

600℃ 被认为是传统固溶强化型钛合金的"热障"温度，进一步提高其工作温度受到蠕变、持久、组织稳定性、表面氧化等性能的限制[71]。在 550~600℃ 以上，与 IN718（GH4169）高温合金相比，600℃ 高温钛合金在比强度、低周疲劳性能、抵抗裂纹扩展性能等方面有明显优势[13,32]。基于减重和提高推重比的目的，新型先进发动机对 600℃ 高温钛合金有迫切需求。

国外典型的 600℃ 高温钛合金有英国的 IMI834、美国 Ti-1100、俄罗斯的 BT36 和 BT41，其中 IMI834 在 EJ200、Trent 系列、PW305、PW150 等发动机上成功获得批量应用。这些合金均以 Ti-Al-Sn-Zr-Mo-Si 作为主成分系，差异之处在于合金化含量以及加入其他 β 稳定化元素，如 IMI834 加 Nb，BT36 加 W。十几年来，我国几家科研院所在 600℃ 高温钛合金方面开展了大量研究，如北京航空材料研究院研制了新一代 600℃ 高温钛合金 TA29[76]、中科院金属所研制了 TA33[77]。有时，按惯常将 600℃ 高温钛合金称为 Ti60。

TA29 钛合金名义成分为 Ti-5.8Al-4Sn-4Zr-0.7Nb-1.5Ta-0.4Si-0.06C，主要特点是采用 Nb 和 Ta 两个弱 β 稳定元素进行合金化，它们在 α-Ti 中具有较大的固溶度，可增强 α 相的固溶强化作用，有助于改善高温抗氧化能力，提高热稳定性。采用低 Fe、低 O 的高纯化方式，保证了合金良好的蠕变抗力和热稳定性。通过加入微量 C，扩大 α+β 区上部的工艺窗口，使合金具有更好的工艺适应性，满足工业批产的工艺控制要求。从 2000 年开始至今，历经成分探索、实验室小锭熔炼到工业化铸锭熔炼的渐进式研究，通过合金成分、熔炼、锻造、热处理、机加工等工艺参数的不断优化，在工业条件下实现了从原材料选择、3 吨型工业铸锭熔炼、φ300mm 大规格棒材制备、大尺寸整体叶盘锻件制备到整体叶盘零件机加工、检测检验、表面处理等全程制造，工艺稳定，性能优越。TA29 钛合金某型发动机第 3 级和第 4 级整体叶盘锻件如图 1-12 所示，其中，第 3 级整体叶盘锻件的外径尺寸 630mm，重 112kg，截面厚薄差异大，轴向截面厚度 150mm。TA29 钛合金的拉伸性能与 IMI834 钛合金相当，但在高温蠕变、断裂韧度等方面有优势，在 600℃/160MPa/100h 测试条件下，残余蠕变应变稳定在 $\varepsilon_p \leq 0.1\%$，在 620℃/160MPa/100h 测试条件下，$\varepsilon_p \leq 0.15\%$；而 IMI834 钛合金锻件（最大截面厚度不大于 80mm）的蠕变性能指标为：在 600℃/150MPa/100h 测试条件下，$\varepsilon_p \leq 0.2\%$。TA29 钛合金盘锻件经过 600℃ 长时热暴露后，室温拉伸塑性即热稳定性有所下降，在 120℃ 以上，毛坯热暴露试样的拉伸塑性与未暴露状态试样的拉伸塑性接近，而试样热暴露后拉伸塑性为未暴露状态拉伸塑性的 50% 左右，且随着测试温度的升高，拉伸塑性差距逐步缩小。在 300~600℃ 范围内，试样热暴露与毛坯热暴露的拉伸塑性相当，说明表面氧化层对热稳定性的降低作用随着温度的升高逐步减弱[78]。对于在高温环境下使用的 TA29 钛合金，在设计选材和热稳定性评估时，应考虑热稳定性在高温下会发生部分恢复的这一特性，而且在 300~600℃ 范围内，试样热暴露后的拉伸塑性仍能保持较高的数值。TA29 钛合金 α+β 区热处理的整体叶盘锻件的室温断裂韧度 K_{IC} 为 45MPa·$\sqrt{m}$，400℃ 及以上温度 $K_{IC} \geq 70MPa·\sqrt{m}$，采用 β 模锻的 TA29 钛合金盘锻件的室温 K_{IC} 值达 65MPa·$\sqrt{m}$，可见 TA29 钛合金具有良好的损伤容限性能。

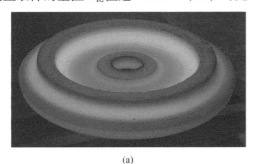 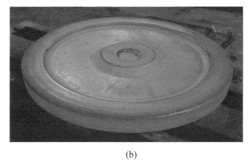

(a)　　　　　　　　　　　　　　　　(b)

图 1-12　某型发动机压气机 TA29 钛合金整体叶盘锻件

(a) 第 3 级；(b) 第 4 级

图 1-13 为某型发动机 TA29 钛合金压气机整体叶盘零件，整体叶盘结构消除了传统盘、片榫齿连接结构存在的零件连接、装配而引起的零件之间的应力、变形和漏气损失，使发动机的工作效率、质量可靠性有所提高。采用五坐标数控加工的 TA29 钛合金整体叶盘零件，外形尺寸、静平衡、荧光、X 射线、表面残余应力等检测结果均符合设计要求，TA29 钛合金整体叶盘零件通过了某型发动机的高温超转破裂、低循环疲劳、叶片振动疲劳的强度考核试验；形成 TA29 钛合金材料、锻件标准及工艺规范，实现了从实验室研制向工业化小批生产的跨越，TA29 钛合金大规格棒材、整体叶盘锻件和零件已具备小批生产能力。

 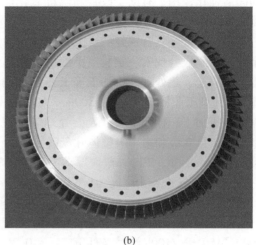

(a)　　　　　　　　　　　　　　　　(b)

图 1-13　某型发动机用 TA29 钛合金压气机整体叶盘零件

(a) 第 3 级；(b) 第 4 级

　　TA29 钛合金在 620℃ 仍具有良好的蠕变抗力，在其他性能满足设计要求时，可延伸至 620℃ 左右中长期使用。针对某型高推重比发动机的设计需求，探索研制了双性能 TA29 钛合金整体叶盘，叶片为双态组织，盘体为片层组织，进一步发挥性能潜力，更适应叶盘零件的实际服役条件要求，取得了良好的试验结果，详见第 3 章。

　　除在发动机具有很好的应用潜力外，TA29 钛合金在 750~800℃ 保持了较高的拉伸强度，可在此温度区间短时使用，应用于超高声速导弹、火箭、飞行器、空天飞机等装备的机体构件、蒙皮，以及所用发动机的高温部件。在航天某导弹型号需求牵引之下，研制了 TA29 钛合金宽幅薄板（厚 1.5~2.5mm）、大型压气机铸件、舵芯锻件等，一些部件已实现小批生产。

1.3.3.2　阻燃钛合金

　　发动机压气机钛合金零部件承受着高温、高压和大载荷的作用，当叶片与机匣发生摩擦时，在较短的时间内引发钛的燃烧，即产生钛火。钛的燃烧是以裂变方式发展的，在短时间内造成叶片烧损、机匣烧穿，甚至整个发动机烧毁。从 1962 年鹞式飞机所装的飞马发动机压气机工作叶片与机匣磨蹭引起钛着火起始，国内外军民用发动机发生过一百余起钛火故障，涉及的发动机有 F100、F404、CF6、PW4000 等，严重影响了钛合金在发动机上的安全可靠使用[72]。据观测，在高压压气机中，钛合金着火后 5~10s 就能将机匣烧穿。从减轻发动机质量考虑，转子叶片只要工作温度允许，都应该采用钛合金；为了防止钛火，应避免钛合金转子叶片与机匣、转子叶片与静子叶片等的成对使用，在少数采用钛合金机匣的发动机上则增加了特殊的隔火层，后来改用了合金钢机匣。使用阻燃钛合金是防钛火的主要措施之一，为此专门研制了阻燃钛合金，用于压气机叶片、机匣等零件。考虑到钛火的巨大危害性，研制新的钛基材料时，要充分重视和评估新合金的阻燃性能。

　　我国在阻燃钛合金领域的研究已有二十余载，跟踪仿制过俄罗斯和美国的阻燃钛合金体系，俄罗斯采用 Ti-Cu-Al 系，美国采用 Ti-V-Cr 系。由于 Ti-Cu-Al 系阻燃钛合金的高温力学性能没有达到设计要求而未进入工程化生产阶段，Ti-V-Cr 系是我国新型阻燃钛合金的研究重点和发展方向之一[79]。以 Alloy C 合金（Ti-35V-15Cr）的成分为基础，研制了能在 500℃、550℃ 长期使用的 TB12（Ti-25V-15Cr-0.2Si）和 TF550（Ti-35V-15Cr-0.3Si-0.1C）钛合金。目前已突破铸锭成分均匀性控制、棒材挤压开坯、环锻件轧制和阻燃性能试验等关键技术，并在阻燃机理研究方面取得重要进展[80, 81]。

TB12 和 TF550 钛合金是典型的高合金化 β 型钛合金，V、Cr 元素含量总和分别高达40% 和 50%，制备阻燃钛合金工业铸锭要解决成分的精确控制和均匀性，以及微区 V、Cr 元素偏析问题。通过改进合金元素添加方式、电极结构、布料方式以及优化真空自耗电弧熔炼工艺参数，成功制备了锭型为 φ620mm 的 TB12 钛合金和 TF550 钛合金工业铸锭。

作为钛合金家族中最难变形的合金，TB12 和 TF550 合金变形抗力大、工艺塑性低，传统的锻造设备和工艺方法不适于阻燃钛合金的塑性成形。我国大型挤压设备的建设为阻燃钛合金工业铸锭的开坯提供了可行的技术途径。利用北方重工 360MN 大型挤压机，尝试了阻燃钛合金工业铸锭的包套热挤压开坯，由 φ620mm 的铸锭一次挤压成 φ300mm 棒材（见图 1-14），变形充分，晶粒得以显著细化，合金的工艺塑性明显提高，后续坯料的改锻可直接在快锻机上进行，为机匣用 TB12 钛合金环锻件及 TF550 钛合金厚板的制备提供了坯料。通过轧制和等温模锻，分别获得了尺寸为 φ742mm/φ604mm×320mm（外径/内径×高度）的环锻件及半环锻件（见图 1-15）。

图 1-14　TB12 阻燃钛合金包套挤压棒材

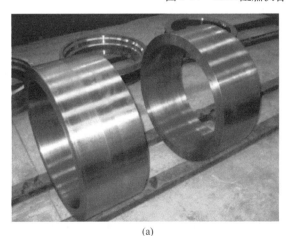
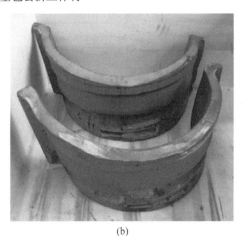

(a)　　　　　　　　　　　　　　　　　　(b)

图 1-15　阻燃钛合金机匣锻件

（a）TB12 钛合金环锻件；（b）TF550 钛合金半环锻件

阻燃性能即材料具有的防止、终止或减慢燃烧的特性，是衡量发动机用钛合金使用安全性的关键性能指标之一。合金元素对 Ti-V-Cr 阻燃钛合金阻燃性能的影响、机理与评价方法等一直是困扰发动机设计选材和用材的技术难题[81]。基于摩擦生热原理和着火热理论，提出通过局部摩擦升温与氧分压精确控制以实现块体金属材料点火燃烧的思路，将摩擦接触压力 P_{fric} 与预混气流氧浓度 c_0 作为控制参数，建立了摩擦氧浓度法（FOC：Friction Oxygen Concentration）钛合金燃烧试验技术与装置[82]，制定了 HB 20541—2018《钛合金抗摩擦点燃性能试验方法》标准，首次实现了阻燃钛合金的阻燃性能定量表征。通过设备改造、调试及几百次试验，规范了试验参数、初始试验条件及试样等，使表征参数的控制精度优于 0.9%。采用 FOC 方法测试与评价了 TB12 及 TF550 钛合金的阻燃性能（见图 1-16），试验结果表明，TF550 钛合金的阻燃性能略优于 TB12，两者差异小于 5%。同时，通过分析氧化、摩擦磨损和燃烧的过程及产物，深入理解了 Ti-V-Cr 阻燃钛合金的阻燃机理。

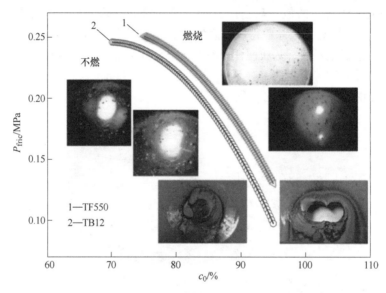

图 1-16 采用摩擦氧浓度法测定 TB12 和 TF550 钛合金阻燃性能试验结果

中国燃气涡轮研究院自主研制了国内首台可变环境条件旋转碰摩式钛火试验器，建立了旋转碰摩着火试验流程，可以模拟高压压气机钛合金构件的工作环境条件，对于航空发动机钛合金燃烧特性评估和防钛火试验研究提供了一个很好的试验手段[83]。

1.3.3.3 TiAl 合金

我国在 TiAl 合金铸造方面开展了大量的研究工作，北京航空材料研究院采用精铸工艺制备了扩压器、涡流器等零件，其中扩压器的外径尺寸达到 566mm，铸件成形完好，无开裂，为 TiAl 合金铸件在我国先进发动机上的应用迈出了重要的一步。中科院金属所成功研制了 TiAl 合金低压涡轮叶片精密铸件。

除铸件外，我国在 TiAl 合金锻件制造方面也开展了大量的研究工作。推进 TiAl 合金锻件的工程化生产和应用必须首先突破 TiAl 合金工业型铸锭的熔炼及成分均匀化控制技术。因 TiAl 合金铝含量高，对杂质元素 O、N 和 H 的含量控制要求高，加之 TiAl 合金铸锭低的塑性，给铸锭制备增加了很大难度。目前，直径小于90mm的TiAl合金铸锭制备一般采用真空感应悬浮熔炼方法，而大于90mm的TiAl合金铸锭制备一般采用真空自耗电弧熔炼或等离子体冷炉床熔炼方法。真空自耗电弧熔炼由于熔炼时熔池较浅，有利于除气和脱氧，且熔池温度较低，可减少Al元素的挥发，有利于Al元素含量的精确控制。但是，由于熔体的温度梯度较大，铸锭内应力也大，熔炼过程中铸锭易产生开裂。经过多年研究，我国采用真空自耗电弧熔炼方法成功制备了ϕ220mm的TiAl合金铸锭，内部致密，无裂纹。

TiAl合金铸态组织塑性较低，通过锻造、挤压和轧制等热加工，可以有效细化组织并减小偏析程度，提升合金的综合力学性能。但是采用普通的镦拔工艺无法进行坯料的改锻，为此尝试了采用包套热挤压工艺进行TiAl合金的高温变形，当挤压温度为1200~1300℃时，包套材料可选用304不锈钢；挤压温度大于1300℃时，包套材料可选用Ti-6Al-4V或工业纯钛。我国采用包套热挤压工艺成功地将ϕ220mm锭坯一次挤压成ϕ60mm圆棒，挤压比约为10，棒材长度达到2.5m，组织均匀细小，如图1-17（a）所示。为了适应TiAl合金叶片模锻需求，研究了TiAl合金方形截面棒材的挤压工艺，成功地制备了TiAl合金方棒，如图1-17（b）所示。

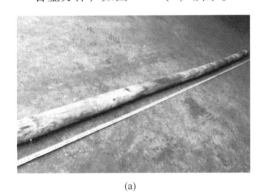
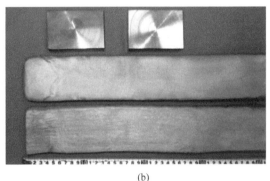

(a)　　　　　　　　　　　　　　(b)

图1-17　TiAl合金挤压圆棒和方棒

（a）挤压圆棒；（b）挤压方棒

由于TiAl合金热塑性有限，采用普通模锻工艺无法实现TiAl合金叶片的锻造成形，为此研究了TiAl合金叶片锻件的等温模锻工艺。通过综合运用数值模拟和物理模拟，对TiAl合金叶片锻件等温模锻过程进行多工步仿真模拟，掌握材料流变规律，分析各种工艺参数的影响，预先实现工艺及模具设计的优化。采用等温模锻工艺成功制备了某型发动机用TiAl合金高压压气机转子叶片锻件，如图1-18所示。采用电化学加工方法加工了相应的TiAl合金转子叶片，尺寸精度、表面质量等均达到设计要求，如图1-19所示。

1.3.3.4　连续SiC纤维增强钛基复合材料

连续SiC纤维增强钛基复合材料（SiC$_f$/Ti）是由连续钨芯（或碳芯）SiC纤维作为增强体，钛合金或Ti-Al系合金作为基体的复合材料，具有高比强度、低密度、高比刚度、耐高温、抗蠕变以及优异的疲劳性能，适于在600~800℃长时使用，并可在1000℃短时使用，是航空航天领域使用的理想材料。整体叶环是未来高推重比发动机的标志性部件，与传统的叶片、盘榫齿连接结构相比，在发动机压气机上使用整体叶环，可减重约70%。

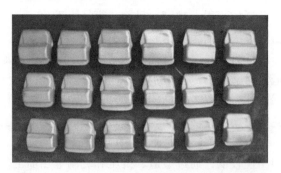

图 1-18　TiAl 合金高压压气机转子叶片等温锻件

图 1-19　TiAl 合金高压压气机转子叶片零件

SiC_f/Ti 复合材料具有各向异性，纵向性能远远高于横向性能，比如纵向的拉伸强度高于基体 1 倍以上，横向只有基体的一半。利用此特点，SiC_f/Ti 复合材料适于制备受力特征鲜明的构件，如整体叶环、涡轮轴、拉杆、活塞杆、蒙皮和弹翼等。

SiC_f/Ti 复合材料的制备步骤是：（1）采用化学气相沉积（CVD：Chemical Vapor Deposition）方法在 $12\sim15\mu m$ 钨芯或 $30\sim33\mu m$ 碳芯表面沉积 SiC；（2）采用 CVD 或物理气相沉积（PVD：Physical Vapor Deposition）方法在 SiC 表面沉积界面涂层，涂层可以阻止界面反应，保护纤维，调节应力，实现载荷传递；（3）通过 PVD、EB-PVD、等离子喷涂等方法在带涂层的 SiC 纤维表面涂覆钛合金或钛基金属间化合物，制备出先驱丝；（4）将先驱丝缠绕、铺放制备成预成形件；（5）将预成形件通过真空热压或热等静压成形制备出毛坯件；（6）将毛坯件加工、热处理制备零件。

连续 SiC 纤维作为增强体，其性能和稳定性是影响 SiC_f/Ti 复合材料最终性能的关键因素之一，国际上 SiC 纤维主要有美国 Textron 公司的 SCS 系列和英国 DERA 公司的 Sigma 系列，这两家公司分别采用碳芯和钨芯通过直流电阻加热 CVD 方法制备 SiC 纤维，拉伸强度大于 3600MPa。北京航空材料研究院及中科院金属所均制备出拉伸强度大于 3800MPa 的钨芯 SiC 纤维，性能稳定。

界面反应涂层是保证复合材料高性能的关键[84]，北京航空材料研究院采用无涂层及 $2\mu m$ 碳涂层的 SiC 纤维制备的钛基复合材料拉伸强度分别为 500MPa 和 2000MPa。合适的涂层可以保护纤维，阻止界面反应，实现载荷传递，使复合材料断口呈现纤维拉拔形态。国外已成熟制备 TiB_x 涂层、C 涂层和 Si/C 复合涂层。国内已成熟制备 B_4C 涂层、C 涂层及 TiC 涂层，分别适用于增强铝基复合材料、钛基复合材料和 Ti-Al 系金属间化合物基复合材料。其中采用 TiC 涂层的钛基复合材料经 1100℃/5h 热处理后，C 涂层依然可以有效保持。先驱丝法制备的钛基复合材料综合力学性能最高，国内针对连续 SiC 纤维增强铝基、钛基、镍基复合材料，通过调整合金涂层组织、应力状态等，制备了厚度为 20～50μm 涂层的先驱丝，用于后续复合材料及构件的制备。

钛基复合材料通过热等静压或者真空热压成形，成形过程需要考虑界面反应、先驱丝钛合金致密化以及复合材料与包套扩散连接三大关键技术。复合材料的力学性能与纤维性能、涂层结构、先驱丝质量、纤维排布、成形工艺、试样加工质量均密切相关，需要逐步精细控制。SiC$_f$/Ti 复合材料的典型力学性能见表 1-8，力学性能数据正在逐步完善，需要制定相应的设计标准及准则。

表 1-8　SiC$_f$/Ti 复合材料力学性能

材料	性能	测试条件	结果	材料	性能	测试条件	结果
SiC$_f$/TC17	拉伸强度	室温	≥2100MPa	SiC$_f$/TA29	拉伸强度	600℃	≥1260MPa
		450℃	≥1500MPa		弹性模量	600℃	≥260GPa
	弹性模量	室温	≥244GPa		蠕变	600℃/400MPa/100h	0.056%
		500℃	≥200GPa		持久	600℃/600MPa	>100h
	持久	400℃/800MPa	>100h	SiC$_f$/Ti$_3$Al	拉伸强度	800℃	≥1010MPa
		450℃/800MPa	>100h		弹性模量	800℃	≥214GPa
	蠕变	400℃/600MPa/100h	0.048%		蠕变	800℃/300MPa/100h	0.108%
	应力控制 LCF	300℃/1100MPa/0.33Hz	>7×10^4		持久	800℃/200MPa	>300h
		400℃/800MPa/0.33Hz	>2×10^6		应力控制 LCF	800℃/400MPa/0.33Hz	>10^4
		450℃/800MPa/0.33Hz	>3.5×10^6				
		600℃/800MPa/0.33Hz	>4.7×10^5				

我国主要开展了钛基复合材料环形件、板材、转动轴部件的研制工作。针对复合材料板材成形后会发生变形，应力调控成为难点。整体叶环回转体结构成形过程容易发生整体断裂，需要综合考虑结构、缠绕、成形等多方面因素。通过多年的技术攻关，解决了整体叶环制备过程中复合材料断裂的问题，制备了 φ604mm×160mm、φ250mm×70mm 整体叶环试验件（见图 1-20）。复合材料构件使用还需要解决如下技术问题：（1）材料的稳定性仍需提高；（2）复合材料力学性能数据不全；（3）缺乏整体叶环性能表征；（4）失效机

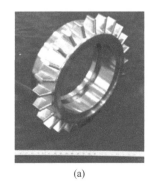  

(a)　　　　　　　　　　　(b)　　　　　　　　　　　(c)

图 1-20　整体叶环部件及超声波探伤 C 扫描图

（a）φ250mm×70mm 叶环；（b）φ604mm×160mm 叶环；（c）φ604mm×160mm 叶环超声波探伤 C 扫描图

理及寿命预测研究刚刚起步，复合材料的性能具有明显的各向异性，材料本身热应力、失效形式又是多样的，金属基复合材料制件的寿命预测十分复杂；（5）无损探伤无法进行微观尺度的检测，因为复合材料很少是均质的，损伤往往遍布整个材料，所以无损检测不仅仅是发现分散的缺陷，而是要评价整体材料；（6）加工过程复合材料与整体叶环同心精确控制问题；（7）缺乏设计准则及考核验证。需要开展大量的应用研究基础性工作，如纤维材料、基体材料以及高温抗氧化涂层，批次稳定性，生产效率，工艺标准、材料制件规范等方面加强研究，逐步解决和完善钛基复合材料在制备、使用过程中出现的问题。

1.4　航空发动机钛合金的特点与选用原则

1.4.1　各国航空发动机主干钛合金材料

本章 1.2 节梳理了世界各航空大国如英国、美国、苏联（俄罗斯）及 1.3 节我国的航空发动机用钛合金发展历程，看似庞杂，实则规律性很强，汇其主干钛合金牌号见表 1-9。表 1-9 还给出了按经验性的 Mo 当量公式（1-1）和 Al 当量公式（1-2），计算每种钛合金材料按其名义成分对应的 Mo 当量值（$[Mo]_{eq}$）和 Al 当量（$[Al]_{eq}$）值[29]。

$$[Mo]_{eq} = \frac{w(Mo)}{1} + \frac{w(Ta)}{4} + \frac{w(Nb)}{3.3} + \frac{w(W)}{2} + \frac{w(V)}{1.4} + \frac{w(Cr)}{0.6} +$$

$$\frac{w(Ni)}{0.8} + \frac{w(Mn)}{0.6} + \frac{w(Fe)}{0.5} + \frac{w(Co)}{0.9} \tag{1-1}$$

$$[Al]_{eq} = w(Al) + \frac{1}{3}w(Sn) + \frac{1}{6}w(Zr) + 10w(O) + w(C) + 2w(N) \tag{1-2}$$

表 1-9　各国航空发动机用主干钛合金材料概况

序号	合金	名义成分 （质量分数）/%	合金类型	最高长时 使用温度/℃	$[Mo]_{eq}$ /%	$[Al]_{eq}$ /%
1	Ti-64、BT6、IMI318、TC4	Ti-6Al-4V	α+β	350	2.9	7.0
2	IMI550	Ti-4Al-2Sn-4Mo-0.5Si	α+β	400	4.0	5.7
3	Ti-811、TA11	Ti-8Al-1Mo-1V	近 α	425	1.7	9.0
4	Ti-17、TC17	Ti-5Al-2Sn-2Zr-4Mo-4Cr	α+β	430	10.7	7.0
5	BT3-1、TC6	Ti-6Al-2.5Mo-1.5Cr-0.5Fe-0.3Si	α+β	450	6.0	7.0
6	Ti-6246、TC19	Ti-6Al-2Sn-4Zr-6Mo	α+β	450	6.0	8.3
7	BT22、TC18	Ti-5Al-5Mo-5V-1Cr-1Fe	α+β	450	11.8	6.0
8	IMI679、TA14	Ti-11Sn-5Zr-2.25Al-1Mo-0.25Si	近 α	450	1.0	7.8
9	BT8、TC8	Ti-6.5Al-3.3Mo-0.3Si	α+β	500	3.3	7.5
10	BT9、TC11	Ti-6.5Al-1.5Zr-3.5Mo-0.25Si	α+β	500	3.5	7.3
11	BT5-1、IMI317、TA7	Ti-5Al-2.5Sn	α	500	0	6.8
12	BT20、TA15	Ti-6.5Al-2Zr-1Mo-1V-0.15Si	近 α	500	1.7	7.8
13	IMI685	Ti-6Al-5Zr-0.5Mo-0.25Si	近 α	520	0.5	7.8
14	Ti-6242S、TA19	Ti-6Al-2Sn-4Zr-2Mo-0.08Si	近 α	540	2.0	8.3

序号	合金	名义成分 （质量分数）/%	合金类型	最高长时 使用温度/℃	$[Mo]_{eq}$ /%	$[Al]_{eq}$ /%
15	TA32	Ti-5.5Al-3.5Sn-3Zr- 0.7Mo-0.4Nb-0.4Ta-0.3Si	近α	550	0.9	8.2
16	IMI829	Ti-5.5Al-3.5Sn-3Zr- 1Nb-0.25Mo-0.3Si	近α	550	0.6	7.7
17	BT25、TC25	Ti-6.7Al-1.5Sn-4Zr- 2Mo-1W-0.15Si	α+β	550	2.3	8.8
18	BT25y、TC25G	Ti-6.5Al-1.8Sn-4Zr- 4Mo-1W-0.2Si	α+β	550	4.5	8.8
19	BT18y	Ti-6.5Al-2.5Sn-4Zr- 1Nb-0.7Mo-0.25Si	近α	550~600	1.0	9.0
20	BT36	Ti-6.2Al-2Sn-3.6Zr- 0.7Mo-5W-0.15Si	近α	600	2.7	8.5
21	IMI834	Ti-5.8Al-4Sn-3.5Zr- 0.7Nb-0.5Mo-0.35Si-0.06C	近α	600	0.7	8.7
22	Ti-1100	Ti-6Al-2.75Sn-4Zr-0.4Mo-0.45Si	近α	600	0.4	8.6
23	TA29	Ti-5.8Al-4Sn-4Zr-0.7Nb- 1.5Ta-0.4Si-0.06C	近α	600	0.6	8.8
24	TA33	Ti-5.7Al-4Sn-3.5Zr-0.4Mo- 0.4Nb-1Ta-0.4Si-0.05C	近α	600	0.8	8.6
25	Alloy C	Ti-35V-15Cr	全β	540	47.5	0

1.4.2 Al 当量、Mo 当量和电子浓度设计

钛元素在固态下具有同素异构转变特性，对于纯钛，882℃ 以下为密排六方结构（HCP：Hexagonal Close-Packed）的 α 相，882℃ 至熔点（1668℃）为体心立方结构（BCC：Body-Centered Cubic）的 β 相，亦即在 882℃ 发生 α⇌β 相转变，该温度称为 α⇌β 相转变温度，往往简称为 β 相变点或 β 转变温度，用 T_β 来表示，加入不同合金化元素会改变这个 T_β 值。较之于体心立方结构的 β 相，密排六方结构的 α 相具有更好的组织稳定性、更低的自扩散速率和更少的可被激活的位错滑移系，α 相具有更高的高温蠕变抗力和组织稳定性。单一的 α 相因位错滑移困难，α 型钛合金具有较差的锻造成形性，变形抗力大，且对温度极其敏感，而且锻造过程中坯料表面和心部容易开裂。为了改善钛合金的锻造工艺性，往往还加入一些 β 稳定化元素，生成 β 相。不同 β 稳定化元素对 β 相的稳定作用目前一般采用经验性的 Mo 当量公式进行表征，Mo 当量也是判定一个钛合金类型的依据。

Al 当量公式是 H. W. Rosenberg[24] 于 1968 年第一届国际钛会上提出的，是航空发动机用钛合金成分设计和控制的基石。为了保证钛合金具有良好的组织稳定性，认为 Al 当量应小于等于 9%、保守一点，Al 当量应小于等于 8.5%，当然，这个公式仅在 0%～9% Al、0%～15%Sn、0%～15%Zr、0%～0.2%O 时适用。当钛合金的 Al 当量超过 9%、在低

温时效或 400~700℃ 长时暴露时，α 基体会发生有序化演变的趋势，当满足热力学和动力学两个条件下，在 α 基体中析出共格的 α_2 沉淀相。α_2 相的存在会显著改变 α 相中的位错运动模式，促进位错平面滑移，抑制位错交滑移，使基体脆化，导致单次拉伸或循环加载条件下更易萌生裂纹并更易扩展，从宏观上显著降低塑性和疲劳性能。研究表明，α_2 相的沉淀析出还会促进钛合金的氢脆、热盐应力腐蚀开裂等。Shamblen 和 Redden[85] 认为"安全"的 Al 当量小于等于 8% 更为合适。Scarr[86] 研究 Ti-8Al-0.3O 钛合金中加入 Zr 对 $\alpha/(\alpha+\alpha_2)$ 转变的作用，认为 Al 当量公式中 Zr 的作用应为 1/24，而不是 1/6。在控制 Al 当量以保证钛合金冶金学组织稳定思想的指导下，航空发动机用高温钛合金研究方向之一是寻找 α_2 相析出倾向小并能有效固溶强化 α 相的合金元素，代替部分 Al，于是发展了一系列含 Ga、Bi 等元素的钛合金。不过，加入 Ga 对于合金的强化效果并没有预期那么好。含 Bi 的 Ti-11（Ti-6Al-2Sn-1.5Zr-1Mo-0.35Bi-0.1Si）钛合金也未得到应用[87]。

目前在实际生产中，某些标准对 Al 当量做了限定，如某标准对应 Ti-6246 钛合金原材料，要求计算每炉批合金实测成分按 Al 当量公式相应的实际 $[Al]_{eq}$ 值，并要求 $[Al]_{eq} \leqslant 9.2\%$。

虽然 Al 当量公式在研制航空发动机钛合金时起到了有益的指导作用，但 Al 当量公式的精确性是值得怀疑的，而且 Al 当量公式是以试验统计方法而得出的经验性结果，并以质量百分比来建立当量关系，没有表达出钛合金组织稳定性的物理本质以及各合金化元素对 Al 当量因子贡献的物理涵义。用 Al 当量公式作为钛合金组织稳定性的判据缺乏严密性，尤其是用它来指导添加新合金元素进行合金设计时还存在局限性。李东[88] 开创性地提出了基于电子浓度规律的钛合金组织稳定性判据公式，认为高温钛合金的电子浓度总和（N_c）应小于等于 2.12。

$$N_c = \sum N_i f_i^{\alpha} \leqslant N_p = 2.12 \qquad (1-3)$$

式中　f_i^{α} —— 合金元素在 α 相中的原子百分数；

　　　N_i —— 合金元素的价电子数；

　　　N_p —— 特征电子浓度。

N_i 值由元素的外层电子结构决定，钛合金常用合金元素的 N_i 值见表 1-10。

表 1-10　元素的价电子数

元素	Ti	Al	Sn	Zr	Ga	V	Mo	Nb	Si	O
N_i	2	3	4	2	3	3	5	4	4	6

按公式（1-3）计算国外几个典型高温钛合金的平均电子浓度 N_c 见表 1-11。

表 1-11　电子浓度 N_c

合金	IMI829	IMI834	Ti-6242S	Ti-1100
N_c	2.107	2.181	2.167	2.160

注：上述合金的 O 含量均假定为 0.1%。

按照电子浓度规律，当钛合金的电子浓度低于特征电子浓度（N_p）时，随着电子浓度增加，无序固溶体趋向于发生短程有序化；当电子浓度达到 2.12 时，合金基体中将析

出 α_2 相，并且随着电子浓度的增加，α_2 相的含量和尺寸增加，组织稳定性急剧下降。

1.4.3 航空发动机钛合金材料的选用原则

从本章 1.2 节各国航空发动机用钛合金的发展历程可知，航空发动机钛合金部件的工作温度，依据其所在位置，大约介于室温至 600℃的温度区间。钛合金风扇与压气机的叶片和盘在高速转动时，承受相对大的交变载荷作用，叶片主要承受高频振动应力和离心应力作用，盘件主要承受低频的多轴大应力作用，考虑到叶片与机匣之间须保持一个较小的叶尖间隙，以提高空气增压效率、降低耗油率、排气温度以及防止钛火故障，高温蠕变和疲劳性能是航空发动机用钛合金部件首要保障的性能。与镍基高温合金相比，钛合金具有本质差的高温蠕变性能，即使在室温条件下拉伸应力明显低于屈服强度时也会产生塑性应变，即发生宏观意义上的蠕变变形，蠕变性能是钛合金用于发动机转动部件的最主要短板之一。此外，蠕变还会与疲劳产生交互作用，极大地降低疲劳性能，特别是在低周大应力保载作用下，疲劳寿命显著降低，这一现象称为冷保载效应或保载敏感性，需要引起关注。

航空发动机用高温钛合金发展的主要目的是为了提高合金的使用温度，从 1954 年推出的 Ti-6Al-4V 钛合金的 350℃到 1984 年推出的 IMI834 钛合金的 600℃，在 30 年的时间内，钛合金的耐热温度提高了 250℃。在 500℃以上，随着使用温度的提高，合金的 Mo 当量呈下降趋势，而 Al 当量则始终保持在 8%~9%的水平，对于 600℃高温钛合金，Mo 当量基本控制在 0.5%~1%，Al 当量控制在 8.5%~9%[89]。不同耐热能力的钛合金，在航空发动机风扇和压气机系统的低温、中温和高温段分别得到了恰如其分地应用，发挥不同钛合金材料基于力学性能、生产成本、制造工艺等方面的综合优势。

钛合金的耐热能力是以蠕变抗力来评估的，一般采用 Larson-Miller 曲线来表征，图 1-21 给出了欧美主要航空发动机钛合金的 Larson-Miller 曲线，横坐标为 Larson-Miller 曲线参数 ϕ，纵坐标为施加的拉应力，曲线越靠右上，蠕变性能亦即耐热能力越强。航空发动机

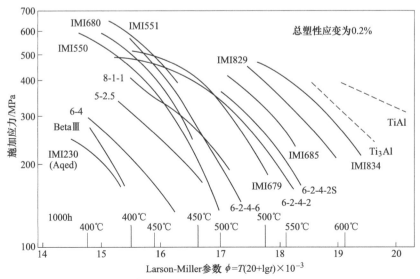

图 1-21 欧美航空发动机用高温钛合金的蠕变性能比较（Larson-Miller 曲线）

用传统钛合金材料，基本上认为其长时使用最高温度限定在 600℃以下，主要的限制因素是蠕变性能、抗氧化性能、钛火敏感性，在 600℃以上，上述几项性能会急剧下降。随着使用温度的升高，钛合金的表面氧化问题凸显，经过长时高温暴露，部件表面会生成一层薄的脆性氧化层（即 α 层），在交变循环载荷作用下，容易产生细微的表面裂纹，成为部件疲劳失效的裂纹源。表面氧化问题对于薄壁的高压压气机叶片来说极其关键，解决办法：一是降低使用温度，减小 α 层的厚度；二是叶片表面涂覆抗氧化涂层。到目前为止，航空发动机钛合金叶片的使用温度均限定在 600℃以下，工程应用时尚未采用抗氧化涂层，多数的陶瓷涂层、金属间化合物涂层具有本质的低塑性，在高频疲劳载荷作用下，有降低叶片疲劳性能的隐患[90]。当航空发动机处于不稳定状态如转子不平衡、喘振、转动失速时[91]，转子叶片容易因过载而断裂，其断片与静子发生摩擦，如果是 Ti 与 Ti 的摩擦副，易引发钛火，在短时间内导致发动机的烧毁。

　　在 600℃以上，传统固溶强化型钛合金主要受蠕变和氧化限制，已不能胜任更高温度的使用要求。实践表明，通过加入稀土元素、难熔元素来提高钛合金的热强性是不可行的，同时期望析出除硅化物以外的沉淀相的努力也没有成功，α 型钛合金固溶强化能力已达到极限[92]。到目前为止，航空发动机压气机钛合金零部件均未采用抗氧化涂层，认为钛合金本身的抗氧化能力能够满足 600℃以下温度长时使用的要求。另外，钛合金零件表面施加涂层，除了涂层本身的工艺技术障碍外，还存在涂层与基体间界面结合稳定性以及涂层对零件疲劳性能的影响问题，当然，略微增重也是需要考虑的。

　　轻质耐热的 Ti-Al 系金属间化合物（Ti₃Al 基、Ti₂AlNb、TiAl 基）和钛基复合材料（包括 Ti 基、Ti₃Al 基和 TiAl 基）成为 600℃以上非常有潜力的候选材料。其中，TiAl 合金叶片和 SiC_f/Ti 复合材料（SiC_f/Ti）整体叶环，有望应用于高推重比（≥15）军用发动机；TiAl 合金目前已应用于部分先进民用发动机低压涡轮叶片。传统钛合金、Ti-Al 系金属间化合物、钛基复合材料已构成广义的钛合金范畴，三者在物理力学性能、制造加工工艺、生产成本、技术成熟度等诸多方面各有优势和劣势，根据具体发动机的结构设计和服役环境特点，相应的部件灵活选用合适的材料。本书述及的钛合金，仍以传统钛合金为主。

　　总体而言，根据发动机具体部件所承受的温度和应力条件，可将航空发动机用钛合金笼统地分为三类，见表 1-12，各类之间的界面未必那么严格。

表 1-12　国内外航空发动机上常用的钛合金

序号	应用部位	温度条件/℃	典型合金	合金类型	特性
1	风扇或低压压气机	-60~350	Ti-6Al-4V	α+β 型	成熟度高，制造工艺适应性好、成本低
2	中压压气机全部，高压压气机前段	350~500	Ti-6246、Ti-17、TC11、BT22、BT25	α+β 型、近 β 型	综合性能好，抗超转破裂性能强
3	高压压气机后段	500~600	Ti-6242S、IMI829、IMI834	近 α	高温蠕变抗力高

在风扇和低压压气机系统，目前在役的航空发动机转子（盘、叶片）、静子（机匣）零件所用钛合金绝大多数选用 Ti-6Al-4V 钛合金，发动机中低温使用的部件选材时，还没有任何一种钛合金能与 Ti-6Al-4V 钛合金相竞争。根据不同的设计和使用要求，所采用的 Ti-6Al-4V 在合金成分、制造工艺、组织控制等方面有差异，特别是对于杂质元素含量的要求，不同的发动机公司有自己的专用标准规定，如 RR 公司要求发动机风扇盘用 Ti-6Al-4V 钛合金的 O 含量控制在 0.17%~0.23%，GE 公司要求发动机风扇盘用 Ti-6Al-4V 钛合金的 O 含量控制在小于等于 0.20%，有些要求高损伤容限性能的 Ti-6Al-4V 钛合金部件，要求 O 含量控制在小于等于 0.13%。RR 公司将 O 含量限定于一个可控范围，可以更好地控制材料的相变点和性能分散性在一个更小的范围，从而提高批次质量一致性。较高的 O 含量有助于提高材料和锻件的拉伸强度和疲劳强度，但会降低损伤容限性能和抗热盐应力腐蚀性能，因此需要在各种性能之间做出综合选择，各取所需。

在双转子发动机低压压气机后段、高压压气机前段，以及三转子发动机的中压压气机，此处温度适中，最能发挥钛合金的力学性能优势。随着转子速度的提高及转子尺寸的增大，转子承受的应力增大，设计倾向于采用强度更高的钛合金，以提高盘件抵抗破裂的能力。PW 和 RR 公司选择 Ti-6246 钛合金，GE 公司和 CFMI 公司选择 Ti-17 钛合金，俄罗斯选择 BT22、BT25 等钛合金。Ti-6246 和 Ti-17 钛合金属于富 β 相的 α+β 型合金，美国将其定义为亚稳定 β 型合金，从 β 相区快速冷却时不发生马氏体相变，经 500~600℃时效，从亚稳定的 β′ 或 ω 相中析出细小的 α 片层而得以强化，屈服强度（$\sigma_{0.2}$）可超过 1200MPa[1]。这些合金的 Mo 当量高，T_β 和 M_s（马氏体转变开始温度）、M_f（马氏体转变结束温度）低，β 相的稳定性高，获得规定的 β 相分解程度的时效时间增加，因此具有优异的淬透性，适于制造厚截面的锻件。这些高强钛合金如果采用 α+β 区锻造和热处理，得到细小的双态组织或等轴组织，其断裂韧度往往低至设计无法接受的程度。为了提高断裂韧度，Ti-6246 和 Ti-17 钛合金盘锻件后来趋向于采用 β 模锻工艺，通过严格设计和控制锻造及后续热处理的工艺参数，得到细晶的网篮组织，以平衡强度、韧度、塑性等。将等温锻用于 β 区模锻，工艺参数可以得到更加精确地控制，避免了普通模锻终锻温度往往会降至 α+β 区而形成晶界为等轴 α 项链状、晶内为片层组织的显微组织不均匀问题。法国 Turbomeca 公司引入 Ti-6246 钛合金，用于直升机用涡轴发动机低压压气机盘，代替之前的 Ti-6Al-4V 钛合金，以适应新发动机对更高强度的设计要求[93]。Turbomeca 公司还引入高强 β 钛合金 Ti-1023 用于压气机轴，代替之前的钢材料，可以减重，但面临与齿轮接触时产生摩擦方面的问题，需采用合适的耐磨涂层来解决。

先进航空发动机高压压气机高温段的盘、叶片、整体叶盘，一般以耐热能力为主要依据来选择合适的合金。不同国家的发动机公司对钛合金的最高长时工作温度看法不一。英国 RR 公司认为传统钛合金能用到 600℃甚至短时能用到 630℃，主要是通过 IMI834 钛合金来实现其耐热温度的极限，如 Trent 发动机 IMI834 钛合金高压压气机后段零件实际使用温度已超过 600℃，而美国 PW 和 GE 发动机公司一般认为钛合金的实际使用温度不得超过 550℃。法国 Snecma 和 Turbomeca 的认识与美国相似，在其发动机高压压气机高温段的盘件不选用 IMI834 钛合金，认为 IMI834 钛合金的高温力学性能尽管能满足设计要求，但是 IMI834 钛合金现行的热机械处理工艺，要实现显微组织的精确控制实际上是很困难的，采用了最高耐热能力到 520℃的 Ti-6242S 钛合金，520℃以上则选用镍基高温合金。

实际上，高温钛合金使用温度的极限是一个极复杂的问题，取决于具体部件的工作条件如温度、应力以及对使用寿命的要求，还与发动机的机动性能要求有关。对于军用航空发动机，更加强调发动机的推重比和工作性能，设计趋于采用更轻更强的高温钛合金材料；而对于民用航空发动机，更加强调发动机的安全可靠性，对发动机的减重要求不那么迫切，高温段更趋于采用镍基高温合金。高压压气机后段的叶片和盘零件，往往承受高温（400~600℃）和大应力（100~400MPa）的共同作用，即在高温条件下承受巨大的离心应力、气动应力、热应力及相关零件非协调变形的附加应力，力学行为复杂，且存在各类损伤耦合。为此，与涡轮盘、涡轮叶片的设计选材相似的是，更多地要考虑材料和部件的蠕变变形、高温保载疲劳、微动疲劳损伤等。

上述钛合金主要应用于航空发动机的关键件和重要件，如风扇和压气机的盘、叶片、机匣、整体叶盘等，对合金的力学性能要求相对来说是很高的。航空发动机结构中，除了主要使用变形钛合金材料外，还用到了一些铸件、承受小应力构件、紧固件等。先进航空发动机上已广泛采用大型复杂整体钛合金精铸风扇框架，如 CF6-80 发动机风扇机匣采用钛合金精铸机匣代替原来 88 个钢铸件，质量减轻 50% 以上。钛合金精密铸造技术根据铸型制备技术的不同包括石墨捣实型、机加工石墨型、氧化物面层陶瓷型壳等。高质量的钛合金铸件一般采用氧化物面层陶瓷型壳浇铸，可制造大型复杂薄壁件，如美国 Howmet 公司及 PCC 公司已能浇铸重达 730~770kg 的铸件，PCC 公司能生产直径达 2m 的大型铸件，铸件尺寸公差可达 ±0.13mm，最小壁厚达 1~2mm。钛合金精铸技术的发展适应了飞机及发动机减重的要求，同时由于原材料利用率高、加工成本低、制造周期短，钛合金精铸件在发动机中的用量比例明显增加，如 F100 发动机的钛用量高达 38%，整个发动机使用了 25 种不同类型的 130 多个 Ti-6Al-4V 钛合金精铸件，取代原来的钢制零件，使每台发动机的质量减少 14kg。20 世纪 80 年代末，美国 PCC 公司制造的 GE90 发动机风扇轮毂，直径达 2m；Ti-6242 钛合金压气机机匣，直径为 710mm，质量 70kg[94]。

我国航空发动机上用到的钛合金典型铸件是 ZTC4 钛合金中介机匣，结构外形复杂、壁薄，需采用精密铸造技术制造。除此之外，ZTC4 钛合金还用于发动机的非承力构件，数量多，类型庞杂，如各类静子内环、管接头、管接嘴、支架、支板、安装座等。我国的铸造钛合金牌号还有 ZTC3 和 ZTA15 等，用于各类机匣。

小承力构件如安装支板、传感器支板、导流管、液压管等的钛合金材料选择类似于飞机的选材方式，一般采用工业纯钛 TA1 和 TA2，以及 TA18（Ti-3Al-2.5V）钛合金，因为这些合金的成形性能好，容易制成各类型材、薄壁管材等。紧固件一般选用 TC4 和 TC16（Ti-3Al-5Mo-4.5V）钛合金。TC16 钛合金的半成品有热轧棒材和冷镦用磨光棒（线）材，工艺塑性好，可以像 β 型钛合金一样用冷镦制造铆钉及螺栓。

1.5　先进航空发动机发展对高性能钛合金的需求及应用展望

1.5.1　传统钛合金材料发展的局限性

钛合金在航空发动机上 60 余年的应用经历充分说明了钛合金的重要地位与作用，在先进的军民用发动机中的用量占整机质量的 25%~40%。实践表明，钛合金使用温度每提高 50℃，可以代替一级或几级压气机镍基高温合金，有明显减重效益，发动机性能水平有跨代的提高。传统钛合金的耐热能力（即最高长时使用温度，一般是针对高压压气机叶片和盘这类关键件应用而言）主要受蠕变和氧化的限制，认为长时服役温度应不高于600℃。在 1968 年召开的第一届国际钛会上，大家普遍认为发动机中 400℉（204℃）以下使用的钛合金将很快被复合材料取代，800℉（427℃）以上使用的钛合金会被镍基高温合金取代[95]。此论断已有 50 余年，但钛合金依然是发动机的主干材料，相信在未来较长的一段时间内，钛合金作为发动机主干材料的地位不会改变，其用量占比不会有显著变化。但是近 20 年来在部分大推力民用发动机上，钛合金的应用受到了树脂基复合材料和镍基高温合金的双面挤压，即在低温段受到树脂基复合材料的竞争，高温段受到镍基高温合金的竞争。

大推力民用发动机的发展趋势是提高推力和工作效率，具体解决措施是增大风扇尺寸，减小核心机尺寸，因而相应部件的受力、受热条件愈加严酷。低温段的风扇叶片和风扇机匣，传统钛合金材料受到树脂基复合材料的强有力竞争，随着树脂基复合材料性能的提高、技术成熟度的提升以及成本的降低，会逐步替代部分 Ti-6Al-4V 钛合金超塑成形/扩散连接（SPF/DB：Super Plastic Forming/Diffusion Bonding）的空心风扇叶片，还有 Ti-6Al-4V 钛合金风扇机匣，得以进一步减重和提高风扇转子速度。新型高温树脂基复合材料风扇叶片的质量比钛合金叶片更轻，减重效果达 40%，在抗振特别是抗颤振性能方面优于钛合金，抗鸟击能力和噪声指标也获得适航批准，复合材料风扇叶片替代传统 Ti-6Al-4V 钛合金宽弦空心风扇叶片是趋势[96]。目前，GE 公司的 GEnx、GE90 和 CFMI 公司的 LEAP 发动机采用先进碳纤维复合材料风扇叶片（三维编织树脂转移模塑成形技术（RTM：Resin Ttransfer Molding）），如 GE90-115B 发动机复合材料风扇叶片，用 IM7 中长碳纤维与增强的 8551-7 环氧树脂组成的称为"大力神"复合材料，将叶身与叶根做成一体，从叶根到叶尖逐渐减薄。复合材料风扇叶片的进气边采用胶粘上薄的钛合金蒙条，可以消散外物冲击产生的巨大能量，并抑制叶尖边缘复合材料的剥离趋向[97]。风扇叶片的材料选择取决于系统工程考虑，复合材料风扇叶片在疲劳性能方面有优势，而中空钛合金叶片在抗冲击性能方面有优势，目前两者的生产成本相当，减重效果取决于风扇叶片的长度，叶片越长，应用复合材料的优势越明显[71]。图 1-22 为 GEnx 发动机树脂基复合材料风扇叶片和风扇机匣示意图，复合材料用量超过 600kg，约占发动机质量的 13%，是 GE90 的 2 倍。图 1-23 为 LEAP 发动机树脂基复合材料风扇叶片示意图，单件重 4.22kg，整个风扇转子共有 18 个叶片，总重 76kg，而 CFM56-5C 发动机的钛合金风扇转子共有 36 个叶片，总重 150kg。可见，树脂基复合材料风扇叶片在数量和减重方面表现出明显的优势。

美国 PW 公司的 F119 发动机风扇外涵机匣采用 PMR15 聚酰亚胺树脂基复合材料，压气机静子结构和进气道采用 AFR700B 超高温树脂基复合材料，可在 371℃下工作 1000h，在 316℃下工作 10000h。PW 公司生产的用于 F-35 战斗机的 F135 发动机，其风扇进口机匣选材曾考虑采用钛合金，后来，PW 公司对 IM7/5250-4RTM 树脂基复合材料进行了研究，这种材料结合先进的树脂转移模塑成形工艺，可使机匣的质量减轻 6.8kg，成本远低于钛合金。

图 1-22　GEnx 发动机树脂基复合材料　　　　图 1-23　LEAP 发动机树脂基复合材料风扇叶片
　　　　　风扇叶片和风扇机匣　　　　　　　　　　　　　　（叶片进气边采用钛合金蒙条）

　　航空发动机高压压气机的高温段，一直是钛合金和镍基高温合金竞争的主战场。随着先进发动机核心机尺寸变小、压气机压缩比的提高，压气机转子速度提高，出口温度更高，钛合金材料越来越难以满足更大应力、更高温度使用的要求，高压压气机高温段的材料只能选用热强性更优的镍基高温合金。RR 公司从 Trent800 发动机发展到 Trent900/1000/XWB 发动机，在结构设计和材料选用方面做了较大变化，与 Trent800 相比，Trent900 的风扇直径加大 152.4mm，达到 2950mm，风扇叶片设计采用树脂基复合材料与钛的混合结构替代空心的钛合金宽弦叶片，风扇导向叶片和风扇增压级的转子和静子将采用复合材料与铝合金复合结构替代钛合金；而核心机则按 0.9 倍的比例缩小，高压压气机内腔的压力和温度更高，钛合金材料因蠕变和强度所限，无法满足使用要求，故采用镍基高温合金来制造高压压气机高温段的叶片、盘、整体叶盘等部件。

1.5.2　TiAl 合金和 SiC$_f$/Ti 复合材料的发展

　　英国、美国、苏联在航空发动机用钛合金的合金化方面经过 40 年的研究与发展，到 20 世纪 80 年代末期，合金开发工作基本结束，各国形成了独具特色的航空发动机钛合金材料体系，根据具体发动机部件的性能要求选择相应的钛合金牌号和制造工艺。目前使用的大多数钛合金材料是在 1950~1990 年间研制的，基本满足了在役发动机的使用要求。这不意味着传统钛合金材料已无性能潜力可挖，而是开发一种用于航空发动机的新合金，要考虑投入成本与产出效益的平衡，还有商业化及供应链方面的考量。更为重要的是，一种新合金要得到工程应用特别是用于发动机转动件，要得到批准需要一个漫长的过程，成本很高，风险很大。

　　从 20 世纪 90 年代开始至今，传统钛合金更多的研究工作集中于针对工程生产和应用过程出现的问题而进行的工艺技术改进和基础研究，如为了解决偏析问题而优化真空自耗电弧熔炼工艺及选择恰当的锭型；为了解决硬 α 夹杂物和高密度夹杂物问题而发展了等离子体或电子束冷炉床熔炼技术；因钛火故障而开发阻燃钛合金及采取有效的防钛火措施；

因发动机盘转子提前断裂而引发对于保载疲劳、微织构的研究等。这些年来，各种数值模拟仿真技术得到了极大发展并成功用于工程实践，实现了多学科技术的很好融合，如借助工艺数值模拟对钛合金熔炼、锻造、热处理进行模拟，预测可能产生的缺陷，为制定和优化工艺参数提供指导；借助集成计算材料工程技术，利用晶体塑性模型、离散位错模型等，对钛合金的显微组织、微织构和力学行为特别是疲劳裂纹萌生行为进行模拟和预测，大大丰富了钛合金的冶金学知识，也为具体工程应用条件下部件的寿命预测及失效分析提供了思路。

　　经过 40 年的合金研发，传统固溶强化型钛合金的最高长时使用温度达到了 600℃，以英国 IMI834 钛合金为代表，进一步提高钛合金的使用温度受到蠕变、氧化、钛火等因素的限制。先进发动机朝着高涡轮前温度、高推重比、长寿命和低油耗方向发展，压气机系统出口温度已超过 600℃，传统钛合金已无法胜任高压压气机后段 600℃ 以上的工作条件；若采用镍基高温合金，因其密度太高，影响了推重比的提高，因而对具有高温、高比强度、高比模量、抗氧化特性的轻质新材料提出了需求。

　　新材料技术始终处于航空发动机可用技术的最前沿，美国综合高性能发动机技术计划（IHPTET：Integrated High Performance Turbine Engine Technology）的实现很大程度源于新材料技术。进入 21 世纪，提高先进发动机的性能，对材料的要求已不满足于传统材料的渐进式发展，要求开辟全新的材料体系及工艺方法。传统金属材料虽然仍是发动机用的主干材料，然而，发动机的服役条件，特别是温度，驱使着材料科学家更多地考虑其他体系的材料，如复合材料等[98]。美国通用的经济可承受的先进涡轮发动机研究计划（VAATE：Versatile Affordable Advanced Turbine Engine）的六代机发动机（变循环结构）的推重比要求达到 15~20，涡轮前温度达到 2100K，将综合平衡性能、可靠性、耐久性和经济可承受性，进一步降低发动机质量和减少发动机转子级数。传统钛合金的渐进式发展已不能满足新一代航空发动机技术的设计要求，为此，在传统钛合金材料的基础上又发展了两个重要方向，即 Ti-Al 系金属间化合物和钛基复合材料。高性能传统钛合金、Ti-Al 系金属间化合物、钛基复合材料构成了航空发动机用广义钛合金材料体系。

1.5.2.1　TiAl 合金在航空发动机领域的应用进展

　　Ti-Al 二元系中有三种金属间化合物得到了研究人员的重视，即 Ti_3Al、TiAl 和 $TiAl_3$。20 世纪 70 年代，Ti-Al 系金属间化合物研究集中于 Ti_3Al 合金（又称 $α_2$ 合金），但当传统钛合金特别是 IMI834 钛合金出现后，Ti_3Al 合金热强性优势不明显，加之韧性低、加工困难、成本高，限制了其在航空发动机上的工程应用。在 Ti_3Al 合金中加入 Nb 元素且 Nb 含量提高到 25%（原子分数）时，会出现一种新相 Ti_2AlNb，称为 O 相（Orthorhombic phase），具有 CmCm 空间群结构，属于正交晶系有序相。20 世纪 90 年代以来，Ti-Al 系金属间化合物研究逐渐聚焦于以 γ 相为基的 TiAl 合金，TiAl 合金具有优良的高温性能，包括低的密度（$3.7~3.9g/cm^3$），高的弹性模量（600℃ 时，$E = 170GPa$），好的高温蠕变抗力、高周疲劳性能、抗氧化及抗燃烧性能（见图 1-24），且其蠕变和抗氧化性远优于 Ti_3Al 合金和 Ti_2AlNb 合金[99,100]。在 700~850℃ 温度范围内，与镍基高温合金和钛合金相比，TiAl 合金具有更高的比强度和比弹性模量[101]。TiAl 合金在航空领域应用的优势主要体现在：（1）TiAl 合金比发动机用其他常用结构材料的比刚度高约 50%，高刚度对要求低间隙的部件有利，可延长叶片等部件的使用寿命；（2）TiAl 合金在 700~850℃ 的比强度显著高于镍基高温合金，设计上可以实现结构减重和减少对相关支撑件的负荷；（3）TiAl 合金

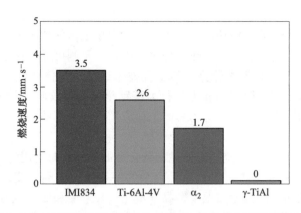

图 1-24　γ-TiAl 合金与其他钛合金及 Ti$_3$Al 基合金阻燃性能比较

具有良好的阻燃性能，可用于一些易发生钛火的部件。基于上述优势，TiAl 合金被认为是应用于高推重比发动机极具潜力的高温结构材料，主要应用对象是高压压气机后段的转子叶片和低压涡轮转子叶片。新一代发动机革命性的设计理念推动了 TiAl 合金的发展。目前开发的 TiAl 合金叶片制造工艺主要有三种，即铸造、锻造和增材制造。

　　TiAl 合金的高温性能优势极其突出，但缺点也很明显，主要表现为：（1）力学性能对成分有极强的敏感性；（2）成分（包括杂质元素）、显微组织和织构分布的不均匀，易造成性能显著波动；（3）650℃以下具有低的塑性和韧性，部件内部尺寸极小的孔洞、夹杂物或裂纹均会显著降低疲劳性能；（4）制造难度极大，TiAl 合金加入高含量的 Al 元素及一些难熔元素，组分熔点差异大，不论是采用铸锭冶金还是粉末冶金，获得均匀优质的原材料均很困难；（5）具有显著的加工脆性，使得锻造、焊接、机加工异常困难，生产成本高，合格率低。

　　TiAl 合金压气机叶片和低压涡轮叶片的批量稳定生产关键在于制造工艺及检测检验，各航空发动机制造商根据自身发动机对低塑性 TiAl 合金的设计考虑，采用了不同的制造工艺，并在相应的发动机上得到应用。GE 公司选择具有良好铸造成形能力的第二代 TiAl 合金 Ti-48Al-2Cr-2Nb（简称 Ti-4822，其中 Al、Nb、Cr 的质量分数大约分别为 33.4%、4.8% 和 2.7%）用于生产铸造低压涡轮叶片[102]，第一个获得发动机成功试车的是 Howmet 公司的 Ti-4822 合金铸造涡轮叶片（叶片每边增加 2.5mm 余量，以控制凝固收缩，有更好的充型能力），98 个 Ti-4822 涡轮叶片组件装到 CF6-80C2 发动机中进行试车（见图 1-25），通过了 1000 个循环的考核。

图 1-25　GE 公司 CF6-80C2 发动机的 Ti-48Al-2Cr-2Nb 合金铸造低压涡轮叶片组件

2008 年，在美国新奥尔良（New Orleans）召开的矿物、金属和材料学会（TMS：The Minerals，Metals & Materials Society）年会上，GE 公司宣称 GEnx-1B 发动机低压涡轮最后两级叶片应用了 PCC 公司生产的 Ti-4822 合金精铸叶片，提供了最大潜力的减重，并突破了技术和经济双重的"信心障碍"[103]。与之前的 GE90 相比，采用多项新技术的 GEnx 降低 20%油耗、50%噪声、80%NOₓ排放。GEnx 发动机两级低压涡轮叶片排上共使用了 200 多件 TiAl 合金叶片，每级低压涡轮减重 45.5kg。每架 Boeing787 飞机用两台 GEnx 发动机，每台发动机选用两级 TiAl 合金涡轮叶片（见图 1-26）；每架 Boeing747-8 飞机用四台 GEnx 发动机，每台发动机选用一级 TiAl 合金涡轮叶片，每架 Boeing787 或 Boeing747-8 飞机均减重 182kg[104]。美国联邦航空局（FAA：Federal Aeronautics Administration）于 2011 年 4 月批准了 GEnx-1B 和 GEnx-2B，TiAl 合金叶片顺利通过适航认证试验和服役考核。至 2011 年，生产了超过 25 万件 Ti-4822 合金涡轮叶片，原材料用量超过 725t。至 2016 年，每天约有 19 万件 TiAl 合金涡轮叶片在服役（229 架 Boeing787 飞机和 101 架 Boeing747-8 飞机），这些发动机已累计使用了 $6.6×10^6$ h 或 $1.1×10^6$ 周次飞行循环[105]。CFMI 公司的 LEAP 发动机（Boeing737MAX、A320neo 及 C919 选用的动力装置）也应用了 Ti-4822 合金低压涡轮叶片。RR 公司的 Trent XWB 发动机六级低压涡轮采用最新一代的气动与结构设计，低压涡轮叶片不仅首次采用铸造 TiAl 合金，且第 3~6 级局部做成空心，以进一步减轻质量[106]。

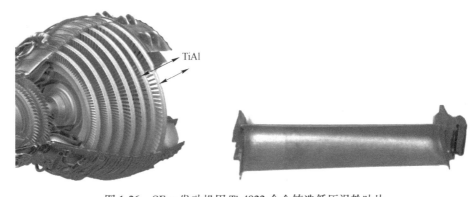

图 1-26　GEnx 发动机用 Ti-4822 合金铸造低压涡轮叶片

PW 公司的齿轮传动涡扇（GTF：Geared Turbo Fan）发动机 PW1100G-JM，其低压涡轮最后一级使用了锻造 TiAl 合金叶片。另外，对 TiAl 合金高压压气机叶片也提出了潜在应用需求（见图 1-27）。PW1100G 风扇转子转速约为 3500r/min，低压转子（低压鼓筒和低压涡轮）转速约为 10500r/min，大约是 CFM56 的 2 倍，产生更大的离心应力，铸造叶片不能满足强度设计要求，因此选用高强的第三代锻造型 TiAl 合金 TNM，并采用锻造叶片方案[107]。德国 Leistritz 公司采用两步等温锻工艺生产 TiAl 合金低压涡轮叶片，第一步是叶根台阶基本成形，第二步是叶型成形。到目前为止，已生产超过 10000 件叶片（见图 1-28），低压涡轮叶片组件见图 1-29[108]。2014 年 9 月，配置两台 PW1100G-JM 发动机的 A320neo 飞机进行了首航[107]，FAA 于 2014 年 12 月批准了 PW1100G-JM 发动机，A320neo 飞机于 2016 年 1 月正式服役。

增材制造或粉末冶金是生产 TiAl 合金叶片很有吸引力的工艺，潜力巨大。阿维奥股份

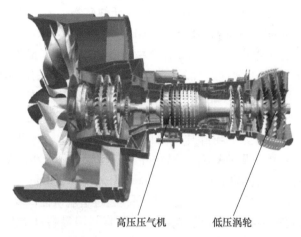

高压压气机　　　低压涡轮

图 1-27　TiAl 合金在 PW 公司齿轮传动涡扇发动机高压压气机和低压涡轮的潜在应用示意图

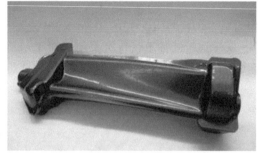

图 1-28　Leistritz 公司生产的用于 PW1100-JM 发动机 TiAl 合金低压涡轮叶片锻件

图 1-29　MTU 设计制造的用于 PW 公司齿轮传动涡扇发动机的锻造
TNM 合金低压涡轮叶片组件

有限公司（Avio S. P. A. 公司）采用电子束增材制造（EBAM：Electron Beam Additive Manufacturing）生产了超过 1500 个 Ti-48Al-2Cr-2Nb 合金低压涡轮叶片（长 200～400mm），EBAM 后进行热等静压（HIP：Hot Isostatic Pressing）和热处理，获得所需的力学性能[105]。GE Additive 公司在 2019 年 6 月巴黎航展上宣布：GE 公司对其 Arcam 电子束熔化技术进行

重大投资，在现有 35 套 Arcam EBM 系统基础上又增加 27 套，包括 17 套 A2X 系统和 10 套 Spectrum H 系统，总数达到 62 套，主要用于 GE9X 发动机 TiAl 合金低压涡轮叶片的生产，取证工作已在 2018 年进行。Arcam EBM A2X 机器每批可生产 6 个叶片，而 Spectrum H 系统可以在相同时间生产多达 10 个叶片。

据报道，F135 发动机高压压气机最后一级采用了 IHPTET 计划中开发的 TiAl 合金转子叶片，密度低，且能承受更高的温度。

1.5.2.2　SiCf/Ti 复合材料在航空发动机领域的应用进展

目前，在推重比 10 一级的军用发动机的风扇和压气机转子广泛采用了钛合金整体叶盘，一些先进的民用发动机压气机部分段上也试用了整体叶盘，与传统的榫齿连接结构相比，整体叶盘结构可以减重 30% 左右。到推重比 15 一级的发动机，为了实现增大推力和减轻质量的目的，采取减少压气机级数和提高转子转速的措施，其结果是：压气机每一级转子要承受更大的载荷，对于传统榫齿连接结构的盘和整体叶盘的盘体，钛合金材料本身的强度水平不足以支撑转子工作时盘体承受的径向离心应力和周向拉伸应力。为此，设计提出了轻量化的整体叶环结构（Bling），并与连续 SiC 纤维增强钛基复合材料（SiCf/Ti）结合，总的体系可以增加 50% 以上的强度，刚度提高 2 倍（见图 1-30），与榫齿连接结构相比，减重效益约 70%。SiCf/Ti 复合材料独特的高比强度、高比刚度以及显著的各向异性，对于发动机轴类件、机匣、叶片均有极大的吸引力。

在美国 IHPTET 计划支持下，Textron 公司采用 Ti-1100 钛合金作为基材制造 SiCf/Ti 复合材料整体叶环试验件（见图 1-31），使用温度可以达到 700~800℃，结构质量减少 50%。英国 RR 公司按 EJ200 发动机的尺寸试制了整体叶环部件实物（见图 1-32）。SiCf/Ti 复合材料还可用于制造高推重比发动机主轴，轴向加强纤维可大幅提高主轴的抗弯刚度，交叉的纤维又能提高扭转强度，纤维又可提高主轴的比刚度，在密度大约减少一半的情况下，可以获得与镍基高温合金相当的刚度和强度，并在高温时仍保持优良的综合性能。ARC 公司采用纤维/金属丝编织条带与钛粉热压复合工艺制造了 F119 发动机用 SiC 纤维增强 Ti-6242 钛合金矢量喷管作动器活塞，长 356mm（见图 1-33），这是连续纤维增强钛基复合材料在航空发动机中的首次应用[109]。

图 1-30　整体叶环结构示意图

图 1-31　美国 IHPTET 计划研制的 SiCf/Ti-1100 复合材料整体叶环试验件

图 1-32　RR 公司研制的整体叶环试验件

图 1-33　F119 发动机用 SiC 增强 Ti-6242
钛合金矢量喷口作动器活塞

国外研制的 SiC$_f$/Ti 复合材料转子叶片和静子叶片按设计进行了部件试验，证明了其在压气机中巨大的应用潜力，但还未进入工业生产[11]。要进入型号应用，SiC$_f$/Ti 复合材料整体叶环还需要保证制造工艺的稳定性以及部件质量一致性。整体叶环具有极强的各向异性，在发动机严酷多变的温度和应力使用条件下，保证叶环构件纤维与基体界面层的完整性，防止出现提前的裂纹萌生至关重要。影响 SiC$_f$/Ti 复合材料应用还有一个重要的因素是价格。

1.5.3　钛合金部件设计创新和工艺创新

因锻件优异的力学性能，长期以来锻造成形是制造发动机部件优选的方法，但尺寸和复杂程度受限，降低了设计自由度。为了降低成本，广泛采用铸件代替锻件，可以实现复杂形状构件的近净成形，生产周期也可以明显缩短[110]；采用增材制造代替锻造，通过提高买飞比（BTF：Buy-To-Fly Ratio）来降低综合成本。

1.5.3.1　增材制造技术

增材制造技术俗称 3D 打印，是 20 世纪 90 年代迅速发展起来的一种新型制造技术，激光增材制造的思想在 1980 年之前就已出现，以快速原型制造技术为基础，基于微积分的思想，将金属丝材或粉末逐层熔化累积，通过计算机辅助设计的数据，快速适应结构设计的改进与优化，在无需模具和工装的条件下，由零件 CAD 模型一步完成高性能复杂结构零件的近净成形制造。增材制造技术为难加工结构制造提供了一条快速、柔性、低成本、高性能、短周期的新途径，在世界范围内受到各国政府和学术界、工业界的高度关注。通过计算机辅助设计，采用高能激光沉积技术，制造复杂、全致密的三维部件[111]。激光束尺寸和能量高度可控，有很好的再现性和短的制造时间，适用于薄壁类产品以及原位修补，如形状扭曲的发动机钛合金叶片[112]（见图 1-34）。增材制造技术的一个最好应用领域是对部件损伤区的修复，如整体叶盘或整体叶环的叶片修复，甚至直接在盘体上增材生长出叶片，将受损部件视为基体增长材料，可以实现在线修复[113]，如 DM3D 技术公司采用直接金属沉积（DMD：Direct Metal Deposition）工艺修复压气机静子叶片叶尖（见图 1-35）。

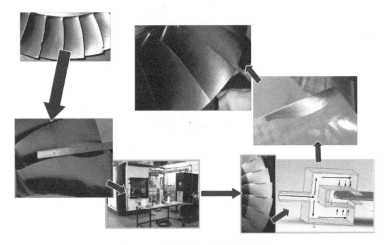

图 1-34 钛合金整体叶盘的修复

增材制造技术的优势在于：部件成本降低、制造周期缩短、供应链环节简化、设计者自由度增加，可以设计更复杂几何外形的部件。选择电子束熔化（EBM：Electron Beam Melting）还是激光束熔化（LBM：Laser Beam Melting），要考虑几个参数：材料选择、工艺引起的扭曲、表面粗糙度、尺寸的可靠性。EBM 在真空下熔化粉末，真空条件免受环境的污染，这对于钛这样的活性金属来说很重要。LBM 工艺可以在惰性气体保护下工作，粉末的过热没有 EBM 那么明显，对于大中型部件来说，尺寸扭曲变形可能会达到不可接受的程度，LBM 对应力开裂更为敏感，这对于厚截面部件来说是个障碍[114]。

钛合金材料价格昂贵，机加工成本高，传统模锻件的买飞比是 5~10，有时高达 20~30，期望增材制造的买飞比小于 2[115]。虽然粉末钛合金比锻造钛合金更贵，但通过降低买飞比和缩短交付时间，增材制造制件具有更低的成本，提高价格竞争力[116]。

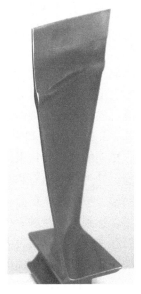

图 1-35 DM3D 技术公司采用直接金属沉积工艺修复压气机静子叶片叶尖

随着增材制造技术的发展和不断成熟，逐渐将这一技术应用到航空发动机和飞机结构件领域，通过组织和结构的一体化制造，进一步提高精度和性能。英国 RR 公司采用 3D 打印技术制造 Trent XWB-97 发动机的钛合金前轴承座，尺寸为 ϕ1500mm×500mm，含有 48 个翼面（见图 1-36）。CFMI 公司采用激光增材制造技术生产的 LEAP 发动机燃油喷嘴，相比于 CFM56 发动机，LEAP 发动机的燃油效率提高 15%。GE 公司发动机首个 3D 打印的压气机进气温度感应器外壳已获美国联邦航空局的授权。C919 飞机的钛合金中央翼缘条采用增材制造工艺生产，长达 3m。当然，增材制造技术也面临很多技术问题，如增材制造组织性能控制、缺陷控制等，另外还有标准、部件适航认证等方面的挑战。

图 1-36　采用 3D 打印制造的 Trent XWB-97 发动机前轴承座

采用 EBM 生产的 Ti-6Al-4V 钛合金部件，其静态力学性能与传统锻造材料相当，但高周疲劳寿命表现出相当大的分散性，主要是部件内部可能会因 Ar 气进入熔池未能逸出，残留后形成小（5~100μm）且近球状的孔洞，因应力集中作用，孔洞处往往会成为疲劳源。孔洞是增材制造需要解决的一个重要问题，尽管孔洞的比例很低，但会显著降低疲劳性能[117]。增材制造部件还可能有未完全熔合缺陷和因工艺不当造成通道缺陷的情况[118]。经热等静压的高温高压作用，施加的外应力通过小幅度的塑性变形和材料转移，可以使部分孔洞闭合（不能保证百分百的孔洞闭合，部分气孔内含 Ar 气压力升高），但连接的界面不能完全达到原子级的结合，热等静压处理可以提高部件的疲劳寿命。如果热等静压之后还有高温热处理，则部分高压力的孔洞会再现，低压力的孔不会再现[119]。

1.5.3.2　Ti/CFRP 复合风扇叶片技术

早期的风扇叶片采用大展弦比的钛合金实心叶片，在距叶尖大约 1/3 位置处制造一个凸肩，叶片间的凸肩相互抵住以起到减振作用。凸肩方式具有以下优势：（1）能够增加叶片两端夹持刚性，提高自振频率；（2）在振动中相邻叶片凸肩工作面相互摩擦，吸收振动能量，达到减振目的；（3）有利于解决颤振问题；（4）能够提高抗外物冲击损伤能力。尽管存在气动性能损失大和加工工艺性差的缺点，但在军民用发动机风扇叶片上得到了广泛应用，如 JT3D、JT8D、JT9D、CF6、RB211-524B、PW4000、CFM56-3、RB199、F100-PW-100、F110-GE-129、F404-GE-400、F414-GE-400、M88 和 АЛ-31Ф 等发动机[120]。为了提高叶片工作效率和抗外物冲击能力，采用宽弦空心风扇叶片，取消了实心叶片的凸肩设计。第一代宽弦空心风扇叶片的心部采用轻质的蜂窝结构，表面面积大，叶片数目可以减少，进口空气没有受到干扰，可降低油耗 2.5%，提高风扇工作效率 4.25%。第一代宽弦风扇叶片在 1984 年用于 RB211-535E4 发动机（Boeing757 动力），这一技术很快用于 IAE 公司的 V2500 发动机（A320 和 MD90 动力）、RB211-524G/H 发动机（Boeing747 和 767 动力）[121]。后来改为采用超塑成形/扩散连接工艺制造宽弦空心桁架式结构。一个叶片在工作时承受大的应力，还要附加因气动力引起的受迫振动，在巡航的最大应力保持时叠加一个高频的振动应力，发动机的速度、空气压力、空气进入时的角度和速度都会影响这个振动应力，风扇叶片承受低周保载疲劳和高周疲劳的复合载荷作用[122]。

将不同的材料进行灵活组合,以提供改进的性能和额外的功能潜力。德国宇航中心(DLR:Deutsches Zentrum für Luft-und Raumfahrt)结构和设计研究所与其他几个DLR研究所一起,开展了混合结构方面的研究,将钛合金与树脂基复合材料结合形成风扇叶片,如图1-37所示[123]。

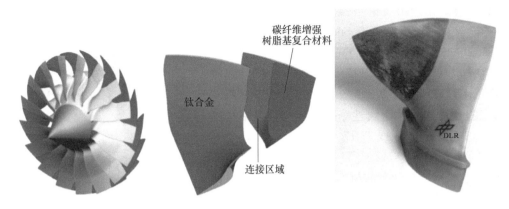

图 1-37 Ti/CFRP 复合结构风扇叶片示意图及验证件

1.5.3.3 整体叶盘线性摩擦焊技术

摩擦焊方法采用摩擦生热,使两个部件连接面处温度升高,达到锻造温度后进行压力结合,不会引起周围金属的熔化。与其他焊接方法相比,摩擦焊具有如下优点:(1)是一个固态连接过程,不会产生夹杂物和气孔;(2)得到一个窄小的热影响区;(3)可以用于连接相似或不同的材料组合;(4)可以实现全自动化,通过设备来完全控制焊接过程,确保连接质量和再现性;(5)界面达到100%的焊接;(6)焊接准备工作简单;(7)无需填充材料,无需惰性气体,在成本上有优势;(8)焊接快速;(9)热效率高;(10)大部分情况下焊后无需机械加工;(11)工艺适应性好;(12)环境相容性好,不产生火花和发烟。

在航空发动机上,线性摩擦焊(LFW:Linear Friction Welding)早期的应用是替换损坏的叶片[124]。下一个合乎常理的应用是制造整体叶盘,其工作示意图如图1-38所示。因为整体叶盘部件的重要性,对于线性摩擦焊工艺可靠性的要求是极高的。线性摩擦焊技术成功用于EJ200发动机三级风扇整体叶盘的制造(见图1-39),标志着线性摩擦焊制造技术的应用达到了登峰造极的程度。

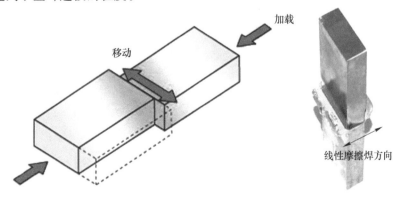

图 1-38 线性摩擦焊两个部件相对运动示意图

德国 MTU 公司开发和验证了双材料钛合金线性摩擦焊整体叶盘（DUTIFRISK：Dual Material Titanium Alloy Linear Friction Welded Blisk）项目，总目标是研制高强度、高可靠性的新一代整体叶盘，具体是采用两种不同的钛合金制造出质量与强度最佳匹配的压气机整体叶盘。该项目的参与者有 Snecma（法国）、Böhler Schmiedetechnik（奥地利）、TWI（英国）、ENSMA-CNRS（法国）和 CIEFMA-UPC（西班牙），项目起始于 2002 年 4 月，2006 年 9 月结束。将不同合金、不同组织状态的叶片和盘采用线性摩擦焊连接，盘采用高强高断裂韧度的 Ti-6246 或 Ti-17（网篮组织），叶片采用高强的 Ti-6246、Ti-6242 或 Ti-6Al-4V（双态组织或片层组织），使得叶片和盘的材料与组织状态选择更适

图 1-39　EJ200 发动机风扇
整体叶盘结构

应整体叶盘实际工作对各项力学性能有更针对性的特定要求，样件如图 1-40 所示，评估

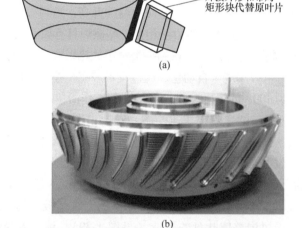

(a)

(b)

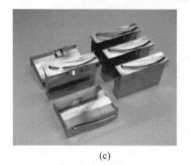

(c)　　　　　　　　　　　(d)

图 1-40　双材料钛合金整体叶盘验证件

(a) 验证件外形示意图；(b) 用于验证件的粗加工盘件；
(c) 用于验证件的几个粗加工后的叶片块料；(d) 焊接了几个叶片的整体叶盘验证件

了线性摩擦焊关键工艺参数如锻造压力，采用有限元预测工具优化工艺参数[125]。图 1-41 为焊缝界面处的低倍组织，上部为 α+β 区加工得到的模糊晶 Ti-6Al-4V 钛合金叶片，下部为 β 区加工得到的细小清晰晶 Ti-6246 钛合金盘体。线性摩擦焊焊缝区域为再结晶的细晶组织，其硬度高于周围基体。MTU 公司计划在下一代发动机上使用双合金整体叶盘技术[126]。线性摩擦焊部件完整性的一个重要方面是焊缝的端点是否有棱角缺陷，这与焊前部件的准备及是否对齐有密切关系。

图 1-41　Ti-6Al-4V 钛合金和 Ti-6246 钛合金线性摩擦焊焊缝截面处的低倍组织
（上部为 Ti-6Al-4V 叶片材料，下部为 Ti-6246 盘材料）

目前，线性摩擦焊工艺在高温钛合金上得到了研究，如 IMI834 钛合金的线性摩擦焊的研究[127]。采用线性摩擦焊技术将近 α 型钛合金盘和锻造 TiAl 合金叶片连接成整体叶盘将是可能的，尽管 TiAl 合金的疲劳缺口敏感性很高。减少焊缝区界面的缺陷和残余应力很重要，避免萌生疲劳裂纹[128]。

美国专利 US9114476B2[129]提出了采用感应加热压力焊的方法将叶片和盘体连接，这种方法采用高频电流，需要的空间更小（与线性摩擦焊相比），界面没有相对运动，可以避免产生剪切力（LFW 在靠近连接表面有一个剪切力）。美国专利 US0034695A1[130]提出采用惯性焊接技术，将两个钛合金部件进行连接形成双合金离心叶轮，心部材料可采用 Ti-6246、Ti-62222S、BT22、Ti-17 等高强钛合金，外缘材料可采用 Ti-6242、Ti-834、Ti-1100、Ti-829、Ti$_3$Al、Ti$_2$AlNb、TiAl 等耐热钛合金，再现性好，界面质量好。

1.5.4　模拟技术和集成计算材料工程的发展与应用

在美国空军资助下，组建了一个金属可购性倡议（MAI：Metals Affordability Initiative）的团队，开发并引入模拟方法到航空钛工业中[131]，关注集成计算材料工程（ICME）。ICME 是将计算材料科学的工具集成为一个整体系统的材料开发过程，通过打通材料设计与制造环节，实现先进材料的高效开发、制造和使用。将原子尺度→微观尺度→介观尺度→宏观尺度的模型和方法集成组成多尺度模拟，并与试验手段和数据库相融合并协同创新，组成 ICME 基础研发平台。涉及钛合金的课题为"两相钛合金微织构演变及其对冷保载/高周/低周疲劳行为的 ICME 研究"（ICME of Microtexture Evolution and Its Effect on Cold Dwell/High/Low Cycle Fatigue Behavior of Dual Phase Titanium Alloys），聚焦于 Ti-6242 和 Ti-64[132]，其主要目标是：（1）开发减少微织构（针对 Ti-64 和 Ti-6242）的工艺路线；（2）采用 EBSD 和超声检测技术，定量评估钛坯料和锻件中的宏区；（3）采用 ICME 开发和集成工艺/性能模拟工具，预测钛部件微织构和疲劳性能[133]。

MAI 钛模拟项目组的成员单位有：美国空军研究实验室（AFRL：Air Force Research Laboratory）、波音（Boeing）、Computherm LLC、GEAE、Ladish 锻造公司、Ohio 州立大学、PW、RR、SFTC、TIMET、UES、Wisconsin-Madison 大学[131]。MAI 钛模拟项目"先进钛合金显微组织和力学性能模拟"（Advanced Titanium Alloy Microstructure and Mechanical Property Modeling）包含显微组织模拟和织构模拟。其中，显微组织的模拟工作在美国 Ohio 州立大学和 AFRL 进行，基于相场计算，预测热处理过程中显微组织的演变规律，包括 β 退火过程各向同性和各向异性晶粒长大，在随后 T_β 以下保持和冷却时，受扩散动力学控制的 β 晶界上 α 相的厚度、片层 α 的析出、β 相中 α 相的长大/回溶等；织构模拟是 UES 公司与 AFRL 和 SFTC 一起，将各向异性材料的流变行为与锻造变形模型（DEFORM 软件）合并，基于刚性体旋转和晶体学滑移，提供一个模拟变形材料晶体织构的方法，织构演变模型包含 α 相的取向变化。

ICME 也用于快速设计和评审新合金，正如 QuesTek 证实的那样，它们在开发和引入 Ferrium M54 合金，用作美国海军的 T-54 钩柄起落架。最近，QuesTek 利用 ICME 工具和方法，设计开发了三种铸造型的钛合金，可以降低成本，通过降低 V 含量，增加杂质元素的容限，例如增加切屑的应用。这些合金具有比 Ti-6Al-4V 更优的加工性能，以获得更高的强度和塑性[134]。

随着材料基因组计划（MGI：Materials Genome Initiative）和集成计算材料工程的推进，将材料行为模拟的阶段和尺度与相关的测试之间建立一个内在关联。针对新兴的大数据（Big-Data）材料革新生态系统，利用现代数据科学技术，如电子背散射衍射（EBSD：Electron Back Scattered Diffraction）、背散射电子（BSE：Back Scattered Electron）成像，用于分析织构、图像分区、显微组织定量表征[135]。

1.5.5　先进无损检测技术的发展与应用

在航空发动机关键部件钛合金材料、锻件和零件质量检验及控制方面，虽然出现硬 α 夹杂物、偏析、裂纹和孔洞等冶金缺陷及制造加工缺陷的概率是极低的，但是一旦出现就极有可能造成发动机部件的提前失效，并往往是毫无先兆的。

超声检测是探测钛合金块状材料内部缺陷的有效手段。我国各主要钛材生产厂近年来建立了钛合金大规格棒材的水浸超声检测装置，通过分区聚焦检测，提高了超声检测的灵敏度，从而大大提高了缺陷的检出率。大多数锻件生产商建立了适用于轴对称的发动机盘类锻件水浸超声检测装置，可实现锻件的自动化和数字化超声检测，并通过与接触法超声检测相互配合使用，提高缺陷的检出率。α+β 区锻造得到的球状组织杂波低，容易检出缺陷，而 β 锻或 β 热处理得到的片状组织或网篮组织，杂波高，易掩盖缺陷反射波，降低检测的准确性。对于一些 β 锻或 β 热处理的锻件，应对 α+β 锻状态的坯料进行超声检测。

此外，在关键钛合金零件加工过程中，增加了表面腐蚀、蓝色阳极化、荧光检测、涡流检测以及 X 射线检测等，提高零件表面和内部缺陷的检出率。

在钛合金零部件的加工和使用阶段，采用各种手段进行有损和无损检测，尽量在更早的阶段发现缺陷，并按标准规定决定是否做出报废处理，以减少损失。

在发动机部件服役阶段，要制定检查和维修制度，一般对经过规定时间或周次服役后的关键钛合金零部件如叶片、盘等进行拆卸检测或在线检测，检查部件受损情况，检测是否存在裂纹等，以评估其继续服役的能力和使用可靠性。

1.5.6　钛合金低成本化进展

钛一直被认为是一个奇迹金属。但是，钛合金居高不下的价格是限制其在航空领域特别是民用领域大量应用的主要因素。在过去 70 多年中，钛合金的价格一直保持较高的数值，即使采用了部分回收料，从原材料角度可以降低一些成本，但还需要对回收料进行处理，或者采用成本更高的冷炉床熔炼方法，产品的价格降幅仍是有限的。冷炉床熔炼是一种解决回收料以及降低夹杂物出现概率的有效方法，通过成分的控制，允许生产转子级钛合金铸锭。美国空军发起的金属可购性倡议（MAI）项目和锻件供应商倡议（FSI：Forging Supplier Initiative）项目，目标是降低钛材的价格[136]。MAI 项目支撑开展的采用单次电子束冷炉床熔炼（EBCHM：Electron Beam Cold Hearth Melting）生产的 Ti-6Al-4V 钛合金板材，达到了航空质量要求，成本显著降低[137]。

为了降低成本，美国各钛合金材料生产商做了很大努力，开发了一些新的主要用于超塑成形的钛合金，如 Ti-54M（Ti-5Al-4V-0.75Mo-0.5Fe）和 ATI-425（Ti-4Al-2.5V-1.5Fe-0.25O），具有优异的超塑成形性能以及潜在的低制造成本，正在尝试用于发动机的短舱。TIMET 公司推出的 Ti-54M 具有优异的超塑性特征，超塑性成形温度可低至 774℃，进行超塑成形加工有明显的价格优势，与 VSMPO 公司推出的细晶 Ti-6Al-4V 钛合金相比，有价格优势[138]。TIMET UK 与 RR 合作，选用 Ti-54M 钛合金采用超塑成形/扩散连接工艺制造风扇叶片[139]。ATI 公司推出的 ATI-425 钛合金，采用单次等离子体冷炉床熔炼（PACHM：Plasma Arc Cold Hearth Melting），消除夹杂物，改进化学成分控制，具有良好的冷热加工成形性，可生产卷材和锻造产品，具有低的制造加工成本。

对于 Ti-Al 系金属间化合物和纤维增强钛基复合材料，其显著的高成本限制了其应用。从工艺技术方面，努力降低制造成本，是保证新材料广泛使用的重要因素。

发动机零部件的寿命特征和可靠性是影响成本的重要因素。寿命特性和可靠性的提高不仅影响备件的成本，而且还会影响维修工时的数量，因为发动机的拆卸和重新装配频率越低越好。有时，采用新部件，还是继续使用老部件，从成本的角度考虑是要进行权衡的。

参 考 文 献

[1] Lütjering G，Williams J C. Titanium：Engineering Materials and Processes，2nd ed. [M]．Springer，2007.

[2] Lippert T W. Titanium in USA [C]．Ti-1968，The Science，Technology and Application of Titanium，The 1st World Conference on Titanium：5~9.

[3] Froes F H. Titanium：Physical Metallurgy Processing and Applications [M]．ASM International，2015.

[4] 颜鸣皋. 钛与钛合金 [J]．材料工程，1958（1）：37~44.

[5] 马图哈 K H. 材料科学与技术丛书——非铁合金的结构与性能（第 8 卷）[M]．北京：科学出版社，1999.

[6] 刘大响. 一代新材料，一代新型发动机：航空发动机的发展趋势及其对材料的需求 [J]．材料工程，2017，45（10）：1~5.

[7] Esslinger J. Titanium in aero engines [C]．Ti-2003 Science and Technology：2845~2852.

［8］ Blenkinsop P A. High temperature titanium alloys ［C］. Designing with Titanium: Proceedings of Conference, 1986: 191~197.

［9］ Coplin J F. Design with titanium ［C］. Designing with Titanium: Proceedings of Conference, 1986: 11~27.

［10］ Stewart Miller. Advanced materials mean advanced engine ［J］. Interdisciplinary Science Reviews, 1996, 21 (2): 117~129.

［11］ Leyens C, Kocian F, Hausmann J, et al. Materials and design concepts for high performance compressor components ［J］. Aerospace Science and Technology, 2003, 7 (3): 201~210.

［12］ Christoph Leyens. Advanced materials and coatings for future gas turbine application ［C］. 24th International Congress of the Aeronautical Sciences, 2004.

［13］ Joachim Albrecht. Comparing fatigue behavior of titanium and nickel-based alloys ［J］. Materials Science and Engineering A, 1999, 263 (2): 176~186.

［14］ David Rugg, Mark Dixon, Justin Burrows. High-temperature application of titanium alloys in gas turbines, material life cycle opportunities and threats-an industrial perspective ［J］. Materials at High Temperatures, 2016: 1~6.

［15］ Bill Bihlman. Manufacturing's evolution and its compact on titanium ［C］. Titanium USA, ITA Conference, October 8, 2018.

［16］ Froes F H. The synthesis processing and modeling of advanced materials ［J］. JOM, 1998, 50 (1): 55~56.

［17］ Evans W J, Bache M R. Titanium alloys for high performance applications ［C］. Fatigue & Durability Assessment of Materials, Components and Structures, 2000: 41~49.

［18］ Farthing T W. Designing with titanium ［C］. Ti-1988, The 6th World Conference on Titanium: 37~48.

［19］ Vaughan R F. Properties of welded titanium alloys and their application in the aerospace industry ［C］. Titanium'80 Science and Technology, Proceedings of the 4th International Conference on Titanium: 2423~2430.

［20］ Farthing T W. Applications of titanium and titanium alloys ［C］. Ti-1984, Proceedings of the 5th International Conference on Titanium: 39~54.

［21］ Duncan R M, Hubbard R T J. Applications of the high strength alloy Ti-4Al-4Mo-2Sn-0.5Si in european aircraft projects ［C］. Ti-1972, Titanium Science and Technology, Proceedings of the 2nd International Conference: 91~103.

［22］ Meleka A H. The application of titanium alloys in the Olympus 593 engine for the Concorde SST ［C］. Ti-1968, The Science, Technology and Application of Titanium, The 1st World Conference on Titanium: 1117~1125.

［23］ Blenkinsop P A. Advanced alloys and processes ［C］. Ti-1992, The 7th World Conference on Titanium: 15~26.

［24］ Rosenberg H W. Titanium alloying in theory and practice ［C］. Ti-1968, The Science, Technology and Application of Titanium, The 1st World Conference on Titanium: 851~859.

［25］ 方昌德. 世界航空发动机手册 ［M］. 北京: 航空工业出版社, 1996: 301.

［26］ Neal D F. Development of TIMETAL834 ［C］. Materials Design Approaches and Experiences, TMS, 2001: 199~213.

［27］ Cope M T, Hill M J. The influence of ageing temperature on the mechanical properties of IMI834 ［C］. Ti-1988, The 6th World Conference on Titanium: 153~158.

［28］ Howland C, Hill M J. Behaviour of beta processed titanium alloys and their application in gas turbine engines ［C］. Designing with Titanium: Proceedings of Conference, 1986: 183~190.

[29] Eylon D, Fujishiro S, Postans P J, et al. High temperature titanium alloys-a review [J]. JOM, 1984, 36 (11): 55~62.

[30] Blenkinsop P A, Neal D F. High temperature titanium alloys: the metallurgical understanding, development and achievements of conventional alloys [C]. Metallurgical and Technology of Practical Titanium Alloys, The Minerals, Metals & Materials Society, 1994: 19~27.

[31] Neal D F. Development and evaluation of high temperature titanium alloy IMI834 [C]. Ti-1988, The 6th World Conference on Titanium: 253~258.

[32] Daeubler M A, Helm D. Development of high temperature Ti-base disc materials in competition to Ni-base superalloys [C]. High Temperature Materials for Power Engineering, 1990: 1717~1726.

[33] 李德俊. 新材料在航空发动机上的应用概况 [J]. 材料工程, 1992 (6): 46~48.

[34] 陈光. 航空发动机结构设计分析 [M]. 北京: 航空航天大学出版社, 2006: 228.

[35] Blenkinsop P A. Recent developments in the production, application and research of titanium alloys in the UK [C]. Ti-1995, The 8th World Conference on Titanium: 1~10.

[36] Jones C D. Surface and substrate stability of titanium alloys used in aerospace applications [C]. Titanium Alloys at Elevated Temperature: Structural Development and Service Behaviour, 2001: 219~227.

[37] Jahnke L P. Titanium in jet engines [C]. Ti-1968, The Science, Technology and Application of Titanium, The 1st World Conference on Titanium: 1099~1115.

[38] Seagle S R, Bomberger H B. Creep-resistant titanium alloys [C]. Ti-1968, The Science, Technology and Application of Titanium, The 1st World Conference on Titanium: 1001~1008.

[39] Helm D, Roder O, Lütjering S. Recent developments in the production, application and research of titanium alloys in Germany [C]. Ti-2003 Science and Technology: 69~80.

[40] Yves Combres, Bernard Champin. Recent developments of the titanium industry and research in France [C]. Ti-1995, The 8th World Conference on Titanium: 11~20.

[41] Weinem D, Kumpfert J, Peters M, et al. Processing window of the near-α titanium alloy Timetal-1100 to produce a fine-grained β-structure [J]. Materials Science and Engineering A, 1996, 206 (1): 55~62.

[42] Bania P J. Next generation titanium alloys for elevated temperature service [J]. ISIJ International, 1991, 31 (8): 840~847.

[43] Bania P J. Ti-1100: a new high temperature titanium alloy [C]. Ti-1988, The 6th World Conference on Titanium: 825~830.

[44] Boyer R R. An overview on the use of titanium in the aerospace industry [J]. Materials Science and Engineering A, 1996, 213: 103~114.

[45] Cotton J D, Briggs R D, Boyer R R, et al. State of the art in beta titanium alloys for airframe applications [J]. JOM, 2015, 67 (6): 1281~1303.

[46] Boyer R R, Williams J C, Paton N E. Evolving aerospace applications for Ti alloys [C]. Ti-1999, Proceedings of the 9th World Conference on Titanium: 1007~1016.

[47] Bania P J. Beta titanium alloys and their role in the titanium industry [J]. JOM, 1994, 46 (7): 16~19.

[48] Boyer R R. Titanium for aerospace: rationale and applications [J]. Advanced Performance Materials, 1995, 2 (4): 349~368.

[49] Boyer R R. New titanium applications on the Boeing 777 airplane [J]. JOM, 1992, 44 (5): 23~25.

[50] Boyer R R. Aerospace applications of beta titanium alloys [J]. JOM, 1994, 46 (7): 20~23.

[51] О. П. 索朗宁娜, С. Г. 格拉祖诺夫. 热强钛合金 [M]. 张志方, 葛志明译. 第三机械工业部第六二一研究所 (内部资料).

［52］Колачев Б А，Поаькин И С，Талалаев В Л. ТИТАНОВЫЕ СПЛАВЫ РАЗНЫХ СТРАН［M］. ВИЈIС，2000.

［53］王金友，葛志明，周彦邦. 航空用钛合金［M］. 上海：上海科技出版社，1985：237.

［54］Tetyukhin V，Levin I，Ilyenko V，et al. Heat resistant titanium alloys with enhanced，heat resistance，thermal stability［C］. Ti-1995，The 8th World Conference on Titanium：2430～2437.

［55］蔡建明，郝孟一，李学明，等. BT36 高温钛合金的成分特点及组织研究［J］. 材料工程，2000（2）：10～12.

［56］Orest M. Ivasishin，Andrey V. Aleksandrov. Current status of titanium production，research and application in CIS［C］. Ti-2007 Science and Technology：17～24.

［57］郎小兵. 航空冶金 特种铸造一代宗师——荣科［M］. 北京：航空工业出版社，2014：81～82.

［58］王金友. 我所钛合金专业发展三十年有感［J］. 材料工程，1986（1）：4～7.

［59］张宝鑫. 钛合金在未来航空领域的应用前景——访曹春晓院士［J］. 国际航空，2006（8）：59.

［60］潘永耀. 涡喷 7 发动机 TC9 钛合金压气机盘试制总结［C］. 1981 年全国钛合金学术交流会论文集：130.

［61］钟天纺. 航空钛锻件研制开发的回顾［J］. 材料工程，1990（2）：44～45.

［62］Gogia A K. High-temperature titanium alloys［J］. Defence Science Journal，2005，55（2）：149～173.

［63］孙福生，曹春晓. 钕在 Ti-Al-Sn-Zr-Mo-Si-Nd 耐热钛合金中的存在形态［J］. 材料工程，1991（3）：28～30.

［64］韩波，史亦韦. Ti55 合金锻件的超声响应特点［J］. 金属学报，1999（35）（增刊1）：S194～197.

［65］蔡建明，李臻熙，曹春晓，等. Ti60 钛合金中富钕稀土相颗粒对叶片室温振动疲劳性能的影响［J］. 材料工程，2007（8）：57～60.

［66］朱知寿，马济民，高扬，等. 含稀土 Nd 耐热钛合金在疲劳和蠕变—疲劳交互作用条件下的裂纹扩展规律［J］. 金属学报，1999，35（增刊1）：S211～214.

［67］蔡建明，袁鸿，李臻熙，等. 含 Nd 钛合金中富 Nd 第二相颗粒在电子束焊接过程中的演化及其对拉伸断裂行为的影响［J］. 航空材料学报，2009，29（1）：27～31.

［68］谢成木，王新英. 铸造钛合金及其铸造技术的发展和应用［J］. 金属学报，1999，35（增刊1）：S550～556.

［69］曹国平，谢成木，周彦邦. 国外航空钛合金铸件的发展与应用［J］. 金属学报，1999，35（增刊1）：S557～562.

［70］谢成木. 钛及钛合金铸造［M］. 北京：机械工业出版社，2005.

［71］Williams J C. Alternate materials choices-some challenges to the increased use of Ti alloys［J］. Materials Science and Engineering A，1999，263：107～111.

［72］陈光. 频发的发动机钛着火故障［J］. 国际航空，2009（3）：45～47.

［73］Bache M R，Dixon M，Voice W E. Fatigue behavior of advanced γ-TiAl alloys subjected to small particle impacts［C］. Proceedings of the 12th World Conference on Titanium，Beijing，Science Press，June 19-24，2011：1433～1436.

［74］陈亚莉. GEnx 发动机在材料应用上的创新［J］. 航空维修与工程，2007（4）：54～56.

［75］江和甫，古远兴，卿华. 航空发动机的新结构及其强度设计［J］. 燃气涡轮试验与研究，2007，20（2）：1～4.

［76］蔡建明，曹春晓. 新一代 600℃ 高温钛合金材料的合金设计及应用展望［J］. 航空材料学报，2014，34（4）：27～36.

［77］王清江，刘建荣，杨锐. 高温钛合金的现状与前景［J］. 航空材料学报，2014，34（4）：1～26.

［78］Cai Jianming，Huang Xu，Cao Chunxiao，et al. Thermal stability of TG6 titanium alloy and its partial resumption at high temperature [J]. Rare Metal Materials and Engineering, 2010, 39 (11): 1893~1896.

[79] 曹春晓. 钛合金在未来航空领域的应用前景 [J]. 国际航空, 2006 (8): 59~60.

[80] 弭光宝, 黄旭, 曹京霞, 等. Ti-V-Cr 系阻燃钛合金抗点燃性能及其理论分析 [J]. 金属学报, 2014, 50 (5): 575~586.

[81] 弭光宝, 曹春晓, 黄旭, 等. Ti-V-Cr 系阻燃钛合金的非等温氧化行为及阻燃性能预测 [J]. 材料工程, 2016, 44 (1): 1~10.

[82] 弭光宝, 黄旭, 曹京霞, 等. 一种航空发动机用钛的阻燃性能测试方法与装置 [P]. 中国专利: ZL201218001209.1, 2012-05-17.

[83] 秦敏, 顾杨, 张良, 等. 钛合金构件碰摩着火试验器研制及应用 [J]. 燃气涡轮试验与研究, 2012, 25 (3): 44~48.

[84] Vahlas C, Hall I W, Haurie I. Investigation of interfacial reactivity in composite materials [J]. Materials Science and Engineering A, 1999, 259 (2): 269~278.

[85] Shamblen C E, Redden T K. Creep resistance and high-temperature metallurgical stability of titanium alloys containing gallium [J]. Metallurgical Transaction A, 1972, 3 (5): 1299~1305.

[86] Scarr G K, Williams J C, Ankem S, et al. The effect of zirconium and oxygen on α_2 precipitation in Ti-Al alloys [C]. Ti-1984, Proceedings of the 5th International Conference on Titanium, 1475~1479.

[87] 葛志明. 耐热钛合金研究的新进展 [J]. 国外金属材料, 1974 (6): 1~4.

[88] 李东, 刘羽寅, 万晓景. 钛合金热稳定性研究 I. Ti_3X 相形成的电子浓度规律 [J]. 金属学报, 1984, 20 (6): A375~383.

[89] Cai Jianming, Huang Xu, Ma Jimin, et al. Compositional optimization of advanced high temperature titanium alloys under guidance of phase diagram and diffusion theory [C]. Rare Metals, 2009, 28, Special Issue: 238~241.

[90] Deakin M J, Nicholls J R. Surface coatings on titanium alloys to limit oxygen ingress [J]. Materials Science Forum, 1997, 251~254: 777~784.

[91] Schonenborn H, Breuer T. Aerodynamic and mechanical vibration analysis of a compressor blisk at surge [C]. Proceedings of ASME Turbo Expo 2004, Power for Land, Sea, and Air, June 14-17, 2004, Vienna, Austria: 517~526.

[92] Анташев В Г, Ночовная Н А, Падюкова Н М, et al. 科学和技术对高寿命热强钛合金和抗侵蚀氧化涂层的需求分析, 2002 (内部资料).

[93] Jean-Michel de Monicault. Issues and progresses in manufacturing of turbo-engines titanium parts [C]. Ti-2007 Science and Technology: 1301~1308.

[94] 南海, 赵嘉琪, 刘茜珂, 等. 国外铸造钛合金及其铸件的应用和发展 [C]. 稀有金属材料与工程, 2005, 10 (增刊3): 214~217.

[95] Byrne J W. Titanium industry in the USA [C]. Titanium'80 Science and Technology, Proceedings of the 4th International Conference on Titanium: 5~8.

[96] Mark Whittaker. Titanium in the gas turbine engine, Advances in gas turbine technology [M]. InTech, Rejeka, 2011: 315~336.

[97] 陈光. 新型发动机的一些新颖结构 [J]. 航空发动机, 2001 (1): 3~10.

[98] Hicks M A, Thomas M C. Advances in aeroengine materials [C]. Proceedings of the 6th International Charles Parsons Turbine Conference, 2003: 43~56.

[99] Yamaguchi M, Inui H, Ito K. High-temperatures structural intermetallics [J]. Acta Materialia, 2000, 48 (1): 307~322.

[100] Sauthoff G. Multiphase intermetallic alloys for structural applications [J]. Intermetallics, 2000, 8 (9):

1101~1109.

［101］Dimiduk D M. Gamma titanium aluminide alloys-an assessment within the competition of aerospace structural materials ［J］. Materials Science and Engineering A, 1999, 263 (2): 281~288.

［102］Alain Lasalmonie. Intermetallics: why is it so difficult to introduce them in gas turbine engines ［J］. Intermetallics, 2006, 14 (10-11): 1123~1129.

［103］Fritz Appel, Jonathan D. H. Paul, Michael Oehring. Gamma titanium aluminide alloys: science and technology ［M］. Wiley-VCH, 2011: 729.

［104］Boyer R R, Williams J C. Developments in research and applications in the titanium industry in the USA ［C］. Ti-2011, Proceedings of the 12th World Conference on Titanium: 10~19.

［105］Mayer S, Erdely P, Fischer F D, et al. Intermetallic β-solidifying γ-TiAl based alloys-from fundamental research to application ［J］. Advanced Engineering Materials, 2017, 19 (4): 1~27.

［106］陈光. 遄达 XWB 发动机发展与设计特点 ［J］. 航空发动机, 2015, 41 (4): 1~7.

［107］Clemens H, Mayer S. Intermetallic titanium aluminides in aerospace applications - processing, microstructure and properties ［J］. Materials at High Temperatures, 2016, 33 (4): 1~11.

［108］Janschek P. Wrought TiAl blades ［C］. Materials Today: Proceedings Conference MEFORM 2015, Light Metals-Forming Technologies and Further Processing, 2015 (2s): S92~97.

［109］Christoph Leyens, Manfred Peters. Titanium and titanium alloys, fundamentals and applications ［M］. Wiley-VCH Verlag GmbH & Co. KGaA, 2003: 345.

［110］Klepeisz J, Veeck S. The production of large structural titanium castings ［J］. JOM, 1997, 49 (11): 18~20.

［111］Arcella F G, Froes F H. Producing titanium aerospace components from powder using laser forming ［J］. JOM, 2000, 52: 28~30.

［112］Marya M, Edwards G R. A study on the laser forming of near-alpha and metastable beta titanium alloy sheets ［J］. Journal of Materials Processing Technology, 2001, 108: 376~383.

［113］Bhaskar Dutta, Francis H. Froes. Additive manufacturing of titanium alloys: state of the art, challenges, and opportunities ［M］. Elsevier, 2016.

［114］Cornu D, Lenain A, Salapete R. Direct manufacturing processes for structural parts and engines design in aeronautics ［C］. Ti-2015, Proceedings of the 13th World Conference on Titanium: 1531~1535.

［115］Wu X, Mei J, Boyer R, et al. 3D printing of Ti alloys and quality control of its products and powder feedstock ［C］. Ti-2015, Proceedings of the 13th World Conference on Titanium: 1343~1345.

［116］Kobryn P A, Semiatin S L. The laser additive manufacture of Ti-6Al-4V ［J］. JOM, 2001, 53 (9): 40~42.

［117］Viet-Duc Le, Etienne Pessard, Franck Morel, et al. Influence of porosity on the fatigue behaviour of additively fabricated TA6V alloys ［C］. Fatigue 2018.

［118］Samuel Tammas-Williams, Philip J. Withers, Iain Todd, et al. The effectiveness of hot isostatic pressing for closing porosity in titanium parts manufactured by selective electron beam melting ［J］. Metallurgical and Materials Transaction A, 2016, 47: 1939~1946.

［119］Tammas-Williams S, Withers P J, Todd I, et al. Porosity regrowth during heat treatment of hot isostatically pressed additively manufactured titanium components ［J］. Scripta Materialia, 2016, 122: 72~76.

［120］李宏新, 赵开宁, 张连祥. 航空发动机风扇叶片凸肩的结构设计 ［J］. 航空发动机, 2004, 30 (4): 14~17.

［121］Fitzpatrick G A, Cundy J M. Rolls-Royce's wide chord fan blade - the next generation ［C］. Ti-1992, The 7th World Conference on Titanium: 2931~2937.

［122］ Hawkyard M, Powell B E, Stephenson J M, et al. Fatigue crack growth from simulated flight cycles involving superimposed vibrations ［J］. International Journal of Fatigue, 1999, 21: S59~68.

［123］ Kocian F, Ebel P B, Drees B, et al. Hybrid structures in aero engines ［J］. CEAS Aeronautical Journal, 2015 (6): 217~228.

［124］ Mateo A, Corzo M, Anglada M, et al. Welding repair by linear friction in titanium alloys ［J］. Materials Science and Technology, 2009, 25 (7): 905~913.

［125］ Antonio Mateo. On the feasibility of BLISK produced by linear friction welding ［J］. Revista de Metallurgia, 2014, 50 (3): 1~11.

［126］ Helm D, Roder O. Recent titanium research and development in Germany ［C］. Ti-2007 Science and Technology: 5~7.

［127］ Dalgaard E, Wanjara P, Gholipour J, et al. Evolution of microstructure, microtexture and mechanical properties of linear friction welded IMI834 ［J］. Canadian Metallurgical Quarterly, 2012, 51 (3): 269~276.

［128］ Kitashima T, Suresh K S, Yamabe-Mitarai Y. Present stage and future prospects of development of compressor material ［J］. Crystal Research & Technology, 2015, 50 (1): 28~37.

［129］ Alexander Gindorf, Marcus Klemm. Dual blisk in the high-pressure compressor ［P］. US9114476B2, 2015-08-25.

［130］ James A. Hall, Krish Krishnamurthy. Method of manufacture of dual titanium alloy impeller ［P］. US0034695A1, 2006-02-16.

［131］ Boyer R R, Furrer D U. The potential advantages of microstructure modeling of titanium to the aerospace industry ［C］. Materials Processing and Design: Modeling, Simulation and Application, NUMIFORM 2004: 1694~1699.

［132］ Venkatesh V, Tamirisa S, Sartkulvanich J, et al. ICME of microtexture evolution in dual phase titanium alloys ［C］. Ti-2015, Proceedings of the 13th World Conference on Titanium: 1909~1912.

［133］ Glavicic M G, Venkatesh V. Integrated computational materials engineering of titanium: current capabilities being developed under the Metals Affordability Initiative ［J］. JOM, 2014, 66 (7): 1310~1320.

［134］ Imam A M. The 13th world conference on titanium (Ti-2015) ［J］. JOM, 2016, 68 (9): 2492~2501.

［135］ Ayman A Salem, Joshua B Shaffer, Daniel P Satko, et al. Workflow for integrating mesoscale heterogeneities in materials structure with process simulation of titanium alloys ［J］. Integrating Materials and Manufacturing Innovation, 2014, 3 (1): 24.

［136］ Froes F H. How to market titanium: lower the cost ［J］. JOM, 2004, 56 (2): 39.

［137］ Froes F H. The titanium industry: we always bounce back ［J］. JOM, 2002, 54 (2): 55.

［138］ Vasisht Venkatesh, Rodney R. Boyer. Recent advances in titanium technology in the USA ［C］. Ti-2015, Proceedings of the 13th World Conference on Titanium: 13~18.

［139］ Jackson M, Thomas M. Titanium research developments in the United Kingdom ［C］. Ti-2015, Proceedings of the 13th World Conference on Titanium: 5~12.

2 钛合金的合金化、相变、组织演变与性能控制

工业纯钛的强度过低，只能应用于一些承力较小的航空构件如飞机蒙皮、隔热板等，无法满足航空发动机承受交变载荷的叶片、盘等部件的使用要求，应根据相应的物理、力学性能设计要求，通过适当的合金化得到具有不同性能特点的钛合金。钛合金常用的合金化元素有三类，即 α 稳定化元素如 Al、O 等，β 稳定化元素如 Mo、V、Cr、Fe、Si 等，以及中性元素如 Sn、Zr。纯钛在 882℃ 以下为密排六方结构的 α 相，在 882℃ 以上为体心立方结构的 β 相，在 882℃ 发生同素异构转变，即 α 相与 β 相的转变，加入不同合金化元素可改变同素异构转变温度（$T_β$），加入 α 稳定化元素会提高 $T_β$ 值，加入 β 稳定化元素会降低 $T_β$ 值，加入中性元素对 $T_β$ 值的影响不大。$T_β$ 值是制定钛合金材料和制件热加工工艺参数的重要依据，对于给定的钛合金材料，因工业生产不同批次或同批次不同位置实际成分存在偏差，会引起 $T_β$ 的波动。钛合金的力学性能具有强烈的组织和织构敏感性，改变热加工工艺可获得丰富多样的高低倍组织形态和织构程度，其力学性能也会在一个较宽的范围内变化。针对具体钛合金部件的使用要求，合理设计和控制整个加工过程（包括铸锭熔炼、坯料、锻件变形和热处理），获得所期望的组织状态，最大程度地提高组织均匀性及控制零件内的残余应力，避免出现严重的异常组织、微织构以及裂纹、孔洞、折叠等工艺缺陷。航空钛合金应用研究集中于"工艺—组织—性能"三者的相互关系，特别是对于性能要求最严的发动机关键件用的变形钛合金，高低倍组织控制是确保钛合金零件力学性能和使用可靠性的核心和关键。

2.1 钛的合金化元素分类及作用

第 1 章表 1-9 列出了目前世界范围内航空发动机领域最常用的 25 种钛合金材料，成分有较大差异，力学性能和用途也各异，但这些钛合金的合金化具有很强的规律性，合金的类别、特性等大致与 Mo 当量和 Al 当量相关，应首先需要了解各合金化元素在 Ti 晶格中的存在形态及其对 Ti 的 α 相和 β 相的稳定化作用。

实际上，工业纯钛并非完全是由单一的 Ti 原子构成，在生产过程中总会含有伴生但含量较低的杂质元素，如 Fe、C、O、N、H 等。工业纯钛是按杂质元素含量的不同进行分级的，我国 GB/T 3620.1—2016（钛及钛合金牌号和化学成分）将工业纯钛分为 TA0、TA1、TA2 和 TA3 共四个级别，杂质元素含量要求见表 2-1，序号越大，杂质元素含量越高。

表 2-1　GB/T 3620.1—2016 对工业纯钛杂质元素含量要求　（质量分数,%）

牌号	杂质元素（不大于）						
	Fe	C	N	H	O	其他元素	
						单个	总和
TA0	0.15	0.1	0.03	0.015	0.15	0.1	0.4
TA1	0.25	0.1	0.03	0.015	0.2	0.1	0.4
TA2	0.3	0.1	0.05	0.015	0.25	0.1	0.4
TA3	0.4	0.1	0.05	0.015	0.3	0.1	0.4

工业纯钛具有最低的强度，但具有优异的可焊性和塑性成形能力。工业纯钛具有显著优于不锈钢的耐蚀性，因此广泛用于石油化工领域的热交换器、管道、电镀用阴极辊等构件，这些构件主要是利用纯钛优异的耐蚀性，而对力学性能特别是强度的要求是次要的。有时在工业纯钛中加入少量的 Pd、Ru 等稀贵元素，以进一步提高工业纯钛在还原性环境中的耐蚀性。

工业纯钛中往往含有不同含量的杂质元素 Fe，Fe 在 α 相中的固溶度极低，尽管仅含少量的 Fe 元素，也会析出少量的富含 Fe 元素的 β 相小质点，这对于工业纯钛再结晶退火后的晶粒长大有一定的抑制作用。另外，纯钛中含有少量 Fe 也会提高对氢脆的容忍度，这对于一些在含氢腐蚀环境中应用的工业纯钛来说很重要。

工业纯钛在航空工业中主要用于部分非承力构件如飞机蒙皮、隔热板等以及焊接用焊丝，一般不作为航空承力构件使用。根据不同用途的性能要求，通过适当的合金化得到不同性能特点的钛合金，合金元素的选择除了基于理论基础外，还需考虑资源和成本等因素。

鉴于 α 相与 β 相的转变对于钛合金工艺、组织、性能等的重要作用，将合金元素和杂质元素对钛合金的 $\alpha \rightleftharpoons \beta$ 相转变温度的作用作为合金元素分类的基础，依据对 α 和 β 相的稳定化作用（提高还是降低 $\alpha \rightleftharpoons \beta$ 相转变温度来判定，见图 2-1，其中 M 代表合金化元素），可以将钛的合金化元素分为三类，即 α 稳定化元素、β 稳定化元素和中性元素。

2.1.1　α 稳定化元素

常用的 α 稳定化元素包括置换型元素 Al 和间隙型元素 O、N 和 C。O、N 和 C 一般视为杂质元素而加以控制的，在工业生产中，有时为了提高强度，在配料时加入一些增氧的添加物，如 TiO_2 粉，或者使用 O 含量高的海绵钛。

Ti-Al 二元相图是研制钛合金及 Ti-Al 系金属间化合物的基础，图 2-2 为汇合了不同研究成果的 Ti-Al 二元相图，到目前为止，不同作者对于 Ti-Al 二元相图中的具体参数的研究结果还存有差异，主要原因可能与所用的原料纯度存在差别有关。

Al 是 Ti 最有效且最主要的 α 稳定化元素，加入 Al 会显著提高 Ti 的 $\alpha \rightleftharpoons \beta$ 相转变温度（T_β），且 Al 在 α 相和 β 相中均有较大的固溶度，对 α 相和 β 相均有显著的固溶强化作用，因此可以明显提高钛合金的热强性，这是早期航空发动机热端部件采用 α 型钛合金的原因。加入 Al 还能略微降低钛合金的密度，这对于提高比强度有些许益处。加入 Al 还会提高钛合金的再结晶温度，如加入 5%Al 会使再结晶温度由工业纯钛的 600℃ 提高到 800℃。

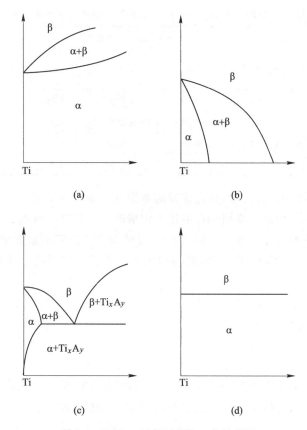

图 2-1　Ti-M 二元相图富钛一角示意图

（a）α 稳定化元素 Al、O、N、C；（b）β 稳定化元素，同晶型元素 V、Mo、Nb、Ta；

（c）β 稳定化元素，共析型元素 Fe、Mn、Cr、Ni、Cu、Si、H；（d）中性元素 Sn、Zr

　　绝大部分的航空钛合金含 4%~8% 的 Al，典型含量为 6%（主要是基于组织稳定性考虑，加入过量 Al 会有 α_2 相强烈析出趋势，显著降低塑性和制性，具体致脆机理在 2.3.2.1 节中阐述）。曾经尝试加入更高含量的 Al，获得 $\alpha+\alpha_2$ 两相混合组织，通过析出的 α_2 相来强化 α 相基体，但相应合金的塑性和韧性降低到了工程应用无法接受的程度，这些努力未获得成功。

　　O 和 N 一般被视为钛合金的杂质元素，多数标准对 O 和 N 含量提出了严格要求，特别是要求高损伤容限性能的超低间隙元素（ELI：Extra Low Interstitial）的钛合金，如 AMS 4930《Titanium Alloy Bars, Wire, Forgings, and Rings, 6.0Al-4.0V, Extra Low Interstitial, Annealed》要求 Ti-6Al-4V ELI 合金的 O 含量≤0.13%。苏联早期著作《热强钛合金》提出：O 是钛合金最有害的杂质元素之一，因为 O 含量的增加会导致合金显著脆化，限于钛工业早期海绵钛的制造工艺水平，往往得到的海绵钛纯度较低，其中控制海绵钛中的 O 含量是主要的努力目标。为了保证钛合金在工作温度下达到 2000h 以上使用寿命，要求具有良好的热稳定性，具体是要求 BT3-1 合金的 O 含量应控制在不大于 0.15%，BT8、BT9 和 BT18 合金的 O 含量应控制在不大于 0.12%[1]。

　　某些有特定用途的钛合金，如用于某型发动机风扇盘的 Ti-6Al-4V 合金，因该合金本

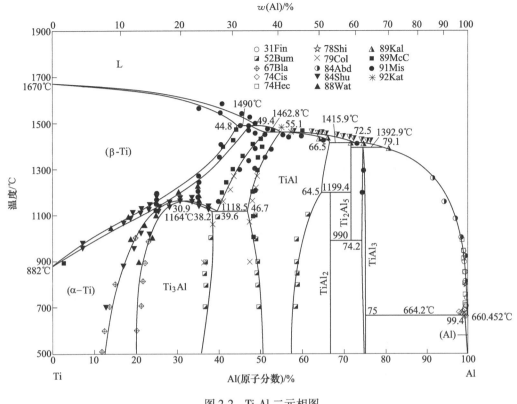

图 2-2 Ti-Al 二元相图

身具有高的塑性和韧性，要求控制 O 含量在 0.17%~0.23%范围内，利用 O 元素强烈的间隙强化作用，可以适当提高拉伸强度，适当的 O 含量不会对塑性有明显的降低作用。为了提高钛合金的拉伸强度，在用高品位的优质海绵钛时，通过增加 Al 含量比增加 O 含量更合理。

不同强度级别工业纯钛最大的成分差异在于 O 含量。当然，海绵钛的级别也主要取决于 O 含量，如 GB/T 2524—2010（海绵钛）将海绵钛按杂质元素含量和布氏硬度分为 7 个级别，即 0_A 级（MHT-95）、0 级（MHT-100）、1 级（MHT-110）、2 级（MHT-125）、3 级（MHT-140）、4 级（MHT-160）和 5 级（MHT-200），级别数越大，杂质元素含量越高，硬度也越高。

C 在 α-Ti 中的固溶度较低，根据 Ti-C 二元相图，当 C 含量大于 0.17%时就会析出硬质的 TiC 相，尺寸为 1~4μm，分布于原始 β 晶界或晶粒内，加入 0.01%C，可以使 T_β 升高 5℃[2]。在大多数的钛合金中，C 是作为杂质元素加以严格控制的。但是，近 α 型钛合金存在一个重大的工艺难点，因其 α+β 区加工温度区间（也称为工艺窗口）窄小，这给热加工特别是在 α+β 区上部固溶处理或退火处理温度的设定和控制造成困难，导致显微组织特别是初生 α 含量难以实现精确控制。钛合金在 α+β 区的相体积分数与温度的关系（即 α_p-T 相转变曲线）是制定热工艺的重要依据，从工程生产角度看，希望能有一个较宽的 α+β 区加工工艺窗口。C 有一个神奇的功能，即加入微量 C 就可以拓宽近 α 型钛合金在 α+β 区上部的工艺窗口，使得近 α 型钛合金也可以进行 α+β 区加工，如英国

IMI834 和我国 TA29 钛合金均加入约 0.06%C，改变了 α_p-T 相转变曲线的斜率，显著增大了 α+β 区的工艺窗口[3]，其微观机理至今仍不明确。另外，加入少量 C 还可少许提高强度，当然，提高强度不是主要目的。

间隙元素 O、N 和 C 在低温下的间隙强化作用不太稳定，在接近屈服强度的静载荷作用下，原来明显的强化作用会减弱，甚至出现称为室温蠕变的塑性变形现象。在高温条件下，因间隙元素与位错的作用减弱，强化效应愈加减弱，权衡之下，间隙元素对航空发动机用钛合金的强化作用是弊大于利[4]。对于航空级别应用特别是航空发动机转动部件用钛合金，希望采用高级别的海绵钛，即控制杂质元素在一个相对低含量的水平。

其他的 α 稳定化元素还有 B、Ga、Ge 和一些稀土元素。Ga 和 Ge 受资源和成本因素的限制，工业上一般不作为钛合金的合金化元素。B 和稀土元素在 α 相中的固溶度极低，这些元素一般是不用于铸锭冶金方法生产的钛合金，我国曾于 20 世纪 80 年代在一些钛合金如 7715C 中尝试加入微量 B，析出的脆性杆状 TiB 相会显著降低疲劳性能[5]，加 B 的做法是不适宜的。在一些铸造钛合金和快速凝固钛合金中，为了细化铸件晶粒而加入少量的稀土元素，如我国的 ZTC3 钛合金中加入了 0.02%稀土元素 Ce。西方国家的一些航空发动机用钛合金标准中，要求严格控制稀土元素及 B 元素的含量，如某标准要求 Ti-6246 合金中的稀土元素 Y 含量不大于 0.001%（10ppm），B 含量不大于 0.0025%（25ppm）。

2.1.2　β 稳定化元素

门捷列夫元素周期表中属于钛的 β 稳定化元素很多，几乎包含了过渡族元素的多数。根据图 2-1 所示的 Ti-M 二元相图，可以将钛的 β 稳定化元素细分为两类，即 β 同晶型元素和 β 共析型元素，β 同晶型元素有 V、Mo、Nb、Ta 和 Re 等，β 共析型元素有 Cr、Fe、Si、Ni、Cu、Mn、W、Pd、Bi、Co、Ag、Au、Pt、Be、Pb 和 U 等。限于资源和成本因素，能经济地用于钛的 β 稳定化元素主要有 V、Mo、Cr、Mn、Nb、Ta、W、Fe 和 Ni，它们对 β 相的稳定作用由强至弱的排列顺序为：Fe>Cr>Mn>Ni>Mo>V>W>Nb>Ta。

最常用的 β 同晶型元素有 V、Mo 和 Nb，当其含量足够高时，可以将 β 相稳定地保留到室温。在钛合金中加入少量 β 同晶型元素，生成少量的 β 相，有助于提高强度和高温蠕变抗力，同时也会改善热加工成形性能，减小锻造时的表面开裂和内部开裂倾向。

加入 V 会明显降低钛合金的高温抗氧化性和高温蠕变抗力，450℃以上使用的钛合金一般不以 V 为主要的合金化元素。当然，加入 V 会少许降低 α 相晶胞的 $\dfrac{c}{a}$ 值，有助于促进基面和棱柱面的位错滑移，从而能提高 α 相的塑性变形能力。加入 V 既能提高强度，还能改善塑性和工艺性能，Ti-6Al-4V 和 Ti-3Al-2.5V 是仅采用 V 作为 β 稳定化元素的钛合金，具有优异的工艺性能，可以生产棒材、管材、型材、锻件、厚板、薄板、带材和箔材等各种形式的产品，而且以 Al-V 中间合金方式加入，Al-V 中间合金原料成本较低。因此与其他钛合金相比，Ti-6Al-4V 钛合金具有显著的低成本优势，这是 Ti-6Al-4V 钛合金能获得最为广泛工程应用的决定性因素。

Mo 在 α-Ti 中的固溶度很小，在 600℃时，Mo 在 α-Ti 中的极限固溶度为 0.8%；室温下，Mo 在 α-Ti 中的极限固溶度约为 0.1%。Mo 对 α 相的固溶强化能力有限，当 Mo 的加入量超出固溶度极限，除少量固溶于 α 相外，主要是形成 β 相。Mo 对 β 相的稳定化作用很强，当然过高的 Mo 含量会损失合金的可焊性及高温蠕变抗力。在 500℃以上使用的高温钛合金中，Mo 含量的加入量受到限制，一般要控制在 1%以下，使用温度越高，Mo 含量有下降趋势。一些新的高温钛合金如 IMI829 和 IMI834，采用 Nb 替代部分的 Mo。与 Mo 相比，Nb 对 β 相的稳定化作用相对更弱，且 Nb 与 Ti 具有相近的原子尺寸和电负性，Nb 在 α 相中具有更大的固溶度，600℃时，Nb 在 α-Ti 中的极限固溶度为 4%；室温下，Nb 在 α-Ti 中的极限固溶度为 0.4%[6]。通过组合加入超过极限固溶度的 Mo 和 Nb，虽然会损失钛合金部分高温蠕变性能，但通过生成少量的 β 相可以降低锻造开裂倾向。另外，加入 Nb 还可提高抗氧化能力，这对用于 500℃以上的钛合金来说也是很重要的一个因素。采用添加多个 β 稳定元素如 Nb、Ta、Mo 的多元合金化方式，可以起到复合强化作用，改善钛合金的抗氧化性、蠕变性能以及弱化 α_2 相的析出趋势，Nb、Ta 和 Mo 会占据 Al 或 Sn 的点阵位置，可以减弱 α_2 相的有序化进程，这意味着加入 Nb、Ta 和 Mo 时，可以加入更多的 Al，从而有助于提高钛合金的高温蠕变抗力。

常用的 β 共析型元素有 Cr、Mn、Fe 和 Si 等。Cr 和 Fe 是高强钛合金最常用的合金化元素，可以显著提高拉伸强度和淬透性。当其含量较高时，熔炼时有明显的铸锭成分偏析倾向，易形成 β 偏析，即 β 斑。另外，在钛中加入 Cr 和 Mn，高温时效时 β 相会发生共析反应，析出 $TiCr_2$、TiMn 化合物，降低合金的塑性[7]，通过合理控制时效制度，尽量避免脆性化合物相的析出。

对于 500℃以上使用的发动机转子级钛合金来说，对元素周期表中Ⅷa 族元素 Fe、Co 和 Ni 含量的要求极其苛刻，其中，Fe 一般是海绵钛中含量最多的这类杂质元素。Fe 在 α 相中的固溶度极低，室温下的固溶度几乎为零，在 595℃时，Fe 在 α 相中的极限固溶度只有 0.047%，Fe 对 β 相的稳定化作用极强，当 Fe 含量超过 0.05%时，就会形成细小的 β 相小质点，在金相试样腐蚀时易产生点腐蚀，形成微坑[8]。更为重要的是，Fe 在 α-Ti 中具有异常高的扩散速率，促进高温条件下的位错攀移运动，从而显著降低钛合金的高温蠕变性能[9]。因此，必须严格控制高温钛合金中 Fe 的含量，如 Ti-1100 钛合金成分指标要求 Fe 含量不大于 0.02%（200ppm）；IMI834 钛合金实际 Fe 含量控制极低，指标要求 Fe 含量不大于 0.015%（150ppm），实测约为 0.0065%（65ppm）[10]。AMS 4975《Titanium Alloy, Bars, Wire, and Rings, 6Al-2Sn-4Zr-2Mo-0.08Si, Solution and Precipitation Heat Treated》从 F 版（1988 年）开始，AMS 4976《Titanium Alloy, Forgings, 6Al-2Sn-4Zr-2Mo, Solution and Precipitation Heat Treated》从 F 版（2003 年）开始，进一步加严对 Fe 含量控制，由原先的不大于 0.25%调整为不大于 0.10%，其主要目的是为了保障 Ti-6242 钛合金的高温蠕变抗力。Fe 也会降低 Ti_2AlNb 金属间化合物的高温蠕变性能，Das[11]研究了 Ti-24Al-20Nb-0.5Mo 合金的蠕变性能，当 Fe 含量从 0.063%降低到 0.017%时，达到 2%残余蠕变变形的时间从 20h 提高到了 53h。

Si 是高温钛合金一种非常重要且很特殊的合金化元素，通过 Si 的固溶强化作用以及析出硅化物的沉淀强化作用，均可明显提高钛合金的高温蠕变抗力。Si 在 α 相中的固溶度较小，当超出极限固溶度后，经时效或高温长时暴露，会在 β 相或 α 与 β 相的界面等位置非均匀地析出细小的硅化物相，降低塑性和热稳定性。目前在役的发动机用高温钛合金，Si 含量一般控制在 0.5%以下。美国与英国、俄罗斯等国家早期在发动机用钛合金中是否加入 Si 在设计理念上存有分歧，英国和俄罗斯的高温钛合金中的 Si 含量一般高于

0.25%，而美国的高温钛合金中的 Si 含量一般小于 0.1%。

一些有特定要求或功能钛合金材料会加入 Ni、Cu、Mn、W 元素，如 Ti-Ni 形状记忆合金、IMI230（Ti-2.5Cu）钛合金、Ti-Al-Cu 系阻燃钛合金；早期开发用于航空发动机钛合金时有加入 Mn 元素的，如英国 IMI315（Ti-2Al-2Mn）、苏联的 OT4（Ti-4Al-1.5Mn）和 OT4-1（Ti-2Al-1.5Mn），Mn 在熔融的钛液中具有高的蒸气压，真空自耗电弧熔炼时在高真空条件下 Mn 易挥发，含 Mn 的钛合金最后一次真空自耗电弧熔炼时往往是在充入惰性气体 Ar 的环境下进行。另外，钛合金中的 Mn 元素也容易形成 β 偏析，20 世纪 50 年代末之后开发的钛合金几乎不加入 Mn 元素。W 元素熔点高（3422℃），通过铝热法获得均匀且低熔点的 Al-W 中间合金难度大，如以纯 W 粉方式加入，在真空自耗电弧熔炼时又往往难以充分熔化并扩散，常会残留 W 质点或形成高 W 含量的 β 偏析，因此目前也仅有俄罗斯开发的少数几种钛合金即 BT25、BT25y、BT36、BT41 是加入 W 的。一些稀贵元素如 Ag、Au、Pt、Be、Pb、U 当然也不会用于钛的合金化。

需要提及的是，H 也属于 β 共析型元素，由于 H 在钛液中具有极高的扩散速率，在一些钛合金铸件进行热处理时，往往将 H 作为一种临时元素，发展了称为热氢处理的工艺，可以细化铸造组织，提高铸件的拉伸强度和塑性。在大多数的变形钛合金中，一般要求最终钛合金零件的 H 含量应不大于 0.015%，有些标准将锻坯或半成品的 H 含量限制在不大于 0.01% 或不大于 0.0125%，主要是为了防止出现氢脆，导致塑性和疲劳性能的严重降低。对于某些近 α 型高温钛合金如 IMI834，要求 H 含量不大于 0.006%。由于 H 在钛合金中具有反常的快扩散特征，即使在低温（<200℃）下也具有很高的扩散速率，会显著影响与时间相关的一些力学行为，如常温或高温持久、常规疲劳、保载疲劳、热盐应力腐蚀开裂敏感性等，第 5 章和第 6 章将详细描述 H 对氢脆、热盐应力腐蚀开裂、保载疲劳行为的影响。

2.1.3　中性元素

钛的中性元素包含 Sn、Zr 和 Hf，它们对钛的 β 相变点无明显影响。因 Hf 元素资源稀少，价格昂贵，一般不用于钛合金的合金化。Sn 和 Zr 在 α-Ti 和 β-Ti 中均有较大的固溶度，与其他合金元素一起加入，可以起到有益的补充强化作用，高温下的强化效果尤为显著。一般钛合金中的 Sn、Zr 含量控制在 3%~5% 以下。

尽管加入 Sn 对 Ti 的相变点影响不明显，实际上 Sn 具有微弱的 α 稳定化作用，当 Sn 含量较高时，或在某些钛合金中同时加入 Al 和 Sn，当 Al 和 Sn 含量超出 α-Ti 中的极限固溶度，在适当的动力学条件下会发生有序化转变，即在 α 相中析出与 α 基体共格且同为密排六方结构（DO_{19}）的 $α_2$ 相。$α_2$ 相析出对于钛合金的某些力学性能如强度、塑性、疲劳、热盐应力腐蚀敏感性等均有很大影响，后续章节将详细描述 $α_2$ 相的特征、析出机制及其对力学性能的影响。

Zr 与 Ti 为元素周期表的同族（ⅣB）元素，无论在高温下的 β 相还是低温下的 α 相，均能无限互溶，Zr 和 Ti 具有相同的化学价，加入 Zr 可以置换 Ti，在一些含 Si 的钛合金中，可以降低 α 相与硅化物因结构不匹配而引起的高应变能，从而降低硅化物的形核激活能。另外，Zr 比 Ti 扩散要慢，硅化物的形核和长大主要受 Zr 的扩散控制，加入 Zr 可以细化硅化物和促进硅化物的弥散分布[12]。

2.2 钛合金的相结构与塑性变形特征

2.2.1 α相和β相的晶体结构与物理性能

钛合金有两个基本的相，即密排六方结构（HCP：Hexagonal Close-Packed）的 α 相和体心立方结构（BCC：Body-Centered Cubic）的 β 相，如图 2-3 所示。航空发动机用钛合金多数以 α 相为主，工业纯钛在 882℃ 以下仅有 α 相，仍在应用的 TA7（Ti-5Al-2.5Sn）为全 α 型合金，绝大多数的高温钛合金为近 α 型或富 α 相的 α+β 型合金，个别高强钛合金如 Ti-17 和 Ti-6246 为富 β 相的 α+β 型合金。HCP 结构 α 相的本质晶体结构特征将主要决定相应钛合金的物理性能、塑性变形行为及力学性能。与 Cd、Zn、Mg、Co、Be 等密排六方结构金属相比，Ti 具有相对更好的塑性，有必要首先了解 α-Ti 的晶体结构特征及其塑性变形行为。

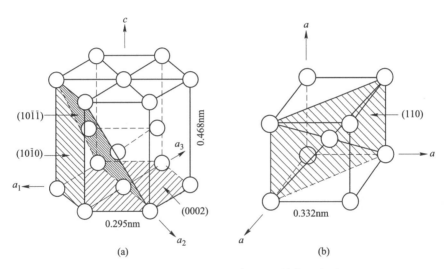

图 2-3　钛的 α 相和 β 相单个晶胞结构示意图

(a) α相；(b) β相

在常见的金属三种晶体结构（HCP、BCC 和面心立方结构（FCC：Face-Centered Cubic））中，HCP 结构表现了最显著的各向异性特征。α-Ti 的 HCP 结构固有的各向异性特征对热膨胀系数、弹性模量、剪切模量等物理性能有重要影响，钛合金的物理性能对于航空承力构件来说非常重要，除了影响构件在高低温交替应用环境时内部应力的变化以及构件之间的间隙控制等之外，还会影响钛合金构件一系列的力学性能行为，特别是低周疲劳行为。纯钛单个晶胞的弹性模量（E）是 HCP 结构 c 轴方向与施加应力轴方向的夹角（γ）的函数，如图 2-4 所示，E 值在 145GPa（应力轴平行于 c 轴）和 100GPa（应力轴垂直于 c 轴）之间变化。同理，纯钛单个晶胞的剪切模量（G）也有相似规律，当应力方向平行于基面的 a 方向时，G 为 46GPa，而当应力方向平行于棱柱面的 a 方向时，G 为 34GPa。

钛合金变形或铸造产品往往是由大量晶粒组成的多晶体组织，这些晶粒的晶体取向可

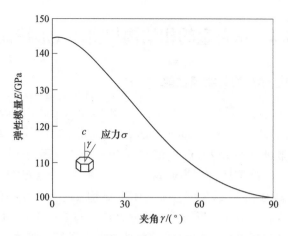

图 2-4　纯钛单个晶胞的弹性模量（E）与晶胞 c 轴与
应力方向的夹角（γ）的对应关系

以是随意分布的，也可能呈规律的方向性分布，从而形成织构组织。多晶钛合金的弹性性能还受织构的强度和密度影响。早期的薄板轧制采用单向轧制工艺，改为换向轧制工艺后，显著减弱板材组织的各向异性。然而，对于一些特定用途的构件如承受双轴拉应力作用的机匣和压力容器等，可以利用织构在某一特定方向的强化作用，因此具有特定织构取向的组织是有利的。晶体织构也会显著影响钛合金的疲劳性能，特别是低周疲劳和保载疲劳性能，第 6 章将详细描述。

鉴于织构和微织构对钛合金物理性能和力学性能的重要影响，驱使开发不同的织构表征技术，可分为对表面织构和块体材料内部织构的分析，表面和近表面层织构的分析方法有：电子束背散射衍射成像（EBSD：Electron Back Scattered Diffraction）、X 射线衍射、空间分辨声谱（SRAS：Spatially Resolved Acoustic Spectroscopy）等；块体材料内部织构的分析方法有：同步 X 射线（Synchronous X-ray）、中子衍射（Neutron Diffraction）、声波技术等[13]。

对于多晶无织构的 α-Ti 来说，弹性模量（E）和剪切模量（G）均随温度的上升基本呈线性下降，室温下，E 为 115GPa，G 为 42GPa；882℃时，E 为 58GPa，G 为 20GPa，如图 2-5 所示。室温下，因纯钛的 β 相是不稳定的，因此无法测试纯钛 β 相的弹性模量。但从 Ti-V 二元系中测出 β-Ti 的弹性模量，结果表明：β 相的 E 值低于 α 相，加入其他 β 稳定化元素 Mo 和 Nb，表现出相同的规律。在 Ti 中加入 β 稳定化元素会降低弹性模量，而加入 α 稳定化元素 Al 能提高弹性模量。总体而言，β 型钛合金的弹性模量要低于 α 型和 α+β 型钛合金，用于弹簧类元件的超弹性钛合金，常使用富含 Nb、Ta 或 Mo 的 β 型钛合金。

2.2.2　α 相的位错滑移特征

α-Ti 的塑性变形行为主要受孪晶变形和位错滑移变形（高温小应力作用下会产生攀移变形）的激活情况决定。在工业纯钛和某些 α 型钛合金中，当在低温、高应变速率和/或复杂加载条件如切削、磨削、抛光金相试样时，孪晶变形可能是主要的塑性变形方式。一

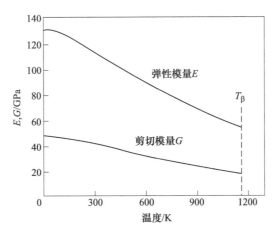

图 2-5　α-Ti 多晶体的弹性模量（E）和剪切模量（G）
随温度的变化关系

些含 V、Mn 的钛合金，在单向加载且低应变速率作用下也发现了孪晶组织[14]。在 Ti 中加入 Al 和 O 会抑制 α-Ti 的孪晶变形[15]。大部分的 α+β 型钛合金，几乎不会发生孪晶变形，而是以位错滑移变形为主。

图 2-6 为密排六方结构 α-Ti 单个晶胞滑移系示意图，密排六方结构有三个最密排

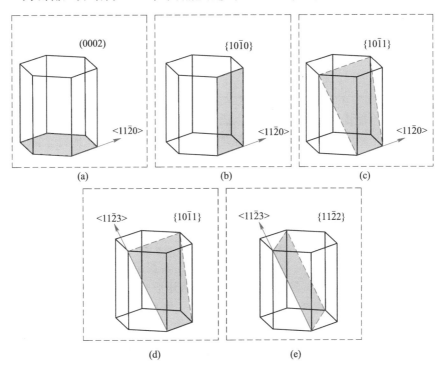

图 2-6　密排六方结构（HCP）α-Ti 的滑移系
（a）基面 a 型滑移；（b）棱柱面 a 型滑移；（c）棱锥面 a 型滑移；
（d）一次棱锥面 c+a 型滑移；（e）二次棱锥面 c+a 型滑移

面：（1）（0002）面，称为基面（basal plane），为描述方便，有时也表示为（0001）面；（2）$\{10\bar{1}0\}$ 面，称为棱柱面（prismatic plane）；（3）$\{10\bar{1}1\}$ 和 $\{11\bar{2}2\}$ 面，称为棱锥面（pyramidal plane）。根据图 2-3（a）可知，α-Ti 的室温点阵常数：$a=0.295\text{nm}$，$c=0.468\text{nm}$，其 $c/a=1.5864$，小于理想值 1.633，这是 Ti 金属原子键合方向性的结果。c/a 值会影响晶面密排程度和位错运动的性质，α-Ti 棱柱面的面间距加大，使得棱柱面的堆垛密度较基面有所增大，从而有利于棱柱面上的位错滑移，而不是基面上的位错滑移，纯钛优先在棱柱面上发生位错滑移，加入 Al 和 O、N 等，促进滑移方式由棱柱面滑移向基面滑移的转变[16]。

表 2-2 列出了 α-Ti 的滑移系具体的滑移面和滑移方向，三个密排面有三种重要的滑移矢量，即 a 型 $<11\bar{2}0>$ 滑移矢量、c 型 $[0001]$ 滑移矢量和由 $c+a$ 组成的 $<11\bar{2}3>$ 滑移矢量。基面滑移和棱柱面滑移各自只能提供 2 个独立的滑移系，而棱锥面可提供 4 个独立的滑移系，其 a 方向滑移在晶体学上是基面和棱柱面 4 个独立滑移系发生交滑移的结果[17]。

表 2-2　密排六方结构 α 相的滑移系

滑移类型	滑移面	滑移矢量	滑移系数量	
			总数	独立个数
基面滑移	（0002）	$<11\bar{2}0>$，即 a	3	2
棱柱面滑移	$\{10\bar{1}0\}$	$<11\bar{2}0>$，即 a	3	2
棱锥面滑移	$\{10\bar{1}1\}$	$<11\bar{2}0>$，即 a	6	4
一次棱锥面滑移	$\{10\bar{1}1\}$	$<11\bar{2}3>$，即 $c+a$	12	—
二次棱锥面滑移	$\{11\bar{2}2\}$	$<11\bar{2}3>$，即 $c+a$	6	5

密排六方结构不能提供足够的滑移系以满足 Von Mises 准则（该准则认为，对于多晶体材料至少需要 5 个独立的滑移系才能确保均匀变形而不致开裂），即每个晶粒应能够产生塑性变形以适应由相邻晶粒迫使它的形状改变。然而，Kocks 和 Westlake 认为，多晶密排六方结构金属的塑性变形不需要有 5 个独立滑移系，当晶界上的非弹性应变发生不相容时，可以通过局部孪晶变形而得以缓解[17]，α-Ti 塑性变形时，孪晶和偶尔开动的其他滑移系也起着重要作用。

α-Ti 的塑性变形强烈依赖于 α 相的晶体取向，因不同滑移系变形的临界分切应力（CRSS：Critical Resolved Shear Stress）差异很大，表现出复杂的变形模式。Gong[18]采用聚焦离子束切割技术加工微型悬臂试样，结合纳米压痕和高灵敏度力学测试装置，测试了工业纯钛单个 α 相不同滑移系的临界分切应力值，结果见表 2-3。微型试样测试得到的屈服强度和剪切应力值往往大于宏观试样的测试结果，这可能与两种不同尺度试样内的位错密度有关。另外，微型试样可能不含有晶界和/或相界，因此缺乏有效的位错源，影响试样表面晶粒的力学行为[19]。由表 2-3 可知，棱柱面 a 型滑移对应的临界分切应力值最低，意味着在高纯钛中，棱柱面位错滑移占优势，只有当外加应力大于基面 a 型滑移的临界分切应力时，才有可能激活基面 a 型滑移，一般情况下是难以激活棱锥面的位错滑移。从表 2-3 及其他文献结果可知，棱锥面上发生 $c+a$ 型位错滑移所需的临界分切应力值是基

面和棱柱面 a 型滑移的 3~4 倍[20]，室温下 α-Ti 的塑性变形是以棱柱面和/或基面的位错滑移为主。

表 2-3 工业纯钛单晶 α-Ti 室温不同滑移系的临界分切应力（CRSS）值

滑移系	CRSS 平均值/MPa	标准偏差/MPa
a 型棱柱面	181	8
a 型基面	209	13
$c+a$ 型棱锥面	474	5

α-Ti 可被激活的滑移系取决于成分、温度、晶粒尺寸和晶体取向等因素。当提高温度时，原子动能增加，原子间结合力减弱，各个滑移系对应的临界分切应力值均下降（见图 2-7），使滑移更容易发生，相比较而言，基面滑移的可能性显著增加。高温条件下，能被开动的滑移系增加，而且滑移方向也由单一的 a 滑移，在某种应力值和应力方向作用下，也可能会激活 $c+a$ 滑移。在大应力及高温蠕变条件作用下，各型位错通过攀移和滑移等过程的相互反应和作用，容易形成位错网结构[21]。在 Ti 中加入 Al 等合金元素，会改变 c/a 值，有可能激活 $\{10\bar{1}1\}$ 或 $\{11\bar{2}2\}$ 棱锥面上发生 $c+a$ 型位错滑移[22]。当间隙元素含量足够高时（>0.1%），所有三个滑移面都可被激活。增加 Al 含量，将同时提高 α-Ti 棱柱面和基面的临界分切应力值，但对基面滑移的临界分切应力值的提高效应不如棱柱面明显，提高温度和增加 Al 含量，滑移将逐步由棱柱面滑移向基面滑移进行[23]。在 300K（27℃）且 Al 含量为 5%~6%时，棱柱面滑移和基面滑移的 CRSS 值相当。

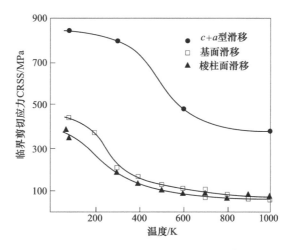

图 2-7 α-Ti 各滑移系的临界剪切应力（CRSS）值随温度的变化

2.2.3 α 相的位错攀移特征

金属材料的大部分力学行为涉及位错的滑移变形，而当在较高的温度及相对较低的应力作用下，会通过位错的攀移运动产生蠕变变形，攀移过程是通过刃型位错割阶的形核与运动而进行的。在航空发动机压气机中，过大的蠕变变形会导致钛合金叶片与机匣之间因相互摩擦而引发钛火故障，或者影响发动机修理时的拆装，蠕变性能是航空发动机零部件特别是高温转动件最重要的设计准则之一，是保证发动机安全使用的关键，蠕变性能也是评价钛合金热强性的第一指标。高温下，钛合金稳态蠕变阶段的激活能接近于钛的自扩散激活能，钛合金的蠕变变形主要受位错攀移运动控制[24]，而位错攀移受合金元素扩散能力的控制。

与其他密排六方结构金属 Mg、Zn、Cd 相比，Ti 的离子/原子半径比呈现反常地大，体现在扩散方面表现为 α-Ti 的本质自扩散速率反常地大，Ti 于是被称为"开放"金属[25]。在 Ti 中加入大多数溶质原子如 Al、Sn 可以降低层错能，使位错变宽，从而降低合金的扩散能力及位错攀移速率。钛合金体心立方结构的 β 相，晶体致密度较小，与密排六方结构的 α 相相比更易于扩散，这是大多数高温钛合金以 α 相为主的最主要原因。值得提及的是，元素 Fe、Co 和 Ni 在 Ti 中的扩散速率很大，在 α-Ti 中的扩散速率是 α-Ti 自扩散速率的 $10^3 \sim 10^5$ 倍，在 β-Ti 中的扩散速率是 β-Ti 自扩散速率的约 10^2 倍，而且这些元素强烈促进 Ti 基体的自扩散[26]，Fe、Co 和 Ni 被认为是 Ti 的快扩散元素[25]，而且 Fe、Co 和 Ni 在 α 相的平行于 c 轴方向的扩散要快于垂直于 c 轴方向[27,28]。Frank 和 Turnbull 提出了离解扩散机制（Dissociative Diffusion Mechanism）和间隙—置换固溶扩散机制[29]，即认为 Fe 在 Ti 晶格中可能以间隙或置换两种方式存在，有时以间隙方式固溶，有时以置换方式固溶。当发生扩散时，间隙溶质原子与一个空位结合而形成一个置换式溶质，扩散之后该置换式溶质分离再形成一个空位和一个间隙溶质原子。Van Hengten[30] 通过计算机模拟 Fe 在 α-Ti 晶格中不同位置迁移的迁移能、跳跃频率和熵，认为尽管 Fe 原子在间隙位置迁移会更容易，但 Fe 原子在间隙位置的浓度（C_I）远远低于在置换位置的浓度（C_S），在 700K（427℃）时，$C_S/C_I = 10^{18}$，可以排除间隙扩散机制，认为 Fe 还是按空位扩散机制进行的。Cr 和 Mn 在 α-Ti 中的扩散速率比 Fe、Co 和 Ni 要小两个数量级左右，是 α-Ti 自扩散速率的 $10^2 \sim 10^3$ 倍，也属于快扩散元素[31]。C、O 和 N 也是 α-Ti 的快扩散元素，受间隙扩散机制控制。对于高温钛合金，特别是在 500℃ 以上使用的钛合金，原子扩散已很明显，对蠕变性能的作用并始显现，一定要严格控制 Fe、Co 和 Ni 元素的含量。

2.2.4　β相的位错运动特征

钛合金 β 相的体心立方晶胞如图 2-3（b）所示，按理论推算，纯钛 β 相在 900℃ 时的晶格常数 $a = 0.332$nm，密排面为 6 个 {110} 面，密排方向为 4 个 <111> 方向。在 Ti 中加入足够数量的 β 稳定化元素，会在组织中形成 β 相，β 稳定化元素含量越多，形成的 β 相也越多，甚至能保留完全的 β 相。航空发动机用钛合金大多数属于近 α 型和 $\alpha+\beta$ 型，也有少量高强钛合金如 TC17（Ti-17）和 TC19（Ti-6246），在室温状态含有接近一半的 β 相，还有阻燃钛合金 Ti40 和 Alloy C，则为全 β 型钛合金。

钛合金 β 相的 BCC 晶体结构及其滑移特征强烈影响着钛合金的力学性能、工艺性能，如多数高温钛合金加入少量的 β 稳定元素如 Mo、Nb，其主要目的是为了改善锻造和热处理工艺性，因为单一 α 相的塑性变形能力很差，而且随着温度的下降，变形抗力迅速增加，即所谓的锻造温度窗口窄，容易出现锻造裂纹和孔洞等缺陷，少量的 β 相可以显著改善钛合金的塑性变形能力，且因相变点的降低，可以降低变形温度。

2.3 钛合金的相变

2.3.1 β→α (α') 转变

Burgers 首次研究了 Zr 元素的 α 与 β 相的位向关系，建立了 α 与 β 相的晶体学位向关系，称其为 Burgers 位向关系，这个位向关系后来在 Ti 中也被证实了。在工业纯钛和钛合金中，根据合金的成分和冷却速率，β 相向 α 相的转变可以由马氏体转变方式或由扩散控制的形核和长大方式进行，α 相和 β 相之间保持 Burgers 位向关系，即 $(0001)_\alpha // (110)_\beta$，$[11\bar{2}0]_\alpha // [1\bar{1}1]_\beta$（见图 2-8）。根据 Burgers 位向关系，β 相晶胞的 6 个滑移面和 2 个滑移方向为 α 相提供了最多 12 种可能的取向，常称为 12 种变体，马氏体转变和传统的形核长大过程都遵守这个取向关系。β 相转变为 α 相会使晶格产生轻微畸变，导致 α 相晶胞的 c 轴相对于 a 轴轻微收缩，使 α-Ti 的 c/a 值低于理想密排六方结构晶胞的 c/a 值。

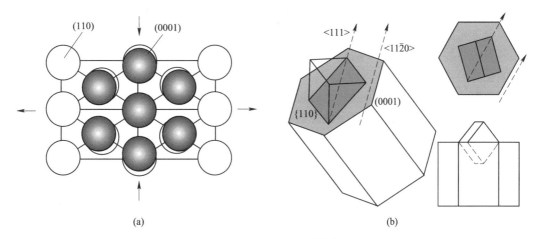

图 2-8 Ti 的 α 相与 β 相的晶体位向关系
(a) 位向关系平面示意图；(b) 位向关系立体示意图

当 β 相以不同速度冷却时，会得到不同尺寸和不同排列的 α 片。提高冷却速率，α 片的长度和厚度变得更小。在 β 晶界上形核的集束不能再填充晶粒内部，α 片也开始在其他集束界面上形核。为了减小总的弹性应变，新的 α 片可以在已有的 α 片宽大的面上通过点接触形核，与原来的 α 片基本垂直长大。这种可选择性的形核和长大机制，加上细小的 α 片，会形成所谓的网篮组织。对于某一给定的冷却速率，在高 β 稳定元素的钛合金中更容易形成网篮组织。值得提及的是，从 β 相区连续冷却过程中，不共格的 α 片不是在 β 基体上均匀形核的[32]。

若合金中 β 相稳定元素含量较少，从高温快速冷却时，β 相可以直接转变为密排六方结构的过饱和马氏体相，一般以 α' 表示。α' 相有两种形貌，即大块（片层）马氏体和针状马氏体。针状马氏体一般发生于高合金化合金中（低的马氏体转变温度）。针状马氏体由独立的 α 片混合组成，每个 α 片具有不同 Burgers 位向关系取向。一般来说，马氏体片含高密度的位错，有时会存在孪晶组织。α'马氏体含过饱和的 β 稳定元素，在 α+β 区退

火时会分解为 α+β 相，在位错区或 α 片的界面上析出并形成非共格的 β 相。如果合金中 β 相稳定元素含量高，马氏体的六方结构变得更扭曲，从晶体学角度看，晶体结构失去了六方结构的协调性，必须用正交晶型（orthorhombic）来表示，称为 α″相。当钛合金中的 β 稳定元素在临界含量附近时，自 β 区快速冷却也可能形成 ω 相，ω 相具有六方结构，其点阵常数为 $a = 0.4607nm$，$c = 0.2821nm$，ω 相与 β 母相之间保持共格关系。当 β 稳定元素含量较高时，淬火后 β 相可以保留到室温。

对于 α+β 型合金来说，当从 β 相区快速冷却时，因减小了 α 集束的尺寸，增加了界面的数量，同时产生了大量的位错，界面强化和位错强化起着重要作用；或者发生了马氏体相变，产生高密度位错，位错强化起着重要作用。值得提出的是，钛合金的马氏体比 Fe-C 合金的马氏体要软得多，这是因为只有间隙式的 O 原子导致马氏体六方晶体结构很小的弹性畸变。

2.3.2　α₂ 相和硅化物的沉淀析出行为

随着对钛合金力学性能特别是热强性要求的不断提高，合金化愈加复杂和多元，不仅要考虑合金元素与 Ti 的键合作用，还要考虑各个合金元素之间的交互作用；合金元素含量逐渐趋向能加入的极限值。通过合理的合金化及后续的工艺参数控制和优化，以实现诸多力学性能的平衡。

多数近 α、α+β 钛合金的强化是通过固溶强化机制来实现，以 α 相为主，α 相的固溶强化和位错运动是决定钛合金力学性能如强度、塑性、蠕变、疲劳等的主导因素。在役的大部分高温钛合金含有较高含量的 Al、Sn 和 Zr，其 Al 当量往往超过 8%，根据 Rosenberg 提出的铝当量经验公式，会有强烈的 α₂ 相析出倾向。α₂ 相的析出会强烈影响强度、塑性、蠕变、持久和疲劳性能，甚至对断裂韧性、裂纹扩展速率和热盐应力腐蚀开裂性能等也有显著影响。因 α₂ 相的最佳形核温度在 550～600℃ 区间，对于 550～600℃ 长期使用的高温钛合金来说，控制合金成分继而控制 α₂ 相的析出显得尤为重要。从微观机理而言，α₂ 相析出对力学行为的作用是通过影响位错的滑移运动模式体现的。

对于高 Si 含量的钛合金来说，硅化物的沉淀析出是另一个重要的组织变化特征，不论 Si 是以固溶形式还是沉淀相析出形式存在，均对合金的力学性能如热稳定性、热盐应力腐蚀开裂、保载疲劳等有着强烈影响。

另外，许多钛合金在高温环境下长时使用，当满足动力学条件时，根据不同的成分和初始组织状态，可能会析出 α₂ 相和硅化物，它们对性能特别是塑性、疲劳、韧性的影响程度究竟有多大？一直是钛合金从业者和发动机设计师关心的问题。α₂ 相和硅化物的析出机制及其对诸多性能的影响，不仅是一个科学问题，更是一个工程问题。

2.3.2.1　α₂ 相

金属材料的有序—无序转变现象早在 1923 年就已被发现，G. H. J. A. Tammann 已考虑到合金中有序化的可能性，但直到 1923 年由 E. C. Bain、1925 年由 C. H. Johansson 和 J. O. Linde 通过 X 射线衍射超点阵线条才证实了 Cu-Au 二元系固溶体中的有序化。在高温时，Cu、Au 两种原子在全部晶格位置上呈随机无序分布，冷却时，Cu、Au 原子在晶格上发生重新排布，分别占据特定的晶格位置，最后成为与无序固溶体完全不同的晶体结构，即发生了无序向有序的转变[33]。在 20 世纪 30 年代，人们已经认识到这一现象的主要原因来自吉布斯（Gibbs）竞争，即内能与熵的竞争。在高温条件下，熵占优势，因此呈无序固溶体状态；而在低温条件下，异种原子对的强键合作用占优势，呈有序固溶体状态。

在 Ti-Al 二元系合金中同样发现了无序—有序转变现象。Crossley 和 Carew[34] 最早于 1957 年报道了 Ti-8%Al 合金（质量分数）的脆化现象，后来被 Soltis[35] 所证实，归因于有序 $Ti_3Al(\alpha_2)$ 相的析出。Blackburn[36] 研究了 Al 含量（原子分数）小于 25% 的 Ti-Al 合金后认为，在 450℃ 时，Al 在 Ti 中的固溶度原子分数极限为 10%（质量分数约为 6%），超过此极限，会形成有序 α_2 相。根据 Ti-(7%~9%)Al（质量分数）和 Ti-1100 合金的研究表明，α_2 相沉淀析出最大速率对应的温度为 550~650℃[37]。在高于临界回溶温度以上热处理，α_2 相会回溶，α_2 相的析出和回溶具有可逆性[38]。很多研究人员用实验数据构建 $\alpha/(\alpha+\alpha_2)$ 相界，不同研究者得出的实验结果有较大差别，可能与所采用合金的 O 含量不同有关，但 O 对 α_2 相析出影响的具体作用机理尚不清晰[37]。

研究表明，α_2 相是指以 Ti_3Al 为基的长程有序相，为 DO_{19} 结构，其空间群为 $P6_3/mmc$。α_2 相主要是从过饱和的 α 相中以相对均匀且共格方式析出，Al 原子在 α 的（0001）晶面上有序分布，组成 2 倍于 α 相 a 轴晶格常数。α_2 与 α 基体的取向关系为：（0001）α_2//（0001）α，$<11\bar{2}0>_{\alpha_2}//<11\bar{2}0>_\alpha$，$\alpha_2$ 相晶胞尺寸与 α 相晶胞尺寸关系为：$c_{\alpha2} = c_\alpha$；$a_{\alpha2} = 2a_\alpha$[36]。因 α_2 和 α 相之间的晶格错配度很小，在所有方向上都小于 0.3%，共格 α_2 只需一个很小的尺寸就可以形核，其结果是形核密度很大，在一个很宽的时效温度范围内在基体上均匀地形核析出[39]，只有当尺寸超过 1μm 时，α_2 相才与 α 相丧失共格关系。α_2 的尺寸与 Al 含量及时效条件有关，康强[40] 采用高分辨像观察了 Ti60 钛合金中 α_2 的形貌，α_2 颗粒直径为 3~5 个 α_2 单胞尺寸，为 1.5~3nm，弥散分布的 α_2 实际上相当于固溶的 Al 原子在某些区域内呈短程有序排列。α_2 与 α 相界面处的弹性应变能很小，当其尺寸小于 120nm 时与 α 相一直能保持共格关系。随着析出的 α_2 相尺寸增大，α_2 颗粒的形状逐步由球状向纺锤状变化，临界尺寸为 50nm 左右，其主轴方向平行于 α 相的 [0001] 方向，次轴位于基面上[36]，而 Lütjering[39] 认为，α_2 相尺寸只有在小于 10nm 时才保持球状。钛合金中的 O 和 Sn 更加稳定了 α_2 相，可以将 $\alpha+\alpha_2$ 相区推向更高的温度，加入 Sn 会增加 α_2 相与 α 基体之间的错配度，使得 α_2 相变得更趋于等轴化[41]，而加入 Ga 会使 α_2 沿 c 轴方向更长，倾向于呈长条状[37]。因 α_2 相与 α 基体之间为共格关系，而且错配度很小，α_2 相的析出不会引起周围点阵发生明显畸变，因此在进行透射电镜观察时造成的应变场衬度小，α_2 相一般无法在明场像上看到，而在衍射花样中以超点阵衍射斑点方式呈现[42]，如图 2-9 所示。Onodera[43] 认为，当 α_2 的体积分数大于 19% 时，在衍射花样中才有强烈的超点阵衍射斑点；当其体积分数小于 8% 时，在衍射花样中不能发现 α_2 的超点阵衍射斑点。

第 1 章表 1-1 ~ 表 1-9 所列的常用钛合金中，TA11（Ti-811）、TC19（Ti-6246）、TA19（Ti-6242S）、TC25（BT25）、TC25G（BT25y）、BT18y、BT36、IMI834、Ti-1100、TA29、TA33 的 Al 当量均已超过 8%，TA11 和 BT18y 的 Al 当量甚至达到了 9%。上述合金的 α 相结构具有热力学不稳定性，即具有 α_2 相析出的趋势。Radecka[44] 研究表明，IMI834 经过 700℃ 时效，α_2 颗粒尺寸约为 2.5nm，随着时效时间延长，颗粒尺寸增大；经过 700℃/500h 热暴露，尺寸约为 40nm，呈纺锤状，长度方向为 [0001]，Al 会向 α_2 相中富

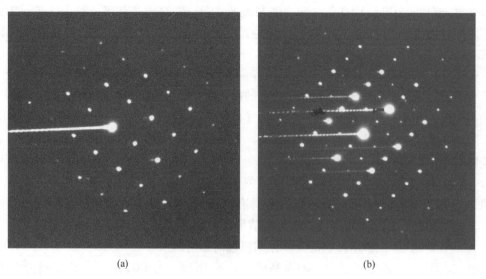

(a)　　　　　　　　　　　　　　　(b)

图 2-9　TA29 钛合金固溶时效状态（STA）以及再经 600℃/100h 长时暴露后 α 基体的电子衍射花样

（a）STA；（b）STA+高温长时暴露

集。实际情况也的确如此，在上述合金经过时效和高温长时暴露后，在进行透射电镜分析时，均能发现强弱不一的超点阵衍射斑点，基本符合 Rosenberg 的 Al 当量经验公式。在工程实际应用时，考虑到每一炉钛合金配料成分的波动，如某企业标准对应的 Ti-6246 钛合金盘件和关键转动件用大规格棒材要求合金的 O 含量控制在 0.07%～0.12%，并根据具体炉号的成分实测值，按 Al 当量经验公式计算 Al 当量，要求不大于 9.2%。可见，实际工程生产时须严控 Al、Sn、Zr 和 O 这几种元素的含量。

　　根据相平衡理论可知，Al 主要富集于 α 相中，当在相变点以下 20～30℃ 范围内固溶时，Al 在 α 相中的质量分数比在 β 相中高出 0.25%～0.4%，初生 α 相的实际 Al 当量要高于合金的平均 Al 当量，当满足热力学和动力学条件的情况下，首先主要在初生 α 相中析出 $α_2$ 相。$α_2$ 相的数量除了与合金的 Al 当量、显微组织有关外，还与合金在时效或高温暴露时间和温度有关，$α_2$ 相的形核长大需要满足热力学条件之外，还需要满足动力学条件。对 IMI685、Ti-6242、IMI834 和 Ti-1100 等钛合金的研究表明，$α_2$ 相的最佳形核长大温度为 550～600℃，在 α 相中析出均匀弥散分布的 $α_2$ 相颗粒。如果温度低于 500℃，即使有强烈的 $α_2$ 相析出倾向，但动力学条件不满足，也不会有过量的 $α_2$ 相析出。如 TA11 钛合金，尽管其 Al 当量为 9%，因其使用温度一般低于 400℃，经过低温长期使用，合金依然能保持高的塑性，亦即具有良好的热稳定性。

　　以 TA29 钛合金为例，其名义 Al 当量为 8.8%，不论是双态组织还是网篮组织，经 600℃/100h 热暴露后，无论是在初生 α 相还是片层 α 相中，均发现了超点阵衍射斑点，明场像看不到 $α_2$ 相，暗场显现也不明显。750℃时效状态，在 α 相的衍射斑点中看不到超点阵衍射斑点，因此可以说明，TA29 钛合金 $α_2$ 相的临界溶解温度低于 750℃。根据 IMI834 和 Ti-1100 钛合金的研究结果表明，$α_2$ 相的临界溶解温度也大致在 750℃。

　　当位错运动至 $α_2$ 颗粒时将以剪切方式通过，会破坏滑移面上 $α_2$ 相的有序排列结构而形成反相畴界，引起有序能的增加，有效阻碍位错的滑移运动。从宏观尺度来看，这可以提高拉伸强度，但同时位错在滑移面上滑移时，打头的位错剪切 α_2 相时会破坏其有序结构，随后的位错再次经过时可以消除上一个位错切割时形成的反相畴，位错易于以超点阵位错的形式成对运动。其结果是，下一个位错在同一滑移面上滑移运动所需的应力变小，使得更容易集中在已活动的滑移面上滑移，而在其他滑移面上滑移更加困难，使得滑移过程呈平面化趋势，限制了交滑移的进行[45]。较多的位错集中在较少的滑移面内滑移，形成共面位错塞积，在滑移带上含有平面位错列，领头的位错处会产生很大的应力集中，易诱发裂纹的萌生[39]。裂纹的形核和扩展，促进了材料由韧性断裂向脆性断裂方式的转变，从而致使塑性大幅度降低[46]。

2.3.2.2 硅化物

Si 是高温钛合金中一种很重要的添加元素，大部分的高温钛合金含有 0.1%~0.5% 的 Si（质量分数）。Si 在钛合金组织中有两种存在形态，即 Si 固溶于基体和沉淀析出硅化物。Si 不是均匀固溶于基体中，而易在位错、界面和 β 相处偏聚，形成 Cottrell 气团。在时效或高温长时暴露过程中，当 Si 含量超出其固溶度极限后，会析出粒状或杆状的硅化物相，硅化物一般在 α/β 相界上形核析出，亚稳定的 β 相分解为 α 相和硅化物；硅化物也可在 α 相内的位错区析出，硅化物颗粒的分布是极其不均匀的。目前，对硅化物的成分组成和晶体结构还存有争议，一般认为有三种分子式结构，即 Ti_5Si_3、Ti_6Si_3 和 Ti_3Si，这三种硅化物的晶格类型和晶格常数见表 2-4。当合金含 Zr 时，因 Zr 与 Si 具有更大的结合力，Zr 会置换部分 Ti，且因 Zr 更慢的扩散速率，会降低硅化物相的长大速率，硅化物颗粒更为细小。当合金含 Sn 时，Sn 会置换少量的 Si[47]。以 Ti_5Si_3 为基的硅化物称 S1 型，为稳定的硅化物相，一般在低温时效时析出[48]。Ti_6Si_3 是最常见的硅化物，称 S2 型，在 700~800℃ 时效时一般以 Ti_6Si_3 析出[49]。很少发现 Ti_3Si，Ti_3Si 相的形成动力学很慢，只在长时时效处理时才有可能形成。以上三种硅化物中常见的有 S1 和 S2 型，不同的热机械处理工艺可能出现一种硅化物或几种硅化物同时并存的情况。Salpadoru[50] 认为，板条状的 S1 型硅化物在固溶处理过程中逐步被 S2 型硅化物取代，S2 型硅化物中 Ti+Zr 与 Si 的分子数比接近 2:1，而 Ti 与 Zr 的分子数比介于 0.68~2.26 之间。加入 Zr 降低了 Si 在基体中的溶解度，增加过饱和度，因此可以促进硅化物的形核并更加弥散细小析出[51]。

表 2-4 硅化物的晶格类型和晶格常数

项 目	Ti_5Si_3（S1 型）	Ti_6Si_3（S2 型）	Ti_3Si
晶体结构	六方（hexagonal）	六方（hexagonal）	四方（tetragonal）
点阵常数/nm	$a=0.7429$ $c=0.5139$	$a=0.701$ $c=0.368$	$a=1.0206$ $c=0.5069$

图 2-10 为 TA29 钛合金盘模锻件固溶时效（STA：Solution Treated and Aging）状态下原始 β 片上析出的硅化物，此时残余的 β 相已完全分解，析出的硅化物颗粒呈球状或椭球状，少数呈短杆状，尺寸在 40~150nm 之间，析出的数量相对较少。图 2-11 为在 STA+ 600℃/100h 状态下 α 基体上析出的硅化物，硅化物的分布不均匀，优先在原始 β 转变组织的 β 片上析出，大部分为杆状，在 α 晶粒内也有硅化物的析出，呈球状分布。

依据 Si 在组织中不同的存在形式，Si 对提高钛合金高温蠕变抗力主要有两种作用机理。当 Si 固溶于基体时，Si 容易在位错区集聚，形成 Cottrell 气团，阻滞位错的滑移或攀

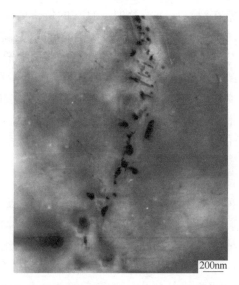

图 2-10　TA29 钛合金 STA 状态下在原始 β 片上析出的硅化物颗粒

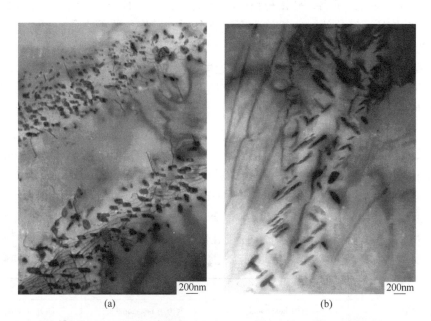

(a)　　　　　　　　　　　　　　　　　(b)

图 2-11　TA29 钛合金高温长时暴露过程中析出的硅化物颗粒

(a) 在 α 晶粒内析出的球状硅化物颗粒；(b) 在原始 β 片上析出的杆状硅化物颗粒

移运动，从而提高钛合金的高温蠕变抗力[52]。但随着温度的升高，这种气团对位错运动的阻滞作用会减弱。当 Si 在位错和界面等位置上以硅化物颗粒方式弥散析出时，因硅化物颗粒与基体为非共格关系，而且硅化物颗粒尺寸比 α_2 颗粒大得多；当位错运动遇到硬的硅化物颗粒时，位错被迫发生弯曲并以 Orowan 机制绕过颗粒，或者被硅化物颗粒钉扎住[53]，位错的滑移受到阻碍，从而提高合金的高温蠕变抗力。实际上，位错滑移对于在 600℃左右温度下合金蠕变变形的贡献相对较小，所以硅化物在晶界或相界的析出对于提高蠕变性能的作用较小。另一方面，因硅化物析出将降低 α 基体中 Si 的固溶度，从而引起基体蠕变抗力的下降,两者的综合作用将使得蠕变抗力总体上呈下降趋势[54],硅化物沉淀强化所取得的蠕变强度增加不能抵消因固溶强化损失所引起的蠕变强度下降。

2.3.2.3 α₂相和硅化物析出对力学性能的影响

A 对拉伸塑性的作用

针对航空发动机高温使用环境,钛合金的组织稳定性是一个重要的设计准则[55]。对于高 Al 当量及高 Si 含量的钛合金,时效和长时高温暴露过程中会在 α 基体上析出共格的 α_2 相,在 β 相或 α 相内析出硅化物颗粒,显著改变合金的力学性能,特别是引起塑性和韧性的降低,亦即造成热稳定性(通常采用热暴露后拉伸塑性的下降比例来表征)的下降,其中 α_2 相析出是导致热稳定性下降的主因[56,57]。硅化物也协同促进位错的集中滑移,进一步降低合金的塑性[58]。$\alpha+\alpha_2$ 合金表现出的低塑性难以被航空发动机压气机转动件的应用设计所接受。现代镍基高温合金强化工艺就是在 $\gamma+\gamma'$ 相构成的显微组织基础上建立的,镍基高温合金的 $\gamma+\gamma'$ 相组合与钛合金的 $\alpha+\alpha_2$ 相组合很相似,γ' 与 α_2 与基体均呈共格关系,并皆可被位错剪切,不同的是:γ' 与 γ 相之间的错配度要比 α_2 与 α 相的错配度小得多,所以 $\alpha+\alpha_2$ 合金呈现更加显著的脆性[4]。

α_2 相的存在导致位错的不均匀平面滑移,以大范围的集中变形带的方式进行。硅化物颗粒的析出对降低热稳定性起着叠加作用,当运动位错遇到硅化物颗粒时,不能切割硅化物颗粒,位错与硅化物颗粒发生交互作用形成位错缠结,可以有效阻碍位错的滑移运动(见图 2-12)。硅化物颗粒对位错运动的钉扎作用可以有效阻碍位错的进一步滑移变形,引起很大的应力集中,促进微裂纹的形成,加剧更集中的滑移变形,导致宏观拉伸变形的脆性行为[56]。

200nm

图 2-12 原始 β 片上析出的硅化物与位错的交互作用产生位错缠结,并钉扎位错的运动

B 高温下热稳定性的部分恢复

当有较多的 α_2 相析出时,钛合金的室温拉伸塑性会显著下降,但在高温下会发生部分的恢复,以 TA29 钛合金盘锻件为例来阐述[59]。图 2-13 为 TA29 钛合金盘锻件固溶时效(STA)状态以及随后增加 600℃/100h 热暴露后在不同温度下的拉伸强度、伸长率和断面收缩率。随着温度升高,拉伸强度下降,且在 20～600℃ 整个温度区间内,热暴露状态试样的拉伸强度均高于 STA 状态,这说明经 600℃/100h 试样热暴露后,内部显微组织的变化会引起合金的强化,微小的表面氧化对强度不至于有明显的弱化作用。在所有温度条件下,试样热暴露后的拉伸塑性均低于初始的 STA 状态,但随着温度升高,两者的差别逐步缩小,如 STA 状态的室温拉伸塑性 δ_5 为 10.9%,ψ 为 20%,而经 600℃/100h 试样热暴露后,室温拉伸塑性 δ_5 降至 2%,ψ 为 3.6%,塑性保持率仅为 STA 状态的 18%;在 150℃ 进行测试,试样热暴露后的拉伸塑性显著提高,δ_5 达到 8.6%,ψ 达到 12%,为同一

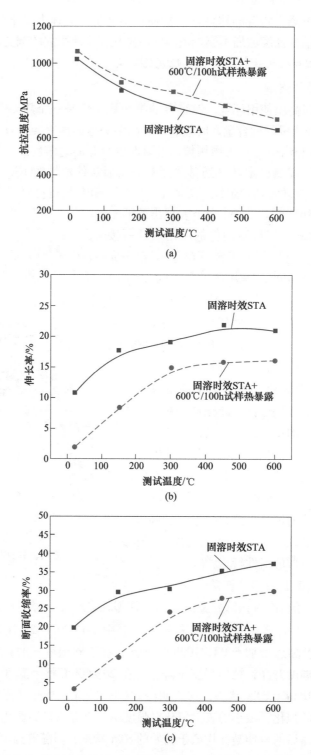

图 2-13　TA29 钛合金盘锻件 STA 状态和 STA+600℃/100h 试样热暴露状态
在不同温度下的力学性能

（a）拉伸抗拉强度；（b）伸长率；（c）断面收缩率

温度 STA 状态对应塑性的 48% 和 40%；从 300℃ 到 600℃，随着温度升高，拉伸塑性缓慢提高，试样热暴露后合金的拉伸塑性 δ_5 达到 STA 状态同一温度下的 75% 左右，ψ 达到 80% 左右。

从上述试验数据可知，与 STA 状态相比，尽管经 600℃/100h 试样热暴露后 TA29 钛合金的室温拉伸塑性严重降低，但当温度超过 150℃ 后，合金的拉伸塑性（即热稳定性）恢复到同一温度的 40% 以上；在 300~600℃，热稳定性能达到 STA 状态同一温度的 75% 以上。TA29 钛合金设计用于 400~600℃ 的温度区间，在这一温度范围内，合金试样热暴露后仍能保持一个较高的塑性值。

图 2-14 和图 2-15 分别为 TA29 钛合金盘模锻件 STA 状态和 STA+600℃/100h 状态下的室温拉伸断口形貌，可以看出，STA 状态的室温拉伸断口表面起伏大，有少量的锥形韧窝，也有部分解理小平面，表现为典型的准解理断裂特征，解理面和韧窝之间没有明显的边界，对应具有较高的拉伸塑性；经 600℃/100h 试样热暴露后的室温拉伸断口显得更为平直，从表面的氧化层处开始萌生裂纹，继而扩展到基体，虽然也表现为准解理断裂特征，但穿晶解理断裂特征更为明显，宏观表现为低的拉伸塑性。

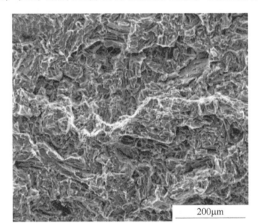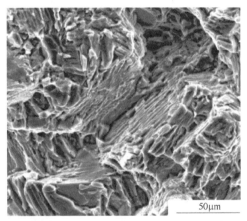

图 2-14　TA29 钛合金盘锻件 STA 状态的室温拉伸断口形貌

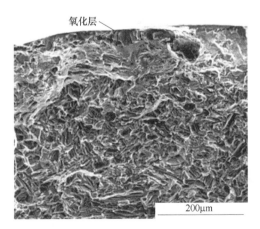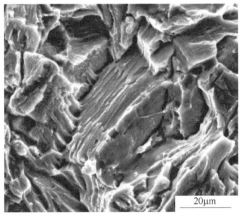

图 2-15　TA29 钛合金盘锻件 STA+600℃/100h 试样热暴露状态的室温拉伸断口形貌

　　图 2-16~图 2-18 为 TA29 钛合金盘模锻件 STA+600℃/100h 试样热暴露状态分别在 150℃、450℃和600℃的拉伸断口形貌。随着温度升高，断口表面起伏度增大，准解理断裂特征减弱，而且断口上开始出现明显的韧窝，表现为拉伸塑性的快速提高，这意味着在 150℃以上拉伸变形行为发生了明显变化。

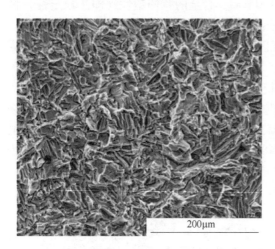 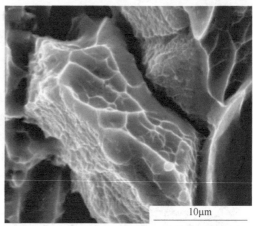

图 2-16　TA29 钛合金盘锻件 STA+600℃/100h 试样热暴露状态的 150℃拉伸断口形貌

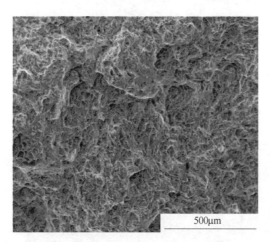 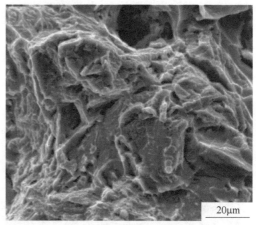

图 2-17　TA29 钛合金盘锻件 STA+600℃/100h 试样热暴露状态的 450℃拉伸断口形貌

　　从图 2-13 可知，随着温度升高，热暴露后的试样尽管有低的室温拉伸塑性，这是与剪切 α_2 相引起滑移不均匀以及表面形成薄的氧化层有关。当温度超过 150℃后，拉伸塑性却有一个显著提高，这归因于不同温度条件下拉伸变形的位错运动机制发生了一个重大转变。另外，表面薄的氧化层对塑性的下降作用也没那么严重了。

　　在 20~600℃温度范围内，拉伸变形时有两种位错运动机制在进行竞争，即位错剪切 α_2 平面滑移机制和位错交滑移机制。对于 TA29 钛合金来说，这两种机制的过渡温度（T_c）约在 150℃，当低于 150℃时，以位错剪切 α_2 平面滑移机制为主；当高于 150℃

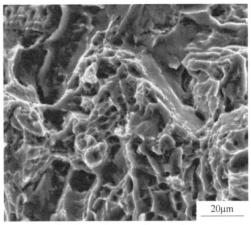

图 2-18　TA29 钛合金盘锻件 STA+600℃/100h 试样热暴露状态的 600℃拉伸断口形貌

时，随着温度升高，原子间键合力减弱，临界分切应力值下降，使得滑移更容易发生。另外，集中滑移变形逐步退化，位错在棱柱面上的交滑移作用增强，位错交滑移机制将起主导作用，表现在拉伸断口上为宏观的平面形向波浪形的转变[22,60]。Feaugas[61]认为，钛合金位错运动机制转变的临界温度为 500K（227℃）。另外，在 150℃以上，棱柱面和基面对应的临界分切应力值越来越接近；除了棱柱面滑移外，还可能促发基面滑移，使得滑移系增加，变形更为均匀[62]，这些将会促使拉伸塑性的显著提高。

尽管经高温长时暴露后室温拉伸塑性会严重下降，甚至其伸长率会降到 1%以下，但是随着温度的升高，热暴露试样与原始状态试样的拉伸塑性值差距明显缩小，逐步恢复到毛坯热稳定性的水平，表面氧化对塑性的下降作用也在减弱。对于在高温环境下使用的钛合金材料，在设计选材和进行热稳定性评估时，应考虑热稳定性在高温条件下的部分恢复现象。

C　对其他性能的影响

因有序 α_2 相和硅化物的析出，亦即钛合金组织基体的组织不稳定性，这种过时效状态除了明显降低合金的拉伸塑性外，更重要的是会降低一些与使用相关的力学性能如冲击韧性、低周疲劳、保载疲劳性能等。

压气机盘和叶片在工作过程中，可能会受到偶尔的外物冲击造成损伤，叶尖可以被折弯，但不希望发生叶尖掉角，因此要求有高的冲击韧度。沉淀相的析出一般会降低钛合金的冲击韧度，如 IMI829 钛合金经过 650℃/1000h 热暴露后，冲击韧度降低会达到 75%，当然，随着温度的升高，冲击韧度值会提高一些。钛合金的冲击韧度还是显著大于一些铸造镍基高温合金在它们的服役条件下的冲击韧度值。

根据 RR 公司 IMI685 和 IMI829 钛合金长达 30 余年的服役历史，还未发生过因未能预见的热稳定性问题而引起盘服役故障[57]。

2.3.2.4　表面氧化对力学性能的影响

限制钛合金服役寿命的一个重要因素是环境退化作用，特别是高温氧化，不仅因形成氧化层导致材料的损失，而且在部件亚表面形成脆化作用[63]。钛合金在 600℃以上会快速氧化，实际上，钛基合金在航空发动机压气机叶片和其他构件的最高服役温度限定在600℃以下，最主要的原因是受表面氧化的限制。不同合金的氧化速率是不一样的，IMI834 钛合金经过 600℃/100h 试样热暴露，表面 α 层厚度约 12μm，经过 500h 试样热暴露，表面 α 层厚度约 30μm[64]。在循环疲劳载荷作用下，塑性应变会加速氧向材料基体中的传输，加剧氧化程度[65]。发动机中的钛合金部件一般在拉应力状态下工作，当发动机停止工作时，形成的表面 α 层处于压应力状态，在工作—停止的循环过程中，脆性的表面 α 层容易开裂，表面氧化会导致一些性能的下降，如拉伸塑性和疲劳性能，特别是低周疲劳性能，在高应力幅（>900MPa）作用下，低周疲劳寿命会差一个数量级以上；因为脆性的氧化层会诱发早期疲劳裂纹萌生，低温下的作用更为明显，温度升高，α 层的塑性有所提高，对疲劳性能降低程度会下降，但依然会容易形成表面裂纹。当降低疲劳应力值时，带表面氧化层试样与原始不带氧化层试样之间的低周疲劳性能差别缩小，在很低的应力水平下，表面氧化层不会诱发早期裂纹萌生[66]。

钛合金具有耐磨性差的缺点，有些不承受疲劳载荷的钛合金零件，在使用之前采用渗氧处理，即在 700~850℃温度下进行氧化处理，形成一个薄的扩散层。

2.4　钛合金热加工过程的组织演变规律

经过真空自耗电弧熔炼（VAR：Vacuum Arc Remelting）或冷炉床熔炼（CHM：Cold Hearth Melting）得到的钛合金大尺寸工业铸锭具有粗大的晶粒，从几毫米到一百多毫米，其尺寸与合金成分及铸锭直径等有关，强度、塑性和疲劳性能较低，无法满足一些关键部件使用对于力学性能的要求，且钛合金铸锭不同位置的晶粒尺寸、形状以及晶体取向有很大差异，工程应用前需要通过锻造变形、铸造成形、粉末冶金、增材制造等方法获得所需形状和性能的钛合金制件。在航空发动机应用领域，各类锻件或经过锻造变形得到的如薄板、管材，其用量占比是最多的。通过各种方式的锻造变形，目的是为了获得满足使用要求的所需形状和组织性能的产品。钛合金的组织性能对冶金热工艺历史极其敏感，这个特征的原因在于一是 α/β 相变特征，二是强烈的组织遗传性。因此有必要了解钛合金的力学特征、组织、相变过程之间的关系。

航空发动机用钛合金涵盖了 α 型、近 α 型、α+β 型和近 β 型等，以近 α 型和 α+β 型钛合金为主。不同类型和牌号的钛合金具有不同比例的 α 相和 β 相，但是，从相变和组织转变角度而言，具有相同或相近的演变规律。钛合金变形组织是多种多样的，不仅表现为多个相（主要为 α 和 β 相），不同合金对应的各个相体积分数有较大差异，组织参数尺寸变化范围也很广。仅就一个 α 相而言，以所处位置而言就有晶界 α、初生 α、次生 α 等区分，以形状而言有球状 α、片状 α、针状 α、长条 α、大块 α、扭曲片状 α 等。不同合金经不同热工艺得到的显微组织，α 相和 β 相具有不同的形状组合，如 α 相呈片层形貌时，有平行排列的并列组织、交叉编织的网篮组织等差异。密排六方结构的 α 相具有本质的各向异性，热机械处理工艺极大地影响钛合金产品的织构分布，如变形织构、再结晶织构、局部相近取向排列的微织构等；而且当 β 转变为 α 相时，按 Burgers 取向关系，理论上共有12 种可能的取向选择（变体），但实际上，形成的变体不是任意的，而是择优选择的。以上种种表明，钛合金的组织特征极其丰富，热机械处理（含锻造和热处理）过程中的组织演变和织构演变非常复杂，影响因素众多。

钛合金制件的力学性能和使用性能对组织状态具有显著的敏感性，为了获得所需形状和组织的产品，需要全面了解整个加工历史过程对高低倍组织和晶体取向演变的影响；通过制定合理有效的热机械处理工艺路线及合适的工艺参数并实施精确控制，通过滑移和孪晶变形、α 和 β 相的再结晶细化和球化、β 与 α 相随温度的相互转变、亚稳定固溶体的形成与分解、晶粒长大和聚集以及沉淀相析出等物理过程，获得所需的组织状态，实现"控形"和"控性"的双重目的。钛合金 α/β 相变时的体积效应较小，只有 0.17%，而钢的 α/γ 相变的体积效应为 2%~3%，用热处理方法来细化钛合金晶粒是不可行的[7]，变形是促使组织演变和晶体取向演变的必要和有效手段，热处理所起的作用相对要弱得多。

研究表明，钛合金只能通过 T_β 以下大塑性变形才能使片状 α 相变成球状 α 相，通过 α+β 区变形，在片层组织中引入变形位错、滑移带、孪晶界等晶体缺陷，降低片层组织的稳定性。随着变形时晶粒和片层的弯曲和拉长，片状向球状转变，片层组织的球化过程是相界面能、变形和缺陷等因素综合作用的结果，转变过程包括：滑移变形、孪晶化变形、动态多边化和动态再结晶、α 相和 β 相的球化和粗化等，这些过程连续或同时进行并相互制约或竞争。

对于钛合金变形产品，从铸锭到成品制件的整个加工过程需要多道工序的变形和热处理，变形过程包含多火次加热、变形和冷却，可以在 β 区，也可以在 α+β 区或 α 区，根据工艺要求选择变形制度和锻后冷却方式，每道工序都在一定程度上会改变合金的组织。对于一个具体的制件，一定要考虑到所有的变形过程均存在显著的变形不均匀性。从宏观角度看，有大变形区和变形死区等差别。从微观角度看，晶内的变形效果会小于晶界，原始片层组织的 α 片层排列方向与变形方向存在不同的夹角关系，会显著影响 α 片层的变形效果。为了提高变形过程组织的均匀性，往往要进行多火次的换向反复镦拔，特别是在 α+β 区进行变形时。

2.4.1　变形过程组织演变规律

2.4.1.1　β 区变形

钛合金铸锭开坯锻造一般采用在 T_β 以上 150~250℃ 的 β 单相区进行，对于一些近 β 型钛合金，因其 T_β 相对较低，采用的开坯锻造温度比 T_β 要高得多。在高温 β 单相区进行变形时，抗力小，工艺塑性好，可以实施大变形量的锻造；采用合适的开坯锻造和随后的 β 退火，经变形和再结晶作用，可以破碎和细化铸锭粗晶组织，使 β 晶粒细化至原始晶粒尺寸的 1/10 以上。

在 β 区锻造变形及后续 β 区退火时，随着变形量的增加，原始等轴 β 晶粒沿着金属流动的方向被压扁。如果满足动态再结晶的动力学条件，则在变形过程就会发生 β 晶粒的再结晶，结晶形核开始发生在变形的 β 晶界上，然后新的 β 晶粒长大，直至与从对面晶界上长大的新 β 晶粒相接触，在它们相接触的时刻达到完全再结晶。当然，这一过程可以在随后进行 β 退火通过静态再结晶完成，β 晶粒的细化程度显著取决于之前 β 区的变形效果。完成再结晶后的 β 晶粒，两个或多个具有相近位向的晶粒有合并成一个大晶粒的趋势，或者通过大角度晶界的迁移而造成晶粒长大。在 β 区多次锻造，前一道工序得到的变形组织将成为下一道工序加热和变形时的原始组织。

在 β 区变形，只有变形量足够大才能有效细化 β 晶粒，并且变形温度越高，为得到细晶组织所需的变形程度也越大。但是，如果合金在 β 区变形之前先在 α+β 区进行变形，那么在 β 区变形时，只要在不太大的变形量（30%~40%）下便可以使组织得到显著细化，其原因在于：经过 α+β 区锻造的合金储备了充分的变形能和大量的位错，再在 β 区变形时发生一次再结晶，使得在 β 区变形对合金的晶粒细化更为有效。如果在 β 区进行大变形量的单方向镦粗或轧制，会形成相近位向排列的变形织构，阻滞再结晶的发展，亦即难以细化晶粒组织，这种现象称为再结晶的织构阻滞效应；在随后的高温加热时，位向趋于一致的晶粒会发生相互吞并长大的聚合再结晶，会形成粗晶组织。为了获得细小的 β 晶粒，可以采用多火次温度递降的 β 区变形，尽量采用换向变形方式。

当原始组织为均匀细小的 β 晶粒时，在 β 区过高的温度和过大变形量的单向锻造条件下，有可能发生异常再结晶，在锻坯心部形成具有大尺寸（大至几十毫米）的单个 β 晶粒，具体案例见第 4 章相关内容。

β 区变形还被用于钛合金制坯过程的中间环节。采用传统的从高温递减到低温的锻造工艺（高→低变形工艺，其中的"高"是指 β 区，"低"是指 α+β 区），对于一些大型锻件，β 晶粒不能被充分细化，而且容易在坯料和锻件上出现低倍组织不均匀的情况。利用钛合金在 β 区和 α+β 区的相变、变形和再结晶的综合作用，从铸锭开坯至最终模锻进行全程工艺的统筹设计，采用"高→低→高→低"交替锻造工艺（AHLT：Alternating High-Low Temperature）进行制坯和改锻，可以显著细化 β 晶粒，在 β 区变形前进行 α+β 区变形，随后在 β 区加热时，新晶粒不仅在原始晶界上形核，也可以在晶内相界面处形核[67]。在 β 区保温后直接快速冷却，或采用不是很大的 β 区变形量（30%~40%），均能显著细化 β 晶粒，并也有助于促进后面 α+β 区变形阶段 α 相的等轴化和取向分布趋于杂乱，从而得到均匀、细小、等轴的高低倍组织。对于 α+β 型钛合金，通过 β 区加工来细化晶粒的效果是有限的，β 晶粒尺寸最小只能达到约 200μm，实际钛合金锻坯或锻件在 β 区加工得到的 β 晶粒尺寸一般要明显大于此值，如对于 Ti-17 和 Ti-6246 这样的富 β 相钛合金，β 晶粒尺寸能控制在 0.5mm 左右，而对于一些近 α 型钛合金，β 晶粒尺寸更大一些，能控制在 1~2.5mm。

目前，某些航空发动机用钛合金如 Ti-17 和 Ti-6246 盘锻件，为了提高高温蠕变和损伤容限性能，采用 β 区模锻工艺，获得细小网篮组织使用。与双态组织相比，网篮组织具有相对较低的塑性和热稳定性，在制定钛合金的锻造工艺时，还需要考虑具体的合金成分以及锻件的力学性能和显微组织要求。这类盘锻件要求在变形过程中不发生明显的动态再结晶，在锻后冷却过程中也不希望发生再结晶。从工艺条件来看，要适当控制 β 区的变形温度、变形速率和随后冷却速度，当提高温度和降低变形速率时，动态再结晶倾向增加；加快冷却速度，有助于抑制冷却过程再结晶的发生。

在 β 区变形或热处理后冷却时会发生 β→α 相转变，首先在原始 β 晶界上析出层状 α 相，勾勒出原始 β 晶界的轮廓，随后向 β 晶粒内部析出片状的 α 相，如果冷却速度较慢，这些片状 α 相呈平行排列，在一个集束内的平行 α 片具有相同的晶体取向，α 片层被剩余 β 相层隔开。有时相邻两个 α 集束具有较大的位向差，显微组织形貌会呈现很大差别，如图 2-19 所示，实际上这是由于片层方向与金相试样平面的夹角关系不同导致的。当片层平面与金相试样表面接近平行时，会呈现大块 α 的形貌，如图 2-20 所示，实际上这不是

真正的大块 α 相，在实际评判金相组织时要引起注意，以防误判。加快冷却速度，会促进晶界 α 层厚度的减小以及晶内 α 片层的细化。如果冷却速度大于约 50℃/s，α+β 型合金中会发生马氏体相变，形成针状 α′ 马氏体组织，含高含量 β 稳定元素的个别钛合金，还有可能生成 α″ 马氏体组织或 ω 相。如果冷却速度适中，晶内也会从 β 基体中析出片层 α 相，α 与 β 母体之间遵守 Burgers 取向关系，α 相共有 12 种取向的变体，实际工程材料中，β 相转变为 α 相时是有择优取向的。

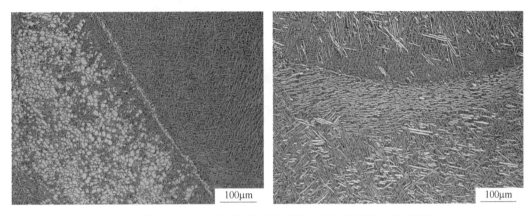

图 2-19　TC6 钛合金 β 区变形得到的显微组织，因相邻晶粒 α 片排列方向存在差异而呈现截然不同的形貌特征

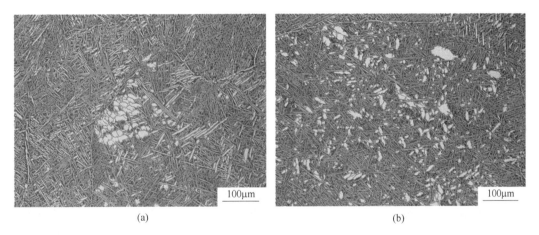

(a)　　　　　　　　　　　　　　　　　(b)

图 2-20　TC6 钛合金 β 区变形得到的显微组织中有"花朵"状组织（a）和球状 α 组织（b）

2.4.1.2　α 区变形

对于工业纯钛和 α 型合金来说，在室温稳定状态下合金中的 β 相含量极少或完全没有，从 T_β 温度进入到 α+β 区的温度区间相当的小，会很快进入 α 单相区。在 α 区变形可以通过位错滑移和孪晶两种方式进行，当然，在钛中加入 Al 元素、提高温度和降低变形速率，会抑制孪晶变形。随着变形量的增大，α 片层会发生扭折、多边化和再结晶，再结晶后的球状 α 相尺寸与原始组织的 α 片层厚度相关，原始细小片层组织经过变形和再结晶后，可以形成相对细小的等轴组织。当然，在 α 片层厚度进一步减小到某一个尺寸时，其

再结晶后的 α 晶粒尺寸也不能呈线性关系细化。α 区变形后经过再结晶的组织为多面体组织，得到的等轴 α 晶粒尺寸一般在 10~100μm，如图 2-21 所示。

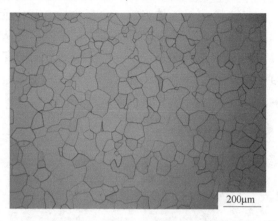

200μm

图 2-21　工业纯钛变形和再结晶后得到均匀细小等轴的 α 单相组织

　　工业纯钛往往含少量杂质 Fe，因而会产生少量的 β 相小质点。在进行工业纯钛和 α 型合金的金相制样时，由于 α 相不容易接受腐蚀，β 相容易接受腐蚀，一般采用的腐蚀液浓度较高或腐蚀时间较长，很容易在 β 质点处因过度腐蚀而形成腐蚀坑，宏观上表现为麻点或麻坑，易与因变形控制不当而形成的应变诱导孔洞相混淆。

2.4.1.3　α+β 区变形

　　在 α+β 区变形时，片层组织向等轴组织转变是一个多阶段的复杂过程，包含了滑移变形、孪晶化、动态多边形化和动态再结晶、α 相和 β 相的球化及粗化过程等，这些过程可以单独或同时进行并相互制约。α 相的变形通过滑移和孪晶两种方式发生，而 β 相则更容易发生动态多边化和动态再结晶。在 α+β 区的变形初始阶段，以孪晶、亚晶粒和晶粒边界形式出现因变形产生的晶体缺陷，这些界面的出现使呈平面的相界面失去热力学稳定性，结果在这些边界和相界面的结合处形成凹坑，凹坑向内部扩展导致 α 片或 β 中间层分割成单独的颗粒，这些颗粒的形状和尺寸与原先形成的亚晶粒相对应，如图 2-22 所示。在变形过程中，α 片层晶粒发生扭转，通过形成新的大角度晶界，使得晶粒分段化，如图 2-23 所示。球化过程是通过扩散发生的，因此该过程发生的程度和速度与许多因素有关。当在高温低速变形且 α 相含量不超过 40%~50% 以及晶内 α 片层的位向差较大、原始片层晶粒较小的情况下，球化过程进行得相对完全而且速度较快。这个规律对于制定实际生产 α+β 区锻造工艺参数具有重要的指导作用，在进行钛合金锻件制坯时，α+β 区变形温度一

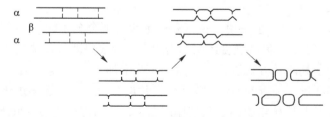

图 2-22　钛合金在 α+β 区变形时片层组织向球状组织转变的不同阶段

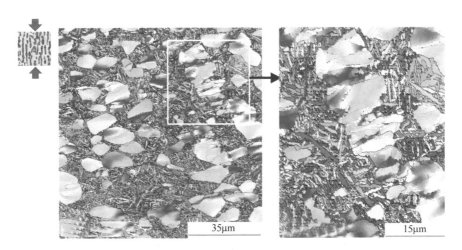

图 2-23 Ti-6Al-4V 钛合金原始片层组织在 $930℃/10s^{-1}/\varepsilon = 0.8$ 变形条件下，
α 片层晶粒发生扭转，通过形成新的大角度晶界使得晶粒分段化

般选择在 T_β 以下 30~70℃。选择过低的温度会使得变形抗力增加，另外也不利于组织球化过程的进行，而选择在 T_β 以下 10~30℃ 进行变形，则平衡状态的初生 α 相含量过少，而且钛合金在大变形速率锻造时，由于变形热效应作用很容易在锻件内部产生温升，严重时会进入 β 单相区而形成过热组织，导致得不到所希望的均匀 α+β 区变形组织。

与单一的 β 区或单一的 α 区变形方式不同的是，在 α+β 区变形时，α 相和 β 相同时经受变形作用。如果原始组织为片层组织，在 α+β 区变形时，原始 β 晶粒被压扁，α 片和 β 片产生扭折，且沿金属流动方向拉长，逐渐形成纤维状组织，如图 2-24 所示，保留连续细长的晶界 α 相，晶内的片层组织产生扭折，不同排列方向集束片层的扭折程度与锻造变形压力方向之间的夹角有很大关系。晶界 α 相和晶内 α 片层同时受到变形作用，晶内 α 片和晶界 α 相的变形程度取决于其位向与金属流动方向的关系，最大的变形效果发生在垂直于金属流动方向分布的 α 片层。随着变形量的增加，片层组织开始转变为等轴组织，晶界 α 相的等轴化程度往往要差于晶内 α 片，常见的长条 α 以残余的原始晶界 α 为主，如图 2-25 所示。当变形量适中（大约 60%），可以通过显微组织来区分原始和变形的 β 晶

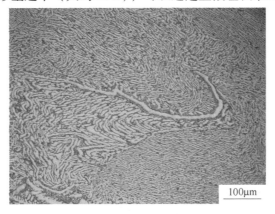

图 2-24 TC4 钛合金两相区不充分变形得到的扭折片层组织

界以及晶界 α 层，如图 2-26 所示，当变形程度超过 60%～70%后，原始晶界 α 和晶内 α 相之间的差别逐渐消失，而且片层 α 相的痕迹会完全消失。在合适的变形条件下，片层 α 相会发生再结晶，得到球状的 α 晶粒，即所谓的初生 α 相。变形程度太小会形成介于片层组织和等轴组织之间的各种形态的中间过渡组织。

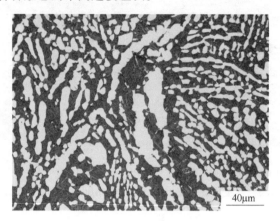

图 2-25　TC11 钛合金两相区变形晶界片层 α 发生部分等轴化

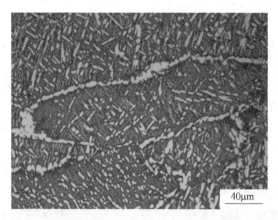

图 2-26　TC17 钛合金两相区变形不充分而残留断续的晶界 α 相

α+β 区变形组织在锻后冷却时，β 相会发生转变，析出 α 相（称为次生 α，简称 αₛ），得到所谓 β 转变组织，类似于在 β 热处理过程的组织转变，根据冷却速度的不同会得到不同形状的组织。在慢速冷却时，有充分的合金元素扩散条件，以初生 α（简称 αₚ）长大的方式进行，得到等轴组织，此时的 α 相尺寸要大于之前 α+β 区变形结束时对应的初生 α 尺寸；快速冷却时，依据合金成分、开始冷却时的温度、冷却速度的不同，β 转变组织可以是平行的片层组织，也可能是编织状的网篮组织。

在 α+β 区进行热处理通常不改变在 α+β 区变形时形成的组织特征，只有当加热到非常接近于 T_β 温度时才会发生组织类型的显著变化，主要反映在球状的初生 α 相和 β 相转变组织之间相对含量的变化上，初生 α 相含量随着加热温度的升高而减少。此外，保温时间对初生 α 相的尺寸也有一定影响，随着保温时间的延长，α 相会略微发生粗化。

α+β 区变形和热处理后得到的双态组织和等轴组织，αₚ 与 αₛ 保持相同的晶体取向。

变形后的热处理可以在较大程度上调整组织参数，如初生 α 含量、β 转变组织形貌等。航空发动机部件常用的热处理方式有普通退火、双重退火、固溶时效、等温退火、β 退火等，当然也会用到温度相对较低的消除应力退火等。

2.4.1.4 跨相区变形

在铸锭开坯和 β 区普通模锻时，往往实际结果是在 β 区温度下开始变形，在 α+β 区温度下终止变形，称为跨相区变形。跨相区变形得到的组织主要取决于在 α+β 区变形程度的大小，当变形程度足够大（>50%~60%）时，得到的组织和通常 α+β 区锻后的组织相似；而当变形程度较小时，得到的组织是片层 α 和部分等轴 α 相交替存在，即存在局部组织的不均匀分布，形成所谓"项链"状的显微组织，如图 2-27 所示，在原始 β 晶界附近为球化的 α 相颗粒，晶内 α 相依然保持片层形貌。

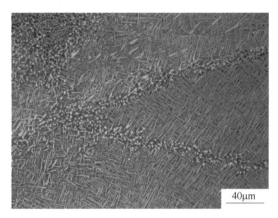

图 2-27　TC17 钛合金的"项链"状组织

产生"项链"状组织不均匀性的原因是：合金在 β 区温度下开始变形，然后随着温度降至 T_β 以下，从 β 相中开始析出沿原始 β 晶界分布的、富集 α 稳定化元素的 α 片层，而晶内 α 片层只在温度继续下降时才会析出。β 晶界上优先析出的 α 片层在 α+β 区温度下受到塑性变形作用，因而比晶内 α 片层经受的变形程度要大，也更早地发生再结晶作用，形成球状的 α 晶粒。若再结晶来不及进行，则这部分组织呈细小的扭曲片层形貌。还应着重提出的是：跨相区锻造在重复进行第二次跨相区锻造时，第一次的变形效果明显削弱了，没有叠加的效果，这是因为第二次加热又发生了一次 β 再结晶，这是与 α+β 区重复变形的不同之处。

2.4.2　热处理过程组织演变规律

当选择具体钛合金锻件的热处理制度时，需要综合考虑材料的合金类别、性能要求、锻件尺寸和质量、相应零件的使用条件等因素。钛合金最常用的热处理方式有普通退火、双重退火、固溶时效等。

图 2-28 示出了 TC11 钛合金（T_β 约为 1000℃）在不同的加热温度及冷却条件下所获得的显微组织情况。在高的 β 区（1030℃）保温时，转变为全 β 相，如果快速冷却，则发生马氏体相变，形成针状马氏体（α′）组织，以空冷的中等速度冷却时，原始 β 晶界上首先析出一层连续的 α，称为晶界 α，随后向 β 晶粒内以扩散相变方式转变为平直排列

的片层组织，相同取向 α 片簇称为一个 α 集束，晶界 α 与晶内 α 集束组织中的片层 α 往往具有相同的晶体取向。如果冷却过程 β 晶内同时有 α 相的形核，会形成网篮组织，根据与 β 母体的晶体取向关系，形成的 α 片具有不同生长方向，即呈网篮编织状形貌。当冷却速度更慢如炉冷方式时，形成粗大 α 片层组织，一般称为魏氏组织，一个 β 晶粒内的 α 集束数量变少，晶界 α 的厚度增大。在工程上是不太希望用粗大的魏氏组织。

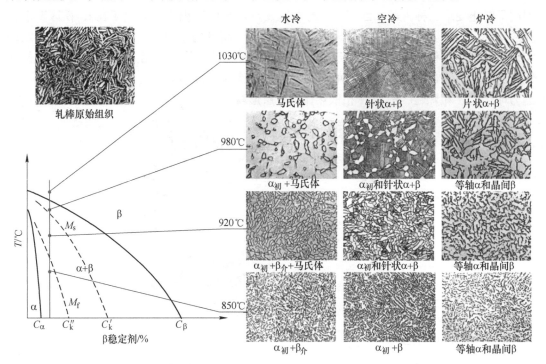

图 2-28　TC11 钛合金 α+β 区轧制小规格棒材在不同的加热温度和冷却条件下得到的显微组织

大多数近 α 和 α+β 钛合金在 β 区加热，因加热温度较高，β 晶粒有快速长大趋势，粗大 β 晶粒往往造成疲劳性能和塑性的严重下降，因此多数的锻造加热和热处理以在 α+β 区为主。由于有 α 相的存在，以及更低温度下合金元素扩散速率小，晶粒长大趋势被抑制。TC11 钛合金在 T_β 以下保温，初生 α 含量取决于温度条件，随着温度下降，初生 α 含量增加。工程上采用的双重退火或固溶时效处理，第一次退火处理或固溶温度的选择主要是基于对组织中初生 α 含量的控制而设定的。在 α+β 区上部加热后冷却过程的相变规律，实际与在 β 单相区加热冷却发生 β 向 α 相转变是相近的，只是对于同一合金，温度相对要低一些而已，这会影响合金元素的扩散能力，继而影响获得的显微组织的形貌和尺寸。当然，在 α+β 区上部加热后以极慢的速度冷却如炉冷，初生 α 相会长大，次生 α 也变得粗大，甚至难以与初生 α 相区分。

当在 α+β 区下部（如 T_β−150℃ 甚至更低的温度）加热时，此时基本保留锻造组织形态，冷却时没有显著的相变过程。这种情况也就是工程上常用的普通退火、消除应力退火，仅发生回复和多边化作用。

热处理时，所有钛合金半成品的冷却必须按规定的速度进行，冷却速度应该根据所要求的综合性能、半成品的组织、截面和形状来选择。对于具有球状组织和过渡组织的 TC6

和 TC25G（BT25y）钛合金，固溶处理后的冷却速度最佳值是 0.3~1℃/s，对于 TC4、TC8 和 TC11 钛合金是 1~5℃/s。最可取的固溶处理温度是 T_β 以下 20~30℃，最适合的时效（或稳定化退火）温度是 530~570℃。将时效温度提高到 600~650℃，由于三次 α 相颗粒的聚集长大和形成 α_2 相，会导致各种性能的同时降低，而将时效温度降低到 450~500℃ 则不能消除残余应力。

2.4.3　钛合金的织构和微织构

从图 2-3 可知，密排六方结构的 α 相存在本质的各向异性特征，在 c 方向和 a 方向的弹性模量（E）差异达 30%，加之 α 相不同滑移系（滑移面和滑移方向）的可被激活情况强烈受 α 相的晶体取向以及与施加应力方向夹角的影响，α 相本质存在的各向异性导致复杂的变形行为，且随着温度和应力的变化，变形行为会发生变化，影响宏观和微观的力学行为响应。

以往开展钛合金的"组织—性能"关系研究时，往往只考虑"显性"的显微组织特征对力学性能的影响，没有过多考虑"隐性"的 α 相各向异性或一定尺度范围（几个至几百个 α 相晶粒尺寸）内邻近 α 相具有相同或相近晶体取向的情况，即局部区域存在微织构（MTR：Micro-Textured Region），亦称宏区（macrozone）。微织构是大数量（一般在一个二维截面上大于 100 个）相邻晶粒具有相同或相近的晶体取向，其尺寸在毫米尺度。采用电子束背散射衍射成像（EBSD）分析 Ti-6Al-4V 钛合金热轧棒材的组织，发现微织构区域含有比其他区域更高的位错密度[68]。随着研究的深入，发现微织构会显著影响钛合金的疲劳行为，特别是低频加载条件下的保载疲劳性能。微织构的特征、产生原因及其控制已成为航空发动机钛合金盘类锻件组织控制和寿命预测的重要研究课题。

微织构的形成与 β→α 转变时的变体选择有极大关系，在从铸锭到最终产品一系列的热加工过程中，既有在 β 区的变形，也有在 α+β 区的变形，都涉及冷却过程中的 β→α 转变。α 和 β 相的流变应力存在差异，而且与温度有关，这种差异会导致应变分配的不均匀，从而驱动变形织构的形成。变形织构会在很大程度上发生变化，这取决于 β 相早期的织构以及 12 种变体中的一个或几个优先形成的织构[69]。在 α+β 区变形后冷却过程中，从 β 相中析出次生 α 相（α_s），α_s 的晶体取向与初生 α 相（α_p）是相匹配的，亦即 α_p 扮演了 α_s 的形核位置。原始相邻 β 晶粒之间的晶体取向也影响 α_p 和 α_s 晶体取向和微织构的特征[70]。Glavicic[71] 研究结果表明，α_p 与原始 β 晶粒取向有相关性，如果原始几个相邻的 β 晶粒具有相同的晶体取向，当在 α+β 区变形后，对应的相邻 β 晶粒区域内的 α_p 和 α_s 有相同或相近晶体取向的概率会更大，即会形成大尺寸的微织构区域。钛合金双态组织（α_p+α_s+$\beta_{残余}$）的微织构情况是异常复杂的，为了控制微织构，原始 β 晶粒的再结晶和新织构的形成控制很关键，尽量保证相邻 β 晶粒具有较大的晶体取向差。

Rugg[72] 提出了钛合金有效组织单元（Effective Structural Unit）的概念，以描述相近取向晶粒群。一个钛合金叶片或盘件是由几百万以上甚至以亿为计量单位的组织单元组成的，这些组织单元可以是单个的晶粒，或者是具有相同或相近取向的晶粒组成。从微观角度来看，α 相的组织参数及其晶体取向分布是极其不均匀的。而各种条件下的疲劳失效往往取决于最薄弱环节，如果不考虑夹杂物、偏析、孔洞、裂纹等缺陷，微织构区域经常会成为低周疲劳和保载疲劳裂纹萌生的初始位置，亦即成为整个疲劳过程的薄弱环节。在有微织构区域的情况下，滑移可以快速地穿过晶界，阻力很小，当应变累积达到一定程度后，在微织构区域的界面上会萌生裂纹，裂纹以基面或棱柱面的 a 型滑移在优先取向的晶粒中快速扩展。大角度晶界会使扩展路径偏转或阻止小裂纹的生成，而小角度晶界对滑移的阻力很小，会形成连续的滑移带，含微织构区域对钛合金小裂纹的扩展是不利的。小裂纹不能用无损检测方法可靠检出，而小裂纹的萌生和扩展又构成了疲劳寿命的大部分，因此需关注裂纹萌生和小裂纹的早期扩展[73]。通过改进和优化热加工过程，获得优良的显微组织和织构，在很大程度上可以改善部件的服役性能，不仅仅是提高性能的平均水平，而且还可以减小不同部件性能数据的分散性。

钛合金中 α 晶粒的择优取向是一个普遍现象，择优取向可分为变形织构和再结晶织构。发生再结晶时，晶体取向通过晶粒转动而改变，另外，动态再结晶主要是经位错重新排列而形成亚晶粒，亚晶粒的长大和粗化过程改变了之前的变形织构。当晶体的所有可能取向均以相同的频率出现时，晶体取向依赖性在平均地消失，多晶材料表现为各向同性。但是，实际上这种理想的任意取向分布是不可能的，特别是对于薄板、丝材等产品，有时也希望得到半各向异性的状态。如果所有的晶粒均以相近的取向分布，那么多晶材料表现为一个单晶材料的相似性[74]。

目前，钛合金微织构的分析可采用金相偏振光或相着色分析、X 射线衍射、背散射衍射成像（EBSD）等，如图 2-29 所示。X 射线衍射是第一种测试晶体取向分布函数（ODF：Orientation Distribution Function）的测试方法，但只能提供一个平均的结果，没有空间分辨能力。20 世纪 90 年代开始，EBSD 逐渐成为分析表面织构的最佳方法，可以获得测试位置直观的晶体取向图，但是 EBSD 扫描速度相当的慢，往往仅限于一个非常小尺寸的区域，而且试样制备需要极其小心。空间分辨声谱（SRAS）是一种很好的替代技术，中子衍射和同步 X 射线可以渗透到表层之下一定的体积，但很昂贵，必须借助原子反应堆装置[75]。

图 2-29　采用 EBSD、偏振光和传统金相分析钛合金的显微组织和织构分布

(a) EBSD；(b) 偏振光；(c) 金相分析

航空钛合金锻件用坯料的成形常采用 α+β 区各方向改锻，通过多次锻造变形，每次变形尽量更换变形方向，可以促进变形的均匀化，减少变形死区，有助于促进初生 α 相的球化和组织均匀；通过变形后的动态回复和再结晶，逐步从小角度晶界向大角度晶界的变化，处于原始同一个 β 晶粒内一个 α 集束内的片层 α 具有相同的晶体取向，经过大变形量的变形和再结晶，初生 α 相晶体取向逐步趋于杂乱分布。减小最终 α+β 区变形之前原始 β 晶粒尺寸对于控制微织构程度很重要，当然，初始铸锭的非均匀凝固组织也会影响随后变形过程中微织构的演变[76]。

美国的金属可购性倡议（MAI：Metals Affordability Inititative）项目的子课题"先进钛合金显微组织模拟"（ATMM：Advanced Titanium Microstrusture Modeling），拟开发一个计算机模拟程序，通过结合热动力学、晶体塑性、取向选择、神经网模型以及已商业化的 DE-FORM 有限元模拟软件，预测和模拟钛合金局部特定的显微组织和织构演变。

2.5　钛合金组织与力学性能关系的普遍规律

研究表明，钛合金的力学性能具有强烈的显微组织和织构敏感性。对于某一给定成分的钛合金（特别是对于 α+β 型钛合金），当改变变形工艺和热处理制度时，可以获得多种多样的组织形态和织构特征，其力学性能可以在一个较宽的范围内变化。对于钛合金而言，工艺创新往往比成分创新更具潜力可挖。应针对特定钛合金部件的使用性能要求，通过合理设计和控制整个热加工过程（包括变形和热处理）工艺参数，获得所需的组织状态和织构特征，并避免出现会显著降低某项性能特别是疲劳性能的"弱环"，如局部的异常组织、不均匀组织、微织构以及裂纹、孔洞等工艺缺陷。实际上，航空钛合金研究的大部分工作聚焦于"工艺—组织—性能"三者的相互关系，特别是对于要求极高的航空发动机关键部件用的变形钛合金，组织控制是应用研究的核心，是确保力学性能的基础，而其中最关键的力学性能是长时动态性能，如高周疲劳、低周疲劳、保载疲劳、疲劳裂纹扩展速率等。

在稳定状态下，α 相和 β 相的极限形貌仅有球状和片状两类。依据两种相不同的含量、尺寸、取向等的组合，可衍生出双态组织、等轴组织、片层组织和网篮组织。其中，等轴组织的初生 α 具有球状特征；片层组织和网篮组织的 α 相具有片状特征，双态组织兼有球状的初生 α 和片状的次生 α 特征。当然，也存在因变形和再结晶不充分而得到的过渡组织，如扭曲片层组织、连续晶界 α 组织等。球状组织和片状组织对应的力学性能各有优劣，见表 2-5[77]，球状组织具有强度和疲劳性能优势，而片状组织具有蠕变、断裂韧度和疲劳裂纹扩展等性能优势[78]。当然，这里只是表达了组织对性能影响的一般规律，实际上，组织参数对不同力学性能项目的影响也是很显著的。片层组织与等轴组织性能的优劣在一定条件下是可以相互转化的，这些条件包括 β 转变组织形态、初生 α 含量、有效 β 晶粒尺寸等组织参数，对于片层组织，有效 β 晶粒是指原始 β 晶粒，而对于含等轴 α 的等轴组织或双态组织，它亦指初生 α 包围的二次有效再结晶 β 晶粒。

表 2-5   钛合金显微组织类型对力学性能和工艺性能等的定性影响规律

性能	片状组织	球状组织	组织细小	组织粗大
弹性模量	0	+/− （与织构情况有关）	0	0
强度	−	+	+	−
塑性	−	+	+	−
蠕变强度	+	−	−	+
疲劳裂纹萌生抗力	−	+	+	−
疲劳裂纹扩展速率	+	−	−	+
断裂韧度	+	−	−	+
超塑性	−	+	+	−
抗氧化性能	+	−		

注：0 代表没有明显影响；+ 代表有正面作用；− 代表有负面作用。

对于航空发动机钛合金关键部件如叶片和盘零件，承受着不同频率和应力幅的疲劳载荷作用，组织控制的目的是为了获得尽量长的疲劳寿命。所有的疲劳断裂过程分为两个阶段：裂纹萌生和裂纹扩展，裂纹扩展还可分为小裂纹扩展和长裂纹扩展，这两个阶段对疲劳总寿命所占比例差异较大。对于钛合金叶片和盘这类相对薄截面的构件来说，疲劳裂纹萌生和小裂纹扩展两部分寿命几乎占据了疲劳寿命的绝大部分，长裂纹扩展对总寿命的贡献几乎可以忽略不计。Chapman 等[79]研究了 IMI834 钛合金盘件应力控制的低周疲劳性能，在 $350℃/R=0.1/\sigma_{max}=770MPa$ 空气介质的测试条件下，疲劳裂纹萌生寿命占总寿命的 76%；在真空测试条件下，裂纹萌生寿命占总寿命的 85%。对于低周疲劳，承受的应力相对要高得多，裂纹扩展阶段的作用变得重要，这有利于裂纹扩展路径曲折的针状 α 组织，其低的疲劳裂纹扩展速率优点可以抵消或甚至超过裂纹萌生抗力差的缺点[80]。

在选择发动机钛合金部件显微组织时，应综合考虑零件结构（应力集中大小）、决定零件工作能力的基本参数、使用温度、服役时间和其他使用要求，首先要考虑通过组织控制来提高疲劳裂纹萌生抗力。片层组织的 α 集束尺寸大，且同一个集束内的 α 片具有相同的晶体取向，含有少量的 β 相对位错滑移没有有效的阻滞作用，允许滑移容易地穿过集束，整个集束可以认为是一个组织单元，具有较长的滑移长度，不利于位错的交滑移运动，滑移带上的应变累积容易引发疲劳裂纹萌生，粗大的片层组织往往具有低的疲劳寿命。我国 811 丙发动机 TC4 钛合金压气机叶片，当试车 20h 时，在叶片进气边的粗晶过热组织处就产生了疲劳裂纹[81]。当试验温度较低、时间较短、应力集中较小、交变应力水平较高及静应力水平较低时，也就是说裂纹萌生过程的作用较大时，选择等轴组织和双态组织更为可取；反之，当试验温度较高、时间较长、应力集中较大、交变应力水平较低及静应力水平较大时，也就是说蠕变过程和裂纹扩展对变形和断裂的贡献较大时，片层组织可能更加满足使用性能的要求。

细小均匀（还包含 α 相晶体取向分布的均匀程度）的双态组织具有最优的疲劳裂纹萌生和小裂纹扩展抗力，发动机钛合金部件应优选双态组织，且提高初生 α 含量是有利于提高裂纹萌生抗力的。对于等轴组织和双态组织，人们一般着重于研究初生 α 含量变化对性能的影响，钛合金产品质量控制标准也往往严格规定初生 α 含量范围。然而，β 转变组织的形态常常被忽视，实际上 β 转变组织的形态对双态组织或等轴组织的力学性能也起着颇为重要的作用[80]。

在高周疲劳加载条件下，双态组织的高周疲劳寿命与合金的屈服强度不是完全呈线性关系，而是取决于更软的 β 转变组织的强度；这是因为发生了合金元素再分配效应的作用，双态组织的初生 α 强度往往高于 β 转变组织，高周疲劳裂纹一般萌生于 β 转变组织内。对于低周疲劳性能，双态组织合金元素分配效应的作用要弱，在大应力条件下，细化 β 晶粒的有益作用要大于合金元素再分配效应的作用[82]。

对于双态组织，小裂纹阶段的疲劳裂纹扩展速率（da/dN）值小，而到了长裂纹阶段，da/dN 值变大，所以对于要求损伤容限设计（主要考虑长裂纹扩展）的部件，可以考虑采用片层组织或网篮组织，因其断裂韧度和疲劳裂纹扩展性能比双态组织更具优势。片层组织的 α 片层具有大的纵横比，为疲劳裂纹扩展提供了更大的 α/β 相界面，必然引起裂纹方向的多次改变，使得断裂路径长度增加，因此具有更高的断裂韧度[83]。细晶网篮组织的许多小 α 片界面扮演着位错滑移的障碍作用，相邻的具有不同取向的 α 片会改变滑移方向，提高小裂纹阶段的扩展阻力，但是这个作用在长裂纹中不能充分表现。

如果发动机钛合金盘的使用温度已上升到要充分考虑高温蠕变变形时，应优化和匹配低周疲劳性能和蠕变性能，有可能较为粗大 $α_p$ 的双态组织或网篮组织更为合适[84]。与球状组织相比，片层组织具有更高的持久强度和抗蠕变性能，但并不是在所有温度条件下都能体现优势的，多数钛合金部件的服役温度较低，等轴组织或双态组织就能确保高的热强性，随着温度升高，片层组织和网篮组织蠕变抗力的优势才逐渐发挥。粗大的并列组织在断裂韧度、高周疲劳、低周疲劳，特别是保载疲劳性能等方面均不如网篮组织[80]。

基于目前对钛合金组织—性能关系规律性的认识，通常在不同性能指标之间采取一定的折中，而重点是以提高最能影响零件寿命和可靠性的那些性能为基础。此外，还应考虑材料质量的稳定性和经济性。

参 考 文 献

[1] 索朗宁娜 О П，格拉祖诺夫 С Г. 热强钛合金 [M]. 张志方，葛志明译. 第三机械工业部第六二一研究所（内部资料）.

[2] Zhang S Z, Li G P, Wang Q J, et al. Effect of carbon on upper（α+β）phase field of Ti-5.6Al-4.8Sn-2Zr-1Mo-0.35Si-1Nd titanium alloy [J]. Materials Science and Technology, 2004, 20：167~172.

[3] Neal D F. Development of TIMETAL834 [C]. Materials Design Approaches and Experiences, Edited by J. C. Zhao, M. Fahrmann and T. M. Pollock, TMS, 2001：199~213.

[4] Jaffee R I. Metallurgical synthesis [C]. Ti-1972, Titanium Science and Technology, Proceedings of the 2nd International Conference：1665~1693.

[5] 刘庆瑔. 航空发动机钛合金叶片制造技术及失效分析 [M]. 北京：航空工业出版社，2018.

[6] Neal D F. Alloy Development [C]. Ti-1995, The 8th World Conference on Titanium：2195~2204.

[7] 王金友，葛志明，周彦邦. 航空用钛合金 [M]. 上海：上海科技出版社，1985.

[8] Bomberger H B, Fraker A C. Environmental effects on titanium and its alloys [C]. Ti-1980, Titanium'80

Science and Technology, Proceedings of the 4th International Conference on Titanium: 2435.

［9］蔡建明, 马济民, 黄旭, 等. 高温钛合金中杂质元素 Fe 的扩散行为及其对蠕变抗力的损害作用 ［J］. 材料工程, 2009 (8): 84~88.

［10］Mishra H, Ghosal P, Nandy T K, et al. Influence of Fe and Ni on creep of near α-Ti alloy IMI834 ［J］. Materials Science and Engineering A, 2005, 399 (1-2): 222~231.

［11］Jiten Das, Gogia A K, Satyanarayana D V V. Effect of iron and nickel impurities on creep and tensile behaviour of Ti-24Al-20Nb-0. 5Mo alloy ［J］. Materials Science and Engineering A, 2008, 496: 1~8.

［12］Mesut Varlioglu, Philip Nash, Feng Xu, et al. The effect of increased zirconium content on the microstructure and mechanical properties of Ti-1100 alloy ［J］. Light Metal Age, 2004, 62 (8): 32~35.

［13］Bo Lan, Ben Britton T, Tea-Sung Jun, et al. Direct volumetric measurement of crystallographic texture using acoustic waves ［J］. Acta Materialia, 2018, 159: 384~394.

［14］Brandes M C, William Morgan, Michael J. Mills. Twinning in a single-phase α-titanium alloys: relationships between deformation, ordering, and texture ［C］. Ti-2015, Proceedings of the 13th World Conference on Titanium: 1043~1049.

［15］Cho J R, Dye D, Conlon K T, et al. Intergranular strain accumulation in a near-alpha titanium alloy during plastic deformation ［J］. Acta Materialia, 2002, 50 (19): 4847~4864.

［16］Baxter G J, Rainforth W M, Grabowski L. TEM observations of fatigue damage accumulation at the surface of the near-α titanium alloy IMI834 ［J］. Acta Materialia, 1996, 44 (9): 3453~3463.

［17］Yoo M H. Slip, twinning and fracture in hexagonal close-packed metals ［J］. Metallurgical Transaction A, 1981, 12 (3): 409~418.

［18］Jicheng Gong, Angus J. Wilkinson. Anisotropy in the plastic flow properties of single-crystal α-titanium determined from micro-cantilever beams ［J］. Acta Materialia, 2009, 57 (19): 5693~5705.

［19］Szczepanski C J, Jha S K, Shade P A, et al. Demonstration of an in situ microscale fatigue testing technique on a titanium alloy ［J］. International Journal of Fatigue, 2013, 57: 131~139.

［20］Vikas Hasija, Ghosh S, Michael J. Mills, et al. Deformation and creep modeling in polycrystalline Ti-6Al alloys ［J］. Acta Materialia, 2003, 51 (15): 4533~4549.

［21］Viswanathan G B, Karthikeyan S, Hayes R W, et al. Creep behaviour of Ti-6Al-2Sn-4Zr-2Mo: II. Mechanisms of deformation ［J］. Acta Materialia, 2002, 50 (20): 4965~4980.

［22］Williams J C, Baggerly R G, Paton N E. Deformation behavior of HCP Ti-Al alloy single crystals ［J］. Metallurgical and Materials Transaction A, 2002, 33 (13): 837~850.

［23］Guo Z, Miodownik A P, Saunders N, et al. Influence of stacking-fault energy on high temperature creep of alpha titanium alloys ［J］. Scripta Materialia, 2006, 54 (12): 2175~2178.

［24］Es-Souni M. Creep behavior and creep microstructures of a high-temperature titanium alloy Ti-5. 8Al-4. 0Sn-3. 5Zr-0. 7Nb-0. 35Si-0. 06C (Timetal 834) Part I. Primary and steady-state creep ［J］. Materials Characterizations, 2001, 46 (5): 365~379.

［25］Mishin Y, Chr. Herzig. Diffusion in the Ti-Al system ［J］. Acta Materialia, 2000, 48: 589~623.

［26］Es-Souni M. Creep deformation behavior of three high temperature near α-Ti alloys: IMI834, IMI829 and IMI685 ［J］. Metallurgical and Materials Transaction A, 2001, 32: 285~293.

［27］Hideo Nakajima, Masahiro Koiwa. Diffusion of iron, cobalt and nickel in α-titanium ［C］. Ti-1984: 1759~1766.

［28］Hayes R W, Viswanathan G B, Mills M J. Creep behavior of Ti-6Al-2Sn-4Zr-2Mo: I. The effect of nickel on creep deformation and microstructure ［J］. Acta Materialia, 2002, 50: 4953~4963.

［29］Hideo Nakajima, Masahiro Koiwa. Diffusion in titanium ［J］. ISIJ International, 1999, 31: 757~766.

［30］W. F. W. M. Van Hengten. Iron diffusion in hexagonal close packed titanium a computer simulation study ［C］. Ti-1984, Proceedings of the 5th International Conference on Titanium: 1767~1772.

［31］Nakajima H, Ogasawara K, Yamaguchi S, et al. Diffusion of chromium in α-titanium and its alloys ［J］. Materials Transactions JIM, 1990, 31: 249~254.

［32］Lütjering G, Williams J C. Titanium: Engineering Materials and Processes, 2nd ed. ［M］. Springer-Verlag Berlin Heidelberg, 2007.

［33］Cahn R W. 走进材料科学 ［M］. 杨柯译. 北京: 化学工业出版社, 2008: 81.

［34］Crossley F A, Carew W F. Embrittlement of Ti-Al alloys in the 6% to 10% Al range ［J］. Transactions of the Metallurgical Society of AIME, 1957, 209: 43.

［35］Soltis P J. Instability and evidence of ordering in Ti-8Al-1Mo-1V alloy ［J］. Transactions of the Metallurgical Society of AIME, 1965, 233: 233.

［36］Blackburn M J. The ordering transformation in titanium: aluminum alloys containing up to 25at. pct aluminum ［J］. Transactions of the Metallurgical Society of AIME, 1967, 239: 1200~1208.

［37］Ardakani M G, Shollock B A, Flower H M. The effect of oxygen on microstructure of α and α_2 phase in titanium-rich Ti-Al alloys ［C］. Ti-1995, The 8th World Conference on Titanium: 2242~2249.

［38］Shamblen C E. Embrittlement of titanium alloys by long time, high temperature expose ［J］. Metallurgical Transaction A, 1971, 2 (1): 277~280.

［39］Lütjering G, Weissmann S. Mechanical properties of age-hardened titanium-aluminum alloys ［J］. Acta Metallurgical, 1970, 18 (7): 785~795.

［40］康强, 王清江, 刘羽寅, 等. Ti60 合金中弥散相 Ti_3Al 的高分辨像 ［C］. 稀有金属, 1997, 21 (增刊) 191~193.

［41］Williams J C. Precipitation processes in solids ［J］. Metallurgical Society of AIME, 1976: 191.

［42］陈世朴, 王永瑞. 金属电子显微分析 ［M］. 北京: 机械工业出版社, 1982: 125.

［43］Onodera H, Nakazawa S, Ohno K, et al. Creep properties of $\alpha+\alpha_2$ high temperature titanium alloys designed by the aid of thermodynamics ［J］. ISIJ International, 1991, 31 (8): 875~881.

［44］Radecka A, Vorontsov V A, Coakley J, et al. Ordering in titanium alloys ［C］. Ti-2015, Proceedings of the 13th World Conference on Titanium: 971~978.

［45］Woodfield A P, Postans P J, Loretto M H, et al. The effect of long-term high temperature exposure on the structure and properties of the titanium alloy Ti5331S ［J］. Acta Metallurgical, 1988, 36 (3): 507~515.

［46］Blackburn M J. Relationship of microstructure to some mechanical properties of Ti-8Al-1Mo-1V ［J］. Transaction of the ASM, 1966, 59: 694~708.

［47］Flower H M, Swann P R, West D R F. Silicide precipitation in the Ti-Zr-Al-Si system ［J］. Metallurgical Transaction A, 1971, 2 (12): 3289~3297.

［48］Kotval P S, Calder R W. In situ identification of the silicide phase in super-α titanium alloys ［J］. Metallurgical Transaction A, 1972, 3 (5): 1308~1311.

［49］Partha Ghosal, Rajesh Prasad, C. Ramachandra. Microstructural stability of the (α+β) solution treated and quenched near-α titanium alloy Ti-5.8Al-4Sn-3.5Zr-0.7Nb-0.5Mo-0.35Si-0.06C ［J］. Metallurgical and Materials Transaction A, 1995, 26: 2751~2755.

［50］Salpadoru N H, Flower H M. Phase equilibria and transformations in a Ti-Zr-Si system ［J］. Metallurgical and Materials Transactions A, 1995, 26: 243~257.

［51］Ramachandra C, Vakil Singh. Silicide precipitation in alloy Ti-6Al-5Zr-0.5Mo-0.25Si ［J］. Metallurgical Transaction A, 1982, 13 (5): 771~775.

［52］Paton N E, Mahoney M W. Creep of titanium-silicon alloys ［J］. Metallurgical Transaction A, 1976,

7（11）：1685～1694.

[53] Singh A K, Ramachandra C. Characterization of silicides in high-temperature titanium alloys [J]. Journal of Materials Science, 1997, 32：229～234.

[54] Rosenberger A H, Madsen A, Ghonem H. Aging effects on the creep behavior of the near-alpha titanium alloy Ti-1100 [J]. Journal of Materials Engineering and Performance, 1995, 4（2）：182～187.

[55] Singh A K, Roy T, Ramachandra C. Microstructural stability on aging of an α+β titanium alloy：Ti-6Al-1. 6Zr-3. 3Mo-0. 30Si [J]. Metallurgical and Materials Transaction A, 1996, 27（5）：1167～1173.

[56] Madsen A, Ghonem H. Separating the effects of Ti_3Al and silicide precipitates on the tensile and crack growth behavior at room temperature and 593℃ in a near-alpha titanium alloy [J]. Journal of Materials Engineering and Performance, 1995, 4（3）：301～307.

[57] Jones C D. Surface and substrate stability of titanium alloys used in aerospace applications [C]. Titanium Alloys at Elevated Temperature：Structural Development and Service Behaviour, 2001：219～227.

[58] Ramachandra C, Singh V. Effect of silicide precipitation on tensile properties and fracture of alloy Ti-6Al-5Zr-0. 5Mo-0. 25Si [J]. Metallurgical Transaction A, 1985, 16（1）：227～231.

[59] Jianming Cai, Xu Huang, Chunxiao Cao, et al. Thermal stability of TG6 titanium alloy and its partial resumption at high temperature [J]. Rare Metal Materials and Engineering, 2010, 39（11）：1893～1898.

[60] Maier H J, Teteruk R G, Christ H J. Modeling thermomechanical fatigue life of high-temperature titanium alloy IMI834 [J]. Metallurgical and Materials Transaction A, 2000, 31（2）：431～444.

[61] Feaugas X, Clavel M. Cyclic deformation behaviour of an α/β titanium alloy — Ⅰ. Micromechanisms of plasticity under various loading paths [J]. Acta Materialia, 1997, 45（7）：2685～2701.

[62] Madsen A, Ghonem H. Effects of aging on the tensile and fatigue behavior of the near-α Ti-1100 at room temperature and 593℃ [J]. Materials Science and Engineering A, 1994, 177（1-2）：63～73.

[63] Sai Srinadh K V, Singh V. Oxidation behaviour of the near α-titanium alloy IMI 834 [J]. Bulletin Materials Science, 2004, 27（4）：347～354.

[64] Nicholls J R, Deakin M J, Rose T. Surface engineering of titanium alloys for high temperature application [C]. Conference on Titanium Alloys at Elevated Temperature：Structural Development and Service Behaviour, 2001：187～218.

[65] Biallas G, Essert M, Maier H J. Influence of environment on fatigue mechanisms in high-temperature titanium alloy IMI834 [J]. International Journal of Fatigue, 2005, 27（10-12）：1485～1493.

[66] Helm D. Application of high temperature titanium alloys in aero-engines — limits due to bulk and surface related properties [C]. Titanium Alloys for High Temperature Applications, TMS, 2006：3～12.

[67] Brun M, Anoshkin N, Shakhanova G. Physical processes and regimes of thermomechanical processing controlling development of regulated structure in the α + β titanium alloys [J]. Materials Science and Engineering A, 1998, 243（1～2）：77～81.

[68] Britton T B, Birosca S, Preuss M, et al. Wilkinson. Electron backscatter diffraction study of dislocation content of a macrozone in hot-rolled Ti-6Al-4V alloy [J]. Scripta Materialia, 2010, 62（9）：639～642.

[69] Glavicic M G, Morton T, Broderick T, et al. Progress in the advanced titanium microstructure and modeling program [C]. Ti-2015, Proceedings of the 13th World Conference on Titanium：1867～1873.

[70] Prakash D G L, Honniball P, Rugg D, et al. The effect of β phase on microstructure and texture evolution during thermomechanical processing of α+β Ti alloy [J]. Acta Materialia, 2013, 61（9）：3200～3213.

[71] Glavicic M G, Bartha B B, Jha S K, et al. The origins of microtexture in duplex Ti alloys [J]. Materials Science and Engineering A, 2009, 513～514：325～328.

[72] Rugg D, Dixon M, Dunne F P E. Effective structural unit size in titanium alloys [J]. Journal of Strain

Analysis, 2007, 42: 269~279.

[73] Zhang K, Wu X, Davies C H J. Effect of microtexture on short crack propagation in two-phase titanium alloys [J]. International Journal of Fatigue, 2017, 104: 206~220.

[74] Wang Y N, Huang J C. Texture analysis in hexagonal materials [J]. Materials Chemistry and Physics, 2003, 81 (1): 11~26.

[75] Lan B, Lowe M J S, Dunne F P E. A spherical harmonic approach for the determination of HCP texture from ultrasound: a solution to the inverse problem [J]. Journal of the Mechanics and Physics of Solids, 2015, 83: 179~198.

[76] Germain L, Gey N, Humbert M, et al. Texture heterogeneities induced by subtransus processing of near α titanium alloy [J]. Acta Materialia, 2008, 56: 4298~4308.

[77] Cope M T, Hill M J. The influence of ageing temperature on the mechanical properties of IMI834 [C]. Ti-1988: 153~158.

[78] Tricot R. Thermomechanical processing of titanium alloys [C]. Ti-1988, The 6th World Conference on Titanium: 23~36.

[79] Chapman T P, Kareh K M, Knop M, et al. Characterisation of short fatigue cracks in titanium alloy IMI834 using X-ray microtomography [J]. Acta Materialia, 2015, 99: 49~62.

[80] 曹春晓, 王金友, 沈桂芹. β 转变组织形态等组织特征对 Ti-6Al-4V 力学性能的影响 [J]. 航空材料, 1981 (1): 10~15.

[81] 高扬. 压气机叶片和盘的故障调研报告 [R]. 航空工业部第六二一研究所, 1984 (内部资料).

[82] Albrecht J. Comparing fatigue behavior of titanium and nickel-based alloys [J]. Materials Science and Engineering A, 1999, 263 (2): 176~186.

[83] Greenfield M A, Pierce C M, Hall J A. 马济民译. 显微组织对控制 α-β 钛合金机械性能的影响 [C]. Ti-1972, Titanium Science and Technology, Proceedings of the 2nd International Conference: 1731~1743.

[84] Gräter R, Huff H. Fatigue behaviour of titanium materials in aircraft engines [C]. Ti-1984, Proceedings of the 5th International Conference on Titanium: 1269~1273.

3 航空发动机钛合金材料与零部件的制造技术及质量控制

  航空发动机高推重比、高增压比、高涡轮前温度及低油耗技术指标的实现，除了采用先进的结构设计、精准的强度计算和控制外，还强烈依赖于轻质高性能钛合金材料及高效轻量化结构的综合应用。航空发动机是一种特殊的动力机械，要求有极高的使用性能和使用可靠性，相应地对所用材料及部件的质量要求也极其苛刻。目前，钛合金是先进航空发动机的主干材料，集中用于制造低温段的风扇和压气机叶片、盘、机匣等关键件和重要件，这些部件的安全可靠工作是保证发动机使用可靠性以及飞机安全飞行的前提。采用整体叶盘和整体叶环结构代替传统的榫齿连接结构，可以显著减轻部件质量，整体叶盘和整体叶环结构是推动高推重比发动机结构设计的绝佳方案。

  与其他航空常用金属材料如钢、铝合金和镍基高温合金相比，钛合金具有一些特殊的物理和化学特性，如热导率低、存在 α/β 相变、活性大、易吸氢等，因此钛合金的熔炼、铸造、锻造、热处理、机械加工、表面处理等制造工艺有其独特性。针对某一具体航空发动机钛合金零部件，应根据现有的工业生产条件，设计并制定科学高效的制造工艺方案，各工序间的衔接合理有序，确定得当的工艺措施，并采取稳定可控的实际操作，加强细节管理，以实现各工序的预期目的。钛合金生产和应用实践表明，工艺创新往往比成分创新能产生更好的效果。通过新工艺技术的发展和应用，可以改善钛合金材料、锻件和零件的质量。当然，不是说"新"工艺一定优于"老"工艺，应针对具体钛合金零部件的使用要求，合理选择适用的工艺方法及工艺参数，并尽量缩短生产流程，以降低生产成本和提高生产批次稳定性。

  为了减少或消除钛合金中的硬 α 夹杂物、高密度夹杂物等冶金缺陷，开发了冷炉床熔炼技术，与传统的真空自耗电弧熔炼工艺相配合使用，生产航空发动机用优质转子级钛合金铸锭。采用快锻机进行钛合金坯料的改锻，减少锻造操作时间，终锻温度能控制在一个较高的值，并可采用程序控制，以实现坯料改锻和大规格棒材制备的自动化操作，提高产品的批次一致性和稳定性。采用等温模锻技术可以实现难变形钛合金盘类锻件的近净成形，有利于改善锻件的流线分布和内部组织均匀性，并可抑制或减弱不利的微织构出现。采用精密模锻制造风扇和压气机叶片，可以改善叶片的表面完整性，提高生产效率，降低生产成本。采用精密环轧技术生产风扇和压气机机匣用矩形和异形环件，可以提高材料利用率，减小环件截面尺寸，还有助于提高和稳定力学性能。采用胀形工艺，可以促使环件内部残余应力分布更加均匀，以减小后续环件机械加工甚至机匣高温使用时产生的不良变形。针对大涵道比涡扇发动机，开发了超塑成形/扩散连接工艺生产宽弦空心风扇叶片。采用惯性摩擦焊或电子束焊接，将盘、隔环、轴颈等部件连接成整体转子，降低螺栓连接方式带来的增重及螺栓孔等部位的应力集中作用。采用线性摩擦焊将大型风扇转子的叶片与盘相连接形成整体叶盘，可以避免叶片榫头与盘榫槽之间因微动磨损而引发的低周疲劳断裂风险。

钛合金部件的疲劳性能对表面状态具有强烈的敏感性，采用喷丸强化、激光冲击强化、振动光饰等，改变部件近表面层的应力状态，合适的表面强化处理有助于提高钛合金部件的使用寿命和使用可靠性。高灵敏度的无损检测是保证钛合金关键部件安全可靠使用的强有力保障，为了能检出更小尺寸的缺陷，不断改进检测技术，如开发了多区聚焦超声检测技术，以适应大规格棒材的检测。

3.1 优质钛合金材料的熔炼及质量控制

针对航空发动机应用的特定高要求，为了保证最终钛合金部件优异的力学性能和使用可靠性，相应原材料的冶金质量问题尤为重要，要求铸锭不含有影响后续加工和使用的冶金缺陷，并要求铸锭有良好的成分均匀性。钛合金的冶金缺陷主要有铸锭中未熔的高熔点夹杂物、严重的宏观偏析和微观偏析、孔洞、冷隔等。成分均匀性有两方面含义：一是要求单个铸锭各区域具有均匀的合金元素成分分布；二是要求各批次铸锭具有稳定可控的成分含量。宏观偏析和微观偏析实际上是成分不均匀分布的具体表现。目前有些材料标准对钛合金铸锭的 β 相变点（T_β）分散度提出了具体要求，如某企标对 Ti-6Al-4V 钛合金铸锭 T_β 规定：应在 980~1025℃ 范围内，来自对应于铸锭头部和尾部（棒材上取样）试样的 T_β 差不应超过 20℃。由熔炼时宏观偏析造成铸锭头部、中部和底部的 T_β 会有差异，特别是铸锭头部的冒口区域，当最后一次真空自耗电弧熔炼进行提缩冒口时，因 Al 元素在长时真空条件保持时易挥发，铸锭头部的 Al 含量相对要低，致使其 T_β 低于铸锭其他部位。在实际操作时，往往需要切掉更多一点的冒口区域原料。

为了获得优质的钛合金铸锭，应合理确定和控制所用原料、电极焊接、铸锭锭型、熔炼工艺参数、中间处理工序等。首先，应合理控制海绵钛的杂质元素含量、粒度等，保证不同批次海绵钛的化学成分和硬度的一致性，防止优质海绵钛中混杂等外品，在熔炼之前严格检查并挑选海绵钛，防止气体含量超标，特别是 N、O 含量超标的海绵钛块；其次，要选用优质的中间合金，确保有良好的成分均匀性，不含有未熔的高熔点物质[1]。

目前我国钛行业常用的钛合金熔炼方法依然是传统的真空自耗电弧熔炼，对于航空发动机用钛合金铸锭，一般要求采用三次真空自耗电弧熔炼，以提高铸锭成分均匀性，降低冶金缺陷出现概率。我国近年来装备了十余台电子束冷炉床熔炼炉和等离子体冷炉床熔炼炉，主要用于残料回收及扁锭的生产，体现冷炉床熔炼的低成本优势，尚未用于航空领域。冷炉床熔炼在控制高密度夹杂物（HDI：High Density Inclusion）、低密度夹杂物（LDI：Low Density Inclusion）方面显著优于真空自耗电弧熔炼，可以实现钛合金材料"零缺陷"的纯净化制造，是高性能、多组元、高纯度钛合金和 Ti-Al 系金属间化合物研究、生产最佳的熔炼方法。目前，美国已实现优质钛合金铸锭冷炉床熔炼的工业化生产，而且将冷炉床熔炼方法纳入标准，如 GE 公司标准"优质 β 锻的 Ti-17 钛合金零件"规定：转动部件用钛合金优先采用 C 级材料，即冷炉床+真空自耗电弧熔炼（HM+VAR）；C 级可以代替 B 级，B 级即三次真空自耗电弧熔炼（3×VAR）。其他标准如"优质和标准质量的 α+β 锻 Ti-6Al-4V 钛合金零件""优质 Ti-6Al-4V 钛合金叶片""优质 α+β 锻 Ti-6242 钛合金零件"等，均纳入最高级别的 HM+VAR 材料。目前我国航空级和转子级用钛合金棒材、锻件标准（包括国军标、航标），均未纳入冷炉床熔炼方法；应充分利用国内航空发动机设计单位、工程化应用研究单位、钛材生产单位、锻件生产单位、主机厂的综合优势资源，推动冷炉床熔炼技术应用于航空优质钛合金材料的生产。

3.1.1　原料准备

3.1.1.1　海绵钛

钛是一种极其活泼的金属，在地壳中是以钛的氧化物或与铁伴生矿存在，如金红石（TiO_2）或钛铁矿（$FeTiO_3$），不存在游离的纯钛金属。要提炼出纯钛，首先将这些矿石经氯化生成 $TiCl_4$ 并进行真空蒸馏（VDP：Vacuum Distillation Process）提纯，去除 $MgCl_2$，再用 Hunter 法（Na 还原法）或 Kroll 法（Mg 还原法）还原 $TiCl_4$ 生产钛金属，因其多孔海绵状的外观而称为海绵钛。Hunter 法制备的海绵钛，杂质 Fe 含量相对较低，曾用于航空发动机要求高抗蠕变性能钛合金用的原料，1993 年 Hunter 法已不再用于海绵钛的商业生产。Kroll 法用 Mg 还原 $TiCl_4$，需要高纯度的 Mg，以防止发生 $Mg_3N_2+2Ti \rightarrow 2TiN+3Mg$ 置换反应。目前多个国家在研究新的钛提炼方法，如 $TiCl_4$ 电解法制取海绵钛、TiO_2 电解还原制取金属钛（FFC 法：熔融氯化钙中 TiO_2 直接电化学还原制取钛）等，在实验室阶段已取得一定进展，但要转化为工业生产仍有不少技术难题。

如果海绵钛中含有过量的 $MgCl_2$，在第一次自耗熔炼时，一次锭的头部会沉积 Mg 和 $MgCl_2$，Mg 容易着火，如果发生燃烧，有可能会形成硬 α 夹杂物，在后面的自耗熔炼工序中，因硬 α 夹杂物极高的熔点而难以充分熔化。采用真空蒸馏工艺，可以降低海绵钛中 Mg 和 $MgCl_2$ 含量，从而降低出现硬 α 夹杂物的概率。日本住友（Sumitomo）钛公司和东邦（Toho）钛公司，采用 Kroll+VDP 工艺生产的海绵钛中的 $MgCl_2$ 含量比美国工厂生产的海绵钛更低（1990 年前 TIMET 和 RMI 公司采用酸浸法去除过多的 $MgCl_2$，Oremet 公司则采用 Ar 气蒸馏去除 $MgCl_2$）。1993 年，TIMET 公司与 Toho 钛公司合作建厂，采用 Kroll+VDP 工艺生产海绵钛。RMI 公司于 1996 年停止了位于 Ohio 州 Ashtabula 市的海绵钛厂生产。Oremet 公司于 2000 年关闭了位于 Albany 市的海绵钛厂[2]。基于市场需求原因，美国 ATI 公司旗下位于 Oregon 州 Albany 市的海绵钛厂于 2014 年关停，位于 Utah 州 Rowley 市的海绵钛厂于 2016 年底关停。

海绵钛是生产各类钛材、钛粉及其他钛构件的原料。海绵钛的质量是决定最终钛合金部件质量的前提，对于航空发动机应用的钛合金关键部件来说，追求海绵钛原料高的纯洁度是极其重要和必要的，因为钛合金材料和零部件中含任何微小的缺陷特别是夹杂物，可能会导致重大的发动机故障甚至是严重的空难。受目前钛合金熔炼技术本身能力的限制，要求所用的海绵钛不得含有会产生高密度夹杂物和/或低密度夹杂物的污染物以及有可能使最终产品改变相结构或影响使用性能的过量杂质元素 Fe、O、H 等。根据钛合金材料的不同具体用途，往往对材料级别做出规定，如定义为航空级或转子级，不同级别材料对其所用原料的控制、制造工艺有不同的特殊要求。转子级用途是最高级别，对海绵钛生产、运输、存储等过程提出了最严苛的控制要求。

随着 Kroll 工艺的持续改进和管理，海绵钛中的 Fe 含量明显下降，适用于要求高蠕变抗力的高温钛合金的原料使用[3]。从 1985 年开始，日本大阪（Osaka）钛技术有限公司（OTC）的前身住友钛公司采用 Kroll 法生产 3N8（99.98%）纯度级别的海绵钛，从 1991 年开始生产 4N5（99.995%）纯度级别的海绵钛，现在可以生产 5N（99.999%）纯度的海绵钛。对于高蠕变抗力要求的高温钛合金材料，须使用低 Fe、Ni 含量的海绵钛，3N8（99.98%）级别的海绵钛应能满足要求。

海绵钛粒度控制亦很重要，一般要求破碎至 0.84~12.7mm 粒度[4]，海绵钛坨的破碎过程需要在有着火探测系统监控下进行。在使用海绵钛时，根据情况决定是否需要进行烘干处理，烘干可以除去海绵钛表面吸附的水分，常用的烘干处理工艺为 120~180℃保温4~6h。

作为钛合金的间隙型杂质元素，O 和 N 含量一般是需严格控制的。有时为了提高钛合金的拉伸强度，配料时适当采用增氧操作，如添加 TiO_2 粉末。对于航空发动机用途而言，这种通过添加 TiO_2 粉末而增氧的方式是不太可取的。N 一般不作为添加元素，但少量 N 也能显著提高拉伸强度。

3.1.1.2 中间合金

对于航空发动机用钛合金，除了控制海绵钛的质量外，其他原料如中间合金和添加元素的质量控制同等重要。钛合金常用的中间合金有 Al-V、Al-Mo、Al-Nb、Al-Si、Ti-Sn 等。有些熔点低于或相当于 Ti 的合金元素，如 Al、Cr、Cu、Fe、Mn、Sn、Zr 等，可以用纯金属方式加入。考虑到铸锭成分均匀性、减少偏析、生产成本等因素，尽量采用合适的中间合金。对于 Si 及一些高熔点元素如 Mo、Nb、Ta、V 的加入，优先采用中间合金。采用铝热还原法生产的中间合金如 Al-Mo、Al-Ta、Al-W、Al-V 或组分更复杂的多元中间合金方式加入更为方便和经济，从技术方面考虑也最为合适。采用铝热法制备这些中间合金时有残存难熔元素质点的问题，需要引起重视。对于某些成分复杂的钛合金，还特制了相应的多元中间合金，如用于 Ti-6246 钛合金的 Ti-Al-Mo 中间合金，用于 Ti-17 钛合金的 Al-Sn-Zr-Mo-Cr 中间合金。

中间合金应满足如下要求：（1）熔点应低于或接近钛合金的熔化温度；（2）合金元素含量尽可能高且成分均匀；（3）气体元素和杂质元素含量低，不应有氧化物、氮化物和其他有害的外来物，包括会产生高密度夹杂物和低密度夹杂物的物质；（4）具有足够的脆性，易破碎，便于配料与混料；（5）不易腐蚀，在大气条件下保存时不应碎裂成粉末[5]。

为了降低钛合金的材料成本和充分利用钛资源，驱动使用回收料。车削加工的回收料中容易混入加工刀具如 WC 刀具的崩刃，以及氧化和氮化的钛块（屑）等。钛合金真空自耗电弧熔炼的熔池温度在 1800℃左右，难以在较短的时间内将这些高熔点物质完全熔化。高熔点物质可通过滗析（即滤除）或熔解机制消除，显然，这两种机制对于自耗电弧熔炼是无效的，或者说能力不足。回收料的处理和利用要特别引起注意，如利用火焰切割的材料或料头不能用于回收，除非块料表面的硬化层能保证全部清除干净并经酸洗处理，或者进行氢化和压碎处理及质量检验；用碳化钨刀具切削的钛屑必须经磁选或其他有效方法去除异物，保证不含有高密度物质。与真空自耗电弧熔炼工艺相比，利用冷炉床熔炼技术的密度分离机制，可以更有效地去除高密度夹杂物，冷炉床熔炼是进行钛合金回收料熔炼的有效方法，目前已实现工业生产。

3.1.1.3 电极制备

钛合金铸锭真空自耗电弧熔炼之前，按合金成分比例将海绵钛及其他各种原料进行配料并混料，一般经液压机压制成电极块。确定计算成分一般是取各元素的平均成分，并考虑合金的用途、使用性能、加工方法及工艺性能、合金元素的熔损、气体元素 O、N、H 的吸收等。钛电极原料称重和双锥鼓式搅拌机混料装置的应用，可实现海绵钛原料分拣和海绵钛与合金化原料按程序自动控制称重和机械式混料。机械式混料后的合金元素分布较原来的人工合金包布料方式更加均匀。为了使电极块具有良好的导电性以便熔炼时能产生稳定的电弧，压制的电极块应有足够的压实度，压实度越大，电阻越小，导电性越好；另外，也是为了保证电极块有足够的连接强度，防止熔炼时发生掉块。电极表面要求光洁平整，避免熔炼时电弧不稳而产生边弧。制备好的电极应放在料架上，避免残渣等异物的扎入。在熔炼车间的配料区、坩埚清理和电极存放区，禁止使用火焰切割。

熔炼之前，还需将电极块焊接成适合第一次熔炼坩埚尺寸的柱状初级自耗电极，电极外侧与坩埚内壁距离一般控制在 25～50mm。电极直径过大，熔化时易起侧弧，电极直径小，电极与坩埚壁的距离大，有利于气体排出，所形成的弧柱小，对熔池的覆盖面积小，温度相对较低，会导致钛合金液相成分不均匀，凝壳增厚，钛液流动性变差。

航空用途的钛合金铸锭用初级自耗电极不允许使用钨极氩弧焊连接，防止 W 进入电极而进入钛合金铸锭形成高密度夹杂物。一般采用氩气保护的等离子体焊接电极，要求氩气纯度应大于 99.99%。焊接前需清理工作平台，电极块表面不得有油污、灰尘等污物。要保证有足够的焊接接触面积，使其具有足够的强度以承受自身质量。每焊好一侧，应随即去除电极上的挥发物，焊点应为银白色，不得产生氧化而发蓝。焊接电极须平直，避免在通过强大电流时局部产生过热。

俄罗斯上萨尔达冶金生产联合体（VSMPO）采用半连续挤压方法生产大型单根初级自耗电极（见图 3-1），采用 10000t 压机压制 $\phi600\text{mm} \times 5500\text{mm}$ 的单根电极，质量达 5t。每批料重 50～100kg，将一批配料均匀混合后倒入压模中压实，电极密度达 $3.9～4.2\text{g/cm}^3$。压机上模表面设计为立体曲面，可以增大每批料之间的接触面积，提高机械结合力。这种电极制备方法在电极阶段就能保证各合金元素在电极中的均匀分布，避免了焊接电极可能会带入冶金质量的问题（如引入高密度夹杂物、局部高氧、低密度夹杂物等风险）。另外，高合金化成分的均匀性基础更好，熔炼时可以采用大电流，有助于获得更好的铸锭表面质量[6]。我国重庆金世利航空材料有限公司引进了该技术，可以压制 $\phi430\text{mm}$ 和 $\phi650\text{mm}$ 规格的单根电极，最大长度 6m，重达 6～7t，压制的单根电极如图 3-2 所示。

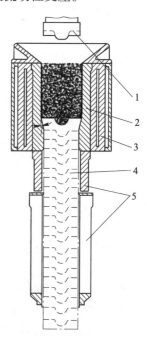

图 3-1　俄罗斯 VSMPO 公司采用半连续方法生产大型单根自耗电极示意图

1—冲头；2—压模；3—模套；4—压制成的电极；5—导向套模

3.1.2　真空自耗电弧熔炼

海绵状金属的固化在钛工业发展早期（20 世纪 40 年代末和 50 年代初）被认为是一项困难的挑战，当时尚不具备能稳定可靠地熔炼活性金属的能力，无法保证金属熔体不受污染。由于对钛合金需求的增长，迫切需要一种新的熔炼方法或粉末冶金方法，试验结果表明，当时的工业生产条件下，粉末冶金所需的钛合金粉末质量不佳，不足以获得好的性能。美国矿务局（Bureau of Mines）发展了真空电弧炉，经不断改进，20 世纪 50 年代早期出现了冷坩埚真空自耗电弧熔炼，成为当时熔炼钛合金、锆合金及含活性金属的合金最有效方法。利用电弧热在低压环境下熔炼金属的方法始于 1839 年，是由 Roborf Hare 在美国哲学学会上提出的，1905 年德国人 W. Von. Belton 博士在柏林西门子工厂利用低压氩气电弧成功熔炼了钽金属，之后经历漫长的真空电弧熔炼试验，直到 20 世纪 50 年代才实现工业生产。电弧熔炼是在真空条件下通过低电压强电流来形成电弧，电极可以是自耗式的，也可以是非自耗式的，工业上一般采用自耗式电弧熔炼方式，把需要熔炼的原料制成棒状电极，熔化过程不断熔耗，在整个熔炼过程中，熔融金属基本上不与其他物质相接触，因而防止了熔炼材料被污染。

图 3-2 我国重庆金世利航空材料有限公司压制的单根电极实物

所谓的真空自耗电弧熔炼的"重熔"（remelting）概念，实际上是针对镍基合金和特殊钢提出的，因为它们的初次熔炼一般采用真空感应熔炼，接下来才是真空自耗重熔。而对于钛合金，初次熔炼就采用真空自耗电弧熔炼，称为真空自耗电弧熔炼更为准确[7]。

钛合金铸锭的多次真空自耗电弧熔炼，铸锭直径逐次增大，并可减少铸锭孔洞及改善铸锭成分均匀性。在随后的第二次或有需要的情况下进行第三次真空自耗电弧熔炼时，一般将上一次的铸锭进行倒置作为此次熔炼的自耗电极，可以改善钛合金成品铸锭宏观成分均匀性。目前虽然还有真空非自耗电弧熔炼、电渣熔炼、真空感应熔炼等，但航空应用且用于变形目的的钛合金铸锭，其主流工艺依然是真空自耗电弧熔炼。目前先进的真空自耗电弧熔炼炉具有同轴电缆设计，配置 X-Y 轴对中装置、自动称重系统及计算机程序控制（熔速、电流、电压等工艺参数），确保获得成分均匀、组织致密、偏析程度最小、气体及杂质含量严格控制的优质铸锭。目前，发展了一些真空自耗电弧熔炼新的监控手段，如美国 ATI 公司采用预防侧弧和电弧位置传感技术，操作者可以看到电弧的运动、熔化物轮廓的三维影像。另外，开发了一些熔炼模拟软件，能够进行实际熔炼过程的数值模拟。

3.1.2.1 基本原理

真空自耗电弧熔炼是以待熔炼材料本身作为电极的真空熔炼工艺，所用热源为直流低压电弧，电弧的负极为经过压制、铸锭或压力加工制成的棒状待熔材料，正极为盛在水冷或 K-Na 冷却铜坩埚中的熔融金属（铸锭），在电弧区的高温作用下，在无渣和低压环境或惰性气体气氛中不断熔耗自耗电极而形成铸锭。

真空自耗电弧炉结构简图及工作示意如图 3-3 所示，炉子主体由含水冷套的铜坩埚构成，铜坩埚与熔化电源的正极相连接，电源负极与经过滑动真空密封进入炉体的控制棒相连接。被重熔材料（电极）夹持在控制棒的夹头中，与在坩埚底部的金属（被熔化材料）触发电弧，负极金属逐渐熔化消耗并集聚到坩埚中，借液压或电控制机构以一定的速度使控制棒下降，使电极与熔池保持一个恒定的间距。

3.1.2.2　关键控制要素

与镍基高温合金相比，钛合金具有更低的热容和熔化热、更小的凝固温度范围（对于 Ti-6Al-4V，凝固温度范围大约是 25℃）、更高的表面辐射热传导率，使得钛合金可以生产比镍基高温合金直径更大的铸锭。Ti-6Al-4V 钛合金典型的真空自耗电弧熔炼锭型为 $\phi900mm$，而 IN718 高温合金仅为 $\phi500mm$[8]。

对于航空发动机用的优质钛合金铸锭，一般需经两次或三次真空自耗电弧熔炼，以确保成品铸锭具有符合要求的成分均匀性，并促进夹杂物缺陷的熔解，从而减少钛合金成品材料中夹杂物的出现概率。对于转子级钛合金材料的真空自耗电弧熔炼，往往要求采用 3 次熔炼。为了获得均质、无缺陷的钛合金成品铸锭，熔炼期间需要重视和监测炉内真空度、漏气率等设备条件以及合理控制弧长、锭型和熔化速率、稳弧线圈应用、热封顶工艺等。

（1）真空度和漏气率。真空自耗电弧熔炼之前要监测炉子的漏气率，在熔炼过程中需要连续监测炉内真空度，采用连续抽真空方式以保持低的炉内压力。需要控制稳态

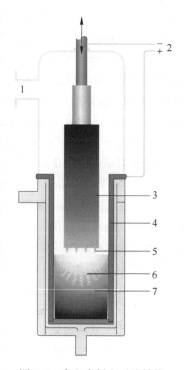

图 3-3　真空自耗电弧炉结构及熔炼过程示意图
1—抽真空；2—直流电源；3—电极或初始铸锭；4—坩埚；5—间隙；6—熔池；7—新铸锭

熔炼阶段具有较低的真空度和偶然瞬时的压力升高，美国宇航材料标准 AMS2380《Approve and Control of Premium-Quality Titanium Alloys》规定：熔炼稳定阶段的真空度应不大于 $750\mu mHg$（即 100Pa），偶然瞬时压力峰值允许不大于 $2000\mu mHg$（即 267Pa），而且要求保持的时间必须是较短的，对于要求两次或三次真空自耗电弧熔炼铸锭，要求最后一次熔炼时该保持时间不大于 90s；对于要求 3 次真空自耗电弧熔炼铸锭，第一次熔炼和第二次熔炼时该保持时间不大于 120s；熔炼期间，任何少量的渗水进入到铸锭坩埚内，如果造成轻微变色则可以磨去，但必须保证化学分析没有异常才可接受；熔炼过程中电源中断持续时间不得大于 30s。现在实际操作工艺规程对真空度和漏气率提出了更高要求，对于少量漏水也是不可接受的，因为会造成熔体受 O、N 的污染，形成富 O、富 N 偏析。如1997 年 9 月 6 日，加航 CP30 航班发生了 CF6-80 发动机 Ti-6242 钛合金高压压气机鼓筒转子断裂故障，分析表明，是在进行第二次真空自耗电弧熔炼时因少量漏水导致铸锭局部产生了富氧偏析，降低了局部疲劳裂纹萌生抗力，致使第 3 级压气机盘在盘槽位置萌生疲劳裂纹进而引发鼓筒转子提前断裂[9]。我国大部分国标或国军标规定航空用途钛合金铸锭最后一次真空自耗电弧熔炼稳定阶段的炉内压强不大于 5Pa。

第一次真空自耗电弧熔炼时，因为海绵钛中残留的水分以及 Mg、$MgCl_2$ 等挥发性气体的释放，炉内压力相对要高。真空自耗电弧熔炼时，这些气体物质容易被真空泵抽走，起到净化作用。而海绵钛中的间隙元素 O、N 和 C，它们不能以单分子解析方式排出，因此

无法通过真空熔炼来降低其含量。间隙元素 H 是可以解析脱除的，H 的解析会经历一连串的过程，先是 H 原子向金属界面扩散，随后在界面上结合成 H_2 分子，H_2 分子最后在界面处脱逸随气流排出。目前，先进的真空自耗电弧熔炼的钛合金铸锭，H 含量一般能达到低于 0.002%（20ppm）的水平[10]。

真空自耗电弧炉的安全操作极其重要，曾发生过多起真空自耗炉爆炸的事故。据统计，截至 2000 年，美国钛工业界记录在案大约有 50 起以上的真空自耗炉爆炸[11]，多数是因为电弧击穿坩埚导致炉内漏水，熔融的 Ti 与 H_2O 发生反应，首先使水气化，炉内压力瞬间猛增而发生蒸汽爆炸，第二步使水分解成 H_2 和 O_2 气，继而发生氢爆炸。为了防止人员伤亡和造成严重破坏，采取的应对措施有：将熔化区置于地下，用混凝土保护炉体；先进的真空自耗炉配备电弧位置传感装置，操作者可以目视电弧运动及熔化物轮廓的三维影像；采用预防侧弧技术，以防止炉子爆炸。一些真空自耗炉采用液态的 Na-K 共晶物（Sodium Potassium Eutectic）作为冷却剂代替水，以提高熔炼炉的使用安全性[12]。

（2）弧长。真空自耗电弧熔炼时电极与熔池之间的弧长控制很关键，弧长一般不超过电极和坩埚内壁间的最小距离，控制在 25～50mm 最为合适。在操作过程中需合理控制电压、电流及磁场，使弧长保持稳定状态，保证铸锭质量和电弧热效率。短弧易引发电极与熔池之间产生短路，影响正常熔炼，并使得熔池温度发生变化，降低铸锭质量。电弧过长会促使弧移动，损伤坩埚内壁，还会导致熔化速度加快，熔化温度过高。以上两种情况都会影响钛液的过热度和流动性，进而影响钛液的成分均匀性和在坩埚内的填充性，会导致铸锭成分偏差并出现深孔、疤痕、冷隔等缺陷。

（3）锭型和熔炼速率。目前航空钛合金材料和锻件采用炉号锭号的组批原则（质量一致性检验），为了提高材料利用率和降低成本，材料厂倾向于采用大锭型，扩大锭型（质量和体积）会使得宏观偏析程度、初始粗大铸态组织、锻造加热时间长等问题更突出，影响最后棒材和锻件的组织细化和组织性能均匀性控制。

针对某一特定的钛合金材料，锭型和熔炼速率的控制在很大程度上取决于实践操作经验。对于简单成分的钛合金，锭型和熔炼速率可以相对大一些，如 Ti-6Al-4V 钛合金铸锭控制在 6t 以下，直径控制在不大于 900mm 较为适宜，而对于复杂多元且高含量 β 稳定化元素特别是含 Fe、Cr、Mo 的钛合金如 TC17（Ti-17）、TC18（BT22）、TC19（Ti-6246）等，因其有形成 β 斑的强烈倾向，真空自耗熔炼时应尽量减小熔池体积，降低熔化电流有助于抑制枝晶偏析的发生[13]。因此要严格控制铸锭尺寸及熔炼速率，特别是最后一次的熔炼速率。根据经验，对于 Ti-17 钛合金，锭重应控制在 3t 左右，直径控制在不大于 750mm 或不大于 700mm 较为适合，并且最后一次真空自耗电弧熔炼时采用低的熔速，相当于正常熔速约 60% 即可[7]。

考虑到锻造性和经济因素，要求真空自耗熔炼铸锭有一个良好的表面质量，只有采用高熔速才能得到，而且低熔速也导致铸锭熔炼时间过长，生产效率下降。需要平衡冶金因素、铸锭表面质量和生产经济性，确定一个合适的熔炼制度，在保证不出现 β 斑缺陷的情况下，尽量采用较大的熔速。

目前国外已普遍采用冷炉床熔炼工艺来生产钛合金铸锭，以消除高密度夹杂物和低密度夹杂物，冷炉床熔炼的拉锭坩埚熔池较浅，可以减小微观偏析倾向，但对于后续仍有一次真空自耗电弧熔炼来说则没有用处。

（4）稳弧线圈。为了使电弧聚敛、能量集中及避免产生侧弧，通常在结晶器外层加装电子线圈，称为稳弧线圈，工业上常用直流稳弧线圈。当稳弧线圈通入电流时会产生与电弧平行的纵向磁场，在此纵向磁场内两电极间运动的电子和离子，凡运动轨迹不平行于磁场方向的，将因切割磁力线而受到一个符合左手定则方向的力，从而发生旋转，使向外逸散的带电质点向内压缩，电弧因旋转而聚敛集中，弧柱变细，阴极斑点沿电极端面旋转，阳极斑点保持在熔池中部，因而不发生侧弧，提高电弧的稳定性[5]。电弧旋转也带动熔池内钛液的旋转而产生搅拌作用，使成分分布均匀，改善铸锭表面质量，可以冲碎钛液凝固时形成的柱状结晶，有助于防止枝晶偏析的发生[14]。当然，快速的熔池金属搅动会使钛液晃荡，有产生高的凝壳、差的表面以及内部铸锭缺陷的可能。磁场强度过小，则稳弧作用不明显。炉内压力会影响弧的行为，压力越大，弧会变得更加扩散，组元的快速蒸发会导致过度的金属飞溅，差的铸锭表面及形成铸锭孔洞，炉内的能见度也会下降。

（5）热封顶。在最后一次真空自耗电弧熔炼的末期，按程序规定要进行热封顶（或称提缩冒口）。稳态熔炼时，因 Al 元素挥发引起铸锭成分宏观偏析程度很小，但在提缩冒口阶段，因为熔速的逐级下降，在真空状态熔池长期保持，易挥发元素会蒸发而改变局部熔池的成分含量，特别是具有高蒸气压的 Al 元素，导致冒口部位 Al 含量降低。过去曾采用过充 Ar 提缩冒口的做法，向真空室内通入惰性气体 Ar，可降低挥发速率和挥发损失，这对于真空熔炼具有重要意义。惰性气体如 He、Ar 属单原子气体，它们与金属原子没有亲和力，只能进行物理吸附而没有化学吸附，因此不能溶解于金属中[5]，凝固时可能会带来含 Ar 气的气孔问题[15]，而且充 Ar 提缩往往是在最后一次真空自耗电弧熔炼时才采用，铸锭中残存的气孔通过后续的锻造等热工艺是不能消除的。另外，Al 元素蒸发逃逸沉积于炉子内壁表面发生冷凝，当累积到一定厚度后可能会发生掉块，如果落入熔池表面则可能会产生局部的富 Al 偏析。

3.1.2.3 熔炼工艺模拟

TIMET 公司成功地在真空自耗电弧熔炼中引入工艺模拟软件 SOLAR （Solidification During Arc Remelting），预测熔炼过程铸锭内的温度和成分分布。还可考虑电磁搅拌的磁场强度和反转时间、重力流、扰动效应等对铸锭凝固行为的影响，模拟各种条件下熔池/糊状区之间的溶质原子传输、自由表面的元素蒸发和再分布、表征熔池轮廓和液态金属流体力学行为，以减小宏观偏析，改进铸锭质量[16]。SOLAR 软件还可以模拟有两次或三次连续熔炼，计算在熔炼、提缩冒口、冷却阶段任一时刻的铸锭温度和成分分布[17]。SOLAR 软件还可以模拟硬 α 夹杂物在真空自耗电弧熔炼或冷炉床熔炼过程中的运行轨迹、随时间的熔解状况。

3.1.3 冷炉床熔炼

冷炉床熔炼技术（CHM：Cold Hearth Melting）根据热源的不同可分为两种，即电子束冷炉床熔炼（EBCHM：Electron Beam Cold Hearth Melting）和等离子体冷炉床熔炼（PACHM：Plasma Arc Cold Hearth Melting），以电子束或等离子体作为热源，熔化的钛金属在冷炉床和坩埚中依次熔化、精炼和凝固，设备分为熔化区、精炼区和结晶区三个工作区，有些冷炉床熔炼设备将熔化区和精炼区合二为一。

与真空自耗电弧熔炼相比，冷炉床熔炼的最大特点是将熔化、精炼与凝固结晶区域分离，允许输入能量和熔炼速率的独立控制，熔体在冷炉床中可停留较长时间，有助于促进合金元素的熔化和均匀混合。更为重要的是，通过精炼，原料中的高密度夹杂物因其密度显著大于钛熔体而沉入熔体底部被凝壳表面捕获，而 TiN 夹杂物在电子束或等离子束超高温轰击下会快速熔解，炉床中的熔液可以获得一个非常大的过热度，有助于加速高熔点夹杂物的熔解。实践表明，冷炉床熔炼消除钛合金中的高密度夹杂物和低密度夹杂物这两个"顽疾"具有特殊效果，特别是对于高纯要求的航空发动机转子级用钛合金材料，冷炉床熔炼可以实现钛合金材料"零缺陷"纯净化制造，逐步成为高性能、多组元、高纯钛合金研究、生产必不可少的熔炼技术。

电子束冷炉床和等离子体冷炉床熔炼过程示意图分别如图 3-4 和图 3-5 所示。在水冷铜炉床中，钛合金原料经受电子束或等离子束的高能轰击，熔化后在冷床中形成熔池，熔池中熔液的保留时间可以自由主动控制，并在一个或多个炉床中依次精炼。经过精炼后的熔液流入水冷铜坩埚（依据产品形式可选用圆形坩埚或扁形坩埚），通过坩埚上方的电子枪或等离子枪再次加热，在坩埚中凝固结晶，采用液压或机械式拉锭方式得到钛合金铸锭。

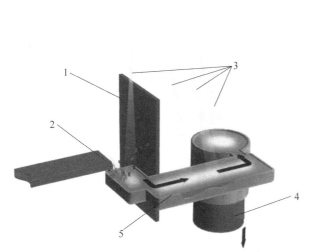

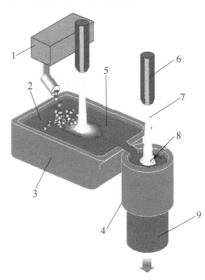

图 3-4　电子束冷炉床熔炼过程示意图
1—防溅挡板；2—喂料；3—电子束；
4—连续拉锭（圆锭或扁锭）；5—冷床

图 3-5　等离子体冷炉床熔炼过程示意图
1—喂料；2—凝壳；3—冷床；4—拉锭坩埚；
5—熔池；6—等离子枪；7—等离子束；
8—拉锭坩埚熔池表面；9—连续拉锭（圆锭或扁锭）

与采用压实电极的喂料方式和只能得到圆形铸锭的真空自耗电弧熔炼工艺相比，冷炉床熔炼可以提供多种形式的喂料，可采用各种残料、废旧零件、压实电极等。根据需要，通过拉锭坩埚的设计，可实现圆形、扁形铸锭的生产，而且获得的铸锭尺寸和质量可以很大。拉锭引起铸锭侧壁较深的冷隔层是影响材料利用率的重要因素。实践表明，等离子体冷炉床熔炼时，采用半个大气压条件，铸锭表面质量会更好[18]。冷炉床熔炼也有一个问题是喂料是准连续的，海绵钛、屑料、中间合金以各种方式进入炉体，但是熔炼是不连续的，其结果是：熔炼速率不是一个常数，某一元素挥发也是一个变量[15]。

对于某些不含 Al、Sn 元素的 β 型钛合金，因无法得到实际应用的低熔点中间合金，采用与 Ti 组合的中间合金，而且 Ti 的含量高，更加适合采用等离子体冷炉床或电子束冷炉床熔炼工艺生产，可以采用一次冷炉床熔炼工艺生产，因为冷炉床的凝固系统可以提供一个优于真空自耗电弧熔炼铸锭的热平衡，可以更好地解决钛合金凝固产生枝晶偏析的问题。在凝固过程中，温度控制和熔体体积可以保持连续，可以解决大尺寸 β 型钛合金铸锭的工业生产问题，这也是开发 β 型钛合金需要考虑的重要内容[19]。

金属间化合物 γ-TiAl 合金目前受到航空发动机制造商的青睐，并已在先进的民用航空发动机如 GEnx、LEAP 等的低压涡轮叶片上得到成功应用。传统真空自耗电弧熔炼工艺难以获得成分均匀且不开裂的 TiAl 合金工业铸锭。目前，不论是用于铸造叶片还是锻造叶片，TiAl 母合金锭宜采用等离子体冷炉床熔炼工艺制备，在 Ar 气或 He 气保护下熔炼，防止或减少 Al 元素的挥发烧损，可获得成分精确可控的 TiAl 合金铸锭，如美国 ATI 公司采用等离子体冷炉床熔炼生产的 TiAl 合金铸锭锭型达 ϕ660mm，重 1800kg。美国 Retech 公司还开发了适用于生产 TiAl 合金铸锭的等离子弧和感应冷坩埚复合熔炼技术和设备。

1983 年前，电子束冷炉床熔炼主要用于钛残料的回收[20]，以实现金属材料的循环利用。GE 公司于 1983 年主导开展钛合金铸锭质量改进计划，与钛合金供应商一起进行了大量的试验研究，利用冷炉床熔炼消除与钛合金熔炼相关的冶金缺陷，特别是对低周疲劳性能具有显著降低作用的各类夹杂物，避免早期疲劳失效[21]。随着等离子体冷炉床和电子束冷炉床熔炼技术的发展和不断成熟，已逐步应用于航空发动机转子级钛合金材料的制备，目前采用一次冷炉床熔炼加一次真空自耗电弧熔炼工艺（HM+VAR）制备优质钛合金铸锭。GE 公司于 1988 年开始采用 HM+VAR 工艺生产发动机盘、鼓筒、轴部件用钛合金铸锭材料。20 世纪 90 年代以来，GE 公司倾注大量精力将冷炉床熔炼技术推向航空应用，将冷炉床熔炼方法纳入材料标准和锻件标准，并规定：转动件用钛合金优先采用冷炉床+真空自耗电弧熔炼（HM+VAR）材料，可以代替 3 次真空自耗电弧熔炼（3×VAR）材料，促进了航空发动机制造商和钛材制造商对冷炉床熔炼技术的了解与认可，并增强信心[22]。1991 年底，GE 公司评估了约 2000t 的 HM+VAR 钛合金铸锭材料，未发现一例低密度夹杂物或高密度夹杂物[23]。经过 20 多年的工业生产实践表明，与传统真空自耗电弧熔炼方法相比，冷炉床熔炼方法在消除钛合金的硬 α 夹杂物和高密度夹杂物方面的确具有显著的优势。

3.1.3.1　电子束冷炉床熔炼

经过 30 余年的发展，目前世界范围内已建立了 30 余台用于钛合金熔炼的大型电子束冷炉床熔炼炉，主要分布于美国（AJMI、Quanex/Viking Metallurgical Corp、THT、TIMET、ATI（下属 Wah Chang、Allvac）、Perryman 等公司）、中国（宝钛集团、宝武集团、双瑞万基、青海聚能钛业、云南钛业、攀枝花云钛实业、陕西天成航材等公司）、乌克兰（ZTMC、ANTARES、NNC Titan、Strategy BM、E. O. Paton 公司）、日本（Toho 公司）、德国（Thyssen Krupp 钛公司）。电子束冷炉床熔炼除可生产圆锭外，还可生产扁锭，扁锭经过简单的表面加工后可直接用于板材轧制。与圆锭相比，采用扁锭生产热轧薄板，材料产出率约可提高 10%，价格下降 20%[24]。

截至 2017 年，美国大约有 14 台冷床炉在运行。2016 年美国共回收了 5.1×10⁴t 钛残料，大部分残料采用电子束冷炉床熔炼进行回收。ATI 公司拥有世界最大的电子束冷床炉，总功率为 5400kW，包含 720kW 和 600kW 电子束枪各 4 支，生产的扁锭横截面尺寸为 864mm×1422mm，圆锭尺寸为 ϕ762mm×5100mm。TIMET 公司拥有一台 3200kW 电子束冷床炉，共有 5 支枪（3 支 750kW 和 2 支 500kW），生产的扁锭横截面尺寸为 508mm × 1524mm，圆锭直径为 914mm。

乌克兰发展的电子束冷床炉采用气体放电的电子束枪（见图 3-6），降低了对炉室真空度的要求，可在 1~0.1Pa 炉室压力下正常工作，电子束枪对炉室压力的变化、金属挥发，甚至不可避免的金属沉积不太敏感[25]。乌克兰采用电子束冷炉床熔炼生产钛锭年产量约为 7000t[26]。E. O. Paton 公司采用电子束冷床炉生产 BT3-1、BT6、BT8、BT14、BT20、BT22 等钛合金，圆锭最大直径达 1100mm，长度达 4000mm，扁锭截面尺寸为 950mm × 165mm，最大长度为 4000mm。

德国 Thyssen Krupp 钛公司于 2008 年建

图 3-6 气体放电电子束枪

成一台电子束冷床炉，具有年产 5000t 钛锭能力，设备由德国 ALD 公司生产，总功率为 3600kW，有 6 支枪、2 个喂料室（块料和屑料）以及 2 个拉锭室可选用，生产的扁锭尺寸为 1050mm×500mm×5000mm（重 11.8t）或 1300mm×500mm×5000mm（重 14.6t），圆锭尺寸为 ϕ840mm×5000mm（重 12.5t）[27]。

我国目前约有 10 台电子束冷床炉在运行，主要是进行残料回收或熔炼成扁锭用于板材轧制。其中，宝钛集团于 2005 年建立的电子束冷炉床熔炼装置（由德国 ALD 公司制造），总功率为 2400kW，可生产圆锭直径为 ϕ736mm，扁锭横截面尺寸为 270mm×1085mm 或 370mm×1340mm[28]；宝武集团（原宝钢特钢）于 2008 年建立的电子束冷炉床熔炼装置（由美国 Retech 公司制造），总功率为 3200kW，可生产圆锭直径为 860mm，扁锭横截面尺寸为 400mm×1200mm；双瑞万基建立了一台 3200kW 电子束冷床炉，可生产扁锭，用于板材、带材轧制生产，亦可进行残料回收；云南钛业建立了一台 3200kW 电子束冷床炉，扁锭最大尺寸达 210mm×1400mm×8200mm，质量约 10.5t；青海聚能钛业装备了 3150kW（7 支 GGF450 型冷阴极电子枪，从乌克兰 Strategy BM 公司引进）和 4800kW 电子束冷床炉（6 支 EH800V 型热阴极电子枪，从美国 Retech 公司引进）各一台[29]；攀枝花云钛实业建立了一台 3150kW 电子束冷床炉；陕西天成航空材料有限公司于 2020 年装备了一台从乌克兰引进的电子束冷床炉，如图 3-7 所示。

3.1.3.2 等离子体冷炉床熔炼

等离子体冷炉床是通过等离子枪将电能转化为等离子弧的能量轰击熔化金属的熔炼装置，工业上常用的是转移弧等离子枪，可以使输入的能量更多地用于熔化金属；等离子弧在水冷的喷嘴壁和磁场作用下向中心压缩变细，从而形成一束能量集中、弧柱细长的高温等离子弧，弧柱中心温度可达 20000℃；可以使用氩气（Ar）、氖气（Ne）或氦气（He）作为等离子气体，相应地会得到不同的弧压和热效率，热效率按 Ar→Ne→He 顺序增大[30]。采用 He 气作为介质时的熔炼速率大约是 Ar 气的 2.5 倍[31]，熔液过热度高，去除夹杂物效果也更好，而且采用拉锭方式得到的铸锭表面质量更好。

以等离子弧作为热源熔炼钛合金时，等离子枪是在接近大气压的惰性气氛下工作，可

图 3-7　陕西天成航空材料有限公司引进的电子束冷床炉及制备的扁锭

以抑制 Al、Sn、Mn、Cr 等高蒸气压元素的挥发，实现高合金化和复杂组元钛合金熔炼时合金元素含量的精确控制。而电子束冷炉床必须在高真空条件下工作，相对而言，不太适用于熔炼含高 Al、高 Mn 元素的钛合金。另外，在熔炼由海绵钛组成的原料时，因海绵钛中释放的气体会使得真空度下降，影响电子束枪的正常工作。

与真空自耗电弧熔炼相比，冷炉床熔炼具有相对浅的熔池，真空自耗电弧熔炼铸锭的熔池深度是坩埚直径的 1~1.5 倍，如果是 ϕ750mm 的坩埚，熔池深度大约是 1200mm，而等离子体冷炉床熔炼铸锭典型尺寸为 ϕ710mm 时，熔池深度仅约 150mm[32]，这有助于提高凝固速度。另外，由高速等离子弧冲击引发强烈的熔池搅拌也能促进合金元素扩散，有助于合金成分均匀化，两者的综合作用有助于减小钛合金凝固微观偏析的程度。

等离子体冷炉床熔炼特别是采用一次冷炉床熔炼时，惰性气体是否会进入铸锭形成气孔问题引发关注。用于转子级钛合金材料，一般将经过冷炉床熔炼后的铸锭再经一次真空自耗电弧熔炼，可消除潜在的气孔，同时减少易挥发物质的残留。

目前国外著名的钛合金制造商如 ATI、TIMET、RTI、RMI、VSMPO 公司均拥有工业级的等离子体冷炉床熔炼设备。VSMPO 公司于 2003 年从美国 Retech 公司引进了 4800kW 等离子体冷床炉，有 5 支等离子枪，生产圆锭直径为 810mm，扁锭横截面尺寸为 1260mm×320mm，重 8t，年生产能力达 3600t[33]。

我国目前有 3 台等离子体冷床炉，分别装备于北京航空材料研究院（见图 3-8，总功率 525kW，可生产 3 种直径（ϕ100mm、ϕ150mm 和 ϕ200mm）的圆锭，长度 1500mm，兼具熔炼和浇铸双重功能）、中科院金属所和原宝钢特钢公司（总功率 3300kW，圆锭尺寸为 ϕ660mm×3000mm，重 7t；扁锭尺寸为 330mm×750mm×4500mm，重 5t）。图 3-9 为北京航空材料研究院 PAM525 型等离子体冷床炉生产的 TiAl 合金铸锭，气体杂质元素含量低（O 含量为 0.056%，N 含量为 0.0074%，H 含量为 0.0031%），合金化元素含量控制精确[34]。

等离子体冷炉床熔炼需要惰性气体 Ar 气或 He 气作为热源介质，He 气的热效率高，是最佳的等离子体介质，因我国缺乏 He 气源，价格昂贵，所以采用 He 气进行钛合金等离子体冷炉床熔炼成本过高，工业生产受到极大限制。而 Ar 气热效率低，熔体过热度小，并影响熔炼速率，导致等离子体冷炉床熔炼技术在我国发展迟缓。

图 3-8 北京航空材料研究院 PAM525 型等离子体冷床炉

图 3-9 采用 PAM525 型等离子体冷床炉生产的 TiAl 合金铸锭

3.1.3.3 冷炉床熔炼去除夹杂物的能力

传统真空自耗电弧熔炼对于熔解 TiN 低密度夹杂物及 W、WC 高密度夹杂物的能力有限。TiN 属于间隙相，具有极高的熔点（2930℃）和硬度（莫氏硬度为 9），W 也具有极高的熔点（3290℃），这些固态外来物在钛熔体中的熔解速率极低，真空自耗电弧熔炼熔池温度较低（约 1800℃），熔体保持时间短，高密度外来物一旦进入熔体会很快沉入熔池底部而被液固界面捕获。

冷炉床熔炼本质上是通过熔解和密度分离两种机制来分别消除低密度夹杂物和高密度夹杂物的。GE 公司于 1986 年引入 HM+VAR 双联熔炼工艺，并建议冷炉床熔炼的钛合金材料用于 F404、F414（用于 F/A18 飞机）和 F110（用于 F-14C/D 飞机）发动机。考虑到冷炉床熔炼技术的巨大潜力，美国海军资助研究冷炉床熔炼工艺（包括一次 HM 工艺以及 HM+VAR 双联工艺）的成熟度。

1993 年美国发起冷炉床熔炼工艺成熟项目，要求在 1×10^6 磅（即 4536t）钛合金材料中硬 α 夹杂物的数量少于 1 个。开展的研究工作有：（1）传感器的开发与应用：三个关键的传感器系统，即精炼熔池温度监控、短时铸造速率监控、炉室气体监控；（2）计算机流体动力学模拟：熔液保持时间与 TiN 颗粒熔化的关系；（3）冷炉床系统操作参数研究，

TiN 颗粒熔化实验研究。

据 Shamblen 和 Woodfield 介绍[2]，在 1990~2001 年，美国用于发动机的钛合金材料中，硬 α 夹杂物的出现概率从百万磅材料约 2 例降低到了约 0.2 例。钛材质量改进与下列因素有关：（1）提高原料质量，海绵钛制造采用 Kroll+VDP 工艺，显著降低了海绵钛中残留的 Mg 和 $MgCl_2$ 含量；（2）采用冷炉床熔炼工艺；（3）提升熔炼车间的布局与管理，改进电极状态与加工，定期进行危险评估和培训；（4）采用多区超声检测，提高了缺陷的检测能力。Shamblen[2] 报道，2003 年之前在冷炉床熔炼产品中共发现过 3 例高密度夹杂物，其中 2 例是因焊接修复炉床电极的流道、1 例是炉床熔炼之后掉入坩埚中的。

3.1.3.4　利用冷炉床熔炼进行残料回收

钛合金的成本主要取决于原料成本和熔炼、加工成本。为了降低成本，一方面采用廉价元素，降低原料成本；另一方面，改进生产工艺，降低熔炼和加工成本。目前，世界上提炼海绵钛均采用 Kroll 法，尚无可行的低成本生产方法取代 Kroll 法。在海绵钛低成本生产技术未取得重大突破之前，仅通过使用价格低廉的合金化元素方法难以大幅降低生产成本。钛合金在生产过程中由于切头、切边、表面车削清理等加工需要，会产生大量的返回料。由于返回料的成本只有筛选、破碎、清理带来的附加成本，不到海绵钛成本的三分之一，若能在合金制备过程大量使用返回料，则可以显著降低成本。

钛残料每年会有一半被钢铁及其他行业所消费，钛残料的价值尚未被充分重视。随着海绵钛产量的回落，钛残料价格处于低位，随着熔炼加工技术的进步以及残料管控的注意，已经允许回收大量残料。随着钛残料消耗量的增加，海绵钛和钛残料之间的竞争将会使原材料价格保持在低位，有力推动和扩大钛材在民用领域的应用。

目前常用的真空自耗电弧熔炼工艺需要预先压制电极，为了保证电极强度，仅能少量地添加返回料到电极中，利用率一般低于 30%，因此降低成本作用有限。电子束冷炉床熔炼技术的日趋成熟为钛合金的低成本化生产提供了一条可行途径，而且电子束冷炉床熔炼可一次熔炼成铸锭，还可以生产扁锭，适于直接轧制成板材。有研究表明，返回料均为正常添加量时，与真空自耗电弧熔炼相比，电子束冷炉床熔炼可节省原料成本约 37%，而当返回料添加量相同时，用电子束冷炉床熔炼的扁锭生产板材比真空自耗电弧熔炼的圆锭生产板材可降低加工成本约 43%[35]。1979 年，美国 Axel Johnson Metals Inc（AJMI）启动钛废料（早期主要是钛车屑和边角料等）加工计划。随着业务量的增加，AJMI 和 Quanex/Viking Metallurgical Corp 采用电子束冷炉床熔炼回收钛残料，大量生产工业纯钛（CP-Ti）。TIMET 公司推出一项称为"Toll Melting"的回收业务，可以为客户提供的钛屑残料进行闭环回收，采用电子束冷炉床熔炼转化成铸锭或中间坯料，确保客户的原材料重新回到自己的产品供应链中，进一步降低成本。

3.1.3.5　一次冷炉床熔炼技术

从 1986 年开始，一次电子束冷炉床熔炼工艺（EBCHM-only）已成为工业纯钛生产的主要工艺，主要用于生产薄板和带材，该方法生产的铸锭尺寸大，经济性好，且可进行残料回收。美国空军发起的金属可购性倡议（MAI：Metals Affordability Initiative），由三家钛材供应商提供的数据表明，一次冷炉床熔炼的板材与真空自耗电弧熔炼的板材性能是相当的。与 3×VAR 及 HM+VAR 工艺相比，一次冷炉床熔炼工艺的优势在于：（1）消除了再经一次真空自耗电弧熔炼引入夹杂物的可能；（2）通过更浅的熔池可以减小凝固偏析程度，得到更细小的铸锭初始晶粒尺寸，提高无损检测能力；（3）通过减少一次真空自耗电弧熔炼以降低生产成本[23]；（4）一次电子束冷炉床熔炼可以生产扁锭，便于作为厚板和薄板生产的锭坯。

一次电子束冷炉床熔炼工艺于 2001 年开始用于 Ti-6Al-4V 钛合金 25.4mm 厚板（要求 O 质量分数不大于 0.27%）用锭坯的生产，以降低成本，钛合金装甲厚板的应用可以减轻地面军事车辆的质量[36]。经过 20 多年的生产实践表明，一次电子束冷炉床熔炼比两次真空自耗电弧熔炼成本更低，能较好地控制铸锭成分，生产的低成本钛合金主要用于汽车工业、军事装甲、航天导弹等工业部门。一次电子束冷炉床熔炼工艺的主要问题是 Al 元素的挥发和 Al 凝块掉入拉锭坩埚，炉室内壁表面沉积 Al 掉入拉锭坩埚熔池如存活下来就会形成富 Al 偏析，早期试制时在 Ti-6246 钛合金炉批中曾发现过富 Al 偏析[18]。

一次等离子体冷炉床熔炼工艺也表现了良好的成分控制能力，对于 Ti-17 钛合金，不同位置的成分偏差小于 0.05%，与目标成分的差别小于 0.1%，而且在铸锭中未观察到含 He 气的孔洞。

AMS 组织于 2005 年发布了一次冷炉床熔炼生产的材料标准，即 AMS6945《Titanium Alloys Single Melt，Sheet，Strip，and Plate，7Al-4V，Annealed》（考虑到电子束冷炉床熔炼时高真空度条件下 Al 元素的挥发，需适当补加 Al），使一次电子束冷炉床熔炼的 Ti-6Al-4V 钛合金板材可以代替真空自耗电弧熔炼或 HM+VAR 板材产品。

一次冷炉床熔炼的一个新发展是加入少量的 B（质量分数约 0.1%），以细化铸锭或坯料的铸态晶粒。细晶组织可以改善材料的热加工成形性，降低坯料开裂倾向，减少机加工和后续处理的损失，但要注意两个方面，一是 B 偏析，二是含 B 渣的控制[37]。

3.1.4 其他熔炼方法

20 世纪 80 年代以来，俄罗斯 VSMPO 公司除大量采用传统的真空自耗电弧熔炼方法外，还发展了一种除夹杂物原理类似冷炉床的熔炼技术，称为凝壳熔炼方法（SAR：Skull Arc Remelting），以生产高质量的钛材（见图 3-10）。采用该方法进行钛合金熔炼时，先在

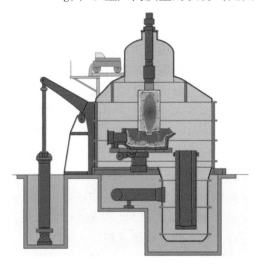

图 3-10　俄罗斯 VSMPO 公司的凝壳熔炼炉

凝壳底部铺上一层海绵钛、残钛和合金化组分，在电极与装入坩埚的海绵钛即合金化组分之间引弧，靠电弧将电极和坩埚中的炉料熔化。而熔融的金属与冷坩埚壁接触会凝固形成一层凝壳，阻止熔融金属与坩埚材料反应。难熔物质与熔融金属的密度存在大的差异，在重力作用下，难熔物质沉入熔池底部并保留在凝壳中，当熔化一定数量的金属后，将坩埚中的熔融钛液浇入锭模或铸型。因为配料在液态下有长时间的保持，低密度夹杂物的熔解能力大大增强，高密度夹杂沉入凝壳，不会随钛液流入铸锭坩埚中，因此凝壳熔炼方法在消除高密度夹杂物方面具有与冷炉床熔炼相同的效果，可以实现高附加值钛残料（钛屑、块料）的回收利用，具有良好的经济性。

采用凝壳熔炼方法回收残钛时，先将残钛和海绵钛装入坩埚，在电极和残钛之间引弧，电极熔化完后，将一部分熔融金属浇入铸型，剩下一部分把未熔化的残钛粘在凝壳上。带有残料的凝壳，其质量可在装料和重熔自耗电极（前次熔炼的凝壳）总质量的30%~80%之间调整。这种工艺允许使用100%的残料，免除了压制自耗电极的麻烦，残料与海绵钛可直接加入坩埚，块状炉料的尺寸仅受坩埚大小的限制，铸锭的化学成分非常均匀，没有夹杂物缺陷。

俄罗斯 VSMPO 公司扩大了大尺寸航空钛合金锻件机加工业务，利用凝壳熔炼技术可以更快更便宜地利用回收料，形成一个闭环系统，在成本上具有明显优势。SAR+VAR 双联工艺在俄罗斯得到了很好的应用，VSMPO 公司在 2001~2011 年间采用 SAR+VAR 双联工艺共熔炼了 1.5×10^4 t 钛合金铸锭，主要用于航空工业。2008 年，GE、Snecma 和 RR 发起一个 Ti-6Al-4V 钛合金凝壳熔炼技术研究，植入人工缺陷如陶瓷工具、碎屑等到配料中，对凝壳熔炼并热加工得到的锻坯进行超声检测和 X 射线检测，没有发现一例高密度和低密度夹杂物，证明了凝壳熔炼工艺在消除夹杂物缺陷方面的强大能力[25]。

3.1.5　熔炼车间管理提升

受检测技术本身能力以及钛合金中夹杂物和偏析等冶金缺陷的特性及所在位置的限制，通用的无损检测方法（如超声波、X 射线）以及表面检查方法（如腐蚀、蓝色阳极化、荧光渗透）等均无法保证能百分百地检出所有缺陷。冶金缺陷会给航空钛合金部件的可靠使用带来重大安全隐患，因此消除冶金缺陷是航空用钛合金材料及部件制造所追求的永恒目标。消除冶金缺陷是一项不容忽视的技术难题，除采用先进稳定的熔炼技术如 3 次真空自耗电弧熔炼或冷炉床熔炼外，考虑到钛合金中的低密度夹杂物和高密度夹杂物均是外来的，因此还必须从原料源头及铸锭制备全过程加强控制，以消除或减少带入夹杂物的可能[2]。原料源头控制已在 3.1.1 节做了描述，主要是要求海绵钛、中间合金和其他添加料等原料不得含有氧化物、氮化物及难熔金属物质，对于含 Mo 的中间合金要进行附加条件的控制，应优化中间合金的成分和制造方法，以确保在制造过程中形成纯 Mo 或富 Mo 相降低到最低程度。原材料制造商要对 Al-V 中间合金进行目视、X 射线及黑光（紫外线）检测。另外，对于海绵钛要求是转子级的，在海绵钛生产避免引入夹杂物，防止反应釜容器发生空气泄漏，防止海绵钛破碎时发生着火，并控制海绵钛中 Mg 和 $MgCl_2$ 的含量；应建立海绵钛的变色颗粒目视检查规范，一旦发现有变色颗粒，该批次将禁止使用。

铸锭制备过程的熔炼车间管理也是控制钛合金冶金缺陷极其重要的环节。对于航空发动机用优质钛合金材料的生产，对熔炼车间和熔炼全过程有着严格具体的管理措施，特别是下面一些细节的管理：

（1）钛合金熔炼车间内，大多数的照明设备（挂在厂房上面的灯和手持灯）含钨或其他高密度或难熔材料，应使用合适的保护罩保证包容住破裂部分，以防灯泡破裂导致钨丝混入原料中。应制定程序来控制照明设备的存取、发放和安装，特别是已损坏灯泡及设备的丢弃控制。控制从事难熔金属工作人员的进入，防止衣服或鞋子上带入的金属屑混入原料中。控制圆珠笔和热电偶的使用。控制所有在成分分析中使用的钨基熔剂的处理，保证生产材料及原料不被污染。

（2）采用可控的电极焊接，禁止采用钨极氩弧焊来进行钛合金电极块的焊接操作。

（3）所有原材料要在干燥清洁的环境中存放，使混合或交叉污染的风险降至最低程度。原材料应存放在密封容器或有合适遮盖物的容器中，以避免被外物污染。流出并接触过地板的材料不允许使用，应作报废处理。原材料储存容器应符合熔炼车间的要求。不允许使用有内部涂层（防锈剂除外）或钨极氩弧焊的容器。

（4）尽量减少不同批次的海绵钛、中间合金或合金元素的混合，即由于一个问题而造成相关报废批次的数量降至最低程度。

（5）采用多次真空自耗电弧熔炼制造的优质级材料，不允许使用碎料和切屑，唯一的例外是用于起弧料。

（6）混料过程应保证在最终的坯料中有可接受的成分均匀性。

（7）压制电极的压机和所有相关的传输带，应按制定的程序进行清洁，包含合金和等级改变时的清洁操作。接触到原料的任何设备一般不应使用钨极氩弧焊方法制造。应制定相应的程序和标准来检查电极块的表面状态和密度。松边和毛边应采用适当方法去除。

（8）电极在存储和运输过程要避免受到高密度夹杂物的污染。所有的电极焊接都应在焊接室内进行，禁止在焊接室外进行手工预焊。夹具和紧固件应在使用前清理所有焊接飞溅。加强带不得用于转子级（优质）电极上。焊接之后应对电极进行目视检查，确定没有出现不可接受的焊接污染物。电极应存放于料架上。任何存放电极的轨道或料架，应遵从相关程序保持清洁。

（9）谨慎使用回收料，对回收料的来源、类型、加入量的比例及加入方法，回收料的检验和分析均要做出具体规定。

（10）熔炼时执行污染控制措施，对炉子、电极制备、坩埚清理、起弧料和电极头的材料应与被熔化材料具有相同的名义成分。

（11）如果熔炼过程发生真空泄漏、漏水、电源中断等情况，应按质量文件进行控制，必须对受影响的部位进行成分分析，确保没有受到污染才可以使用，或降级使用。

（12）带火焰切割一定要远离配料区、坩埚清理和电极存放区域，避免火星溅射等残渣黏附在电极表面。最终熔炼之后的铸锭不推荐使用火焰切割。

（13）为了防止WC刀具的污染，WC或相似高密度金属工具不得用于熔炼过程的内部机械加工，可改用高速钢刀具。在最终熔炼后可用WC刀具加工坯料，但不能与熔炼操作在相同地点进行，防止交叉污染。

对用于第二次和第三次熔炼的自耗电极（实际上是一次锭和二次锭）熔炼制备时，电极坩埚应进行清理，清除松散的外来物质，应清除任何主要配料上残留的松散碎屑。电子束熔炼生产的用于再次真空自耗电弧熔炼的电极，应由固定刀具加工电极头部，以清除任何表面疏松或冷凝物。确保所有不粘接材料均被清除，降低熔炼过程中发生掉块的风险。规定电极表面颜色，当电极表面呈棕色（代表严重氧化）时是不可接受的。WC 刀具不可用于坩埚的机加工或其他表面光整操作。三次重熔的材料生产过程，可使用多根焊接电极，任何多根焊接电极棒均应经过两次以上的熔炼，第三次应使用单根电极棒。在重熔前立即对电极进行目视检查，以保证洁净度，无任何表面燃烧、明显开裂和松散的附着物。

真空自耗电弧熔炼时不允许第一次、中间或最后一次重熔时进行分段熔炼，即在一个铸锭的顶部熔炼另一个铸锭。铸锭应冷却足够时间，以减小打开炉子或铸锭脱模时发生燃烧的风险。不应使用局部加热如气枪切割方法清除炉中的粘连铸锭。

冷炉床熔炼时若使用钨极氩弧焊制备新的铜冷床，应在外部和浇注口的焊缝处进行 X 射线检查，以保证焊缝处无致密的金属夹杂物。使用钨极氩弧焊修复的铜精炼炉床的外部和浇注口、模具、拉锭板或其他铜部件，应进行 X 射线检查，以保证焊缝处无致密金属夹杂物。

3.2　钛合金坯料和锻件的锻造工艺及质量控制

3.2.1　锻造工艺特性

锻件在航空工业中占有重要地位，据统计，航空发动机中约 50% 以上的零件是采用锻件加工而成的。锻件的主要优点是晶粒细小、组织均匀、性能稳定，同时可得到理想分布的变形流线，即变形流线顺应锻件外形或平行于主应力方向，有利于提高使用性能，特别是抵抗疲劳载荷和冲击载荷的能力。航空发动机风扇和压气机钛合金实心叶片、盘均采用锻件加工而成，大部分的钛合金机匣采用环轧件加工而成。

钛合金具有区别于铝合金、钢、镍基高温合金等材料与锻造相关独特的物理化学特性，并考虑到钛合金存在 α/β 相转变以及有特殊的组织性能控制要求，制定钛合金锻造工艺时需考虑如下材料特征并采取相应措施。

（1）钛合金的热容和热导率小：对于大尺寸的铸锭或锻坯，由于截面厚度大，在锻造加热或热处理加热时，表面和中心的温差大，会造成表面和心部受热膨胀的时间差，其结果是表面温度高，热膨胀量大，而心部温度低，热膨胀量小，于是产生表面压应力、内部拉应力的状态。为了防止因过大拉应力导致内部开裂，应适当控制加热速度，不宜采用快速加热，可采用分段阶梯式加热方式（见图 3-11），即在达到加热温度之前，采用一个或两个中间温度进行保温，以减小锻件未进入塑性状态以前的内外温差。对于已有高塑性的锻坯，一般采用炉温到预定温度后一次直接放入高温区加热。随着温度升高，钛合金材料的导热能力在提高，实际操作时可采用低温慢速升温和 650℃ 以上快速升温控制方式；保温时间按 0.5~1.0min/mm 计算，一般可取 0.6~0.8min/mm，当热料回炉加热时，时间可减半，具体加热时间的控制也需要考虑坯料质量、截面厚度以及炉子功率，对于厚大坯料，心部要完全热透，需要增加一些时间。与钢相比，钛合金可用的锻造时间要少，若以 610mm×610mm×1500mm 的钛坯和钢坯为例，从 1200℃ 冷却到 1040℃，分别需要 12min 和 18min，更快的冷却速度限制了锻造时间，这意味着对于钛合金工件，要比钢少三分之一的时间用于热加工[8]，因此需要更加频繁地重复加热。

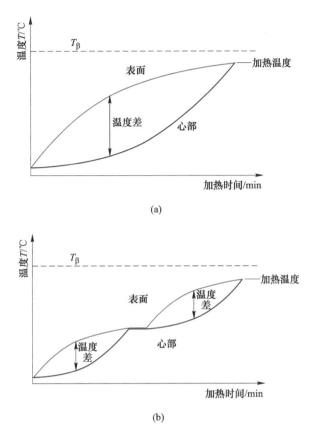

(a)

(b)

图 3-11　钛合金铸锭或锻坯不同加热方式引起坯料内外温差示意图

（a）到温装炉；（b）分段加热

（2）高温下容易吸收气体：在 650℃ 以上，钛合金会与空气中的 O_2 气反应形成吸气层，一般称为 α 层，α 层既硬又脆，锻造时容易产生开裂。为了减小 α 层厚度，锻造高温段加热时应精确控制温度，尽量减少加热时间。此外，钛合金在高温含 H_2 气氛中加热时易吸收 H，H 会快速向坯料内部扩散，从而引发氢脆及降低应力腐蚀抗力等。钛合金宜采用电炉加热，如需采用燃气炉，则需要严格控制炉内气氛，保持洁净和微氧化性。

（3）变形抗力大：钛合金一般在熔点（T_m）的 60%~70% 的温度下进行变形（而钢一般在 T_m 的 80%~90% 的温度下进行变形，许多镍基高温合金在 T_m 的 85%~95% 的温度下进行变形），在这样相对低的温度下变形，流变应力比典型的 4340 合金钢要高 4~5 倍，因此钛合金的变形抗力大，可锻性较差，往往需要大吨位的设备。

（4）变形温度范围窄：变形温度范围是指始锻温度（开始锻造的最高许可温度）至终锻温度（终止锻造的最低许可温度）之间的温度区间，在该温度区间内锻造时，金属具有较好的工艺塑性和合适的变形抗力，锻后能获得所希望的组织性能；与铝合金、钢相比，钛合金可用的变形温度范围（即工艺窗口）要窄得多，一般仅为 120~200℃（铸锭开坯除外）；大部分钛合金的流动应力相当高，且随着温度降低而急剧增大[38]。

（5）冷作硬化倾向显著：钛合金热导率低，当与模具接触时，锻坯近表层受到模具激冷作用温降快，易产生冷作硬化，导致锻坯表面容易开裂（见图 3-12）、差的表面质量及低的材料产出，因此工具和模具需要预热（250℃以上），制坯改锻过程可在锻前坯料上下端面垫一层硅酸铝纤维棉或纤维布，以减少坯料表面热量的散失。锻坯心部温度高，变形抗力小，会加剧变形过程金属的不均匀流动，引起高的残余应力并造成严重的尺寸扭曲。模锻时锻件的高筋和薄壁处不易充满，锻造时合理控制变形速度和变形量，以实现"控温锻钛"，获得相对均匀的高低倍组织，防止因变形热引起的过热组织。在锻锤或水压机上模锻时，因润滑剂冷却、散热条件好、间隔时间长等原因，热效应作用相对不太明显，而自由锻特别是小型锻锤上进行自由锻时，需要重视锻坯的热效应温升问题。如遇到坯料表面出现较大的裂口，应立即停锻，冷却后采用砂轮打磨排伤再进行生产。

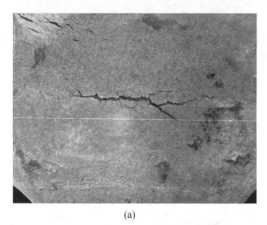 

(a)　　　　　　　　　　　　　　　　　(b)

图 3-12　钛合金锻坯镦拔变形时形成的端面开裂（a）和外圆周表面开裂（b）

（6）钛合金与钢模具间的摩擦系数大：钛锻件容易与模具粘连，金属流动性不好，因此设计模具时，金属流动剧烈处的圆角半径要设计得大一些。锻造前坯料表面喷涂玻璃润滑剂，在锻造加热温度下熔化成黏态致密的玻璃涂层，阻滞或减缓高温气体向金属表面的扩散，起到减少氧化、减缓散热和促进锻坯与模具的润滑作用。锻造之前在锻模上下模腔喷涂润滑剂，可采用机油＋石墨，起到冷却、润滑（有利于金属流动）和锻件出模的作用。

综上所述，钛合金锻造温度的选择应以金属相图为基础，并结合工艺塑性图、变形抗力图、再结晶图和设备条件，从组织控制、工艺塑性与变形抗力等诸多方面加以综合分析而确定，合理制定具体火次的锻造温度包括始锻温度、终锻温度，以及变形速率、变形量、锻后冷却方式等工艺参数。

3.2.2　坯料锻造加热控制

钛合金锻造加热一般采用电炉加热，也可采用感应加热、弱氧化性气氛的燃气炉或其他适宜的设备加热，但燃气炉一般不推荐用于最终模锻前的坯料加热。加热炉是保证坯料加热质量的关键设备，对于常规的钛合金坯料锻造前的加热，加热设备应满足 GJB 904A《锻造工艺质量控制要求》中Ⅲ类炉的要求，即要求炉温均匀性（指各测试点温度相对于设定温度的最大温度偏差）控制在不大于±10℃，控温精度不大于±5℃，仪表允许误差不大于±3℃，并进行定期检定，应具有温度自动调节、记录和报警的控制装置。对于一些特

殊的锻造工艺如近 β 锻工艺，采用的加热设备炉温均匀性应符合 Ⅱ 类炉以上的要求，即要求炉温均匀性控制在不大于±5℃。坯料需放置在加热炉的有效均温区内，离发热体距离保持至少 100mm 以上。

钛合金在高温下容易受 O_2、N_2、H_2 等气体的污染，当加热到600℃以上时，会由于 O 和 N 的渗入而形成 α 层，如果 α 层过厚，锻造时易引发坯料表面开裂。钛合金锻造前的加热应以热透为原则，加热时间不宜过长。在含 H_2 气的气氛下高温加热时，会显著渗 H，当 H 含量超过 0.012% ~ 0.015% 时会出现氢脆。我国曾出现过 BT9(TC11) 合金锻件 H 含量超标的情况，是由于煤气加热和气氛控制不当所致，在还原性煤气炉中加热时，锻件中 H 含量可高达 0.02% 以上，而采用电炉加热，锻件中 H 含量一般可保持在 0.005% 以下[39]。为避免氢脆，当采用油炉或燃气炉加热时，应控制炉内气氛为微氧化性。工业生产时是不希望钛合金锻件出现 H 含量超标的，尽量在海绵钛、锻坯原材料以及热处理、酸洗等容易吸氢的环节时要注意，防止过量吸氢。如果 H 含量超标，可采取的补救措施是对锻件或零件进行真空除氢退火处理，真空度应控制在 $1.33×10^{-2}$ ~ $1.33×10^{-4}$ Pa[40]。

钛合金坯料装炉之前，必须清除炉底板上的熔渣和氧化皮，以防钛金属与钢的氧化物发生反应。炉底可以用耐火砖或铸造耐蚀钢板，不宜用镍含量高（>50%）的耐热合金制造，因为钛合金毛坯很可能会黏结在炉底板上。在进行钛合金零件高温真空热处理时，零件没有了致密氧化层的隔离保护，如与热处理炉钢质夹具接触，Ti 与 Fe 容易发生共晶反应而使零件与夹具黏结。

钛合金坯料加热要充分热透，尤其是冷态坯料加热时更应保证有足够的均热时间。当然，考虑到钛合金坯料表面氧化和晶粒长大等因素，加热时间也不宜过长。加热不均匀的钛合金坯料在锻造时，坯料各部分会产生不均匀的变形抗力，严重的甚至会损害设备，也会出现锻坯内部因变形抗力过大、塑性较差而造成坯料内部开裂。坯料的均匀加热，不仅与加热时间有关，而且与坯料在炉内的堆放有关系。坯料应放置在炉子的工作区内，尽可能码放整齐，坯料之间留出一定空隙，重要的锻件还须将坯料架空。

3.2.3 坯料的初期锻造

钛合金变形常采用的锻压设备有锻锤（含空气锤、电液锤、对击锤）、液压机、螺旋压力机、环轧机、径向精锻机等。

锻锤利用锤头的冲击动能转化为锻造压力作用于工件，从而使工件塑性变形，具有打击速度快、行程次数多、结构简单等优点，是钛合金早期改锻和模锻最常用的锻压设备。由于变形速度快，产生的变形潜热较大，如果控制不当，容易产生锻坯局部过热或组织不均匀。

液压机利用液体压力实施工件的塑性变形，施加压力和变形速度可根据需要进行调整。与锻锤相比，其变形速度低得多，而大多数钛合金对于变形速度是比较敏感的。采用液压机锻造对于钛合金坯料和锻件的成形具有更好的可控性和一致性，尤其是对于大锻件的塑性成形。根据用途的不同，液压机分为自由锻液压机和模锻液压机，为了适应不同形状锻件的成形和实现锻造的快速程序操作，还发展了多向模锻液压机、快锻液压机、等温锻液压机等。

螺旋压力机利用电动或液压作为动力，推动螺杆转动，使滑块做上下运动，使坯料塑性变形，它兼具锻锤和液压机的双重特性，适用于钛合金的精密模锻。

环轧机又称辗环机，主要用于无缝环形件如发动机各类机匣环件的生产。

径向精锻机主要用于钛合金棒材的制备，沿棒料径向用多个锤头进行快速锻打，处于三向压应力状态下进行变形，有利于提高金属的工艺塑性。径向锻造棒材的变形主要集中于近表面，要关注棒材组织均匀性控制问题。

锻造过程主要的辅助设备是锻造操作机，分为有轨操作机和无轨操作机，人工操纵在锻造工序间或机组间完成锻坯（件）的抓取、翻转、送进、升降和运送等动作，批量生产时可利用工业机器人，实现程序控制的自动化操纵。为锻造相配套的工具有砧子（即锤头）、冲头、马杠和马架、可旋转的镦粗台架、各种起吊工具、下料设备等。

钛合金的锻造方式有自由锻、胎模锻、镦粗、拔长、冲孔、马架扩孔、模锻（含多向模锻）、挤压、轧制等。

根据锻压设备、不同半成品类型及对组织性能控制等的综合要求，设计相适应的制造工艺，以获得所需的棒材、板材、丝材、管材、型材等各种半成品，为后续的部件制造提供坯料，或者直接将半成品机械加工得到所要求的零件。与钢相比，钛合金半成品的原始组织更加明显地影响半成品或成品的质量与性能，对于钛合金半成品变形状态的组织提出了苛刻要求，在变形阶段就应保证得到相当均匀的组织。

从钛合金铸锭到不同类型的半成品，往往需要多火次的加热锻造，要设计一个合理的全程锻造工艺路线，对其中每一火次的锻造，要合理设计和控制锻造温度、变形量、变形速率、锻后冷却方式等工艺参数。

航空发动机用钛合金盘、叶片、机匣部件，一般归类为关键件或重要件，多以锻件加工而成，而制造这些部件通常以棒材为原料。压气机盘和机匣质量相对较大，一般采用尺寸较大的棒材，直径一般大于 $\phi200mm$；对于某一给定尺寸的盘或机匣锻件，应综合考虑所采用的设备、工艺以及棒坯的高径比等因素来确定棒材规格，一般将镦粗用的棒料高径比控制在 2 最为合适。对于压气机叶片，因单件尺寸和质量相对很小，一般采用尺寸较小的棒材，直径一般小于 70mm。随着压气机级数的提高，叶片尺寸和质量变小，相应所需的棒材规格也逐渐变小。对于大型高涵道比涡扇发动机的钛合金实心风扇叶片，因单件尺寸和质量适中，一般采用 $\phi100mm$ 左右的棒材。

因棒材是航空发动机钛合金锻件制造最为常用的半成品种类，本章以钛合金棒材为主，描述得到所需尺寸和性能棒材要采取的热机械处理工艺及具体实施过程。热机械处理工艺是指以获得锻件所要求的组织和性能为目的，将铸锭至锻件的各个关键工序进行系统设计与控制而形成的热加工技术。将锻造和热处理作为一个整体进行统筹考虑，显然比单一地考虑一次变形或一次热处理对组织和性能的影响更为全面和客观[41]。苏联一般称其为形变热处理，还细分为高温形变热处理、低温形变热处理等。钛合金的 α/β 相变及组织演变对其所经历的热机械处理历史极为敏感，且组织演变具有显著的遗传特性。钛合金的组织转变（高低倍组织的细化和初生 α 相的等轴化）主要依靠塑性变形来实现，而热处理在其中所起的作用相对要小得多，组织演变强烈依赖于塑性变形工艺参数，工艺参数控制不当容易造成组织不合格。

航空发动机用钛合金盘和叶片一般以模锻件交付，机匣主要采用环轧工艺，半环机匣可采用环轧，也可采用模锻方式制造。不论是模锻还是轧制，其首要功能是成形锻件，确保锻件获得符合图纸要求的几何形状和尺寸，锻件内部晶粒流线分布合理。锻件的组织和性能在很大程度上取决于模锻之前的坯料，实践经验表明，只有坯料的质量达到和锻件相当或更高的技术要求，并在形状和尺寸上提供锻件足够的变形量及合理的晶粒流线分布，锻件的质量才能得到保证，获得一个符合要求的优质钛合金坯料至关重要。对于大多数航空用途钛合金棒材，通过多火次锻造过程的变形和再结晶作用，获得细晶、等轴、均匀的 α+β 区变形组织，再结晶的体积分数和均匀性又取决于坯料变形的均匀性。实际操作中，锻锤的应变速率很高（$\dot{\varepsilon}=1\sim100s^{-1}$），会促进形成明显的变形织构和各向异性，而液压机应变速率较小，可以更好地控制变形，从而提高组织和织构分布的均匀性。对于大型坯料和大型锻件，要实现组织、性能的均匀性控制难度更大。

从铸锭到大规格棒材，一般要经过开坯锻造和反复改锻两个过程。钛合金坯料在高温变形时，因金属流变软化作用及有限的滑移变形能力，坯料内部总会存在温度和应变的不均匀分布[42]。为了促进组织的均匀化，往往需要多火次的反复改锻。下一步锻造之前的坯料或模锻用的锻坯不允许有裂纹、折叠、毛刺和其他缺陷，以及从一个截面向另一个截面的急剧过渡，所有的缺陷必须清除干净。

对于压气机钛合金叶片用小规格棒材，可采用径向锻造或轧制的方法，将大尺寸棒坯逐步变细。径向锻造是指在坯料周围对称分布多个锤头，对着被锻坯料的轴线进行高频率同步锻打，坯料边旋转边做轴向送进，使坯料在多头螺旋式延伸变形情况下拔长变细。这种锻造方式，被锻坯料截面处于三向压应力状态，有利于提高金属的塑性，径向锻造工艺造成棒坯表面变形效果要大于心部变形。从原理上分析，轧制方法可以实施更大的变形量，而且变形更为均匀透彻，生产效率高，但设备投资大，适用于大批量工业生产。

用于后续锻造的棒材，一般以车光或磨光表面状态交付，清除棒材表面的 α 层、裂纹和其他表面缺陷。对于航空发动机关键用途的钛合金棒材，还应根据特定标准要求进行水浸超声检测、高低倍组织检验、力学性能测试等。

3.2.3.1 锻造设备及工艺参数选择与控制的基本原则

自由锻压机的选择：目前国内钛材生产企业大多配置了先进的快锻机进行坯料的改锻，通过采用电液控制技术，锻造频次可达到 110~120 次/min，并可实现计算机自动控制的主机与操作机联动操作；工艺参数在线输入和自动执行，工艺参数在线采集、显示和存储，通过计算机控制压下量与行程，尺寸精度可控制在±1~±2mm 内。为了提高锻造特别是精整工序的生产效率，快锻的优势可以淋漓尽致地发挥，压机下落部分质量大，要在稳定运行（无明显冲击振动）前提下，于 1s 内上下往返两次难度很大，因此对电液控制系统的泵、阀元件的要求极高，如德国 Pahnke 公司采用径向柱塞泵（正弦泵），美国 Oilgear 公司采用特殊的阀及相应的液压系统以实现快锻的功能。

锻造温度和变形速度的选择：应综合考虑具体钛合金的变形特性、锻造设备（主要考虑变形速率）、坯料尺寸、形状及所期望获得的组织状态等因素来确定。对于某一具体锻造工序，应在一个合适的温度范围内进行锻造，对于大部分的航空发动机用多元复杂的钛合金，这个温度范围是很狭窄的，温度上限主要取决于所要求得到组织以及形成过热组织的危险性，温度下限即终锻温度则受单位变形抗力的提高和金属工艺塑性下降的限制。当然，对于一些要求 β 区模锻的钛合金，终锻温度一般不得低于 T_β。过高的锻造温度和过大的变形速度，会引发热效应的局部集中，易产生过热组织；过低的锻造温度和过大的变形速率，变形抗力急剧上升，加剧模具的磨损和能源消耗，且需要更大吨位的锻造设备，开裂倾向及发生绝热剪切变形的倾向也加大。需要一个适合的变形温度和变形速度，调整变形速度并利用变形热效应来补充坯料的部分温降，做到"控温锻钛"是极其重要的。从 β 区锻造之后优先采用快速冷却，防止或减小晶界 α 层的厚度，得到细小的 β 转变组织。在 α+β 区变形，温度过低，变形不均匀程度会加剧，如果控制不当，易引发应变诱导孔洞、绝热剪切变形带、折叠等缺陷的产生。

锻后冷却方式的选择：从理论上说，任何一次锻造变形后如果采用快速冷却可以有助于细化组织，但是快速冷却会导致坯料内外温差加大，由此在坯料内部产生巨大的热应力，有可能造成开裂。对于热导率低和塑性低的钛合金材料，特别对于厚截面的坯料或锻件，应谨慎使用锻后水冷。

镦拔坯料高径比的控制：当圆柱体坯料高度是其直径 3 倍以上时，镦粗容易产生失稳弯曲，尤其是当坯料端面与轴线不是很垂直，或坯料本身有弯曲，或坯料各处加热温度不均匀，或砧面不平时，更容易产生镦粗失稳弯曲。弯曲的坯料如不及时校正而继续镦粗则会产生折叠。为防止镦粗失稳产生纵向弯曲，圆柱体坯料的高径比（高度与直径之比）不应超过 2.5~3，最佳控制在 2~2.2。镦粗前坯料端面应平整，并与轴线相垂直。钛合金坯料镦粗时，特别是高径比较大（>2.5）时，可先进行铆镦（预先将坯料端部局部成形），打击不宜过重，然后再进行镦粗，以减小镦粗产生的鼓肚。如镦粗出现失稳弯曲，则应立即校直。每次镦粗后进行拔长时，应先拔长上端面部分，因为下端面与下砧接触时间长，冷却快，易锻裂，可以利用锻件本身的热量，使坯料下端面温度有一些回升。传统的拔长工艺参数包括砧宽比（平砧拔长时变形区长度与高度的比值）与压下率，一般认为：上下平砧拔长矩形坯料时，砧宽比宜控制在 0.5~0.8，当砧宽比小于 0.5 时，锻坯心部轴向力为拉应力且心部变形程度较小，易产生横向裂纹且不易消除。砧宽比如大于 1，易产生表面开裂和角裂，并且拔长效率较低。为了利用小规格棒料制造大尺寸锻件，可以采用约束模成形，约束模可以采用钢质材料，预热温度大于 400℃，如果采用镍基高温合金模具，预热温度可以达到 700℃。据了解，法国 Aubert & Duval 锻造公司曾采用约束模将高径比大于 10 的细棒材经多次约束镦粗得到锻件用的饼坯。

3.2.3.2 开坯锻造

对于一些高 β 稳定化元素含量的钛合金来说，特别对 β 斑形成倾向强烈的 TC17(Ti-17) 和 TC19(Ti-6246) 等钛合金，在首次开坯锻造前有必要进行一次 β 单相区的高温扩散退火处理，一般加热温度在 T_β 以上 200~450℃，保温 20~30h。通过长时间溶质元素的长程扩散，促进铸锭合金成分在介观尺度（约 1mm）的均匀化，以减弱铸锭凝固过程因溶质原子在液/固界面再分配而导致的微观偏析，高温扩散退火的温度和保持时间随具体合金和用途而定。但是这个高温扩散退火处理温度高、时间长，导致成本上升，而且在这么高的温度下长时保温，因为 O 在高温 β-Ti 中的高固溶度和高扩散速率，铸锭表面氧化严重，会产生一层厚的 α 层，后续去除 α 层的代价很高，且在锻造时容易造成坯料表面开裂。并不是所有的钛合金材料生产商都愿意采用高温扩散退火处理，也不是所有钛合金必须要进行高温扩散退火处理。如果使用该扩散退火处理，则必须采用表面涂覆高温玻璃涂层，加热时起到隔绝空气的作用。

铸锭开坯锻造一般在 T_β 以上 150~200℃ 进行加热，在如此高的温度下，变形抗力小，工艺塑性好，可以实施大变形量的锻造，一般将圆锭锻成方料或锻成圆坯。变形量的控制按具体合金而定，一般控制在30%~40%即可，主要目的是破碎粗大的铸造组织。开坯锻造加热过程也能起到扩散退火促进成分均匀化的作用。

　　如果一次开坯锻造不足以细化β晶粒，可采用两次或两次以上的β区锻造，同时交替更换棱边和轴线，使整个坯料截面获得均一的再结晶细晶组织。如果采用轧制方式开坯，则不需要这种多方向的变形。采用温度递减加热方式，即随后的锻造加热温度适当降低一些，以抑制在β区加热时晶粒长大，或防止聚集再结晶的发生。

　　开坯锻造时，如果实施快速和大的变形，因粗大β晶粒组织相对低的工艺塑性，在三叉晶界处容易产生楔形开裂，在晶界上形成微小的孔洞，开坯锻造宜采用慢速变形和适中的变形量[43]。当然，楔形开裂主要发生于α+β区低温变形。对于Ti-6Al-4V钛合金来说，原始组织为片层组织，当变形温度低于900℃时，应变速率小于0.1s^{-1}条件下变形，在原始β晶界上会发生楔形开裂，大部分的裂纹位于试样侧面的鼓肚部分。这是因为在单向压缩时会产生环向的拉应力，在分切应力作用下，在晶界特别是三叉晶界上容易产生应力集中，如果应力得不到松弛，则产生开裂或孔洞（见图3-13）[44]。在蠕变试验试样上经常发现三叉晶界处产生楔形开裂，可能是局部脆性解理断裂的结果，也可能是空洞聚集长大的结果。

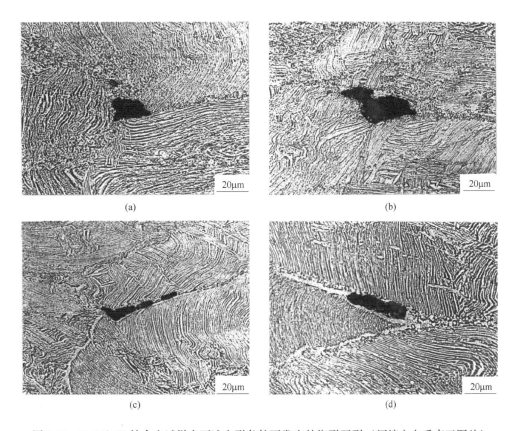

图 3-13　Ti-6Al-4V 钛合金试样在下述变形条件下发生的楔形开裂（压缩方向垂直于图片）

(a) 750℃/10^{-3}s^{-1}; (b) 800℃/10^{-2}s^{-1}; (c) 800℃/10^{-1}s^{-1}; (d) 900℃/10^{-2}s^{-1}

3.2.3.3 坯料改锻方式

改锻主要采用镦拔方式，具体可分为单向（轴向）反复镦拔、十字（轴向—径向）反复镦拔、双十字反复镦拔等，其作用是使镦粗时坯料的难变形区在拔长时受到变形，使整个坯料各处变形趋向均匀。轴向反复镦拔是指在镦拔过程中不改变轴向，操作较易掌握，但拔长时端面易产生开裂。十字反复镦拔是指将坯料镦粗后，沿横截面中两个互相垂直的方向反复镦拔，最后再沿轴向锻成坯料，坯料与锤头的接触面经常改变，温度不会降太多，坯料端部质量较好，可减少端面裂纹的产生。

众所周知，采用平砧镦粗时按变形程度的大小，坯料内可分为三个区（见图 3-14），第Ⅰ区变形程度最小，第Ⅱ区变形程度最大，第Ⅲ区变形程度居中。产生这种变形不均匀的原因主要是砧面与坯料端面之间摩擦力的影响，这种摩擦力使金属变形困难，变形所需单位压力增高。从高度方向看，中间部分（Ⅱ区）受到的摩擦影响小，上、下端面（Ⅰ区）受到的影响大。在接触面上，由于中心处的金属流动还受到外层的阻碍，所以越靠近中心部分受到的摩擦阻力越大，变形越困难。为了促进第Ⅰ区金属的变形，根据实际情况可选用"V"形砧或"梅花"形砧进行镦粗变形。

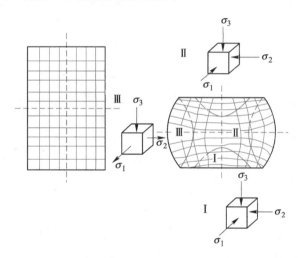

图 3-14 圆柱形坯料平砧镦粗时变形分区与应力状态

在平砧间镦粗坯料时，产生变形不均匀的原因除砧面与坯料接触面的摩擦影响外，温度不均匀也是一个重要因素。与砧面接触的上、下端面金属（Ⅰ区）由于温降明显，变形抗力大，所以较中间处（Ⅱ区）的金属变形更困难。由于第Ⅱ区金属变形程度大，第Ⅲ区变形程度较小，于是第Ⅱ区金属向外流动时便对第Ⅲ区金属产生压迫，并使其受到切向拉应力作用，越靠近坯料侧表面，切向拉应力越大，当切向拉应力超过材料当时的强度极限或切向变形超过材料允许的变形程度，便产生纵向裂纹。

在平砧上拔长方形坯料时，其内部变形情况与镦粗很相似，在坯料外部常会产生横向开裂和角裂，在坯料内部会产生对角线开裂和横向开裂。侧表面开裂往往是由于拔长时送进量和压下量过大造成的。方形坯料的棱角部分，由于温降较快，导致塑性降低，更易引起开裂，操作时要做到勤倒棱。当送进量较大并在坯料同一部位反复重压时，沿坯料对角线在剪切应力作用下易产生开裂，方形坯料横截面十字线位置的温度显著升高，严重时会产生过热组织。对于大型锻件，为了保证锻坯中心部分能够锻透，拔长时宜采用宽砧、大送进量方式进行锻造。拔长锻造时还可能产生表面折叠和端凹等缺陷，表面折叠是由于送进量很小且压下量很大，两个面的局部金属会折叠在一起。

圆截面坯料用平砧直接由大圆到小圆的拔长是不合适的。为了保证锻件质量和提高拔长效率，应当采取措施以限制金属的横向流动和减小径向拉应力。生产中常采用如下两种方法：（1）在平砧上拔长时，先将圆截面坯料压成方形，再将方形坯料拔长到一定尺寸后再压成八边形，最后滚锻成圆形；（2）在型砧（或摔子）内进行拔长，利用工具的侧面压力限制金属的横向流动，迫使金属沿轴向伸长，也有利于防止内部产生纵向裂纹。拔长用的型砧有圆形砧和 V 形砧两类，型砧的形状对拔长效率、锻透深度、金属的塑性和表面质量有很大影响，应合理选用。

经过预变形的坯料在 α+β 区锻造时，每次的变形程度以 40%~50% 为宜，过小的变形不足以产生足够有效的变形，过大的变形则会加剧组织的各向异性以及 α 相的择优取向。

为了保证内部组织的均匀和防止侧表面产生裂纹，应当改善或消除引起变形不均匀的因素，或采用合适的变形方法，如：（1）使用润滑剂，常用的有玻璃粉、玻璃棉和石墨粉等；（2）预热工具，镦粗用的工模具均应预热至 200~400℃；（3）采用铆镦、叠镦和套环内镦粗方法。

3.2.3.4 高低温交替锻造工艺

钛合金的组织均匀性除了传统认知的高低倍组织形貌均匀的含义外，还要求 α 相在微观尺度的晶体取向具有良好的均匀性，应尽量降低局部区域初生 α 相晶体取向呈现显著的方向性，亦即存在微织构区域（也称为宏区）。微织构区域的存在对超声检测的杂波、均匀性、单个显示信号均会有影响。α-Ti 在 a 轴和 c 轴方向的弹性模量相差 30%，弹性各向异性的特性会引起超声阻抗的变化，会呈现单个缺陷显示信号，易与孔洞、夹杂物缺陷的超声单个显示信号相混淆，因此需要有经验的人员辨别由不同因素引起的超声显示信号。采用超声检测技术可以定量评估钛合金棒料微织构区域，得到每个方向上微织构区域的体积、尺寸等信息[45]。

钛合金材料从铸锭开坯经坯料改锻直至最终模锻往往要经过很多火次，一般开坯锻造在 β 区进行，反复镦拔改锻和模锻在 α+β 两相区进行。然而采用这样的工艺得到的大型锻件或饼坯，经常会出现严重不均匀的低倍组织，俗称为"大花脸"组织，如图 3-15 所示，这对力学性能特别是疲劳性能是不利的。

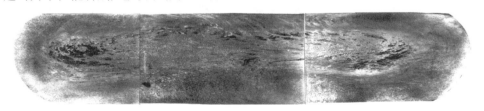

图 3-15 钛合金饼坯截面上显示的"大花脸"状不均匀低倍组织

曹春晓等人提出了高低温交替锻造工艺（即 AHLT 工艺，即"高→低→高…"工艺，"低"是指在 α+β 区变形，"高"是指在 β 区变形），取代传统的"高→低→低→…"工艺，通过第二个"高"这一火形成新 β 晶粒，可以充分细化 β 晶粒，并改善低倍组织的均匀性，以确保最终锻件有一个均匀、细小、模糊的低倍组织（见图 3-16）。细化 β 晶粒还有助于降低超声检测的杂波，提高对各类缺陷的检测能力，在棒材等坯料的中间阶段能发现影响使用的缺陷是非常重要的，中间坯料具有相对规整的形状，有利于无损检测；另外，能在早期工序阶段发现缺陷，避免缺陷带入后续的加工工序，减少损失或更早地采取补救措施。总体而言，采用高低温交替锻造工艺还可以减少总的锻造火次，从而提高成材率和生产效率，获得更好的质量、技术和经济效益。目前，我国航空发动机用钛合金优质大规格棒材的制备几乎都已采用高低温交替锻造工艺，坯料获得均匀细晶且 α+β 区充分变形的组织，为后续锻件的模锻成形准备了良好的初始组织条件。

图 3-16   采用高低温交替锻造工艺生产的 TC4 钛合金锻坯的低倍组织

3.2.4   发动机关键件用钛合金棒材的质量控制

钛合金棒材供货时要进行较多项目的检验检测，如成分检测、高低倍组织检验、超声检测等，以保证棒材满足相关技术标准要求。棒材的组织性能分析一般有三种取样方式，即本体取样、熔检样取样、模拟件取样（镦粗方式模拟锻件成形）。压气机盘、转子叶片等部件是发动机的关键件或重要件，相应地对材料及坯料的质量提出了最严苛的要求，如要求合金元素和杂质元素的含量及成分均匀性满足相关标准要求，材料内部不含有影响部件可靠使用的冶金缺陷（如夹杂物、偏析）和工艺缺陷（如孔洞、裂纹、折叠），还要求用于后续模锻成形的坯料是细晶、等轴、均匀的初始组织状态。对于盘件应用，还要求棒坯无明显的微织构倾向，这对提高材料和部件的疲劳性能特别是保载疲劳性能是必需的。细晶无织构的组织具有更好的超声检测性能，信噪比好，有助于检出缺陷[46]。

如果仅对盘锻件进行超声检测，在检测面之下的表层附近有一段"盲区"，若在此区域内含有缺陷，从缺陷处反射回来的任何回波会因被发射脉冲的后沿掩盖，缺陷不能被检出，因此存在缺陷漏检的风险。另外，复杂外形锻件的凸起、台阶、R 角等区域是难以超声检测的。在实际生产中，超声检测工序应尽量安排在棒材验收阶段进行，此时棒材的外形简单且表面状态好，适于进行自动超声检测和高灵敏度的水浸超声检测，最大可能地检出各类缺陷和组织异常。对后续盘锻件粗加工后进行超声检测，更多的是起复检作用，或者检测模锻和热处理过程可能会引入的缺陷。无缺陷的初始坯料，可以采用更精密的锻件设计和近净成形技术，精化锻件意味着锻造压力上升，对锻压设备的吨位及模具提出了更高要求，或者采用提高变形温度或等温锻工艺。

棒材规格尽量采用相对小的尺寸，尺寸越小，棒坯变形相对更加充分，组织更加均匀细小，并可减弱微织构的程度。另外，减小棒材直径，还可提高缺陷的超声检测能力。对于采用 β 锻的 TC19(Ti-6246) 和 TC17(Ti-17) 钛合金锻件来说，锻件的最终晶粒尺寸在很大程度上取决于坯料的初始组织状态。对棒材坯料往往需要进行 β 热处理（模拟 β 锻造的加热）之后的低倍晶粒度检查，要求晶粒尺寸均匀、等轴，并已发生良好的再结晶，平均晶粒尺寸不超过 0.8mm（ASTM E112 的 M11 级），这种检验要求已纳入我国 TC17 钛合金棒材标准。

3.3　发动机钛合金典型锻件的制备与控制

根据发动机零件的受力情况、重要程度、工作条件及材料和冶金工艺因素的不同，一般将发动机锻件分为三类，即 I 类、II 类、III 类，具体类别由需方确定，并在锻件图样或技术文件中标注。不同类别的锻件，对检验项目及相关要求是不同的，大致应符合表 3-1 的规定。

表 3-1　发动机锻件的检验项目及相关要求

检验类别	材料牌号	外观质量及尺寸形状	硬度	力学性能	低倍组织	显微组织	氢含量	超声检测
I	100%	100%	100%	每验收批抽检 1 件解剖试验件检验，其余 100% 在分离试验件上检验				按锻件标准规定
II				每验收批抽检 1 件解剖试验件检验，或在分离试验件上检验，或在模拟试验件上检验				
III				不检验	在模拟试验件上检验			

解剖试验件是指在同一验收批锻件中任意抽取或指定的用于解剖并进行理化检验的锻件。分离试验件亦称试验环，是指在锻件上除满足零件的加工余量外附加进行理化检验的工艺余料。模拟试验件亦称随炉试验件，是指采用与所代表的锻件验收批同一炉号、同一规格的材料，用相同的制造工艺（包括设备、加热温度、相近的变形量）、同时生产（包括同热处理炉批）的理化检验专用试验件。环形锻件的模拟试验件应与所代表的锻件内径、外径尺寸相当。

发动机盘、叶片、机匣一般归为关键件或重要件，为了达到高的可靠性指标，在新产品的生产中经常规定对重要零件、部件和组件要进行大量的检验和抽查试验，这样会引起消耗定额增加和材料利用率的降低。对于 I 类件，每一个锻件均要设置用于组织性能检验的试环。对于盘锻件，一般设置在锻件最外缘，使得锻件外廓尺寸有所加大（直径增大 50mm 以上）；对于环轧件，一般在高度方向设置试环。这样的做法给锻件设计增加了困难，提高了锻造压力，也给组织性能的精确控制起到了负面作用。从这些角度来看，I 类件的做法是不利于锻件性能及其稳定控制的，应当严格控制 I 类件的数量。

锻件设计时，需要机加工的表面应有足够的加工余量，应考虑零件设计图样的要求、机械加工工艺、锻造工艺设备条件（如加热条件、加热次数及热处理方法等），并充分考虑错移、直线度、平面度、同轴度、顶杆压痕等各类公差的影响。加工余量的大小，最终应由供需双方在会签锻件图时商定。

3.3.1　盘类锻件的制备

航空发动机钛合金盘类锻件是典型的轴对称件，压气机盘锻件外径一般为 400～

600mm，整体叶盘锻件的外径大至 700mm。对于一些 I 类件且试环设置于锻件外径处的盘锻件，锻件的外径还要相应增加。盘锻件的模锻成形涉及模具的设计加工、坯料制坯、模锻工艺设计与控制、锻后冷却方式和热处理等，目的是为了实现锻件的模锻成形和组织性能达到相应技术标准的要求。

目前，发动机钛合金盘锻件的模锻成形通常采用闭式模锻方法，闭式模锻比开式模锻的优点在于没有毛边，可避免开式模锻毛边槽的流线在机械加工时被切断，使该处变形流线末端外露，降低应力腐蚀抗力。锻件坯料在闭式模具中以镦+挤组合变形方式为主，即坯料在镦粗的同时，还受到正挤、反挤和径向挤压的复合作用。模锻成形之前要合理设计锻件坯料的几何尺寸，尽可能简化坯料外形，以避免模锻成形过程产生涡流、折皱以及充不满的情况。

钛合金盘锻件的闭式模锻一般优选液压机（也可采用螺旋压力机或锻锤）。液压机活动横梁没有固定的下死点，锻件坯料的体积是固定的，如何控制锻件压到尺寸结束变形是模锻技术的关键控制参数之一，可通过控制液压机主液压缸的压力，使锻件在充满模具后的抗力与压力平衡时上模停止下行。

钛合金变形温度范围较窄，多数情况下不超过 150～170℃，始锻温度的设定主要基于锻件显微组织控制的考虑，并要避免形成粗晶组织，终锻温度则主要受随着温度下降导致变形抗力上升及工艺塑性下降的限制。当然，对于一些要求 β 模锻工艺的情况，终锻温度的设定主要考虑锻件显微组织控制这一因素。终锻温度的控制对于全 α 型钛合金如 TA7 和近 α 型钛合金如 TA29 等特别重要，随着锻造温度的下降，这些合金工艺塑性下降、变形抗力增加的趋势特别明显，更为重要的是，这些材料在较低温度下具有显著的表面开裂倾向。

3.3.1.1　坯料表面和模具表面润滑剂的使用

钛合金锻件模锻成形时，由于钛合金坯料与钢或高温合金模具间具有大的摩擦系数，会阻滞金属坯料沿模具表面的流动，影响金属在模腔中的充分填充。一个可行的解决方案是在钛合金坯料表面涂覆一层合适的玻璃润滑剂，润滑剂应在坯料开始氧化之前熔融形成黏度适宜的封闭膜层，减弱大气分子的渗透和扩散，而流动点则应与锻造温度相当。在金属坯料变形温度范围内，坯料与模具之间形成液态摩擦条件，并且能随金属一起流动，并能承受高温、高压的作用。测试结果表明，涂有玻璃润滑剂的圆环试样摩擦系数为 0.08～0.09，而不涂润滑剂试样的摩擦系数则为 0.3～0.4，涂覆玻璃润滑剂的试样摩擦系数值可降低 80%[47]。

20 世纪 70 年代末，我国"航空精锻防护润滑剂联合研制组"开发了 FR2、FR5 和 FR6 玻璃防护润滑剂，其综合性能达到当时美国同类产品 Deltaglaze17 （简称 D17）的水平。在钛合金坯料表面喷（或浸）涂厚度约 0.1mm 的润滑剂，既可在加热时防止氧化和渗气，又可在随后的变形过程中起到良好的润滑和隔热作用，减少坯料在转移和模锻时的温降，不仅能有效改善钛合金精锻和等温锻等成形，使锻件质量大为提高，而且能提高锻模寿命 3 倍左右，节省锻压设备能量 1/4 左右[48]。

根据钛合金材料和锻造加热温度的不同，选择适用的玻璃润滑剂。某一特定的玻璃润滑剂，一般仅适用于特定类型的合金及变形方式[49]。钛合金坯料的表面润滑，一般采用高压喷枪进行喷涂，亦可刷涂，具体操作步骤是：先将钛合金坯料置于 100～150℃ 的电炉中预热 10~20min，出炉后喷涂玻璃润滑剂，可喷涂几次，保证涂层均匀一致且有一定厚度。

普通模锻之前预热模具至 200~400℃，模锻之前对模具上模和下模模膛喷涂水基石墨或 BN 层，以起到润滑作用，防止锻件与模具产生粘连[50]。对于钛合金精锻、等温锻和挤压工艺，润滑技术是控制锻件尺寸精度、表面质量和冶金质量的关键，也可改善摩擦条件和促进金属流动，减少模具磨损和腐蚀，并降低锻造载荷[51]。

3.3.1.2 钛合金盘锻件模锻工艺

针对具体钛合金材料的锻造工艺特性、发动机设计对钛合金零件显微组织的特定要求，钛合金盘锻件的热机械处理工艺大致有三种：（1）α+β 区模锻加 α+β 区热处理，获得双态组织或等轴组织；（2）α+β 区模锻加 β 区热处理，获得细小片层组织或网篮组织；（3）β 区模锻加 α+β 区热处理，获得片层组织或网篮组织。表 3-2 列出了国际上钛合金盘锻件采用的主导制造工艺。当然，对于某个特定钛合金所用的工艺不是一成不变的，可根据具体发动机使用条件（温度、应力、寿命要求等）对力学性能的要求，选择适宜的显微组织，制定相应的锻造和热处理工艺制度及具体参数。

表 3-2 航空发动机钛合金盘锻件主导热机械处理工艺

合金	锻造工艺	热处理工艺	使用组织	主要考虑因素	工艺控制关键
TC4(Ti-64)、IMI550、IMI679、TC6(BT3-1)、TC11(BT9)、TA19(Ti-6242S)、IMI834、Ti60	α+β 区	α+β 区	双态组织	最大程度地提高高周和低周疲劳性能，适合安全寿命设计方法	控制 α+β 区锻造温度和应变速率，防止内部变形温升产生过热组织
IMI685、IMI829	α+β 区	β 区	细小片层组织	最大程度地提高高温蠕变抗力和断裂性能，适合损伤容限设计方法	严格控制固溶保温时间和固溶后冷却速度，以得到细小的片层组织
TC17(Ti-17)、TC19(Ti-6246)	β 区	α+β 区	网篮组织	合金强度高，如果采用双态组织，则 K_{1C} 值太低，不能满足损伤容限设计要求	控制锻件的最大截面厚度，为了减小表面激冷层，并实现锻件的精化，优选采用 β 区等温模锻工艺

具体钛合金盘锻件的组织选择和所采用的制造工艺主要取决于发动机设计考虑，如优先考虑疲劳设计，一般采用初生 α 含量较高的双态组织；如仅考虑提高断裂韧度，则采用片层组织或网篮组织更加适合。当然，主导模锻工艺的选择也要充分考虑钛合金的类型，如对于一些近 α 型钛合金和以 α 相为主的 α+β 型钛合金，其 T_β 往往较高（>1000℃），如采用 β 模锻，在 β 区保温时容易造成晶粒过度长大，另外锻件组织也难以获得良好编织的网篮组织，主要以平行排列的 α 集束组织为主。研究表明，对于 Ti-6242S 钛合金，只有当 β 区锻或热处理后的冷却速度大于 65℃/min 才能得到网篮组织，对于截面大于 200mm 以上的锻件，心部最可能形成平行排列的 α 集束组织，不利于保载疲劳性能[52]。另外，对于极限高温应用的 Ti-6242S 钛合金，与采用 α+β 区锻造相比，采用 β 锻虽然有蠕变性能优势，但在长时工作条件下，蠕变性能优势在减弱，且会明显降低疲劳性能，疲劳性能数据分散性也会增大[53]。我国 TC25 钛合金盘锻件，当用 β 模锻和 α+β 区热处理时，锻件的

典型显微组织如图 3-17 所示，主要为平行排列的 α 集束组成的片层组织；而且在 1000℃ 以上的高温下进行模锻，终锻温度难以精确稳定控制，实际锻造温度会落入 α+β 区，锻坯不同区域温差增大，从而加剧锻件组织不均匀程度。图 3-18 所示为 TC25 钛合金 β 模锻盘锻件的显微组织，在原始 β 晶界上首先析出的晶界 α 经变形已发生球化，晶内 α 片层得到较小的变形作用而呈定向排列的短条 α 形态，锻件内的组织均匀性较差。

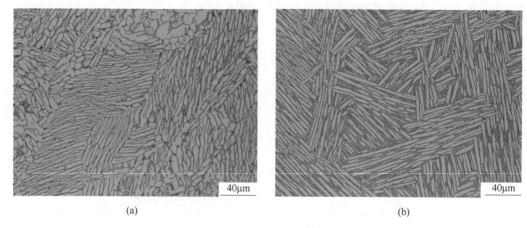

(a)　　　　　　　　　　　　　　　　(b)

图 3-17　TC25 钛合金 β 模锻盘锻件的显微组织
（a）典型组织 1；（b）典型组织 2

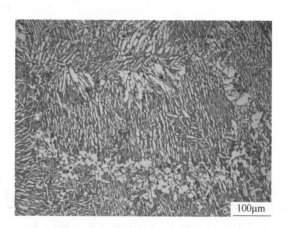

图 3-18　TC25 钛合金 β 模锻件的显微组织，终锻温度因落入 α+β 区造成
晶界上有少量等轴的 α 出现，晶内也有少部分球状 α

如果 β 锻工艺的始锻温度控制在 β 区，终锻温度落入 α+β 区且有较大的变形量，会形成一种称为"项链"状的组织，即在 β 晶界附近分布有一定厚度已球化的 α 相层，清晰地勾勒出原始 β 晶界的轮廓。这种组织形貌很常见，当采用 β 模锻工艺时，尽管加热温度在 β 区，但随后的转料及锻造过程坯料产生温降，大部分的变形集中于 α+β 区，并随后进行 α+β 区热处理，就会形成如图 3-19 所示的混合组织，采用普通 β 模锻更容易产生。法国 CEZUS 公司开发的 β-CEZ 钛合金（Ti-5Al-2Sn-4Zr-4Mo-2Cr-1Fe），设计采用跨相变点锻造[54]，目的是为了兼顾片层组织好的断裂性能和等轴组织高的拉伸塑性，但在实际生产时，跨相变点的锻造工艺，锻坯在 β 区和在 α+β 区的温度控制和变形量的合理分配是很困难的，而且模锻

成形时锻坯处于非均温状态，因此锻件各处的组织均匀性很难得到有效控制。

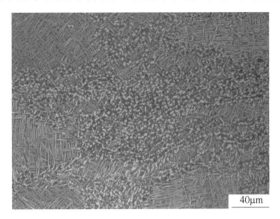

图 3-19 TC17 钛合金盘锻件 β 模锻时终锻落入 α+β 区且有较大变形量，随后经
α+β 区热处理，在 β 晶界附近有较多等轴 α 组织，形成"项链状"混合组织

对于 α 型、近 α 型和 α+β 型钛合金，本身具有相对粗晶的特性。另外，因为其相变点较高，在 β 区加热时，晶粒长大趋势明显，容易形成粗大的 β 晶粒，锻件的室温拉伸塑性特别是断面收缩率明显下降，存在"β 脆性"问题，所以应谨慎使用 β 锻造或 β 热处理工艺。如考虑钛合金零件的损伤容限而必须采用 β 区加工，则须严格控制热力参数，不宜将锻造温度设定过高，一般控制在相变点以上 20~40℃ 即可，主要是为了控制 β 晶粒尺寸。

对于航空发动机用钛合金关键锻件，为了获得优化的力学性能，实际的"工艺窗口"是很小的，采用经验式的"试错法"显然是不够的。目前常采用 DEFORM 等模拟软件，模拟变形过程中金属的流动、应力、应变、温度场等，为模具设计和锻件组织控制提供参考。

A α+β 模锻工艺

目前在役在产的多数钛合金发动机盘锻件采用传统的 α+β 区模锻工艺，即在 T_β 以下 30~50℃ 加热锻造，可根据合金类型、锻件尺寸和截面厚度、所采用的设备条件等因素，适当调节锻造加热温度。

对于强度要求不高的盘锻件，锻后可采用普通退火处理，获得等轴组织而使用，如图 3-20 所示。

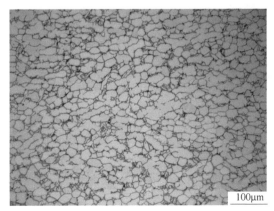

图 3-20 TC4 钛合金采用 α+β 区变形加普通退火得到的等轴组织

如果要求中等强度的盘锻件，可采用双重退火处理获得双态组织而使用，如图 3-21 所示。初生 α 相含量可以通过调整第一级高温退火温度进行调节。双态组织具有良好的强度、塑性、疲劳性能的匹配，是工程上最为常用的组织形态。TC11 钛合金盘锻件的标准双重退火制度是：第一级退火是在 T_β 以下 50℃加热保温后空冷，第二级退火是在 530℃保温空冷。第一级高温退火处理时，通过初生 α 相的再结晶，降低冷作硬化作用，保证锻件各处的初生 α 相含量是相同的，并促进初生 α 相的等轴化和晶体取向的杂乱化，改善组织均匀性和宏观尺度上力学性能的各向同性。在第一级退火处理空冷时，β 相转变为片层的 β 转变组织，在第二级低温退火处理时，β 转变组织中残余的 β 相还会发生分解，析出次生 α 相。

对于一些高强度钛合金，如 TC6（BT3-1）钛合金盘锻件，为了改善热稳定性，可选用等温退火工艺，即第一级退火后采用炉冷，或快速转移至一个温度相对更低的炉内进行退火处理，得到如图 3-22 所示的 TC6 钛合金显微组织。

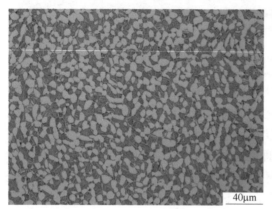
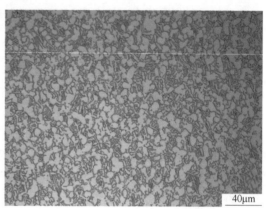

图 3-21　TC11 钛合金 α+β 区变形加 α+β 　　　　图 3-22　TC6 钛合金 α+β 区变形加等温
　　区双重退火得到的典型双态组织　　　　　　　　退火得到的显微组织

对于拉伸强度要求高的钛合金盘锻件，可采用固溶时效处理。固溶时效与双重退火的差异在于：第一级高温热处理之后的冷却方式，固溶处理往往采用水冷或油冷的快冷方式，得到细小的 β 转变组织，可以提高拉伸强度。TC4 钛合金风扇盘锻件目前一般采用 α+β 区锻加 α+β 区固溶时效处理，获得初生 α 相含量约为 30%的双态组织而使用，如图 3-23 所

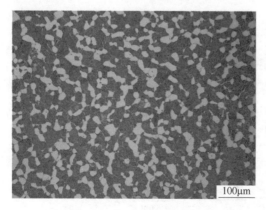
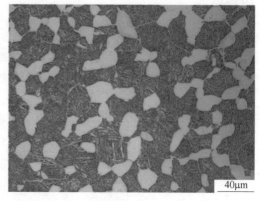

图 3-23　TC4 钛合金锻件经 α+β 区变形加 α+β 区固溶时效处理得到的双态组织

示，强度、塑性、疲劳和断裂等性能有一个良好匹配。大多数近 α 型和 α+β 型钛合金的淬透性有限，如 TC4、TC11 钛合金的淬透截面厚度仅约 30mm，采用固溶时效处理时要考虑到厚大截面锻件表面与心部的组织性能会存在较大差异，还要考虑固溶淬火处理产生的热应力问题。

20 世纪 60 年代初，Sheegarev 等人提出高温形变热处理工艺，即在模锻后立即进行淬火，不像平常那样进行空冷，然后再进行时效处理。高温形变热处理工艺比一般的强化热处理可以更有效地提高强度和韧性，其原因有：（1）塑性变形之后立即进行快速冷却，可以防止发生聚集再结晶，这种状态可以得到细晶组织，从而获得较高的疲劳强度和较好的塑性；（2）在快速冷却时，部分地保留了内应力，这种内应力在时效过程中可以促进固溶体的分解，以获得高强度[55]。但是，锻后水冷的组织在随后的低温时效过程会分解，降低热稳定性。此外，锻后水冷也要充分考虑锻件是否会发生因热应力过大导致开裂的风险。

周义刚等[56]提出了近 β 锻造工艺，是在 T_β 以下 10~15℃进行加热和变形，变形后快冷的锻件经两次高温加一次低温的强韧化处理后，获得由一定数量的等轴初生 α 相、条状初生 α 相构成的网篮和 β 转变基体组成的三态组织，兼顾强度、塑性和韧性。少量等轴 α 相对变形起着协调作用，推迟空洞的形核和发展，断裂前变形较大，从而有较高的塑性；大量网篮状交织的条状 α 相不仅增加了相界面，提高了强度与蠕变抗力，而且裂纹扩展将随着 α 片和 α 集束的位向不断改变方向，使裂纹路径曲折，分枝增多，因而断裂韧度高。近 β 锻工艺对于实际操作工艺参数的控制要求更为精确，工艺适应性不如普通的 α+β 锻。

B β 模锻工艺

与 α+β 锻相比，β 锻是在更高温度的 β 单相区实施变形，其最大优势是可以显著降低变形抗力和提高工艺塑性，这意味着对锻造设备压力的要求可以适当降低，并能实施更大变形量的锻造，获得更接近零件外形的精密模锻件。对于具有薄的肋和腹板的锻件来说，如果不考虑组织控制因素，β 锻的实用价值更大一些。另外，在 β 区变形时坯料内部的不均匀性程度比 α+β 区变形要轻微，有助于锻件不同区域变形程度的合理控制[57]。

20 世纪 70 年代，鉴于对含裂纹体部件使用可靠性的寿命预测要求，提出了损伤容限设计，强调材料和部件的断裂韧度和疲劳裂纹扩展抗力性能。对于高强度的富 β 相 Ti-17 和 Ti-6246 钛合金，采用传统的 α+β 区锻加 α+β 区热处理得到细小的等轴组织，其断裂韧度小于 33MPa·$\sqrt{m}$，不能很好地满足民用发动机对关键转子在一个较长修理期内可靠使用的设计要求，而采用 β 锻加 α+β 区热处理得到网篮组织，其断裂韧度可以大于 55MPa·$\sqrt{m}$，可以相对地延长发动机部件的检修期间隔时间。早期商业应用的 Ti-17 钛合金盘锻件采用传统的 α+β 区模锻加 α+β 区热处理，获得等轴初生 α 相含量为 20%~30% 的双态组织，具有高的拉伸强度和塑性，特别是具有高的低周疲劳性能。为了提高断裂韧度和高温蠕变抗力，采用双重固溶处理工艺，推荐的热处理制度为：845℃/4h/FAC+800℃/4h/FAC+600℃/8h/AC。对于一些特定的 Ti-17 和 Ti-6246 钛合金盘锻件，为了获得更优的蠕变性能和断裂性能，可选用 β 模锻工艺。随着 β 模锻工艺技术和实践操作控制能力的提升，目前 Ti-17 和 Ti-6246 钛合金盘锻件的主导模锻工艺是 β 锻。

Ti-17 和 Ti-6246 钛合金盘锻件 β 模锻之前，要求所用坯料在 α+β 区有至少 20%~50%

变形量的预锻。对于采用 β 模锻盘锻件用的 Ti-17 和 Ti-6246 钛合金大规格棒材，检查低倍组织时要测试本质晶粒度，具体操作是将棒材横向低倍试片沿纵向一分为二，其中一半用于棒材锻态低倍组织的检查，另一半则在 $T_β$ 以上 30℃保温 2h，模拟 β 锻的加热条件，观察热处理后的低倍晶粒度及晶粒尺寸分布均匀性，要求 β 晶粒分布均匀且呈等轴状，平均晶粒尺寸不得超过 0.8mm（或者按 ASTM E112 标准的 M11 级）。这就要求棒材为本质细晶组织，在锻态或轧制态的棒材低倍上，可能会出现伪 β 粗晶或年轮组织，如果这些区域本质上是细晶组织，则是合格的；经过 β 热处理的再结晶，不应再出现年轮组织或伪 β 粗晶组织形貌特征。

钛合金 β 模锻对相应的工艺参数和操作过程提出了更加严苛的要求，首先是锻造温度。为了抑制在 β 单相区的晶粒过度长大，一般控制加热温度在 $T_β$ 以上 20~40℃，并严格控制保温时间，特别是在批产时须考虑首件与末件的保温时间差异，对一批锻坯的装炉量要精细控制。为了控制实际锻造温度，要严格控制坯料热量的散失，需要制定精确的坯料转移时间、模锻下压速度、变形量及随后的冷却方式。

Ti-17 和 Ti-6246 钛合金盘锻件 β 模锻时，要求在一火内完整连续地完成锻造，不允许反复加热，变形量宜控制在 30%~50%。GE90 发动机用 Ti-17 钛合金高压压气机盘标准的 β 模锻工艺要求为：应变大于 0.7，以得到一个较高的拉伸塑性；变形速率小于 0.1s⁻¹，但不允许发生 β 区的动态再结晶；锻后冷却速率大于 80℃/min。此外，随后固溶处理后的冷却速率大于 80℃/min[58]。

对于 β 锻，优先采用等温锻或热模锻技术，除提高锻件尺寸精度和减少机加工量外，还可以很好地控制终锻温度。如果采用普通的 β 模锻，在锻件近表面会产生约 9mm 的激冷层，锻件设计和机械加工时要考虑到完全除去该激冷层（见图 3-24）。锻后要求快速冷却，以避免形成平直的晶界 α，美国某规范要求当 Ti-17 钛合金盘锻件截面厚度大于 115mm 时，模锻之后锻件要立即水冷，并尽早进行去应力退火处理，间隔时间不得超过 8h。当 Ti-17 钛合金锻件最大截面厚度超过 170mm 时，即使锻后采用水冷，锻件心部也无法满足大于 80℃/min 冷却速度的要求，因此一般要求 β 模锻的 Ti-17 钛合金盘锻件最大截面厚度应小于 150mm。目前工程生产中锻件采用的锻后冷却条件，其冷速偏低，在 β 晶界上往往难以避免析出连续平直的 α 层，如果终锻温度落入 α+β 区，则该 α 层会被破碎成很多单独的段[59]。软的晶界 α 层扮演着裂纹扩展低能量通道，降低断裂韧度[60]。

图 3-24　采用普通 β 区模锻生产的 TC17 钛合金盘锻件近表面会形成激冷层

β 模锻获得的理想显微组织如图 3-25 所示，变形 β 晶粒纵横比大于 2，避免发生 β 晶粒动态再结晶（见图 3-26），β 晶粒内均匀分布针状 α 相，纵横比应大于 10，避免出现粗大连续的晶界 α（见图 3-27，这样的组织塑性低，疲劳性能差），如果有晶界 α，则应是不连续的，且厚度应小于晶内针状 α。β 模锻随后两相区固溶时效处理温度控制也很关键，采用过高的固溶温度，会减少条状初生 α 相含量，如图 3-28 所示，这也是不允许的。

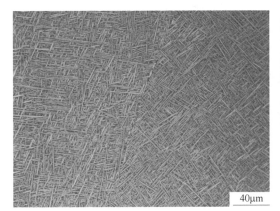
40μm

图 3-25　TC17 钛合金盘锻件理
想的网篮组织

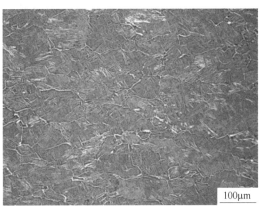
100μm

图 3-26　TC17 钛合金因在 β 区剧烈变形产生动
态再结晶形成的极细 β 晶粒

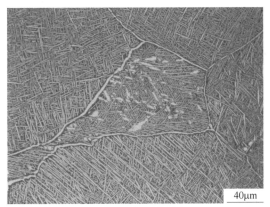
40μm

图 3-27　在 β 区没有充分有效变形，形成网状完整
平直的晶界 α，晶界 α 的宽度显著大于晶内 α 片

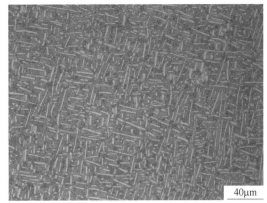
40μm

图 3-28　TC17 钛合金 β 锻的组织在 α+β 区上部
固溶，短条状初生 α 的含量较少

　　如果在 β 区变形不足，原始 β 晶粒更倾向于保持等轴状，如图 3-29 所示的 TC17 钛合金 β 模锻后的低倍晶粒组织情况，这种情况类似于进行了一次 β 热处理，拉伸塑性会严重下降。表 3-3 为某 TC17 钛合金盘轴锻件不同位置的拉伸性能，其中锻件盘部在 β 区有较大变形，而杆部因坯料设计原因，实际在 β 区仅有少量的变形，导致拉伸塑性严重低于指标要求，拉伸强度比盘部也低一些。TC17 钛合金盘轴锻件盘部室温拉伸试样断口形貌如图 3-30 所示，为穿晶断裂特征，表面有较多的韧窝，呈现塑性断裂特征。杆部室温拉伸试样断口形貌如图 3-31 所示，呈不同程度的晶粒多面体外形的岩石状花样或冰糖状特征，从断口上可以勾勒出粗大的 β 晶粒，滑移面平直，晶粒明显且立体感强，晶界面上多显示光滑特征，断口上没有明显宏观塑性变形，呈现晶体学平面或晶粒的外形，这些面亦即解理面，裂纹扩展是沿着晶粒的这些晶面劈开的。

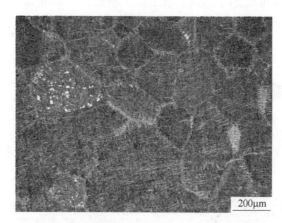

图 3-29　TC17 钛合金 β 锻小变形对应的显微组织，β 晶粒呈等轴形态，长宽比小于 2

表 3-3　TC17 钛合金盘轴锻件室温拉伸性能

项目	σ_b/MPa	$\sigma_{0.2}$/MPa	δ_5/%	ψ/%
盘部，弦向	1214	1162	10	18
	1217	1164	10	16
杆部，纵向	1130	1077	1.2	8.2
	1146	1091	2.8	8.6
指标要求	≥1120	≥1030	≥5	≥10

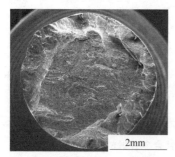 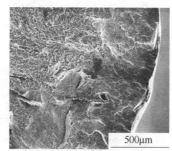 

图 3-30　TC17 钛合金盘轴锻件盘部室温拉伸断口形貌

  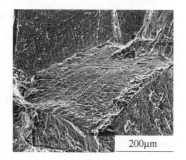

图 3-31　TC17 钛合金盘轴锻件杆部室温拉伸断口形貌

如果在β区锻造的变形量过大，会造成原始β晶粒被过分压扁，而且生成的晶内片层α相呈显著的定向排列，如图3-32所示的TC25钛合金β区模锻得到的显微组织，加剧了组织方向性排列，不利于力学性能的均匀性，特别是对于保载疲劳载荷下工作的发动机盘件，组织的方向性会造成沿某一方向疲劳性能的急剧下降。

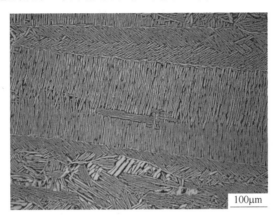

图3-32　TC25钛合金β锻盘锻件的显微组织，原始β晶粒被严重压扁，
集束内的α片呈平行排列，集束尺寸大

在β区模锻后从β区冷却时，依据其冷却速度的不同，形成的α片有两种排列方式，即平行片层状和网篮编织状。当然，在β晶界附近更容易出现平行排列的α片层，如图3-33所示。当冷却速度较慢时，首先沿着β/β晶界析出近乎连续的晶界α层，认为有两种机制，即激发形核（sympathetic nucleation）和界面不稳定性，一般认为是界面不稳定性起主导作用[61]。晶界α与原始β晶粒保持Burgers位向关系，理论上晶界α有12种可能的变体选择，实际上大多数晶界α只有一个或两个特定的取向变体，这种特殊的变体选择可以减小晶界α与β母体之间的界面能和弹性应变能，从而降低晶界α相的形核阻力[62]；而且β晶界两侧的α集束往往会保持相同的晶体取向，如图3-34所示，晶界两侧α片较长且呈平行羽毛状排列，这种组织情况意味着多个α集束实际上为一个晶粒效果，

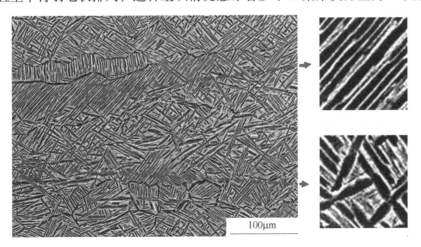

图3-33　钛合金β锻得到的网篮组织的α片层有两种编织特征：平行的和交叉的

即形成了宏区，会影响力学性能特别是保载疲劳裂纹萌生行为。当钛合金的拉伸强度超过1000MPa时，晶界 α 层比基体的 α+β 混合组织要软得多[63]，在循环载荷作用下，会发生应变局部化和早期裂纹萌生，导致低的低周疲劳寿命[64]。之后，从这些 $α_{GB}$/β 界面上形成 α 集束，如果冷却速度慢，形成的 α 片保持平行，如图 3-35 所示，同一个 α 集束内的 α 片具有相同的取向关系，α 片的取向还可能继承晶界 α 的取向[65]，α 片层间有残余的 β 相，该 β 相富含 β 稳定元素。如果冷速快，一方面会抑制晶界 α 的析出，另一方面在晶粒内部也发生 α 形核，生长方向与 β 相母体按 Burgers 关系有多种可能的选择，更多地呈网篮编织状分布。

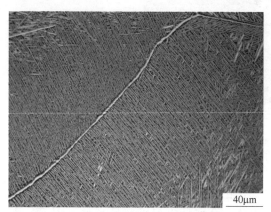 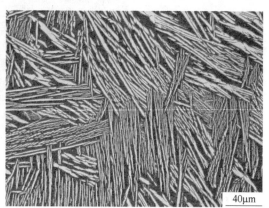

图 3-34　平直的晶界 α，晶界两侧 α 片较长，　　　图 3-35　α 片宽且长，局部区域有更细小的网
　　　　　且呈平行羽毛状排列　　　　　　　　　　　　篮编织状的 β 转变组织，α 片编织程度低

　　钛合金盘锻件的 β 锻终锻温度如何控制，一直以来存在截然相反的两种观点：其一认为终锻温度必须控制在 β 区，这对于等温锻来说容易实现；其二认为在 α+β 区必须有一定的变形量，阻止连续平直晶界 α 的形成，采用传统的普通 β 模锻往往就是这种情况，而且更容易发生于锻件的近表面层。普通 β 模锻时，因模具对锻坯表面的激冷作用，模锻下压过程中锻件表面温度实际上很快就进入了 α+β 区，心部可能仍处于更高温度的 β 区，这种差温锻造的结果是，锻件截面由表及里不同位置的显微组织会存在差异。很显然，锻件组织均匀性控制肯定是不佳的。较大的温差以及组织不均匀还会引入残余应力问题，会影响后续零件的加工和使用性能。但这不能说终锻温度一定不能落入 α+β 区，美国Wyman-Gordon 公司的 Coyne 研究工作表明：在合适的 β 变形条件下，当 β 区变形（如35%~50%）和随后在 $T_β$ 以下变形（如 15%~25%）的分配达到一定平衡时，β 锻造组织能提供良好的力学性能而塑性降低幅度很小。

　　Ti-6242S 钛合金尝试过采用 β 锻工艺，温度越高，与 α+β 锻相比，β 锻的蠕变性能优势才能体现。但此优势对于发动机长时使用的高压压气机盘件来说不明显，而且 β 锻锻件疲劳性能明显下降，疲劳性能数据更为分散，这与相对粗大的 β 晶粒及显著的片层方向性等因素有关。对于本质相对粗晶的近 α 钛合金和 α+β 钛合金盘锻件来说，应尽量避免采用 β 模锻工艺。

　　C　等温锻工艺

　　钛合金一般在 850~1050℃ 之间锻造变形，传统锻造方法的模具温度相对很低，为了减小模具对坯料的激冷作用，锻造操作必须以高的应变速率（$1 \sim 1000 s^{-1}$）进行，意味着流变应力高，导致大的锻造载荷，并产生绝热温升和不均匀变形[66]。为了改善钛合金盘锻件的模锻成形工艺性，希望模锻过程坯料温降要迟缓，为此开发了等温模锻工艺、近等温模锻工艺、热模锻工艺等。等温模锻是将锻模加热和控制在与坯料加热相同的温度，使坯料在恒温条件下进行锻造成形，如图 3-36 所示。

图 3-36　钛合金盘锻件等温模锻装置

等温锻工艺减少或消除了模具对坯料的激冷作用，并可在相对较低的应变速率条件下成形，不仅使得变形抗力显著下降，等温锻造所用的锻造压机吨位只有普通模锻的 0.2 ~ 0.1 倍，可以用相对小的压力来锻造大的锻件，金属变形抗力和成形压力的降低减小了模具系统的弹性变形。等温锻还可消除坯料变形绝热温升作用，有助于提高对锻件组织和性能的控制能力[67]。低应变速率下锻造还可减小锻件内部的残余应力，锻件在锻后冷却和热处理时变形减小，热处理时尺寸稳定，这一点对于钛合金来说极为有利[68]。闭式等温模锻工艺可以采用适当的保压操作，有助于金属在模腔中的充分填充，可生产复杂外形的精密锻件，如某型发动机 TC11 钛合金第 6 和第 7 级压气机盘。与常规模锻件相比，等温锻盘锻件的质量分别减少了 34% 和 40%[69]。等温锻锻件外形尺寸的精密化，意味着锻件可以采用更小尺寸的棒材，锻件的截面尺寸也可以更小，锻件的组织性能及其均匀性控制更加有保障。等温锻具有材料利用率高、机械加工费用少、适用范围广等突出优点，工艺参数可控能力强，锻件批次稳定性好[70]。等温锻可以使用更少的锻造操作，一般可以实现一次成形，无需多次反复加热和变形[66]。

等温锻造通常采用液压机，液压机的工作空间应能满足模具加热装置安装和拆装的要求，开启高度应能保证更换模具时无需从液压机上卸下整套模具装置。选用耐热更高的高温合金作模具需要考虑经济可承受性。等温模锻对防护润滑剂的要求比普通模锻高，润滑剂对等温模锻工艺的成败起着关键作用。钛合金使用较多的是玻璃润滑剂，但要解决润滑剂在型槽内堆积的问题。

国外航空工业发达国家已将等温锻技术广泛应用于航空发动机和飞机结构关键部件的生产，如航空发动机叶片、盘，飞机隔框、肋条，直升机桨毂等，锻件的组织和性能稳定且均匀性有了明显提升，同时提高了材料利用率，并减少后续机械加工费用，综合技术经济效益显著。美国 F-15 战斗机有 100 多个零件采用等温锻造工艺，以扭力肋为例，普通锻件重 20.6kg（45.3 磅），等温锻件重 11.5kg（25.4 磅），等温精锻件重 7.4kg（16.4

磅），机加工后的零件重 2.6kg（5.7 磅）[71]。

随着我国航空发动机及燃气轮机"两机"科技重大专项的实施，航空发动机产业迎来了前所未有的发展期，高性能航空发动机设计选用了一些特殊的难变形新材料，如 Ti-Al 系金属间化合物、镍基粉末高温合金等，由于这些合金的锻造温度高、工艺窗口窄、变形抗力大，常规模锻方法难以满足锻件成形与组织性能控制的要求。为此，对等温锻造技术提出了迫切需求，急需突破和解决模锻设备、模锻工艺、更高使用温度的模具材料（如钼合金及真空或惰性气氛环境）、玻璃防护润滑剂、模具加热及控温装置等关键技术及具体操作过程的工艺诀窍，实现设计、材料、工艺、性能、成本等的综合优化与平衡。

等温锻对于钛合金盘锻件的成形来说无疑是一个很好的工艺方案，但相应对所用的模具材料提出了更高要求。根据实践使用经验，要求在变形温度下模具材料的屈服强度与变形材料的屈服强度比值达到 3 以上，这就要求模具材料在锻造温度范围内具有较高的屈服强度、抗氧化、抗蠕变和良好的冷热疲劳性能，模具必须选用高价格的镍基高温合金材料。英、美等国用得较多的模具材料有 Inconel 713C、IN100、MAR-200、Udimet700，苏联用 ЖС6-К、ЖС6-У、Л114 铸造镍基高温合金，我国较多地选用 K3 铸造高温合金作为等温模锻钛合金用的模具材料，可以用到 1000℃，但一般控制在 950℃ 以下。我国 1000℃ 以下使用的镍基合金模具材料及候选材料还有 K5、K21、K412 等。K21 是一种含 W 的合金，高温强度高，理论使用温度可以达到 1050℃，1050℃ 时的屈服强度为 420～478MPa，使用这种合金做模具，成功锻造出 ϕ220mm 的 FGH95 粉末高温合金模拟盘，存在的问题是裂纹倾向性大，抗氧化性能稍差[72]。950℃ 以上的高温，模具材料的组织和性能稳定性是一个严重问题，当然，工艺成本也是一个值得重视的问题。

基于锻造温度/模具温度/应变速率三者的交互作用和综合考量，发展了近等温锻和热模锻技术，适当提高应变速率，亦可满足多数钛合金 α+β 区变形的要求，另外还可采用低价和更广泛的模具材料。与等温锻相比，热模锻具有更高的生产效率和更低的成本[73]。如果要得到近净成形效果，或者两相钛合金要进行 β 模锻，则需要提高模具材料的高温强度和稳定性。TZM 钼基合金模具适用于 1200℃ 以下，但需要保护气氛或真空模具系统，以防止模具材料的表面氧化，模具材料本身及防氧化措施均很昂贵。据 C. C. Chen[70] 报道，美国 Wyman-Gordon 公司采用热模锻技术制造的钛合金近净成形件有：F-15 飞机机身 Ti-6Al-4V 钛合金隔板中心体（bulkhead center body）、CFM56 发动机 Ti-17 钛合金风扇盘、JT8D 发动机 Ti-6Al-4V 钛合金第一级和第二级压气机盘、F-100 发动机 Ti-6246 钛合金第一级压气机盘。

3.3.1.3　盘类锻件的热处理

钛合金盘类锻件的热处理一般采用电炉，应具有适合的型式、设计和构造，须配备足够数量的专用自动控温装置，以保证整个工作区温度得到精确控制，还必须配备温度测量和记录仪表。热处理加热温度偏差要求一般为不大于±10℃，个别零件要求不大于±5℃，需选用 HB 5354《热处理工艺质量控制》规定的 Ⅲ 类炉或 Ⅱ 类炉。热处理后不能产生增氢，对氧化层有一定限制。

钛合金锻件在热处理之前应通过吹砂等工序清除表面的氧化皮和污物，并对吹砂后暴露于表面的缺陷打磨排伤。锻件在热处理前应尽可能地清洁，不应被有机物、铁锈（铁的氧化物）、耐火材料碎片以及铅、锌、铋、锡及其他非铁合金、油、水等异物所沾污。

钛合金盘类锻件常采用的热处理方式有普通退火、双重退火、固溶时效处理。选择热处理方式取决于具体材料和部件的力学性能要求、锻件外形、截面厚度以及热处理本身工艺性的考虑。全 α 型钛合金和稳定 β 钛合金不能进行强化热处理，仅进行普通退火处理。对于某一给定钛合金，如果对锻件强度要求不高时，可选用普通退火处理；要求中等强度时可选用双重退火处理，如我国 TC11 钛合金盘锻件采用的标准热处理制度就是双重退火；而要求高强度时可采用固溶时效处理，α+β 钛合金和含有少量 α 相的亚稳 β 钛合金可以通过固溶时效处理使合金进一步强化。强化热处理在提高强度的同时，一般会使断裂韧度、抗裂纹扩展能力、疲劳性能、缺口敏感性下降，因此应谨慎选用强化热处理。

对于承受大应力的发动机 Ti-6Al-4V 钛合金风扇盘锻件（典型锻件如图 3-37 所示，外径 $\phi621mm$、高 306mm、重 351kg），当其截面厚度不小于 50mm 时，锻件心部的拉伸强度 σ_b 和 $\sigma_{0.2}$ 就不能稳定地分别达到不小于 900MPa 和不小于 830MPa 的指标值。如果采用普通退火，锻件拉伸强度无法达到指标要求，可在普通退火之前增加一次固溶处理，亦即采用固溶时效的热处理方式，也有的称为均匀化处理+退火。如某标准规定：对于 Ti-6Al-4V 钛合金盘锻件，当其截面尺寸不小于 150mm 时，可在退火之前增加一次"960℃／≥1h／WQ"的固溶处理。固溶时效处理可以很好地控制双态组织中初生 α 相含量，目前多数 Ti-6Al-4V 钛合金盘锻件标准要求控制初生 α 相含量为 15%～45%。Ti-6Al-4V 钛合金的淬透性有限，仅为 25～30mm，大部分盘锻件的最大截面厚度已超过此数值。因此对于厚截面的 Ti-6Al-4V 钛合金风扇盘和盘轴等锻件，固溶处理时锻件心部是难以淬透的。在未淬透区域，淬火冷却速度不足以保留亚稳定相，在随后的时效中不能产生明显的强化效果，从表面到心部强度性能随之下降。富 β 相的 TC17 和 TC19 钛合金的淬透性可以接近 150mm，其盘锻件更适合采用固溶时效处理。如锻造状态的截面尺寸太大不能达到正常的热处理效应时，锻件或其截面应加工到大致等于热处理外形的最大截面。

图 3-37 某民用发动机 Ti-6Al-4V 钛合金风扇盘锻件

固溶处理之后要求快速水冷或油冷，须在热处理炉附近布置合适的淬火槽，能保证工件迅速地从加热炉转移到淬火介质中，为保证完全达到锻件规定的性能，淬火延迟时间必须缩到最短。HB 5354《热处理工艺质量控制》规定，锻件截面厚度小于 5mm 时，淬火转移时间不大于 6s；厚度 5～25mm 时，淬火转移时间不大于 8s；厚度大于 25mm 时，淬火转移时间不大于 12s。有必要时应装备能使淬火介质适当循环流动、加热或冷却的装置。相对于淬火的工件，淬火槽必须有足够大的尺寸，以保证达到满意的淬火冷却速度。

　　钛合金的导热系数比铝合金和钢低得多，致使其半成品、锻件、加工过程零件在进行热处理时，会在快速加热或快速冷却时，由于工件表层和心部的冷却状态不同而产生截面温差，温差过大会形成过高的热应力，导致工件变形甚至发生开裂。钛合金锻件固溶之后采用快速冷却，薄截面处比厚截面处冷速要快，锻件表面冷速比内部要快，首先会导致薄厚截面过渡处组织形态的不同，其次在薄厚截面过渡区可能易产生开裂，还会在锻件内部产生很大的热应力。对于一些截面复杂构件和焊接构件，尽量避免使用强化热处理。对于厚截面的钛合金锻件，固溶之后淬火形成的内应力很大，因此及时进行去应力退火处理很重要。如果不及时消除内应力，可能会产生与时间有关的延迟开裂，特别是当锻件有缺口或有很大内应力的情况下。消除应力退火一般用于锻件粗加工或经过焊接之后，目的是为消除或减小残余应力。

　　大推力涡扇发动机的诸多钛合金部件如风扇盘、风扇机匣、风扇叶片、增压级鼓筒等尺寸大、质量大，对制造工艺技术提出挑战外，锻件的厚截面、大投影面积特征也是一个较突出的问题。对制坯和模锻工艺、显微组织和织构控制、棒坯和锻件的无损检测均提出了更高要求[53]。为了减小发动机部件的尺寸和截面厚度，可采用焊接结构，如 GE90 发动机的风扇盘零件（外径 800mm，重 170kg）采用 Ti-17 钛合金制造，由三个独立的盘锻件机加工后采用惯性摩擦焊而组成。GE 公司 CF6 发动机高压压气机第 3 ~ 9 级 Ti-6242S 钛合金转子，原先为一个重 413kg 的整体锻件加工而成，后来设计改为两个锻件经惯性摩擦焊连接，质量降至 300kg。F101 发动机高压压气机第 1 ~ 2 级钛合金转子，整体锻件用料 77kg，而采用两个锻件经惯性摩擦焊后，用料降至 54kg。PW 公司发动机的关键转动部件也采用惯性摩擦焊连接，如钛合金压气机盘与隔圈的连接就采用惯性摩擦焊连接[74]。

　　仅极少数的钛合金盘锻件曾采用过等温退火（TC6（BT3-1））或 β 退火（IMI685、IMI829）。TC6（BT3-1）钛合金等温退火工艺具体工序包括：加热到较高的温度（第一级退火），充分发生再结晶，之后炉冷，再在某一再结晶温度以下的温度（第二级退火）保温，随后空冷。有时从第一级退火温度的炉子快速转移到第二级退火温度的炉中保温，随后空冷。等温退火可以得到比普通退火更高的塑性和持久强度，但拉伸强度严重降低。IMI685 和 IMI829 钛合金盘锻件推荐采用 β 热处理工艺，得到 β 转变组织，需要严格控制 β 晶粒尺寸。如某 IMI829 钛合金锻件标准要求 β 晶粒平均尺寸不大于 2mm，单个晶粒尺寸应不大于 3mm。推荐的 β 热处理制度为：固溶处理：不小于 $T_\beta + 20℃$，或不大于 1050℃，保温不小于 30min 后空冷或油冷；时效处理：625℃/2h/AC。固溶后冷却方式的选择需根据锻件最小截面尺寸而定，当最小截面尺寸不大于 35mm 时，采用空冷；当最小截面尺寸大于 35mm 时，采用油冷，并规定锻件从出炉转移至淬火介质的间隔时间不应超过 30s，而且锻件不允许进行重复热处理。

　　当前 β 热处理主要用于损伤容限设计的飞机钛合金零部件，主要目的是为了提高 K_{IC} 和减慢 da/dN，而不是为了提高蠕变抗力。F-22 飞机主要选用了 Ti-6Al-4V 和 Ti-62222S 钛合金做承力结构件，大量采用 β 热处理工艺（包括五个 Ti-6Al-4V 钛合金隔框模锻件）。波音 787 飞机的部分 Ti-5553 钛合金锻件采用了 BASCA 热处理工艺（β 退火慢速冷却+时效）。我国 TC11 钛合金飞机伞仓梁锻件采用 β 热处理工艺（1030℃/1.5 ~ 2h/OQ+950℃/1.5 ~ 2h/AC + 550℃/6h/AC），锻件长 530mm，截面厚度约 110mm（见图 3-38），K_{IC} 达 96MPa·$\sqrt{m}$；与 α+β 热处理相比，提高了约 30%。

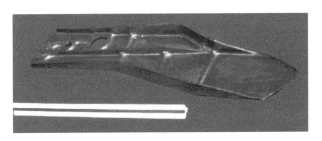

图 3-38 TC11 钛合金伞舱梁锻件

某些钛合金如 IMI834，为了兼顾热强性和塑性而采用了近 β 固溶+时效的热处理工艺，早期开发阶段要求初生 α 相含量控制为 7.5%。然而在某些情况下，采用近 β 固溶易产生超温现象，亦即固溶温度实际已进入 β 区，形成不希望得到的粗大 β 晶粒组织，为了妥协只能调低固溶处理温度，适当增加初生 α 相含量。

3.3.2 叶片类锻件的制备

大涵道比发动机风扇系统的风扇叶片和增压级（也称低压压气机）叶片一般采用钛合金制造。高压压气机叶片分转子叶片和静子叶片两种，如果能满足温度条件，一般采用钛合金材料。转子叶片又称工作叶片，由叶身和叶根组成，转子叶片具有气动翼型截面，从叶根到叶尖扭转叶型，叶身的横截面由顶部到根部逐渐加厚，与压气机盘通过如燕尾型榫齿连接配合组成压气机转子。静子叶片又称整流叶片，由叶身和大小缘板组成，与机匣配合组成压气机静子，有些静子叶片作为引导气流用，称为导向叶片。现代高推重比军用发动机的压气机转子趋向采用整体叶盘结构，更高推重比军用发动机的压气机还设计采用整体叶环结构。

叶片是发动机中数量最多的部件之一，因其具有薄截面且扭曲叶型的特点，叶片的制造加工一直是航空制造的难点。风扇叶片尺寸大，目前主要有两种形式，即锻造的实心钛合金风扇叶片和超塑成形/扩散连接（SPF/DB）工艺制造的空心钛合金风扇叶片。目前一些大型涡扇民用发动机风扇叶片趋向于使用树脂基复合材料，但叶片进气边的前缘采用钛合金蒙条，以提高抵抗外物冲击能力。

3.3.2.1 实心风扇叶片模锻成形

对于叶身较长的实心钛合金风扇叶片，为避免发生危险的共振或颤振，在叶片叶身中部常常设置一个凸台，以起到阻尼减振作用。当一排叶片安装好后，每个叶片的凸台会连成一个紧靠的圆环，彼此制约，增加叶片排的整体刚性，且还会改变叶片振动的固有频率，降低叶根的弯曲扭转应力。减振凸台还可增强风扇叶片抗鸟击能力。通过在减振凸台结合面上喷涂耐磨合金，可以在叶片发生振动以致结合面之间发生相互摩擦时起到阻尼减振作用。凸台也有许多缺点，如使叶片质量增加，导致叶片离心载荷增加；叶片模锻成形工艺变得更为复杂；叶身与减振凸台连接处的局部加厚会使气流通道面积减小，造成气流压力损失。

实心钛合金风扇叶片的模锻工艺参数大致与盘锻件相近，因叶片坯料截面小，一般选用变形速率较大的螺旋压力机进行模锻成形，要求坯料转移迅速。叶片模锻时玻璃润滑剂的应用也是至关重要的一环。图 3-39 为某型发动机用 TC4 钛合金风扇叶片锻件粗加工件，长度约 610mm，单件锻件重约 20kg，经热处理后的显微组织如图 3-40 所示，为典型的双态组织，初生 α 相分布均匀。

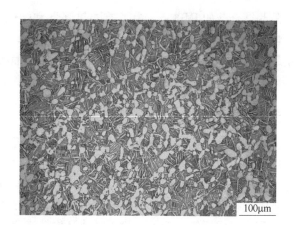

图 3-39　某发动机用 TC4 钛合金
风扇叶片锻件粗加工件

图 3-40　TC4 钛合金风扇叶片横截面的显微组织

3.3.2.2　风扇增压级和压气机叶片精锻工艺

压气机模锻叶片按叶身型面单面加工余量的大小可分为四类：（1）普通模锻叶片，叶型加工余量为 1.5~3mm；（2）小余量模锻叶片，叶型加工余量为 0.5~1.5mm；（3）半精锻叶片，叶型加工余量为 0.3~0.5mm；（4）精锻叶片，叶型加工余量为 0.2~0.3mm[75]。一般认为，锻件叶身部分余量小于 0.3~0.7mm，公差小于普通模锻件公差的 1/3，叶身表面不需要机械切削加工，只需进行砂带磨削、化学铣削或者精抛光等，就可以称为叶片精锻技术。发动机压气机钛合金叶片锻造成形由普通模锻向精锻方向发展，锻后叶型部分只需进行化铣和抛光，无需机加工，因此可以完好地保留金属变形流线，有助于提高叶片的表面完整性和疲劳强度，且材料利用率显著提高。

精锻叶片要求较高的制坯质量、精密锻造设备、精密模具制造水平、精密的检测设备以及较高的辅助工艺配合要求。采用精锻工艺生产的叶片，对其表面质量、内部组织、流线分布要求是非常严格的，需要设计实施最佳的模锻工艺方案和一系列辅助工艺的合理配合，才能实现叶片锻件的精化。叶片精密模锻时，为避免弹性变形的能量损失过大，压力机在行程终止时要发挥出最大的压力，具有最高的刚性，能够满足这些要求的是在飞轮上装有齿轮传动机构和离合器式螺旋压力机。

精锻叶片的制造工序主要为：顶锻榫头→压扁榫头（镦粗凸台）→预锻→终锻→热校型。精锻后的叶片先采用化铣和砂带磨，型面完全合格后转入机加工工序。对于薄截面的压气机叶片，要求叶片生产转料时间控制在 3s 内，夹料在钳子上裹覆如 Kao Wool 隔热材料可以减少热量散失[73]，因与模具有较大的接触面积，叶片传递到模具的热量很大，造成大的温度梯度，因此宜采用较大的变形速率，但需要防止出现剧烈绝热剪切变形带。钛合金叶片在机械加工叶根之前采用低熔点合金定位，如法国 Snecma 公司采用低熔点的 Sn-Bi 合金（Sn：43%，Bi：57%），熔化温度为 138℃，用六点定位法浇铸。机加工后去掉低熔点合金，立即用 85% 浓度的 HNO_3 溶液进行腐蚀，去除表面的残留物[76]。机加工之后一般要对叶片进行振动光饰处理，使叶片工件与磨料相互研磨，对叶片进行尖边倒圆和抛光。

　　图 3-41 所示为北京航空材料研究院用普通曲柄压力机制造的钛合金精锻叶片及其锻造工序过程。图 3-42 为英国 Doncasters 公司在 1000~14000t 螺旋压力机上生产的钛合金精锻叶片。

图 3-41　北京航空材料研究院用普通曲柄压力机制造的钛合金精锻叶片及其锻造工序

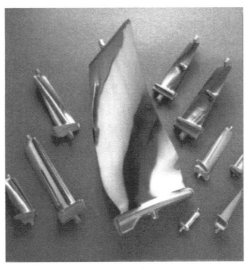

图 3-42　英国 Doncasters 公司在 1000~14000t 螺旋压力机上生产的钛合金精锻叶片

　　精锻叶片叶型采用化学铣削去除一定的加工量，这个过程容易造成叶片吸氢，如果氢含量过高，会引起氢脆。钛合金叶片的氢含量一般从叶片排气边最薄处取样分析，建议的取样尺寸：宽度 4~5mm，长度 30~40mm，如图 3-43 所示，氢含量不得超过锻件规范的规定，取样过程应防止污染。如果氢含量超标，采取的补救措施是实施真空除氢退火处理。在 AMS 4928《Titanium Alloy Bars, Wire, Forgings, Rings, and Drawn Shapes, 6Al-4V,

Annealed》中，早期还有一项缺口应力持久测试要求，是为了了解氢产生延迟破坏而采用的方法，只要严格控制氢含量，这项性能就没必要进行测试。

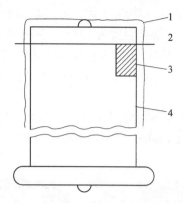

图 3-43　钛合金叶片氢含量测试取样位置示意图
1—飞边；2—整个长度；3—氢含量试样；4—排气边

　　压气机叶片也可采用等温模锻工艺生产，据资料报道，PW 公司采用等温精锻技术生产 F100 发动机用 Ti-811 钛合金风扇叶片锻件。苏联 BT3-1 和 BT22 钛合金叶片也曾用过等温模锻工艺，使叶片的材料利用率从常规模锻的 32%～40% 提高到了 83%～90%[77]。钛合金叶片等温锻时的流动应力为 150～170MPa，较之普通锻造要低 5～8 倍。采用一种专用的玻璃润滑剂，接触摩擦系数下降到 0.04～0.06，同时还能促进叶片组织和力学性能的均匀和改善，消除表面粗晶和心部绝热剪切变形带缺陷[78]。等温模锻的完善得益于新型专业设备的建立，例如压力为 100～150MN 的专用压力机，可用于直径达 1000mm 的盘件和长度达 1000mm 及更大叶片毛坯的模锻[79]。

　　由于精锻叶片叶身的自由曲面及薄壁特性，以叶身曲面为基准进行定位、夹紧和榫头加工，容易出现过大的偏差及变形，在位测量的精度不容易保证，要实现榫头加工的高表面完整性和形位误差是非常困难的。转子叶片装配中榫头又是叶片的安装部位，加工误差及表面完整性又必须严格控制。为了解决无余量精锻叶片由于复杂薄壁曲面构型带来的工件刚性差、误差难控制的问题，较为常用的一种方法是使用低熔点合金浇铸工艺，即对已经完成叶身无余量精锻和进排气边加工的叶片锻件，用六点定位法夹持叶身进行浇铸，把复杂的叶身点定位转换成规则的面定位，用浇铸块定位进行叶片后续精密加工。但这种工艺存在明显缺点，如曲面零件的定位基准转换过程受实际工艺的影响很大，生产准备复杂，因此开发了更加先进的基于叶身多点直接定位夹紧的精密化、高效化的叶片保形加工技术，实现叶片更加精密、高效、清洁加工。借助无余量精锻叶片叶身曲面，通过多个高精度定位元件对叶片形成定位，配以辅助支撑元件以提升叶片的刚性，叶身夹紧后直接铣削或磨削榫头以达到较高的精度及效率。通过"叶片—工装"系统的刚性提升抑制加工过程叶片变形，并通过数控机床和工装系统之间的交互通信机制实现动态加工过程中机床刀具和保形装置之间的敏捷协调，确保叶片加工过程的工艺稳定性以及叶片的质量、效率和作业安全[80]。

　　如果能细化钛合金叶片的晶粒尺寸，在不改变原始合金元素及相分布的情况下，可以提高叶片的强度、硬度和疲劳寿命。最近报道，俄罗斯为 MC-21 飞机开发的 ПД-14 发动机压气机钛合金叶片，拟采用等通道转角挤压法（ECAP：Equal Channel Angular Pressing）生产的超细晶棒材，α 相晶粒尺寸达到 0.1μm，从而使叶片的疲劳强度提高20%，寿命增加 2~3 倍[81]。ECAP 的原理是：将试样从具有一定通道角度（90°~120°）的模具一端挤入再从另一端挤出，期间模具通道角度对试样施加了强烈的纯剪切作用；通过多道次的变形可以产生很大的等效应变，使得晶体缺陷特别是位错密度急剧增加，并形成亚晶粒，随着变形量的增加，晶粒间的位向差增大，最终形成由大角度晶界构成的超细晶粒。ECAP工艺的优势在于不改变截面尺寸就可以获得极大的塑性应变[82]。

如同 ECAP 方法的剧烈塑性变形（SPD：Severe Plastic Deformation）方法还有高压扭转（HPT：High Pressure Torsion）、多轴锻造（MAF：Multi Axial Forging）和累积叠轧（ARB：Accumulative Roll Bonding）等，经过多道次的剧烈塑性变形，位错密度显著增加，位错结构复杂，没有明确界定的晶界，表明材料处于具有高内应力的非平衡状态。为了获得超细晶，需要在较低温度下进行变形，如对于工业纯钛，需要在450℃以下进行变形。对于 Ti-6Al-4V 合金，需要在700℃以下变形。变形之后的热稳定性通常较差，经高温退火，超细晶粒会快速长大，位错密度下降，因此无法保持高强度。一般采用400℃以下的低温退火，以防止晶粒长大，通过降低位错密度和残余弹性应力，从而略微提高塑性。ECAP 和 HPT 方法一般仅限于小尺寸块状纳米晶材料的制备，工艺复杂，加工效率低，所得材料组织不均匀，一般认为是难以实现大型化和实用化的工业生产。超细晶材料具有高的室温强度和高温超塑性，潜在用途主要是生物医学领域，如用于要求高强度的牙科植入物。

如果采用高温轧制生产航空叶片用钛合金小规格棒材，通过多道次的反复轧制，也可实现大的塑性变形，且变形均匀。通过合理控制初始组织，晶粒细化和均匀化程度也很显著，在 α+β 区变形获得的等轴组织，其晶粒尺寸能控制在 1~5μm，这对于航空叶片应用来说是一个较好的晶粒度水平。轧制变形金属流动具有单方向的特点，因此要关注轧制变形和随后热处理过程变形织构的演化及其对力学性能的影响，织构分布如能与叶片受力方向保持一个良好匹配，应能起到织构强化的有益作用。

3.3.2.3 钛合金宽弦空心风扇叶片的超塑成形/扩散连接工艺

与窄叶身的实心风扇叶片相比，宽弦风扇叶片具有如下优势：空心结构消除了宽弦叶身的质量障碍，还解决了窄叶身需要增加阻尼凸台来处理振动的问题，改善了风扇叶片结构的整体性、使用性能及降低噪声。到目前为止，钛合金宽弦风扇叶片共发展了三代，第一代空心叶片内部采用蜂窝型芯结构支撑，如图 3-44 所示的 RR 公司早期开发的宽弦风扇叶片，第一台采用宽弦风扇叶片技术的发动机是 RB211-535E4，如图 3-45 所示，于 1984 年成功取证，后来 V2500（见图 3-46）、RB211-524G 和 RB211-524H 均采用了第一代宽弦风扇叶片技术[83]；第二代空心叶片内部采用桁架式结构，叶片内部的肋板与外面的两层蒙皮相连，且沿径向连接，如图 3-47 所示，这对支撑离心应力是有利的，Trent700 和

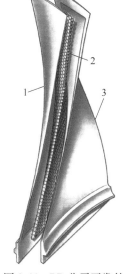

图 3-44 RR 公司开发的
第一代蜂窝结构的宽弦
空心风扇叶片
1—叶背面；2—蜂窝层；
3—叶盆面

Trent800 采用了第二代桁架式结构的宽弦风扇叶片；第三代空心风扇叶片叶型采用掠形结构，如图 3-48 所示，内部仍采用桁架式结构，Trent900 之后的发动机采用了第三代宽弦后掠空心风扇叶片。超塑成形/扩散连接（SPF/DB）工艺制造的宽弦空心风扇叶片比之前的第一代蜂窝结构宽弦风扇叶片质量减轻约 15%，具有更强的抗鸟击能力，且更为经济。

图 3-45　RB211-535E4 发动机 Ti-6Al-4V
钛合金宽弦空心风扇叶片

图 3-46　V2500 发动机 Ti-6Al-4V
钛合金宽弦空心风扇叶片

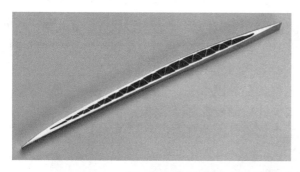 

图 3-47　第二代宽弦空心风扇叶片横截面桁架式结构薄板及扩散连接界面

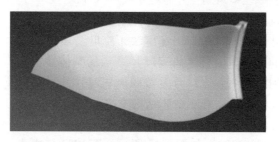

图 3-48　第三代宽弦后掠空心风扇叶片示意图

第二代和第三代宽弦空心风扇叶片内部桁架式结构采用 SPF/DB 方法制造，钛合金超塑成形所要求的环境和条件（真空度或氩气保护、温度和压力）是与扩散连接相近的，这便是 SPF/DB 组合技术的基础。进行超塑成形的同时可完成扩散连接，用于制造钛合金夹层结构、整体框、加强壁板和舱门等构件。钛合金结构的扩散连接和超塑成形在同一工装内先后完成，即在同一工装中先扩散连接而后超塑成形或者先超塑成形而后扩散连接。

SPF/DB 工艺生产钛合金空心风扇叶片的工序：侧板制备（按设计模板外侧铣出榫头并在外侧叶身部位铣框）→内膜板制备（按设计模板）→用印染的方法涂防扩散涂料（如 BN 和 Y_2O_3）并组装→扩散连接→切边→热扭转和校形→超塑成形（形成瓦轮结构）→热处理→机加工榫头、型面和其他需加工的部位→叶身和榫头表面处理（叶身喷玻璃丸，榫头喷钢丸，局部区域还需激光冲击强化）。为了防止某些部位不进行扩散连接，需要提前施加止焊剂材料，防止桁架部分发生扩散连接。在确定叶片内部筋板位置后，止焊剂图形和涂层的制备直接关系到叶片成形质量，采用丝网印刷代替手工涂刷，可以提高止焊剂图形涂刷质量和效率[84]。

扩散连接具体操作过程是：在绝对无尘室内进行高温真空扩散，焊接成一个整体空心平板叶身，保证焊接接头完美的结合质量，如图 3-49 所示，相互接触的薄板表面在高温和压力的作用下相互靠近，局部产生塑性变形，原子间相互扩散，在界面形成新的扩散层，从而形成可靠的连接接头。扩散连接大致分三个阶段：第一阶段为物理接触，发生变形并形成交界面（见图 3-49（b））；第二阶段为接触面原子间的相互作用形成金属键，并伴随晶界的迁移和孔洞的减少（见图 3-49（c））；第三阶段为接触部分形成接合层，该层向体积方向发展，最终形成可靠的连接接头（见图 3-49（d））。随后扩散连接的部件在精密机械加工的钢型之间充入惰性气体，通过超塑成形形成内部桁架核心，同时叶片外部形成符合空气动力学的叶型，使用数控机械加工和表面加工工序完成制造。

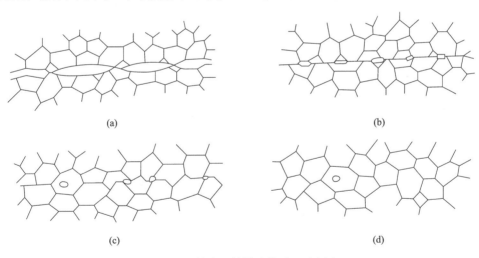

图 3-49 钛合金扩散连接过程示意图

(a) 凹凸不平的初始接触；(b) 变形和交界面的形成（第一阶段）；
(c) 晶界迁移（第二阶段）；(d) 体积扩散及微孔消除（第三阶段）

扩散连接是靠高温下材料表面的局部塑性变形而使接触面贴紧，以保证连接材料表面层的相互扩散，产生原子量级上的结合，从而获得一种整体接合的技术。温度、压力、保温时间、连接工件的表面状态、连接材料及中间扩散层的冶金特征是影响扩散连接过程和接头质量的主要因素。扩散连接温度的选择应保证在尽可能短的时间内获得最好的连接质量，达到完全的冶金连接而又不使接头和基体材料发生不希望的冶金变化，以保证基体材料的性能。压力是决定扩散连接表面能否紧密接触的重要因素，钛合金扩散连接压力在0.5~30MPa 均能获得良好的连接强度。扩散连接要获得良好的连接质量，必须有一定的时间过程。对于 Ti-6Al-4V 钛合金来说，连接时间一般不超过 3h，如果温度和压力较低，时间可以增加到 4~6h。例如蜂窝结构夹层板的 SPF/DB 成形，压力很低，约 0.01MPa，温度为 880~920℃，时间必须加长，才能获得良好的连接。

　　某 Ti-6Al-4V 钛合金桁架式空心风扇叶片截面的高低倍组织如图 3-50 所示，叶片薄板之间通过扩散连接焊合率达到 100%，从高低倍组织上看不出扩散连接的界面，组织为完全的双态组织，初生 α 相含量达到 80%以上。

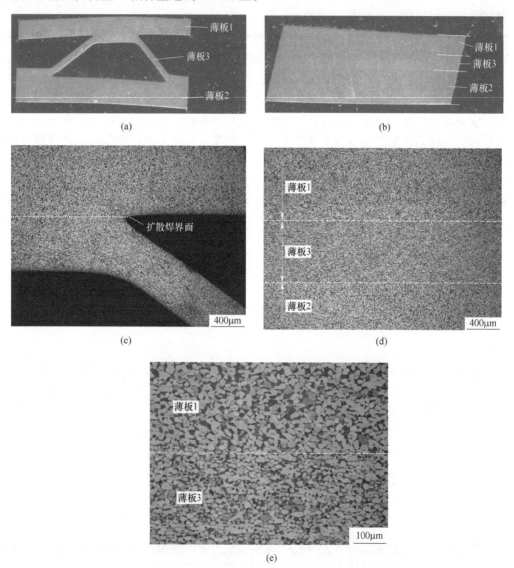

图 3-50　Ti-6Al-4V 钛合金宽弦空心风扇叶片横截面的高低倍组织
（a）桁架结构处的低倍组织；（b）叶片边缘处的低倍组织；（c）桁架结构处的焊缝显微组织；
（d）叶片边缘处的显微组织；（e）桁架结构处的焊缝显微组织，不同厚度板材的晶粒尺寸略有差异

扩散连接工艺不当或受到污染，可能会产生未焊合区域、鱼嘴延伸及线状孔洞。对于孔洞尺寸的要求，某 Ti-6Al-4V 钛合金 SPF/DB 风扇叶片标准要求不得大于 10μm（0.0004英寸），也有标准要求不得大于 7.6μm（0.0003 英寸），相当于双态组织初生 α 相的尺寸。如果存在多个孔洞聚集，一般是不可接受的。

日本 NKK 公司于 1989 年推出一个超塑性钛合金 SP700，它是在 Ti-6Al-4V 钛合金成分的基础上（3/4 的 Ti-6Al-4V 合金元素含量）添加 β 稳定化元素 Mo 和 Fe，成为一个富含 β 相的 α+β 型钛合金。SP700 钛合金名义成分为 Ti-4.5Al-3V-2Mo-2Fe，并以在 700℃ 下具有优越的超塑性而命名[85]。和 Ti-6Al-4V 钛合金相比，SP700 钛合金具有更好的冷、热加工成形性，更高的强度、塑性、断裂韧度和疲劳强度，最突出的是合金的超塑性能得到显著提高，即有更高的超塑伸长率和更低的超塑成形温度和应力。美国早期对此合金有极大兴趣，拟代替 Ti-6Al-4V 用于一些超塑性构件，如发动机空心风扇叶片，制定了 AMS 4899《Titanium Alloy, Sheet, Strip, and Plate, 4.5Al-3V-2Fe-2Mo, Annealed》，由于美国法律的规定，在美国暂停了它的使用[86]。

3.3.3　整体叶盘零件制造技术

现代军用飞机优异作战性能强烈依赖于先进高推重比航空发动机的应用，而发动机日益减重的设计目标需要使用轻质耐高温材料及与之相适应的高效整体结构。与工艺创新的融合发展了整体叶盘等轻量化结构，减少零件数量，减轻结构质量，降低零件本身承载应力及对压气机轴等配合件的负荷，从而提高发动机的推重比和使用可靠性。早期也将整体叶盘结构称为带叶片的整体转子（IBR：Integrally Bladed Rotor）。

整体叶盘是将叶片、盘等零件集成设计为一个整体构件，较之传统的榫齿连接结构，整体叶盘减重约 30%，消除了因连接和装配引起的零件间接触应力，避免了叶片榫头与盘榫槽之间因微动磨损疲劳失效的潜在风险，消除了气流在榫头与榫槽间的泄漏，减小了叶片与轮盘转子组件的径向温度梯度，有效降低热机械疲劳风险，改善压气机气动稳定性，提高整体叶盘的使用可靠性[87]。因而在一些新型发动机中将采用整体叶盘作为改善性能的一项重要措施。除上述优势外，整体叶盘因无榫齿连接结构榫头与榫槽连接处的机械阻尼，存在叶片振动问题包括盘体与叶片的耦合振动[88]。

3.3.3.1　整体叶盘结构的发展与应用

整体叶盘结构的设计始于 20 世纪 60 年代，早期主要应用于涡轴发动机压气机结构，在离心式压气机前增加了一级轴流式转子，将叶片、盘和轴做成一体。20 世纪 70 年代，阿赫耶（Arriel）发动机也采用了一级轴流+一级离心的组合式压气机，轴流式转子采用优质 Ti-6Al-4V 钛合金锻件数控铣削加工成零件[89]。目前，一些小型的发动机如 PW300 和 PW500，其轴流式压气机广泛采用钛合金整体叶盘结构，如 PW300 的高压压气机由四级轴流与一级离心转子组成，其四级轴流式转子均采用整体叶盘，且第 2~4 级还用电子束焊接成一个整体转子。基于在小型发动机上的成功应用，整体叶盘结构扩大应用于大型发动机的风扇和压气机，并采用两种主导制造方法：（1）采用数控铣削或电化学加工方法从锻件上直接加工成零件，多用于叶片尺寸较小的压气机整体叶盘；（2）叶片与盘单独制造并采用线性摩擦焊连接成整体叶盘，用于叶片尺寸较大的风扇整体叶盘。

整体叶盘是国外第三代航空发动机 F414、F110、F100 和第四代发动机 EJ200、F119、

F135 采用的典型结构，其温度相对较低的风扇和高压压气机前段一般选用钛合金材料。F414 发动机风扇第 2 级和第 3 级采用宽弦叶片的 Ti-17 钛合金整体叶盘，采用电化学加工方法加工，与数控铣削方法相比，加工时间可减少约 85%，还可避免产生加工残余应力。将两个整体叶盘零件焊接在一起形成整体转子，使 F414 发动机风扇转子比原型的 F404 发动机（推重比 7.5）减轻 20.43kg，并避免螺栓连接结构带来的螺栓孔或螺栓疲劳断裂的潜在危害[90]。F414 发动机高压压气机前三级采用整体叶盘结构，其中第 1 级和第 2 级采用 Ti-17 钛合金且焊成一体。F414 发动机将几个整体叶盘焊成一体的设计，显著减轻转子质量，推重比达到 9.1。1995 年，GE 公司改进 F110-GE-129 为 F110-GE-129G 时，风扇采用了宽弦叶片与整体叶盘结构。同时期，PW 公司改进 F100-PW-229 为 F100-PW-229A 时，将三级风扇叶片改为宽弦设计，后两级风扇转子采用整体叶盘，第 1 级仍用常规的榫齿连接结构。EJ200 发动机从最初的验证机到生产型，验证机风扇最初只在第 3 级采用电子束焊接的整体叶盘，后来第 2 级和第 1 级亦采用了整体叶盘；2000 年开始，RR 与 MTU 合作，用线性摩擦焊制造第 1~3 级风扇整体叶盘[91]；高压压气机结构做了较大改进，由验证机的五级全榫齿结构改为原型机的第 3 级采用 IMI834 钛合金整体叶盘，其余四级仍为榫齿结构；到了生产型，改为第 1~3 级采用整体叶盘，后两级为榫齿结构；到最终定型时，改为五级全部整体叶盘结构[87]。F119 发动机三级风扇和六级高压压气机转子全部采用整体叶盘结构，第 1 级风扇叶片采用超塑成形和扩散连接方法制成的空心结构，用线性摩擦焊将空心叶片焊接到盘上形成整体叶盘。F135 发动机由 F119 派生而来，其三级风扇和六级高压压气机（前两级用钛合金，后四级用镍基高温合金）全部采用整体叶盘；两级对转轴流式升力风扇系统采用 RR 公司设计制造的整体叶盘，用线性摩擦焊将空心结构叶片焊接到盘上形成整体叶盘，通过一根软管状联轴器，将涡轮产生的轴动力驱动升力风扇[92]。将几级整体叶盘焊接在一起形成整体转子，可以进一步提高结构完整性和工作效率，并允许叶片弦长做得更大，增强了抗外物冲击损伤能力和抗疲劳性能，提高了失速裕度[93]。随着整体叶盘结构设计和加工能力的提升及工程应用经验的积累，其在发动机中的应用技术不断发展成熟。

　　基于整体叶盘结构在军用发动机上的成功应用，这一结构也逐渐应用于商用发动机，并取得良好的使用效果，如 Trent XWB 发动机中压压气机采用 Ti-6246 钛合金整体叶盘；GEnx 发动机高压压气机第 1 级、第 3 级和第 5 级采用整体叶盘；PW1000G 发动机三级风扇均采用整体叶盘，高压压气机除第 8 级转子叶片装在轮盘环形燕尾槽外，其余七级均采用整体叶盘[94]。GE 公司开发的 Passport 发动机，采用了直径为 1320mm 的钛合金风扇整体叶盘，叶型为弯曲前缘后掠式大流量宽弦叶片，高压压气机前四级（后改为五级）采用整体叶盘。Passport 发动机的高压压气机叶片和整体叶盘叶片具有特殊的超精细加工表面，比传统叶片的表面光滑 4 倍，能形成一层气流，防止污垢聚集，对提高叶片的效率和性能有很大作用[94]。当前，随着整体叶盘叶片增材制造修复技术的发展和日趋成熟，修复后的叶片强度与原叶片相当，使整体叶盘焕发了新的生命力[95]，但需要考虑叶身修复引起的材料性能不均匀的问题。近年来包括 GE、H&R Technology、Optomec 以及德国 Fraunhofer 研究所在内的多个研究机构开展了整体叶盘的激光成型修复技术研究，Optomec 公司宣称其采用激光成型修复技术修复的 T700 发动机整体叶盘通过了军方的振动疲劳试验验证。

3.3.3.2 整体叶盘零件的铣削加工与电化学加工

钛合金具有低的热导率、高的化学活性和低的弹性模量。低的热导率和高的化学活性会增加刀具边缘的温度、工具与工件之间强烈的黏附，使得切削刀具磨损严重[96]。低的弹性模量易引起工件在刀具压力作用下发生"反弹"，会降低最终零件的尺寸精度，因此钛合金具有较差的机加工工艺性。

铣削加工是生产钛合金整体叶盘的传统工艺，适用于叶片尺寸相对小的压气机整体叶盘的加工。有些试验批的叶片尺寸较大的整体叶盘，也可采用铣削加工，图 3-51 为某型发动机 TC17 钛合金风扇一级整体叶盘锻件及铣削加工后的零件。目前发展了高速铣削加工，可以显著节省加工时间。某发动机 IMI834 钛合金第 3 级整体叶盘零件，外径 500mm，共有 85 个叶片，叶片弦长 33mm；与传统铣削加工相比，高速铣可显著降低切削力，加工精度更高，且改善表面质量（粗糙度和残余应力），节省加工时间约 60% 以上，大约 15min 就可以加工一个叶片型面，粗加工时切削速度大约为 100m/min，精加工时接近 350m/min。而且采用高速铣削，在对叶片抛光处理前无需对叶型边角进行人工倒圆就能满足图纸要求[97]。铣削加工后的整体叶盘零件，一般要进行磨粒流加工、滚筒振动抛光或化学辅助加工。MTU 公司开发了一个称为圆形错开铣（CSM：Circular Stagger Milling）的专利技术，用于整体叶盘的粗加工。采用环形轨迹移动的高性能碳化物刀具在叶片之间的通道里移动，有特殊的切边外形和内部冷却剂供应，具有极高的金属去除速率，而且刀具寿命很长。

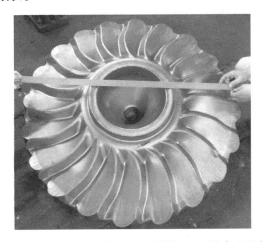

图 3-51 宝钢特钢公司研制的 TC17 钛合金风扇一级整体叶盘锻件及加工后的零件

电化学加工是一种以电解原理为基础的加工技术。加工时刀具作为阴极和直流电源的负极连接，工件则作为阳极和电源正极相连，在电解液中阴极和工件之间发生电荷交换，阳极工件被溶解，这样不用接触工件便可对其进行定点加工，加工出工件的精密外形轮廓，表面轮廓精度可达到 $R_a = 0.05\mu m$ 的水平。电化学加工的优势在于可以在非接触式、不受热效应影响的情况下进行加工，且加工过程柔和，不会对工件产生具有负面影响的机械作用力和热应力，不会改变工件表面的组织状态，也不会影响材料的原始特性。电化学加工方法适用于叶片尺寸中等（如弦长超过 70mm）整体叶盘的批量生产，具有极好的可重复性。

3.3.3.3　整体叶盘零件的线性摩擦焊加工

摩擦焊方法采用摩擦生热，使两个部件连接面处温度升高，达到锻造温度后进行压力结合，不会引起周围金属的熔化。与其他焊接方法相比，摩擦焊具有如下优点：（1）它是一个固态过程，不会产生夹杂物和气孔；（2）得到一个窄小的热影响区；（3）可以用于连接相似或不同的材料；（4）可以实现全自动化，通过设备来完全控制焊接过程，确保连接质量和再现性；（5）界面达到100%的焊接；（6）焊接准备工作简单；（7）无需填充材料，无需惰性气体，在成本上有优势；（8）焊接快速；（9）热效率高；（10）大部分情况下焊后无需机械加工；（11）工艺适应性好；（12）环境相容性好，无火花、发烟。

在航空发动机上，线性摩擦焊（LFW：Linear Friction Welding）早期的工业应用是替换损坏的叶片[98]，下一个合乎常理的应用是制造整体叶盘，其工作示意图如图 3-52 所示。因为整体叶盘部件的重要性，对于 LFW 工艺的可靠性要求是极高的。线性摩擦焊技术在 EJ200 发动机的三级风扇整体叶盘制造中的成功应用，标志着线性摩擦焊技术的应用达到了登峰造极的程度。

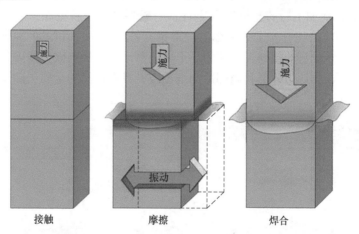

接触　　　　　　摩擦　　　　　　焊合

图 3-52　线性摩擦焊两个部件相对运动示意图

线性摩擦焊时，接头焊缝位置受到高的 β 区温度下很大的塑性应变作用，加之随后的快速冷却，因此焊缝处的 β 晶粒尺寸极为细小。这种组织形态是无法通过传统的塑性变形方式能得到的，这种组织具有极小的位错滑移长度，因此具有优异的疲劳裂纹萌生和小裂纹扩展阻力。但需要指出的是，它同时具有很低的断裂韧度和疲劳裂纹扩展阻力，需引起发动机设计者的重视。

3.3.3.4　双性能整体叶盘制备技术及组织控制

航空发动机压气机整体叶盘工作时，叶片和盘承受的温度条件和应力条件有着显著差异。叶片工作温度高、承载应力小、振动频率大，主要承受离心拉应力和高频振动应力的综合作用，且有受到外物冲击的可能，因此应重点考虑叶片的拉伸强度、高周疲劳和抗外物冲击性能；盘承受高的多轴低频循环应力作用，从盘心到盘缘沿径向有较大的温度梯度和应力梯度[99]，又考虑到叶片与机匣需保持小的间隙以及盘破裂会带来发动机非包容损伤的巨大危害，因此应更加强调盘的高温蠕变、低周疲劳和损伤容限性能[100]。可见，同一个整体叶盘零件的不同部位对力学性能是有不同要求的。航空发动机性能的提高，要求转子承受愈加严苛多变的热力条件。为了优化发动机的结构设计，需要保证整体叶盘各部位有适应工况条件下的力学性能，一个很好的解决措施是实现整体叶盘"双性能"，即叶片与盘体获得特定的显微组织。

A 双性能的设计构思与实践

航空发动机盘件的双性能设计构思由来已久，首先在镍基高温合金涡轮盘上进行了探索研究。涡轮盘的盘辐工作温度相对较低，细晶组织更符合盘辐高的屈服强度和低周疲劳性能要求；盘缘温度相对较高，粗晶组织具有高的蠕变和损伤容限性能，适应榫槽可能出现的小裂纹[101]。在单一合金双组织涡轮盘基础上，又发展了双合金涡轮盘，盘辐和盘缘采用不同的合金材料，美国 IHPTET 计划验证了双合金涡轮盘，盘缘用 IN100 合金，具有优良的抗冲击损伤能力，盘辐用 AF2-DA1 镍基粉末合金，能承受更高的拉应力作用[102]。双合金涡轮盘存在三大不足之处：（1）异种合金的连接界面可能是一个"弱"区域；（2）异种合金弹性模量的差异导致界面上有较大的热应力；（3）采用同一种热处理工艺会妥协两种合金的力学性能[103]。

GE 公司于 1994 年采用盘缘加热和盘辐绝热内封，通过气冷盘辐形成温度梯度的方法制备双性能涡轮盘，盘辐为细晶组织，盘缘为粗晶组织，以适应更高温度对高蠕变强度的要求[104]，2002 年该项技术再次升级[105]。PW 公司于 1997 年采用双重组织热处理工艺（DMHT：Dual Microstructure Heat Treatment）制造了 IN100 双性能粉末涡轮盘，工装如图 3-53 所示，即将盘辐封入绝热箱并依靠导热块吸热，盘缘置于热处理炉内加热，沿盘体径向产生可控的温度梯度[106]，盘辐温度低于盘缘，通过控制热处理温度与 γ′ 相溶解温度的差值，使盘缘晶粒长大（$30 \sim 80 \mu m$，ASTM E112 的 $5 \sim 7$ 级），盘辐保持细晶（约 $10 \mu m$，ASTM E112 的 $11 \sim 12$ 级），并成功应用于 F119 发动机[107]。DMHT 要求有特殊的电气和软件控制系统，工艺装置的设计与制造是技术核心，关键在于在盘辐和盘缘之间形成精确的温度梯度。尽管工艺概念简单，但实际操作需要对时间和温度的动态变化有非常精确的掌控，尤其是热处理后要在限定时间内进行淬火处理，操作难度大。此外，每制造一种材料和一种尺寸的双性能涡轮盘，要专门设计制造与之相匹配的导热块，生产成本高。

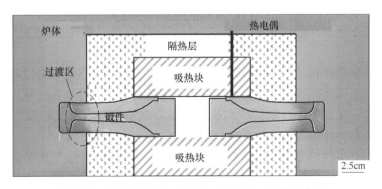

图 3-53 双重组织热处理工艺（DMHT）工装示意图

B 钛合金整体叶盘从追求均质向双性能的变化

航空发动机整体叶盘工作时在温度相关（热疲劳、热机械疲劳）、时间相关（蠕变、保载疲劳）和速率相关（拉伸）载荷的共同作用下，呈现复杂的力学行为，且存在各类损伤的耦合[108]。整体叶盘不同部位工况差异大，叶片主要承受高频低幅的振动应力作用，高周疲劳性能是影响叶片使用可靠性的第一要素；盘体承受大的离心应力和热应力作用，并考虑到高温长时工作时叶片与机匣之间需保持较小的叶尖间隙（过大的叶尖间隙是引起旋涡失速和影响喘振裕度的主因之一，间隙过小有引发叶尖与机匣摩擦导致钛火的风险）。此外，发动机启动时，因发动机轴不同位置存在温度差而会导致转子弯曲变形，会引发压气机转子叶片叶尖与机匣内壁剐蹭，因此叶尖间隙的控制和监控很重要。性能越高的发动机越要强调叶片与机匣之间的紧密度。先进的发动机需要冷转，如齿轮传动发动机PW1100G 启动时间需要大约 350s，而 V2500 发动机启动时间需要 150~160s。低周疲劳和蠕变性能是保证盘体使用可靠性的第一要素，并应考虑盘体的损伤容限性能。

传统钛合金转子的榫齿连接结构，叶片和盘分别制造，可以灵活选用不同的材料，或同种材料不同组织状态，叶片采用 α+β 区变形和 α+β 区热处理得到细小双态组织，获得高的强度、塑性和高周疲劳强度；盘采用 β 区加工（β 锻或 β 热处理）得到网篮组织或片层组织，获得高温蠕变、低周疲劳及损伤容限性能的最佳组合。整体叶盘零件将叶片与盘做成一个整体构件，单一合金/单一组织状态的整体叶盘在合金材料和显微组织的选择上要做出妥协，采用同一种组织状态往往难以满足叶片和盘不同的受力和受热条件要求，在一定程度上各自损失了一些性能[88]。为了挖掘整体叶盘的性能潜力，发展了双性能整体叶盘设计，突破传统热加工追求均一组织的惯性思维，根据叶片和盘的实际使用工况，选用恰当的合金材料及组织状态，实现不同部位采用不同热处理工艺的精细控制，达到构件整体性能的优化匹配[101]。此外，为了避免单一合金整体叶盘只能选择同种材料的限制，提出了双合金整体叶盘的概念，叶片与盘体选用不同的合金材料，更具灵活性。双合金整体叶盘可以认为是对常规单一合金双性能整体叶盘的一种变化。

C 钛合金双性能整体叶盘制造方法

钛合金双性能整体叶盘（含双性能盘）一般采用同种合金，其制造方法主要有锻造法、热处理法和焊接法。锻造法[109,110]首先通过 β 区热处理或 β 锻制备一个钛合金预制坯，随后在 α+β 区对预制坯选定部分进行锻造变形，促使初生 α 相等轴化，其余部分不进行有效变形，基本保留原始的片层形态。曾经提出过差温锻造的思路，即锻造前锻坯不同部位加热温度不同，在理论上是可行的，但实际操作难以实现加热温度的差异化精确控制。

根据某一特定形状和尺寸的整体叶盘锻件，分区控温梯度热处理法设计和采用一套较为复杂的局部包覆强制冷却装置。将盘体置于炉膛通过电炉辐射加热，叶片区域放置水冷或其他强制冷却装置，通过改变循环水或其他冷却介质流动速率实现温度梯度的精确控制，实现双性能整体叶盘的制造，工艺参数可控性好。

美国哥伦布空军材料实验室采用焊接法制备了 Ti-6242 钛合金双性能盘。焊接法亦可实现异种材料的连接，如西工大对 TC11 与 Ti3Al 或 Ti2AlNb 双合金电子束焊接构件进行等温锻造，使异种合金熔焊接头铸造组织改变成变形组织，并锻合焊接气孔，提高焊接接头的拉伸强度[111,112]。焊接法的最大问题是连接区域往往会成为整个构件的薄弱环节，这对于强调高可靠性和长寿命的航空发动机转动部件来说是个重大隐患。随着叶片与盘零件焊接技术的发展与不断成熟，如采用线性摩擦焊等方法逐步解决技术难题，线性摩擦焊在双性能整体叶盘的制造与修复方面显示潜在的技术优势。

随着增材制造技术的发展与不断成熟，逐渐应用于整体叶盘叶片的修复[113]，甚至直接在盘体上增材生长出叶片。通过同轴送粉激光熔覆方法，在钛合金盘体边缘预先加工出凸台，逐层堆积成叶片。

近α型600℃高温钛合金具有优异的热强性，适用于先进航空发动机高压压气机500~600℃以下高温段工作的部件，最具标志性的应用对象是整体叶盘。除了采用复杂及恰如其分的合金化保证关键力学性能外，合适的性能匹配还需通过合理控制显微组织才能得以充分发挥。组织状态对600℃高温钛合金力学性能的影响显著，细小的双态组织具有最佳的高周疲劳性能、强度和塑性，符合叶片使用工况要求；细小的片层组织具有最佳的高温蠕变抗力和损伤容限性能，符合盘体使用工况要求。如果将600℃高温钛合金整体叶盘的叶片和盘体分别获得细小的双态组织和片层组织，就可以尽量发挥材料不同组织状态的优势，也有助于发动机结构的设计优化，更好地满足发动机长寿命和高可靠性的使用要求。

a　分区控温锻造工艺

选择某型发动机高压压气机整体叶盘锻件为试制对象。为了实现TA29钛合金双性能整体叶盘锻件的双重组织，设计采用两火锻造成型，第一火在β区变形得到片层组织，根据整体叶盘成形过程数值模拟结果，优化设计了预成形坯料的形状和尺寸，如图3-54（a）所示，叶片区呈哑铃状；第二火在α+β区进行模锻成形，为避免产生折叠，模锻前坯料表面涂覆玻璃润滑剂以促进顺畅成形，等效应变分布如图3-54（b）所示。盘体区等效应变小于0.3，保证盘体保留片层组织形态。叶片1区的等效应变为0.5~0.75，2区等效应变为0.75~1，4区等效应变最大，最大为1.8，以促进α相的扭折和等轴化。过渡区大部分区域等效应变在0.4~1之间，3区等效应变稍大，等效应变在1.25~1.5之间，组织形态介于片层组织与等轴组织的过渡状态。大变形的叶片区宽度约82mm，小变形的盘体区宽度约175mm，过渡区宽度约为32mm。采用分区控温锻造工艺制备的TA29钛合金双性能整体叶盘锻件如图3-55所示，锻件采用α+β区固溶时效处理[114]。

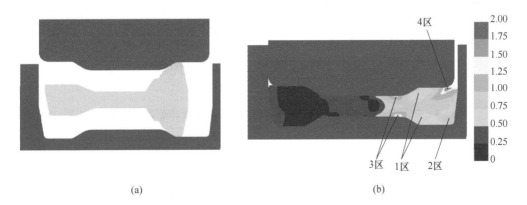

（a）　　　　　　　　　　　　　　　（b）

图3-54　分区控温锻造工艺制备TA29钛合金双性能整体叶盘的预制坯（a）及锻件等效应变分布（b）

图3-56为分区控温锻造工艺制备的TA29钛合金双性能整体叶盘叶片和盘体对应的显微组织，叶片为扭曲条状初生α相的双态组织，初生α相未能完全球化，盘体组织中的初生α相全部保留平直状。经过一个火次单一方向的α+β区锻造变形，尽管有效应变较大并经固溶时效处理，叶片区原始片状组织不能完全转化为等轴组织，扭曲α相组织具有明

图 3-55　TA29 钛合金双性能整体叶盘锻件

显的方向性排列，而且残留原始 β 晶界痕迹。分区控温锻造工艺制备的 TA29 钛合金双性能整体叶盘锻件的叶片和盘体典型力学性能见表 3-4，盘体具有更好的高温蠕变抗力和断裂韧度，拉伸强度和塑性略低；叶片的拉伸强度、塑性略有优势，因叶片区无法得到理想的等轴细晶组织，致使其拉伸塑性、热稳定性和疲劳性能有所损失。

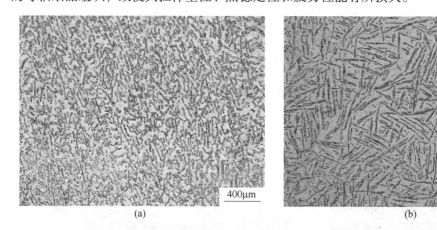

图 3-56　分区控温锻造工艺制备的 TA29 钛合金双性能整体叶盘锻件显微组织
（a）叶片区；（b）盘体区

表 3-4　分区控温锻造工艺制备 TA29 钛合金双性能整体叶盘锻件典型力学性能

位置	室温拉伸				600℃拉伸				600℃/160MPa/100h 蠕变应变 ε_p/%	室温断裂韧度 K_{IC} /MPa·$\sqrt{m}$
	R_m /MPa	$R_{p0.2}$ /MPa	A_5 /%	Z /%	R_m /MPa	$R_{p0.2}$ /MPa	A /%	Z /%		
叶片	1020	940	9.5	15.5	645	515	13	23.5	0.115	45
盘	982	892	8.2	13.8	640	510	11	24	0.039	55

b　梯度热处理工艺

　　为了实现钛合金整体叶盘锻件的"双性能"，设计了特殊的热处理工艺，即在预固溶处理与时效处理之间，增加一次梯度热处理。预固溶处理温度根据所要求的初生 α 相含量而定，一般控制在 T_β 以下 15~50℃，时效处理温度控制在 700~750℃。通过梯度热处理独特的工装设计以及工艺参数的精确控制，在整体叶盘锻件的叶片与盘之间的区域（即过渡区）形成足够大的温度梯度，如图 3-57 所示[115]，控制盘区的温度进入 β 相区，经过 β 区热处理和随后的冷却得到所需的片层组织；控制叶片区的温度低于预固溶处理温度，即控制在 α+β 区的较低温度，保持预固溶处理状态的双态组织。

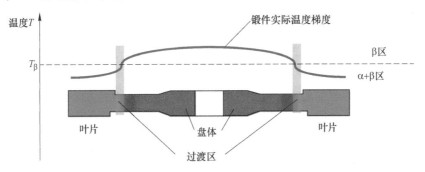

图 3-57 整体叶盘锻件径向温度梯度示意图

为了实现图 3-57 所示的在整体叶盘锻件叶片与盘过渡区达到设计要求的温度梯度，设计了两种梯度热处理工艺方法，即分区控温梯度热处理工艺和局部包覆控时热处理工艺。与整体叶盘锻件外部轮廓相匹配，设计和制造相应的工装，通过试验分析两种工艺的优缺点，评估获得双性能整体叶盘的可行性与控制能力。

根据 TA29 钛合金整体叶盘锻件外形轮廓，设计了一套具有专利技术的分区控温梯度热处理装置如图 3-58 所示，三维结构装配示意图如图 3-59 所示。

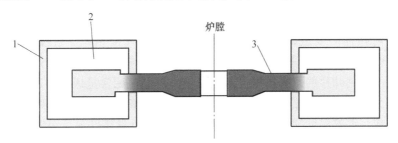

图 3-58 分区控温梯度热处理装置示意图
1—隔热材料；2—风冷腔；3—整体叶盘锻件

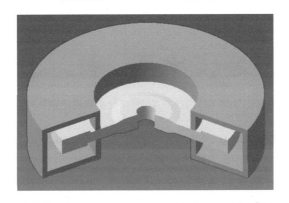

图 3-59 分区控温梯度热处理装置三维结构示意图

　　分区控温梯度热处理工艺具体操作步骤为：先将工件的叶片区罩上空心的风冷套装置，盘体暴露于外，风冷套外层包覆隔热材料，风冷套内设置与外部连通的压缩空气管路，将风冷套装置连同工件一起组装完毕后整体移入加热炉进行β区固溶处理。工装和工件的不同位置设计安装负载热电偶，记录和监控热处理过程的实时温度，并与热处理炉温度控制箱连接，使用可激活的压缩空气冷却系统管理和控制风冷套内的温度，一旦温度达到设定值（对于TA29钛合金，设定为900℃），自动开启压缩空气阀对风冷套内进行强制冷却，风冷套内的温度始终保持在900℃以下。梯度热处理时，盘体的温度控制在β区（即1050℃以上），在TA29钛合金整体叶盘锻件过渡区形成大于150℃的温度梯度。

　　分区控温梯度热处理工艺方法需要一套特殊的压缩空气管路并要进入炉体内部，整套装置上装有多条负载热电偶，还要求整个热处理的入炉和出炉操作过程迅速。因此工装的装配密封、入炉出炉转移等操作难度大。此外还需对热处理炉进行改造，以适应各种管路的连通。受具体操作限制，梯度热处理后只能采取空冷的冷却方式。

　　在进行实际梯度热处理工艺试验前，采用数值模拟对整个热处理过程的热传导、工件温度动态分布等进行模拟计算。将工艺模拟与实践操作相结合，不断优化工装设计、工艺参数及热电偶放置位置、测温仪表、压缩空气管路排列等细节，改进数据记录和热电偶监控能力，在规定的时间和空间内，保证梯度热处理过程操作的稳定可靠。

　　采用分区控温梯度热处理工艺制备的TA29钛合金整体叶盘锻件径向低倍组织如图3-60所示，叶片和盘的显微组织如图3-61所示，过渡区的显微组织如图3-62所示。叶片区的低倍组织为完全的模糊晶，显微组织为双态组织，初生α相含量约40%，保持了α+β区预固溶处理得到的组织状态，说明在梯度热处理过程中，风冷套内的温度始终低于设定值。盘体低倍组织为细小的清晰晶，β晶粒尺寸为0.5~1mm，显微组织为片层组织，说明梯度热处理时盘体温度进入β区，随后冷却时形成片层组织。过渡区呈略微弓出的"C"形，与DMHT工艺的镍基高温合金双性能涡轮盘的特征相同[116]，过渡区的显微组织从盘体的片层组织到叶片的双态组织呈渐进变化，初生α相含量递增，过渡平缓。多轮试验结果表明，分区控温梯度热处理工艺能够实现钛合金整体叶盘锻件从叶片到盘的过渡区稳定可控且形成足够的温度梯度，叶片和盘可以获得设计所需的显微组织。

图3-60　分区控温梯度热处理工艺制备的TA29钛合金双性能整体叶盘锻件径向低倍组织

　　TA29钛合金双性能整体叶盘锻件叶片和盘体典型力学性能见表3-5，片层组织的盘体具有更好的蠕变性能和断裂韧度，更适应大离心应力使用条件对高蠕变抗力和损伤容限性能的要求，但拉伸强度、塑性和热稳定性有所损失；而双态组织的叶片在拉伸强度、塑性、热稳定性、高低周疲劳性能方面有优势，更适应高频振动使用条件的要求。

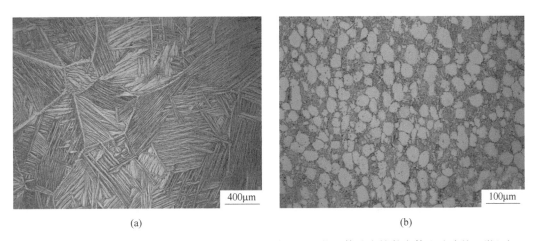

(a)   (b)

图 3-61　分区控温梯度热处理工艺制备的 TA29 钛合金双性能整体叶盘锻件盘体和叶片的显微组织

（a）盘体；（b）叶片

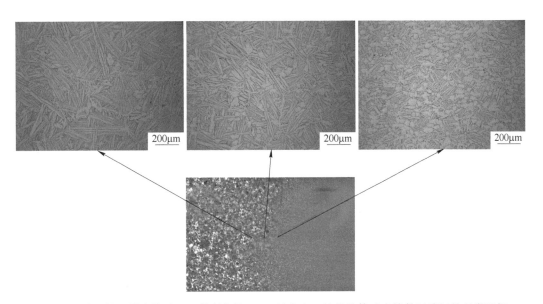

图 3-62　分区控温梯度热处理工艺制备的 TA29 钛合金双性能整体叶盘锻件过渡区的显微组织

表 3-5　分区控温梯度热处理工艺制备 TA29 钛合金双性能整体叶盘锻件典型力学性能

位置	室温拉伸				600℃拉伸				热稳定性[①]				600℃/160MPa/100h 蠕变应变 ε_p/%	室温断裂韧度 K_{IC}/MPa·$\sqrt{m}$
	σ_b/MPa	$\sigma_{0.2}$/MPa	δ_5/%	ψ/%	σ_b/MPa	$\sigma_{0.2}$/MPa	δ_5/%	ψ/%	σ_b/MPa	$\sigma_{0.2}$/MPa	δ_5/%	ψ/%		
叶片	964	882	13.6	21	595	490	14.5	30.5	900	800	10	19.5	0.109	45
盘	957	853	8.2	15.6	565	490	5.5	22	895	800	4	11	0.050	65

① 经 600℃/100h 试样热暴露后测试 120℃拉伸性能。

分区控温梯度热处理工艺装置较为复杂，热处理后只能空冷，导致盘区的细晶强化效果受到限制。如果盘区经 β 热处理后能够立即水冷，通过细化原始 β 晶粒内 α 集束及减

小 α 片层厚度，可以适当提高盘区的拉伸强度。为此提出了一种局部包覆控时梯度热处理工艺，即采用耐热钢制上、下两个圆形隔热块，设置一个空心内腔，上、下隔热块配合面设计成梯形结构，与整体叶盘锻件形成一个紧密配合的整体工装，可以进行快速装配和拆卸。将整体叶盘锻件放入隔热块内并闭合后，锻件盘区暴露于外，锻件叶片区与隔热块之间采用低热导率的材料隔开，起到隔热和后续快速拆卸的作用。

整体工装进行固溶处理时，炉温设定在 β 区，因盘区截面厚度相对更小，到达 β 区所需的时间短，而锻件叶片区因被隔热块包覆，相应地叶片到达 β 区所需的时间会更长，叶片区温度随着时间的延长而不断升高，如图 3-63 所示。当到达所示标识的保温时间时，盘区在 β 区保持了一定时间，而叶片区仍处于 α+β 区的较低温度，其结果是，在整体叶盘叶片与盘之间的过渡区沿径向形成较大的温度梯度；根据工艺设计要求，热处理之后整套工装可以水冷，或者空冷。

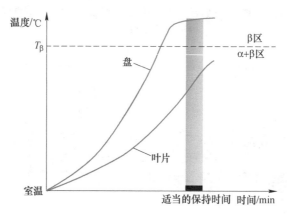

图 3-63　局部包覆控时热处理过程整体叶盘锻件叶片和盘温度随时间变化示意图

采用数值模拟综合分析了隔热块表面覆加保温材料以及隔热块与工件之间增加隔热材料隔离等方案，热处理过程中工件与隔热块、炉内气氛的热交换和热传导的作用、工件的温度场动态变化等，获得热传导的规律，并与试验结果进行迭代，不断优化工装设计与梯度热处理工艺参数。

采用局部包覆控时梯度热处理工艺制备的 TA29 钛合金整体叶盘锻件径向低倍组织如图 3-64 所示，盘和叶片的显微组织如图 3-65 所示，过渡区的显微组织如图 3-66 所示。盘区低倍为细小的清晰晶组织，与图 3-60 对应的盘区组织相比，其 β 晶粒尺寸更小，显微组织为细小的片层组织，α 集束尺寸和晶内 α 片层更加细小。说明缩短在 β 相区的保温时间可以有效抑制 β 晶粒的长大，随后采用水淬，得到细小的 β 转变组织。叶片区因厚截面

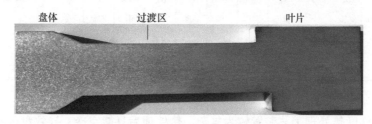

图 3-64　局部包覆控时梯度热处理工艺制备的 TA29 钛合金双性能整体叶盘锻件径向低倍组织

钢制隔热块而减缓热传导的作用，在图 3-63 所示的加热时间内，叶片区依然保持在 α+β 区的较低温度，高低倍组织保持预固溶处理的组织状态，即低倍组织为完全的模糊晶，显微组织为初生 α 相含量约 40% 的双态组织。过渡区的组织变化平缓且无明显界面，从盘区的片层组织到叶片区的双态组织呈渐进变化。

(a)　　　　　　　　　　　　　　　　　　　(b)

图 3-65　局部包覆控时梯度热处理工艺制备的 TA29 钛合金双性能整体叶盘锻件盘体和叶片的显微组织

(a) 盘；(b) 叶片

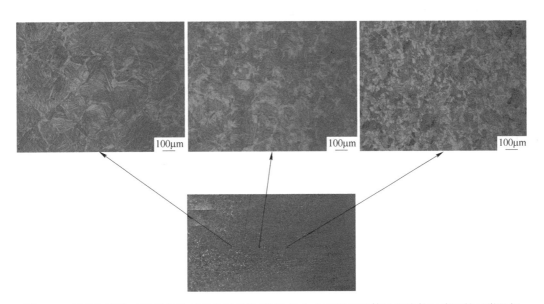

图 3-66　局部包覆控时梯度热处理工艺制备的 TA29 钛合金双性能整体叶盘锻件过渡区的显微组织

c　钛合金双性能整体叶盘制备工艺适应性分析

制造钛合金双性能整体叶盘锻件的工艺有多种，具有相同的目标，即通过特殊的工装工艺设计和具体操作，在整体叶盘的叶片与盘之间形成稳定可控的温度梯度，得到所需的双重组织，要求操作过程简便快速。试验结果表明，采用分区控温梯度热处理工艺和局部包覆控时梯度热处理工艺，均能很好地实现钛合金整体叶盘双重组织的预期，即通过梯度热处理，控制叶片区保持在 α+β 区较低温度，保持 α+β 区预固溶处理时的组织，即得到所需的双态组织；盘体在 β 区进行固溶处理，控制在 β 区的温度、保温时间及随后冷却速度，获得细小的片层组织，从而实现整体叶盘"双性能"的目的。

上述两种制备工艺各有优缺点，分区控温梯度热处理工艺的优点是能够实现整体叶盘工件沿径向稳定且较大的温度梯度，过渡区范围窄；缺点是因整套工装安装有与外部相通的压缩空气管路及监控用的负载热电偶，需要对热处理炉进行改造。此外，热处理入炉和出炉操作较为繁琐，且热处理后只能空冷，由于片层组织不够细化，导致盘体拉伸强度偏低。局部包覆控时梯度热处理工艺原理简单，制备的整体叶盘过渡区范围较宽，盘区因在 β 相区保温时间短，β 晶粒细小，α 集束和晶内 α 片层也细小，有助于提高拉伸强度和低周疲劳强度；但因整套工装质量大，加之出炉之后要迅速水冷，因此对出炉操作要求极高，转移时间要尽可能地短。

对于轴对称的钛合金双性能整体叶盘，过渡区的位置、尺寸和组织控制是关键。通过工装设计和实际装配时设置的定位机构，可以保证过渡区具有合理的位置和尺寸，并能很好地保证同心和等圆。过渡区的位置与工装设计、材料热导率有关，可根据设计要求进行灵活调整。过渡区的宽度较大，且显微组织变化平缓，过渡区的力学性能不会发生突变，应该不是部件的薄弱区域。

双性能整体叶盘的设计思路，不仅可用于先进航空发动机高压压气机高温钛合金整体叶盘，也可以应用于风扇级或低压压气机整体叶盘，如 TC17 钛合金整体叶盘，目前采用 β 锻工艺制造的锻件，因其尺寸大、截面厚、质量大，组织细化程度不够，而且网篮组织的叶片疲劳性能较低，往往不能满足设计要求。如果能设计成双性能的 TC17 钛合金整体叶盘，叶片采用双态组织，盘体采用网篮组织，可以更好地实现钛合金整体叶盘性能的最优化设计。

钛合金整体叶盘从单一组织"均质"向双重组织"双性能"的发展，需要充分融合发动机设计、材料技术、热加工工艺技术等，为发动机的设计优化和挖掘材料性能潜力提供了新的途径。未来将向双合金整体叶盘、双合金整体叶环、成分梯度整体叶盘或整体叶环方向发展。

3.3.4 整体转子焊接技术

采用焊接结构代替螺栓连接可以减轻航空发动机质量，同时还可提高转子组件的刚性与强度。电子束焊由于焊接精度高、焊接接头无氧化、焊缝质量好等特点，被广泛应用于航空发动机风扇和压气机钛合金转子部件之间的连接。在真空室内，电子束狭窄，能量密度高，能在单次焊接中完成深的穿透能力；而且电子束焊接通常是自熔焊接，无需焊料。

RR 公司将电子束焊应用于中压压气机、高压压气机转子组件的焊接。PW 公司将电子束焊接应用于 PW4000 发动机的增压级鼓筒、高压压气机第 2~8 级转子组件等的焊接。大型商用航空发动机增压级鼓筒由于尺寸较大（最大外径超过 1000mm，高度超过 450mm），整体锻造难度大，锻件的组织和性能难以保证，若采用分级锻造再通过电子束焊连接成组件的工艺，不仅可降低工艺难度，还有利于保证组件的性能，同时也大大降低制造成本。

发动机转子部件电子束焊接焊缝需进行目视检查、荧光检查及射线检查。目视检查转子部件电子束焊缝表面，要求成形良好，不允许存在裂纹、气孔等缺陷。对于带锁底的电子束焊接接头，完成焊缝凸台及锁底加工后即可进行射线检查，不允许存在裂纹、夹杂、未焊透等缺陷。高压压气机盘间距小、盘心孔径小，使得焊缝内表面的检测较困难，高压压气机转子组件内腔的清洗及焊缝内表面的荧光渗透检查是难点，需采用专用探头，确保能清晰地观测到焊缝内表面，并能对缺陷进行测量[117]。

摩擦焊也常用于具有轴对称形状钛合金转子间的连接，在惯性摩擦焊中，其中一个工件被静止固定，而其他工件被放置在一个旋转的夹具上，夹具与预先的飞轮连接，之后装配好的飞轮旋转到预定的转速，工件向前移动与相匹配的另一半咬合，它们被预先确定的轴向力推到一起，通过摩擦加热连接区域，并且从原先两个工件接触面处排开其他的工件，从连接点排开其他材料的过程是获得洁净连接的关键。

惯性摩擦焊能满足发动机转子鼓筒焊接技术指标的要求，是一种理想、可靠的连接方法，具有如下优势：（1）增加构件的强度和刚度；（2）解决振动和扭矩传递不均匀问题；（3）降低复杂形状盘类锻件成形难度；（4）惯性摩擦焊代替机械连接可减轻质量，避免机械连接出现的技术问题；（5）可以满足特殊的设计要求，增加设计灵活性[118]。

3.3.5 机匣制造技术

3.3.5.1 机匣环件环轧

航空发动机用钛合金变形机匣整体环件一般采用环轧机进行辗环（也称轧环、辗扩），有时也采用芯轴扩孔（俗称马杠扩孔或马架扩孔）方式进行成形，马架扩孔还可作为环轧之前环坯的制备。环件轧制是借助轧环机使环件连续咬入驱动辊与芯辊构成的轧制孔型，产生壁厚减小、直径扩大、截面轮廓成形的连续局部塑性成形技术。当环件经过多转轧制变形且直径扩大到预定尺寸时，环件外圆表面与信号辊接触，驱动辊停止直线进给运动并返回，环轧过程结束。

为了改善轧制环件的端面质量（防止出现端面凹陷或鼓肚），在径向环轧设备的基础上，增加一对轴向端面轧辊，对环件的径向和轴向同时进行轧制，这样使得径向轧制产生的环件端面凹陷再经过轴向端面轧制而得以修复平整，称为径—轴双向轧制，如图 3-67 所示。图 3-68 为我国贵州安大航空锻造有限责任公司的 3.5m 环轧机。

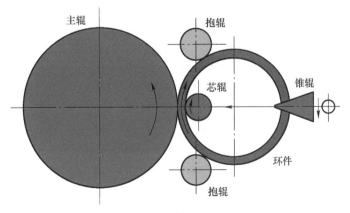

主辊　抱辊　芯辊　锥辊　环件　抱辊

(a)

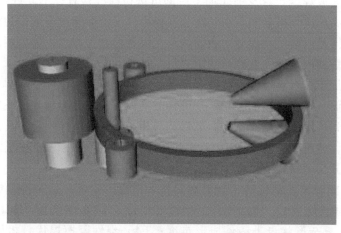

(b)

(c)

图 3-67　环件径—轴双向轧制

（a）俯视图；（b）立体示意图；（c）矩形环件轧制

图 3-68　贵州安大航空锻造有限责任公司 3.5m 环轧机

环轧是一种局部连续成形方式，国外也将之称为回转成形。回转既可以是工件，也可以是工具，还可以是工具加工件。环件轧制表现出复杂的三维塑性变形的特征，随着环轧过程的进行，塑性变形区的形状和大小不断随之发生变化。从轧制的角度看，驱动辊与芯辊的直径不同，使得环轧具有不对称轧制的性质；驱动辊和芯辊的转速也不同，使得环轧具有异步轧制的性质；环件通过反复多次轧制变形才能获得一定形状尺寸的环形零件，这使得环件轧制具有多道次轧制性质。环轧具有如下特点：（1）由于是局部成形，环轧时工作载荷小；（2）由于是连续成形，生产效率高；（3）环轧产品成形尺寸精度高，具有显著的节材效果；（4）成形锻件的金属流线沿圆周方向排列，因此产品性能好。

轧制的环件往往具有一定的椭圆度，而且内轮廓和外轮廓的椭圆度不一致，环件的椭圆度与每转进给量、轧辊尺寸、环件尺寸等因素有关。若在环件轧制变形的后期，逐渐减小每转进给量，有利于环件椭圆度的减小。环锻件表面为了几何精度而预留了机械加工余量，实际环件轧制生产中，由于轧制温度、压力、速度的波动，轧制孔型和轧制设备状态的变化以及工人操作水平的不同，特别是轧制用毛坯质量的误差，轧制的环锻件实际尺寸不可能等于其公称尺寸，应允许两者之间有一定的误差。

当前，环件轧制技术正向大型化、精密化、自动化、智能化等方向发展。图 3-69 所示为航空发动机机匣类大型高筒环件由分段加工向整体加工方式优化的示意图，可以保持环件变形流线的完整性，提高整体的组织和性能水平，综合成本更低。随着材料科学与制造设备技术的进步以及环件的精化和环轧测控系统的发展，环件轧制精度逐渐提高。目前，精密轧制的环件尺寸精度可达到环件外径的 5‰。许多异型截面环件逐步实现了直接轧制成形，异型截面环件轧制可减少环件的机械加工量，提高环件材料利用率，但异型环件轧制过程的金属流动异常复杂，易出现各种工艺缺陷，如截面充不满、表面产生折叠、

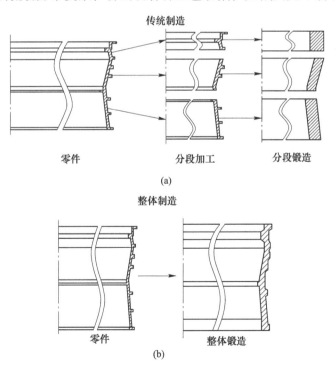

图 3-69　航空发动机机匣类大型环件制造方式优化

（a）传统制造；（b）整体制造

边缘出现毛刺、尺寸不匹配等问题，通过采用数值模拟和工艺优化等，异型截面环件轧制技术日趋成熟，尺寸精度不断提升，如图 3-70 所示为贵州航宇科技发展股份有限公司为 LEAP-1C 发动机生产的 TC4 钛合金大型异型风扇机匣环件，单件质量 900kg，粗加工后最薄处仅 6mm，机加工变形范围为 ±0.3mm（要求不大于 ±0.5mm）。通过使用先进的自动化、智能化环件生产线，实现环轧过程自动化的精确控制，提高批次质量稳定性，建立环件材料、设计数据库和智能制造工艺数据库。

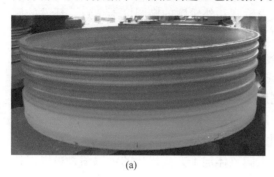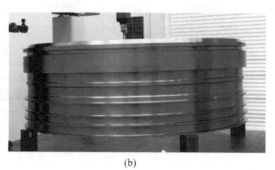

(a)　　　　　　　　　　　　　　　　　　　(b)

图 3-70　钛合金异型环件轧制成形
（a）环轧件实物；（b）粗加工实物

　　因钛合金具有热导率低、变形抗力大等特性，且受坯料加热温度均匀性及出炉转料过程温降等因素的影响，环轧前的坯料就已存在温度不均匀的情况，加之环轧变形也是不均匀的，环轧后冷却还会引入热应力，上述各种不均匀的综合作用会在环件中引入一定程度及分布不均的宏观残余应力，常出现翘曲、椭圆、喇叭口、回弹等形状变化，并会影响后续机匣零件的机械加工尺寸精度和公差的控制。对于某些塑性低的钛合金和 Ti_2AlNb 合金，曾出现过因热应力释放导致锻件开裂的例子。对于塑性较低的钛合金材料，为了降低残余应力，发展了高温多火次小变形的低应力环件轧制工艺。

　　对于要求高的环件，通常在环轧之后进行胀形，如图 3-71 所示，其主要作用有：（1）提高锻件形状和尺寸的精度，特别是对于大直径薄壁环件，以提高环件的圆度，环件外径尺寸精度从 5‰提高到 3‰，从而提高机加工时的材料利用率；（2）改变环件内部残余应力的大小和方向，促进残余应力的均匀分布。如我国某型发动机用 TC4 钛合金机匣异型环件（大端面最大外径 1005mm，环件高度 265mm，质量 152kg），胀形前后环件的残余应力

图 3-71　环件胀形

分布如图 3-72 所示，胀形锻件比未胀形锻件的残余压应力增大，应力分布更为均匀，有利于减少零件加工和使用过程中的变形。另外，通过胀形提高了环件尺寸精度，从而可以减少材料消耗。美国 Frith Rixion 公司将胀形工艺与热处理工艺相结合，把胀形工艺安排在固溶处理和时效处理之间进行。胀形量的控制很关键，根据材料特性和环件尺寸及精度要求灵活掌控。

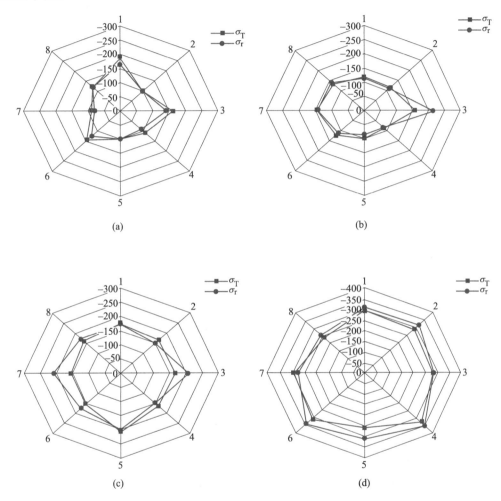

图 3-72　TC4 钛合金机匣异型环锻件胀形前后残余应力分布雷达图
（a）未胀形，大端面；（b）未胀形，小端面；（c）胀形，大端面；（d）胀形，小端面
σ_T—周向残余应力，σ_r—径向残余应力

　　航空发动机钛合金机匣属于薄壁零件，外形尺寸较大，刚性不足，残余应力在服役环境下会重新分布，导致零件的宏观尺寸变化，影响后续加工及装配，甚至会诱发钛火等故障的发生。机匣零件加工过程残余应力的测量与控制是保证机匣零件质量与可靠应用的关键。残余应力的测量一般要求在环件线性加工阶段（即水浸超声检测阶段）或供应状态图上所要求的阶段进行。残余应力的测量位置在工艺文件中有规定。

　　残余应力的有损检测方法有盲孔法，无损检测方法有 X 射线法和中子衍射法。一些新型检测技术如纳米压痕法、拉曼光谱法、磁记忆应力检测等[119]。我国相应的残余应力检测标准有：GB/T 7704《无损检测 X 射线应力测定方法》、GB/T 24179《金属材料　残余应力测定　压痕应变法》及 CB 3395《残余应力测试方法　钻孔应变释放法》。中子衍射法通过中子束能量聚焦，实现微观区域和宏观区域不同深度的应力三维测量，它是唯一能够实现残余应力三维测量的技术，也是公认的最准确可靠的方法，检测深度约 50mm，检测区域为 0.1~10mm。

3.3.5.2　环件闪光焊

对于一些航空非关键应用的环件如短舱密封环和发动机封严环等，可采用闪光焊工艺制造。闪光焊是一种电阻对接焊工艺，将被夹持的两个工件端面相互未接触前先通上电，然后推进工件，使端面上少数几个点接触，产生"闪光"（即燃化）或电弧，利用闪光产生的热量把端面加热到熔化，并在距离端面一定深度内均被加热到足够高的温度时急速施加顶锻压力，将端面上的熔化金属及氧化物挤出，从而形成致密的焊接接头，闪光焊过程示意图如图 3-73 所示。与电阻对焊相比，闪光焊生产效率高，单位面积上的需用功率较小，焊缝中杂质少，接头质量较高。图 3-74 所示为贵州安大航空锻造有限责任公司宇航分公司的 51051 型闪光焊接机。某 Ti-6242S 钛合金环件闪光焊具体工艺路线及操作过程如图 3-75 所示，主要工艺路线为：下料→弯曲→校型（呈 D 字形）→闪光焊接→胀形→热处理→理化检验。

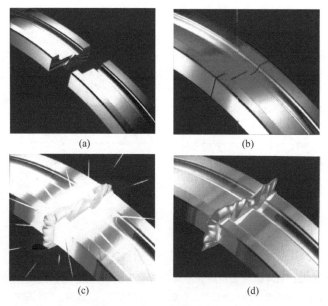

(a)　　　　　　　　　　(b)

(c)　　　　　　　　　　(d)

图 3-73　环件闪光焊过程示意图

（a）初始端面方形化；（b）预热；（c）闪光焊；（d）顶锻

用于航空发动机短舱的闪光焊钛合金主要有 Ti-6242S 和 Ti-6Al-4V，图 3-76 为 Ti-6242S 钛合金闪光焊环件外形及焊缝截面低倍组织形貌，焊缝接头处挤出物四周均匀，挤出物量大小适中，组织致密，无气孔、裂纹等缺陷。

3.3.5.3　机匣精密铸造

航空发动机用钛合金中介机匣等部件，形状复杂，壁薄，采用精密铸造成一个整体部件是最为合适的，如图 3-77 和图 3-78 所示，代替锻件或焊接件，可以显著减少装配

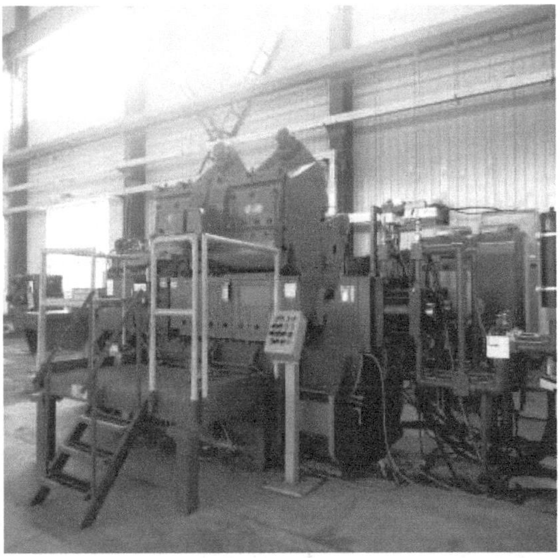

图 3-74 贵州安大航空锻造有限责任公司宇航分公司的 51051 型闪光焊接机

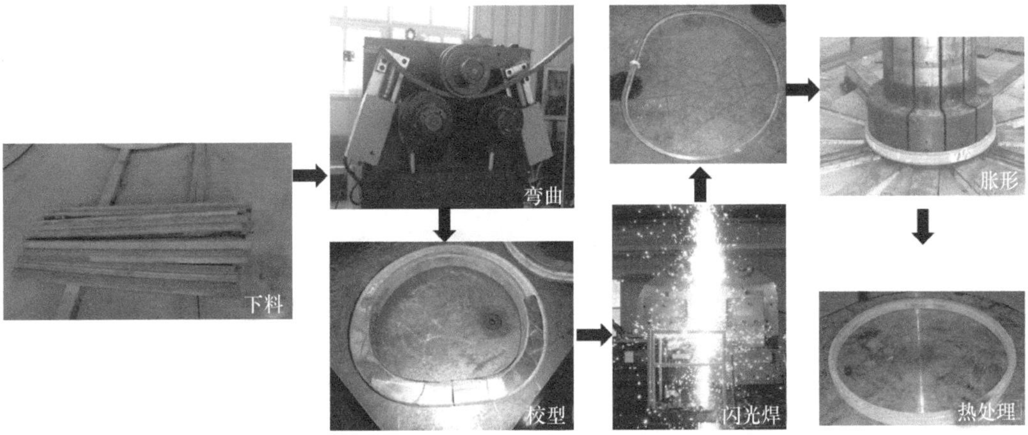

图 3-75 Ti-6242S 钛合金环件闪光焊主要工艺路线

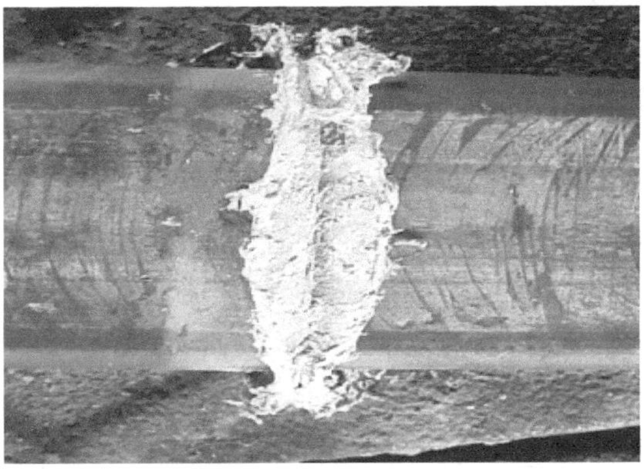

(a)

(b)

(c)

图 3-76　Ti-6242S 钛合金闪光焊环件外形及焊缝截面高低倍组织形貌

（a）外形；（b）焊缝截面低倍组织；（c）焊缝和热影响区显微组织

图 3-77　某型发动机 Ti-6Al-4V
钛合金中介机匣铸件

（尺寸：φ904mm×340mm，最小壁厚：2.5mm）

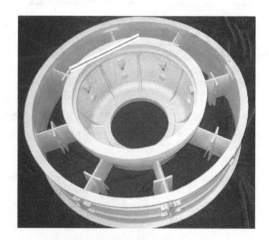

图 3-78　某型发动机 Ti-6Al-4V
钛合金中介机匣铸件

（尺寸：φ920mm×200mm，最小壁厚：2.5mm，重 60kg）

零件的数量，减少原材料的消耗及降低加工成本。钛合金精铸技术的发展适应了发动机减重的要求，同时由于原材料利用率高、加工成本低、制造周期短，钛合金精铸件在发动机的用量明显增加，如 F100 发动机的钛用量高达 38%，整个发动机用了 25 种不同类型的 130 多个 Ti-6Al-4V 钛合金精铸件，取代原来的钢制零件，使每台发动机减重 14kg[120]。钛合金精密铸造根据铸型制备技术的不同包括石墨捣实型、机加工石墨型、氧化物面层陶瓷型壳等。高质量的钛合金铸件一般采用氧化物面层陶瓷型壳浇铸，可浇铸复杂的大型薄壁件。为了提高液态钛合金的充型性，通常采用离心铸造。精密铸造得到的钛合金铸件一般需进行热等静压、化铣、焊接修复等，如果需要，还需经热处理以消除残余应力。

3.4 钛合金关键件和重要件的表面强化

航空发动机多数钛合金零件的断裂故障分析表明，无论是动载荷下的疲劳断裂，还是静载荷下的延迟断裂，其起始裂纹往往起源于表面和表面层。航空发动机的很多钛合金零部件如叶片、盘、机匣等含有复杂的几何外形特征，如薄壁、台阶、沟槽、缺口、圆角、转角、螺栓孔、螺纹、键槽等结构，容易产生应力集中，往往会成为一个零部件的薄弱环节。为了改善钛合金部件的表面应力状态和表面完整性，往往需要通过精磨、精抛等方式控制表面粗糙度和残余应力状态，通过喷丸强化、激光冲击强化、振动光饰、挤压强化、滚压强化等方式，对零部件表层进行预先的变形处理产生弹塑性应变，可以改善零部件的表面完整性[121]。表面形变强化造成表层晶粒显著细化，位错密度剧增，晶格畸变增大，使工件表面形成形变硬化层。另外，引入高的表面残余压应力，可以降低或抵消外加载荷的不利影响，可以改善抗疲劳性能和抗应力腐蚀能力[122]。

喷丸强化提高钛合金疲劳性能的优势取决于其承载应力和工作温度，在低应力和室温工作条件下，喷丸强化可以显著提高疲劳性能。这种优势随着应力增加和温度升高而逐渐下降甚至消失，当超过300℃时，喷丸强化作用于材料表面的残余压应力会明显减弱。对于不同的钛合金材料和零件，应根据其使用条件的不同，制定针对性的表面强化措施。如某标准《优质 Ti-811 钛合金转子叶片和静子叶片》，要求对叶身采用玻璃丸进行喷丸处理，而对叶根则采用钢丸进行喷丸处理，并规定相应的喷丸强度。对于小型叶片的喷丸，当使用强度范围上限时，应倍加注意，不得损伤叶片进气边和排气边。另外，还要注意防止薄叶型叶片容易受到喷丸诱发的过量的扭曲变形。

激光冲击强化利用强脉冲激光导致的高温高压等离子体（类似局部爆炸），产生强度达到兆帕级以上强冲击波作用，使材料表层产生塑性变形，获得残余压应力。与喷丸强化相比，激光冲击强化的主要优势在于残余压应力层更深、强化区的表面粗糙度更低、强化范围和强度便于精确控制，且多次强化也不会产生"过喷"损伤。激光冲击强化可用于发动机钛合金叶片，也适用于使用过程中受到外物损伤的钛合金叶片的修复和强化。

对于航空发动机压气机钛合金叶片特别是在低空飞行的直升机用涡轴发动机来说，表面冲刷是影响叶片使用可靠性的重要因素。据统计，沙石冲击引起的疲劳断裂占压气机叶片疲劳失效的比例达到43%[123]。沙尘吸入会导致高速冲刷叶片表面产生磨蚀作用，钛合金的磨蚀速率大约比钢或高温合金快40%[124]，长期作用导致叶片变薄以及表面粗糙度发生变化，促进疲劳断裂失效，降低压气机喘振裕度，降低修理期间隔时间。钛合金叶片表面电镀 Ni 和 Cr，可以提高表面耐磨性[125]。MTU 公司开发了一种新的抗冲刷涂层 ERCoat[nt 126]，采用化学气相沉积方法，生成厚度为 5~50μm 的硬质材料层和软质材料层交替沉积的多层结构，以提高钛合金压气机叶片的抗冲刷能力。MTU 公司还将这一技术用于钛合金的整体叶盘叶片，如图 3-79 所示。

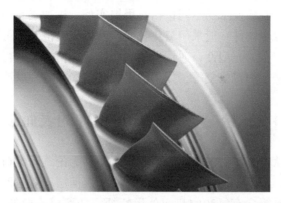

图 3-79　MTU 公司的钛合金整体叶盘叶片表面涂覆 ERCoat^{nt}涂层

3.5　钛合金零部件的质量检验

风扇和压气机的钛合金叶片、盘、机匣等零部件能否可靠工作是保障航空发动机使用可靠性的前提之一，叶片和盘零件承受相对大应力且复杂的循环载荷作用，机匣担负着发动机内高速转动部件的包容作用，它们的疲劳寿命受材料和部件内冶金缺陷、加工缺陷等的强烈影响。为此，对于航空发动机应用的钛合金材料和部件，从原料选择、铸锭熔炼、坯料制备、锻件制备、机械加工等全过程制定了最为严格的质量控制和管理程序，对于中间坯如棒材、最终锻件和零件成品等，相应地制定了适合且灵敏的检测检验程序，以求最大程度地检出不符合使用要求的缺陷和异常，保证最终产品的质量。我国的航空钛合金原材料供应商、锻件供应商、主机厂是互相分开的，因此在一些重要的产品交付环节，如棒材、锻件等交付时，须按指定的标准进行质量检测和检验。从经济学角度看，也应该将不合格品尽可能早地在加工流程中提前剔除。

棒材和锻件的质量检验包括外观质量及内部质量的检验。外观质量检验主要指对尺寸、形状、表面状况等的检验，通常用合适的量具、目视或低倍放大镜进行检查，一般是非破坏性的，必要时也可采用无损检测手段如渗透检验等。表面状况一般是检查棒材和锻件表面是否存在裂纹、折叠、夹杂、未充满等异常。内部质量检验则主要是指对化学成分、高低倍组织、力学性能、冶金缺陷、加工缺陷等的检验，根据检查项目，有些须采用破坏性检验，即解剖试验，如试片的高低倍组织腐蚀检验、化学成分及力学性能测试等，有些采用无损检测手段，如目视检查、超声检测、X 射线检测、荧光渗透、涡流检测、蓝色阳极化检验等。在正常情况下，受过专业训练的人员能用肉眼检查出若干类型的表面缺陷，如折叠、发裂、偏析、夹杂物等。经常是首先使用目视检查和无损检测发现异常，然后将可能有异常的锻件用更可靠的方法作进一步检查和验证。棒材和锻件内部缺陷一般通过低倍检查、高倍检查、断口检查等方法来检验是否存在如内裂、缩孔、疏松、粗晶、异常流线、过热、偏析、夹杂物等缺陷。

影响无损检测方法选择的因素主要有：对锻件重要性的需求程度、成分、锻件形状和尺寸、检验成本等。就要求高质量的航空发动机锻件而言，因每一种检验方法都有其局限性，通常是将多种检验方法配合使用，发挥每种检测方法的特长和优势，例如用荧光渗透检查表面缺陷，用超声检测检查内部缺陷。

锻件质量检验除个别类别的个别项目外，多数具有抽检性质，抽检合格，表示整个验收批的锻件质量合乎要求。对于特定类别的锻件，还规定了不定期检验项目，不能认为是对该类锻件的这些项目不进行控制，而是通过在生产过程中采取相应的质量保证措施，如原材料复验制度、锻造工艺定型制度、定期检验制度、工艺纪律检查制度及合理组批等，在保证锻件质量前提下简化检验工序，并保证使用要求。

实践经验表明，钛合金棒材和锻件最可靠最常用的无损检测手段是超声检测，组织检验最常用的手段是腐蚀检验。随着对显微组织与织构分布及其对钛合金部件使用性能影响认识的不断深入，要求开发出更灵敏更直观的检测方法，如采用超声检测和 EBSD 等方法评估钛合金微织构的严重程度。

3.5.1　无损检测方法

钛合金材料和锻件常用的无损检测方法有：（1）射线检测，包括 X 射线透射照相法、X 射线计算机层析（CT：Computed Tomography）法、中子射线检测法；（2）超声检测。

因高密度夹杂物与钛合金有大的密度差，X 射线检测对于高密度夹杂物具有良好的显现度，可以很灵敏地发现钛合金零件中的高密度夹杂物。中子射线检测可显示钛合金中的氢化物，对于焊接结构的检测十分有用，可以检测焊缝与母材界面处是否受到过量氢的污染。

超声检测是钛合金材料和锻件最为常用的检测方法，其原理是入射脉冲声波遇到声特性阻抗与基体不同的界面时（如出现孔洞、夹杂物等），根据界面形态的不同，可使入射声束发生反射和散射，其中能返回到接收探头的声能形成回波信号，说明试件中有反射体存在。钛合金中夹杂物缺陷的超声可检性取决于入射声束与夹杂物反射面的相对取向，曾从钛合金制件中超声检出了 Mo 夹杂、应变诱导孔洞缺陷、硬 α 夹杂物。

基于杂波是材料或锻件内部组织反映的认识，认为可通过检测杂波水平来判断组织的尺寸及均匀性分布情况，从而将对杂波水平的要求作为材料或锻件的验收指标之一。组织形态对超声杂波水平的影响是显而易见的，片状组织和网篮组织的杂波要明显高于等轴组织。粗大不均匀的组织可引起超声波的不均匀散射，这种散射以杂波形式反映，同时散射会使超声衰减增大，缺陷信号强度降低[127]。但是，杂波水平与钛合金组织特征的对应关系非常复杂，难以定量地简单描述，会受到微织构区域尺寸和严重程度、残余应力等的显著影响。另外，杂波是超声波在通过整个金属声程过程中散射信号相互干涉与叠加后被探头接收的结果，杂波的高低存在很多不确定因素。以杂波水平的数值作为评定材料组织的依据是不太恰当的，常会出现误判。在实际操作过程中，不同的超声仪器、探伤频率、探头晶片尺寸以及工件表面粗糙度都会影响杂波水平。低频探头探伤时杂波水平一般比高频探头要低，但是探伤灵敏度也相应要低。采用水浸超声检测时，由于平探头声束经水耦合进入棒材和锻件表面时，边部扩散声束在坯料表面可能形成其他变形波，这些变形波在车刀痕或粗糙度较差处多次反射，在示波屏上会形成较高的杂波水平。

密排六方结构 α-Ti 本质具有的弹性各向异性会导致产生虚假的超声反射信号，β 相的高阻尼特性（针对 β 相含量高的钛合金，如 Ti-6246 和 Ti-17）使得厚截面坯料检测困难[128]，复杂的 α/β 相组成组织结构以及来自晶界和组织不均匀性造成的超声散射，这些均严重影响了夹杂物、孔洞等缺陷的被可靠检出[129]。钛合金材料比钢和镍基合金具有更高的超声杂波，超声检测时受到杂波的严重干扰，难以对缺陷信号进行正确判别，可能造成小缺陷的漏检，而这些小缺陷可能是致命的。为了提高超声检测信噪比以及大型厚截面坯料的可探性，坯料的组织状态极其关键，应细化坯料的晶粒组织，检测前对坯料进行退火处理以稳定 β 相，还要避免或减少明显的微织构区域[64]。板材轧制、增材制造带来的晶粒拉长，使得进入钛合金材料声束平行于轧制方向与垂直于轧制方向传播规律出现明显差异。

大推力发动机的发展要求使用更大尺寸更厚截面的钛合金锻件，如风扇盘、叶片、机匣等，这些锻件厚截面、大尺寸的特点增加了无损检测的难度，需要加强在坯料阶段特别是对大规格棒材的超声检测。超声检测分为接触法和水浸法两种，早期多数厂家采用接触法，探头与棒材或锻件表面为线接触，耦合条件稍差，信噪比较低。为了改善耦合条件，提高检测的灵敏度和信噪比，目前发展了水浸式多区聚焦超声检测技术（multi-zone inspection），如图 3-80 所示。由于聚焦探头的焦区长度有限，难以用一个探头完成整根棒材的检测，于是采用多个不同焦距的探头分别进行不同深度范围内的检测。由于探头的有效声束对噪声影响很大，为了减小噪声的影响，针对被检棒材直径方向的每一段声程，设计不同的探头参数，从而提高检测灵敏度。为提高效率，实际检测时一般使用多通道检测系统，实现多个探头同时检测。水浸多区聚焦超声检测是检测钛合金大规格棒材缺陷的利器，保证整个坯料体积内的聚焦检测，可以探测和精确定位更小尺寸的缺陷。

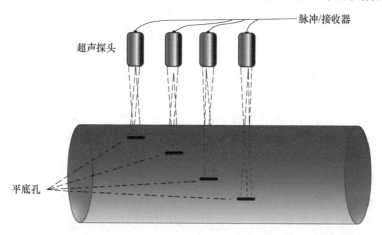

图 3-80 钛合金大规格棒材的分区聚焦超声检测方法

为了提高小缺陷的可检出性，需要尽量降低材料或锻件的杂波水平，提高缺陷检测信噪比。充分的晶粒细化对于航空发动机应用的钛合金坯料和锻件的超声检测是很必要的。从超声检测角度考虑，尽量要锻成小尺寸的坯料。当然在锻坯阶段就能发现缺陷是非常重要的，一方面可以避免缺陷带入锻件，另一方面坯料（如棒材和板材）的形状和尺寸规整，表面粗糙度容易达到高的精度，减少盲区，这些均有利于缺陷的检出。如果坯料阶段就能保证检出所有缺陷，则在锻件阶段可以取消超声检测工序，锻件可以设计成近净成形，从而节约材料和降低成本。

声波特别是超声波（频率大于 20kHz）具有无损、易得和穿透的特性，除了应用于航空钛合金材料和制件进行缺陷的检测外，还可以对块状材料的织构进行评估，起到无损评价的作用。声波在材料内部传播速度的各向异性应该与织构分布有关。目前开发了共振超声光谱（RUS：Resonant Ultrasound Spectroscopy），结合有限元模拟和数学计算，通过测量弹性模量来评估织构情况。超声波速度误差在 5~10m/s，而由织构引起超声波速度差异大于 150m/s，从理论上用超声检测间接地评估织构是可行的。英国 Nottingham 大学开发了基于表面声波的称为空间分辨声谱（SRAS：Spatially Resolved Acoustic Spectroscopy）的超声检测技术，将特殊构造的超声装置集成到现有的工业超声扫描系统中，可以实现自动快速地检测钛合金锻坯近表面层（渗透深度小于 20μm）的织构分布[130]，如图 3-81 所示。与 EBSD 方法相比，采用 SRAS 可使检测效率显著提高。从声波来推测织构的信息还是一个尚未满意解决的难题[131]。钛合金大块材料内部的织构还可以采用同步 X 射线和中子衍射进行测定评估。

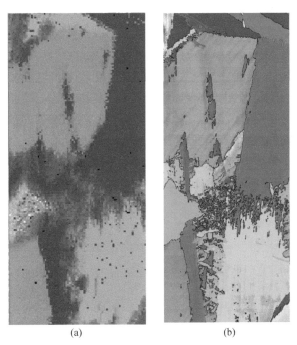

(a)   (b)

图 3-81　采用 SRAS 和 EBSD 方法检测钛合金材料中的织构分布
（a）采用 SRAS 检测织构，花费时间 2h；（b）采用 EBSD 分析织构，花费时间 14h

　　另外，对于最终机加工完成的零件，通常还需要进行荧光渗透检测，主要是检测表面开口裂纹等缺陷，必要时采用涡流检测进行表面缺陷的补充检测，涡流检测还用于管材和丝材的表面缺陷检测。美国空军研究实验室（AFRL）材料和制造部开发了一种声波红外（SIR）检测评估方法，可替代高成本且耗时的荧光渗透检测；采用超声波振动零件，在裂纹界面产生摩擦并产生微量热，通过高度敏感的红外照相机探测，可以非常精确地定位缺陷位置，可以探测到更小的裂纹。与荧光渗透相比，SIR 方法可节省化学物品的采购、使用和处理费用。

　　在质量检查中，制定无损探伤的缺陷标准是很重要的。因为允许的缺陷尺寸不仅与材料本身有关，而且还与检测手段、检测水平以及设计使用要求有关，需要通过大量细致的试验研究才能定量地确定缺陷对使用性能的影响。特别是当使用损伤容限设计后，损伤标准是设计、材料、探伤人员共同关心的重要事情。在制定质量检验标准时，设计人员要与材料、制造人员密切合作共同确定。

3.5.2　腐蚀检验

腐蚀检验是钛合金材料、锻件、零件金相检验最为常用的方法，各类缺陷往往是在高低倍组织检验时发现的。钛合金有三种常用的腐蚀方法：酸浸渍腐蚀、蓝色阳极化腐蚀（BEA：Blue Etch Anodizing）、氟化氢铵（NH_4HF_2）浸渍腐蚀，金属的去除量一般在 $2.5 \sim 5 \mu m$ 以下。如果采用酸浸渍腐蚀不可行，可以进行局部擦拭腐蚀，高倍金相试样应尽量采用擦拭腐蚀，以去除腐蚀产物，显露真正的组织形貌。

蓝色阳极化检验对于检测如 α 偏析、β 偏析等缺陷，以及过热组织、应变线、锻造折叠比普通的腐蚀检查更为敏感和直观，适合于发动机盘件、叶片零件的最终检验。蓝色阳极化检验包含三个步骤：（1）在酸/盐溶剂中腐蚀，以清洗表面；（2）在磷酸三钠溶液中阳极化；（3）在 HNO_3+HF 溶液中再次腐蚀。在零件表面产生一层暗蓝色的氧化物层，经 HF/HNO_3 溶液腐蚀后，去除部分蓝色表面显色，在反常区和正常区形成对比。所有零件均应在成品状态或精加工状态进行蓝色阳极化检验，但应在荧光渗透检验（FPI）、喷丸或振动光饰之前进行。对于经蓝色阳极化检验后重新进行机加工的零件，若表面材料去除量小于 0.13mm，则不需要重新进行蓝色阳极化检验。对于蓝色阳极化检验之后叶尖还需要继续加工的叶片，则不要求追加蓝色阳极化检验。蓝色阳极化对应的阳极化层厚度在 $1 \sim 1.6 \mu m$，从弯曲、低周疲劳、拉伸、氢脆、组织分析等表明，对力学性能没有明显影响[132]。

参 考 文 献

[1] 宁兴龙，王国宏. 钛合金质量控制和熔炼技术进展 [J]. 金属学报，1999，35（增刊1）：S542~545.

[2] Shamblen C，Woodfield A，Wayte P，et al. Titanium industry quality improvements [C]. Ti-2003 Science and Technology：2737~2744.

[3] Honnorat Y. Issue and breakthrough in the manufacture of turboengine titanium parts [J]. Materials Science and Engineering A，1996，213（1-2）：115~123.

[4] Iida T，Nakamura N，Araike T. Establishment of the high purity titanium billet production method using titanium sponge produced by the Kroll process [C]. Ti-2015，Proceedings of the 13th World Conference on Titanium：103~105.

[5] 章四琪，黄劲松. 有色金属熔炼与铸锭 [M]. 北京：化学工业出版社，2006.

[6] Tetyukhin V V，Bychkov A P，Trubin A N，et al. Manufacture of upgraded quality ingots and billets [C]. Ti-1995，The 8th World Conference on Titanium：1527~1534.

[7] Lütjering G，Williams J C. Titanium：Engineering Materials and Processes，2nd ed. [M]. Springer，2007.

[8] Seagle S R，Yu K O，Giangiordano S. Considerations in processing titanium [J]. Materials Science and Engineering A，1999，263（2）：237~242.

［9］ Aviation Investigation Report A97F0059 ［R］. Uncontained engine failure, Canadian Airlines International, Boeing 767-375ER, Beijing, China, 1997, 6th Sept.

［10］ Chinnis W R, Buttrill W H. Production titanium plasma cold hearth melting ［C］. Ti-1992, The 7th World Conference on Titanium：2363~2370.

［11］ Poulsen E. Safety-related problems in the titanium industry in the last 50 years ［J］. JOM, 2000, 52 （2）：13~17.

［12］ Bomberger H B, Froes F H. The melting of titanium ［J］. JOM, 1984, 36 （12）：39~47.

［13］ Mitchell A. Melting, casting and forging problems in titanium alloys ［J］. Materials Science and Engineering A, 1998, 243：257~262.

［14］ 杨文甲, 张文琦, 邢义, 等. 高纯净度钛合金锭坯制备技术 ［J］. 中国有色金属学报, 2013, 23 （专刊1）：S287~291.

［15］ Mitchell A. Composition control in titanium alloys ［C］. Ti-2011, Proceedings of the 12th World Conference on Titanium：71~74.

［16］ Venkatesh V, Wilson A, Kamal M, et al. Computational modeling in the primary processing of titanium：a review ［J］. JOM, 2009, 61 （5）：45~50.

［17］ Ghazal G, Jardy A, Chapelle P, et al. On the dissolution of nitrided titanium defects during vacuum arc remelting of Ti alloys ［J］. Metallurgical and Materials Transaction B, 2010, 41 （3）：646~659.

［18］ Clifford E. Shamblen. Titanium alloy hearth melt "only" technology development ［C］. Ti-1995, The 8th World Conference on Titanium：1438~1445.

［19］ Mitchell A. The influence of titanium alloy composition and application on melting and casting practices ［C］. Metallurgy and Technology of Practical Titanium Alloys, The Minerials, Metals & Materials Society, 1994：201~208.

［20］ Entrekin C H, Harker H R. Recent developments in electron beam hearth refining ［C］. Ti-1988, The 6th World Conference on Titanium：615~619.

［21］ 田世藩, 马济民. 电子束冷炉床熔炼 （EBCHM） 技术的发展与应用 ［J］. 材料工程, 2012 （2）：77~85.

［22］ Bania P J. Critical review：raw materials, melting, recycling and primary processing ［C］. Ti-1992, The 7th World Conference on Titanium：2227~2238.

［23］ Shamblen C E, Buttrill W H, Hunter G B. Titanium alloy hearth melt technology ［C］. Ti-1992, The 7th World Conference on Titanium：2451~2458.

［24］ Paton B E, Akhonin S V, Berezos V A. Production of titanium alloys ingots by EBCHM technology ［C］. Ti-2015, Proceedings of the 13th World Conference on Titanium：359~364.

［25］ Orest M. Ivasishin, Andrey V. Alexandrov. Recent trends in CIS titanium industry developments and research activities ［C］. Ti-2011, Proceedings of the 12th World Conference on Titanium：20~29.

［26］ Ivasishin O M, Alexandrov A V. Current status of titanium production, research and application in CIS ［C］. Ti-2007 Science and Technology：17~24.

［27］ Wagner L. Recent titanium research and developments in Germany ［C］. Ti-2011, Proceedings of the 12th World Conference on Titanium：38~46.

［28］ 陈战乾, 国斌, 陈峰, 等. 2400kW 电子束冷床炉熔炼纯钛生产实践及工艺控制 ［J］. 金属世界, 2009 （2）：39~42.

［29］ 李育贤, 杨丽春. 电子束冷床炉熔炼炉大功率冷热阴极电子枪对比分析 ［J］. 金属世界, 2015 （6）：49~55.

［30］ Nishi S, Kusamichi T, Onoye T. Arc voltage and heat efficiency during plasma arc melting of titanium ［J］.

ISIJ International, 1995, 35 (2): 114~120.

[31] Knight R, Smith R W, Apelian D. Application of plasma arc melting technology to processing of reactive metals [J]. International Materials Reviews, 1991, 36 (6): 221~252.

[32] Blackburn M J, Malley D R. Plasma arc melting of titanium alloys [J]. Materials & Design, 1993, 14 (1): 19~27.

[33] Tetyukhin V, Vinokurov D. Metallurgy of titanium production (titanium sponge, melting, conversion, alloys) [C]. Ti-2003 Science and Technology: 111~120.

[34] 马济民, 蔡建明, 郝孟一, 等. 钛合金等离子冷炉床熔炼技术的发展 [J]. 稀有金属材料与工程, 2005, 34 (增刊3): 7~12.

[35] 冯秋元, 庞洪, 乔璐, 等. 低成本 TC4 钛合金板材的研制 [J]. 中国有色金属学报, 2013, 23, Special 1: S353~357.

[36] Sampath K. The use of technical cost modeling for titanium alloy process selection [J]. JOM, 2005, 57 (4): 25~32.

[37] Yu K O, Imam M A. Development of titanium processing technology in the USA [C]. Ti-2007 Science and Technology: 9~16.

[38] Semiatin S L, Seetharaman V, Weiss I. The thermomechanical processing of alpha/beta titanium alloys [J]. JOM, 1997, 49 (6): 33~39.

[39] 朱益藩, 张德昭, 莫晓传. BT9 钛合金锻件中的氢 [C]. 1981 年全国钛合金学术交流会论文集: 106.

[40] 张善庆. 复杂形体钛合金叶片真空热处理工艺研究 [J]. 材料工程, 1997 (4): 10~13.

[41] Tricot R. Thermomechanical processing of titanium alloys [C]. Ti-1988, The 6th World Conference on Titanium: 23~36.

[42] Bieler T R, Semiatin S L. The origins of heterogeneous deformation during primary hot working of Ti-6Al-4V [J]. International Journal of Plasticity, 2002, 18 (9): 1165~1189.

[43] Semiatin S L, Seetharaman V, Weiss I. Hot workability of titanium and titanium aluminide alloys-an overview [J]. Materials Science and Engineering A, 1998, 243 (1~2): 1~24.

[44] Seshacharyulu T, Medeiros S C, Frazier W G, et al. Microstructural mechanisms during hot working of commercial grade Ti-6Al-4V with lamellar starting structure [J]. Materials Science and Engineering A, 2002, 325 (1~2): 112~125.

[45] Pilchak A L, Li J, Rokhlin S I. Quantitative comparison of microtexture in near-alpha titanium measured by ultrasonic scattering and electron backscatter diffraction [J]. Metallurgical and Materials Transaction A, 2014, 45: 4679~4697.

[46] Wood J R. Recent titanium developments in the USA [C]. Ti-2003 Science and Technology: 1~12.

[47] 王淑云, 李辉忠, 李惠曲, 等. 钛合金锻造用玻璃防护润滑剂的研制 [J]. 锻压技术, 2003, (4): 3~4.

[48] 孟学忠. 钛合金精锻防护润滑剂 [C]. 1981 年全国钛合金学术交流会论文集: 110.

[49] 段素杰. 钛合金叶片无余量精锻工艺用玻璃防护润滑剂的研究 [J]. 锻压技术, 2001, 25 (1): 45~46.

[50] Brooks J W. Friction during precision forging of high temperature aerospace materials [J]. Materials Science and Technology, 2012, 28 (5): 528~531.

[51] 李园春, 熊震国. 机械压力机上几种钛合金制件的精密模锻 [J]. 稀有金属快报, 2004, 23 (1): 21~24.

[52] Woodfiled A P, Gorman M D, Corderman R R, et al. Effect of microstructure on dwell fatigue behavior of

Ti-6242 [C]. Ti-1995, The 8th World Conference on Titanium: 1116~1123.

[53] Jean-Michel de Monicault. Issues and progresses in manufacturing of turbo-engines titanium parts [C]. Ti-2007 Science and Technology: 1301~1308.

[54] Peters J O, Lütjering G. Comparison of the fatigue and fracture of α+β and β titanium alloys [J]. Metallurgical and Materials Transaction A, 2001, 32: 2805~2818.

[55] 索朗宁娜 О П, 格拉祖诺夫 С Г. 热强钛合金 [M]. 张志方, 葛志明, 译. 第三机械工业部第六二一研究所（内部资料）.

[56] 周义刚, 曾卫东, 俞汉清, 等. 钛合金高温形变强韧化机理 [J]. 金属学报, 1999, 35（增刊1）: S586~589.

[57] Liu Y, Baker T N. A comparison of experimental and computer-simulated isothermal upset forging of IMI685 titanium alloy [J]. Materials Science and Engineering A, 1996, 205 (1~2): 117~126.

[58] Barussaud A, Desvallees Y, Guedou J Y. Control of the microstructure in large titanium disc, application to the high pressure compressor of the GE90 aeroengine [C]. Ti-1995, The 8th World Conference on Titanium: 1599~1608.

[59] Heutling F, Helm D, Büscher M, et al. Prediction of tensile properties of beta-forged Ti-6246 engine compressor disks [C]. Ti-2015, Proceedings of the 13th World Conference on Titanium: 1875~1880.

[60] Terlinde G, Witulski T, Fischer G. Development of Ti-6246 engine discs [C]. Ti-2003 Science and Technology: 2891~2898.

[61] Wang Y, Ma N, Chen Q, et al. Predicting phase equilibrium, phase transformation, and microstructure evolution in titanium alloys [J]. JOM, 2005, 57 (9): 32~39.

[62] Shi R, Dixit V, Fraser H L, et al. Variant selection of grain boundary α by special prior β grain boundaries in titanium alloys [J]. Acta Materialia, 2014, 75: 156~166.

[63] Albrecht J, Lütjering G. Microstructure and mechanical properties of titanium alloys [C]. Ti-1999, Proceedings of the 9th World Conference on Titanium: 363~374.

[64] Williams J. Thermo-mechanical processing of high-performance Ti alloys: recent progress and future needs [J]. Journal of Materials Processing Technology, 2001, 117 (3): 370~373.

[65] Salib M, Teixeira J, Germain L, et al. Influence of transformation temperature on microtexture formation associated with α precipitation at β grain boundaries in a β metastable titanium alloy [J]. Acta Materialia, 2013, 61 (10): 3758~3768.

[66] Smith D J. The isothermal forging of titanium alloys [C]. Ti-1988, The 6th World Conference on Titanium: 1277~1281.

[67] Hasegawa A, Ishigai S, Matsushita T. Near net shape forging of titanium alloys [C]. Ti-1988, The 6th World Conference on Titanium: 1263~1268.

[68] 王家宣, 熊洪淼, 晏建武, 等. 钛合金小型复杂结构件闭式等温精锻工艺设计分析 [J]. 金属学报, 2002, 38, Suppl.: 370~372.

[69] 劳金海. 某航空发动机六、七级钛合金压气机盘等温锻件研制 [J]. 金属学报, 1999, 35（增刊1）S621~623.

[70] Chen C C, Coyne J E. Recent developments in hot-die forging of titanium alloys [C]. Titanium'80 Science and Technology, Proceedings of the 4th International Conference on Titanium: 2513~2522.

[71] 周光垓. F-15 的材料和热工艺 [J]. 材料工程, 1978, (1): 36~44.

[72] 李青, 韩雅芳, 肖程波, 等. 等温锻造用模具材料的国内外研究发展状况 [J]. 材料导报, 2004, 18 (4): 9~11.

[73] Hu Z M, Dean T A. Aspects of forging of titanium alloys and the production of blade forms [J]. Journal of

Materials Processing Technology, 2001, 111 (1~3): 10~19.

[74] 梁海, 张铮. 惯性摩擦焊在航空发动机上的应用 [J]. 材料工程, 1992 (2): 48~51.

[75]《透平机械现代制造技术丛书》编委会. 叶片制造技术 [M]. 北京: 科学出版社, 2002: 27.

[76] 申秀丽, 等. 航空燃气涡轮发动机典型制造工艺 [M]. 北京: 航空航天大学出版社, 2016: 43.

[77] 中国材料工程大典编委会. 中国材料工程大典 第21卷 材料塑性成形工程 (下) [M]. 北京: 化学工业出版社, 2006: 252.

[78] 李成功, 曾凡昌. 俄国等温锻造技术的进展 [J]. 航空科学技术, 1996, 5: 32~35.

[79] 布拉图赫音 А Г. 航空装备质量、可靠性和寿命的工艺保证 (下卷) [M]. 北京: 航空材料研究院 (内部资料), 1999: 61.

[80] 王辉, 吴宝海, 李小强. 新一代商用航空发动机叶片的先进加工技术 [J]. 航空制造技术, 2014, 464 (20): 26~31.

[81] http://www.aviaport.ru/digest/2020/07/09/644909.html.

[82] Segel V M. Materials processing by simple shear [J]. Materials Science and Engineering A, 1995, 197: 157~164.

[83] Fitzpatrick G A, Broughton T. The diffusion bonding of aeroengine components [C]. Ti-1988, The 6th World Conference on Titanium: 1451~1456.

[84] 侯冠群, 王纯孝, 肖新章. 超塑成形/扩散连接技术在钛合金空心整流叶片上的应用研究 [J]. 金属学报, 1999, 35 (增刊1): S636~639.

[85] Ouchi C. Development and application of new titanium alloy SP-700 [C]. Metallurgy and Technology of Practical Titanium Alloys, The Minerals, Metals & Materials Soceity, 1994: 37~44.

[86] [英] Richard Blockley, [美] Wei Shyy. 航空航天科技出版工程 4 材料技术 [M]. (Encyclopedia of Aerospace Engineering 4 Materials Technology), 北京: 北京理工大学出版社, 2016: 56.

[87] 陈光. EJ200 发动机高压压气机结构设计改进 [J]. 航空发动机, 2004, 30 (2): 1~4.

[88] 江和甫, 古远兴, 卿华. 航空发动机的新结构及其强度设计 [J]. 燃气涡轮试验与研究, 2007, 20 (2): 1~4.

[89] 黄春峰. 现代航空发动机整体叶盘及其制造技术 [J]. 航空制造技术, 2006 (4): 94~100.

[90] Williams J C, Starke E A. Progress in structural materials for aerospace systems [J]. Acta Materialia, 2003, 51 (19): 5775~5799.

[91] 薛松柏, 张亮, 皋利利, 等. 航空器制造中的焊接技术 [J]. 航空制造技术, 2009 (19): 26~29.

[92] 杨国才, 伍玥. JSF 战机动力装置研制新特点浅析 [J]. 燃气涡轮试验与研究, 2003, 16 (4): 57~60.

[93] 萨拉瓦纳穆图 H I H, 罗杰斯 G F C, 科恩 H, 等. 燃气涡轮原理 [M]. 6版. 黄维娜, 等译. 北京: 航空工业出版社, 2015.

[94] 李杰, 陈光, 吕跃进. 世界著名商用航空发动机要览 [M]. 北京: 航空工业出版社, 2016.

[95] Nowotny S, Scharek S, Beyer E, et al. Laser beam build-up welding: precision in repair, surface cladding, and direct 3D metal deposition [J]. Journal of Thermal Spray Technology, 2007, 16 (3): 344~348.

[96] Che-Haron C H, Jawaid A. The effect of machining on surface integrity of titanium alloy Ti-6Al-4V [J]. Journal of Materials Processing Technology, 2005, 166: 188~192.

[97] Steffens K, Wilhelm H. Next engine generation: materials, surface technology, manufacturing processes, what comes after 2000? [R]. 2003.

[98] Mateo A, Corzo M, Anglada M, et al. Welding repair by linear friction in titanium alloys [J]. Materials Science and Technology, 2009, 25 (7): 905~913.

[99] Iswar V R, Kuhn H A. Experimental and theoretical modeling of Ti-6Al-2Mo-4Zr-2Sn (Ti-6242) alloy compressor disk forging [C]. Ti-1984, Proceedings of the 5th International Conference on Titanium: 1245~1252.

[100] Jenkins N, Rugg D. Improved process/property/design integration of titanium based aeroengine components [C]. COMPASS' 99: 275~281.

[101] 高峻, 罗皎, 李淼泉. 航空发动机双性能盘制造技术与机理的研究进展 [J]. 航空材料学报, 2012, 32 (6): 37~43.

[102] 方昌德. 航空发动机的发展研究 [M]. 北京: 航空工业出版社, 2009.

[103] Gayda J, Furrer D. Dual microstructure heat treatment [J]. Advance Materials & Process, 2003, (7): 36~40.

[104] Mathey G F. Method of making superalloy turbine disks having graded coarse and fine grains [P]. US Patent, 5312497, 1994-05-17.

[105] Ganesh S, Tolvert R C. Differentially heat treated article and apparatus and process for the manufacture thereof [P]. US Patent, 6478896B1, 2002-11-12.

[106] Gayda J, Gabb T P, Kantzos P T. Heat treatment devices and method of operation thereof to produce dual microstructure superalloy discs [P]. US Patent, 6660110B1, 2003-12-09.

[107] 陈光. 航空发动机结构设计分析 [M]. 北京: 航空航天大学出版社, 2006.

[108] 李其汉, 王延荣. 航空发动机结构强度设计问题 [M]. 上海: 上海交通大学出版社, 2014.

[109] Mark D, Gorman. Dual-property alpha-beta titanium alloy forgings [P]. US Patent, 5795413, 1998-08-18.

[110] 姚泽坤, 郭鸿镇, 刘建超, 等. 双性能钛合金压气机盘的成形机理 [J]. 中国有色金属学报, 2000, 10 (3): 378~382.

[111] 刘莹莹, 姚泽坤, 秦春, 等. Ti₃Al/TC11 合金焊接界面的高温性能 [J]. 稀有金属材料与工程, 2012, 41: 1828~1832.

[112] Qin C, Yao Z K, Ning Y Q, et al. Hot deformation behavior of TC11/T-22Al-25Nb dual-alloy in isothermal compression [J]. Transactions of Nonferrous Metals Society of China, 2015, 25: 2195~2205.

[113] 张小伟. 金属增材制造技术在航空发动机领域的应用 [J]. 航空动力学报, 2010, 31 (1): 10~16.

[114] 蔡建明, 田丰, 刘东, 等. 600℃高温钛合金双性能整体叶盘锻件制备技术研究进展 [J]. 材料工程, 2018, 46 (5): 36~43.

[115] 蔡建明, 李娟, 田丰, 等. 先进航空发动机用高温钛合金双性能整体叶盘的制造 [J]. 航空制造技术, 2019, 62 (19): 34~40.

[116] Green K A, Helmink R C. Development and characterization of overspeed and cyclic behavior of dual grain structure turbine disks [J]. Materials Science Forum, 2007, 546-549: 1261~1270.

[117] 王伦, 韩秀峰, 张露. 商用航空发动机转子部件的电子束焊接 [J]. 航空制造技术, 2015 (11): 102~104.

[118] 张田仓, 李菊, 何胜春, 等. 摩擦焊技术在航空发动机研制中的应用 [J]. 航空制造技术, 2014, 20: 69~71.

[119] 王海斗, 朱丽娜, 邢志国. 表面残余应力检测技术 [M]. 北京: 机械工业出版社, 2013.

[120] 南海, 赵嘉琪, 刘茜珂, 等. 国外铸造钛合金及其铸件的应用和发展 [J]. 稀有金属材料与工程, 2005, 34 (增刊3): 214~217.

[121] 高玉魁. 表面完整性理论与应用 [M]. 北京: 化学工业出版社, 2014.

[122] 高玉魁. 残余应力基础理论及应用 [M]. 上海: 上海科学技术出版社, 2019.

［123］ Nochovnaya N A, Shulov V A, Vinogradov M V, et al. Erosion and corrosion resistant coatings for refractory titanium alloys ［C］. Ti-1999, Proceedings of the 9th World Conference on Titanium: 843~855.

［124］ Jahnke L P. Titanium in Jet Engines ［C］. Ti-1968, The Science, Technology and Application of Titanium, The 1st World Conference on Titanium: 1099~1115.

［125］ Levy M, Morrossi J L. Wear- and errosion-resitant coatings for titanium alloys ［C］. Ti-1972, Titanium Science and Technology, Proceedings of the 2nd International Conference: 2487~2499.

［126］ Helm D, Roder O. Recent Titanium Research and Development in Germany ［C］. Ti- 2007 Science and Technology, 11th World Conference on Titanium: 5~7.

［127］ 马小怀, 张延生, 刘京州. 钛合金超声波检测中杂波产生原因分析 ［J］. 稀有金属材料与工程, 2005, 10 (增刊 3) 677~679.

［128］ Eylon D, Vassel A, Combres Y, et al. Issues in the development of beta titanium alloys ［J］. JOM, 1994, 46 (7): 14~15.

［129］ 李家伟. 无损检测的内涵演变及其在质量控制中的作用 ［J］. 航空材料学报, 2003, 23 (增刊) 205~208.

［130］ Jackson M, Thomas M. Titanium research developments in the United Kingdom ［C］. Ti-2015, Proceedings of the 13th World Conference on Titanium: 5~12.

［131］ Lan B, Britton T B, Tea-Sung Jun, et al. Direct volumetric measurement of crystallographic texture using acoustic waves ［J］. Acta Materialia, 2018, 159: 384~394.

［132］ Vicki F J. Non-destructive inspection of titanium jet engine disks ［C］. Ti-1972, Titanium Science and Technology, Proceedings of the 2nd International Conference: 733~741.

4 航空发动机钛合金材料和部件的组织特征及其判定

钛合金的"成分—工艺—组织—性能"是材料和零部件研制、生产和使用各阶段必须控制的主要内容。其中，组织控制是核心，组织取决于合金的成分和所采用的生产工艺，而组织又是决定零部件力学性能、使用性能最关键的内在因素。依据不同的观察尺度，钛合金组织评价主要有宏观组织和显微组织两种，宏观组织常俗称为低倍组织，显微组织俗称为高倍组织，合在一起常称为高低倍组织。高低倍组织客观表征了材料、锻件、零部件的内在组织特征，是全过程生产链工艺参数控制是否恰当最为直观的反映，是航空发动机钛合金材料和锻件标准里最重要的技术要求，直接关系到材料和锻件的力学性能。

金相分析是检验钛合金材料质量和工艺质量的最主要方法，通过低倍腐蚀或蓝色阳极化腐蚀，并用目视或体视显微镜就可以检查和评判试片（或部件表面）的低倍组织，反映材料或零部件制造加工如熔炼、锻造、热处理等过程是否存在冶金质量和热加工质量问题，如出现夹杂物、偏析、异常晶粒、组织不均匀、异常晶粒流线如紊流、穿流以及裂纹、孔洞、折叠等缺陷。采用金相显微镜或扫描电镜，根据需要可在不同放大倍数下观察显微组织的细节特征，评估组织类型，表征组织参数，观察是否有异常组织等。需提及的是，金相分析属于抽样检查，不能全面地反映锻件或锻坯整个体积范围内的组织特征和异常情况。

生产和应用实践经验表明，钛合金的高低倍组织特征受制造工艺的强烈影响，且具有组织多样性特征。若工艺参数控制不当，容易得到不符合要求的组织，给材料和部件的应用埋下隐患，也给材料和部件的组织评判增添难度。囿于有限的实践经验知识，在对一些异常组织进行评判时，往往缺乏充分的科学理论依据和实践经验，易造成误判，或者判定尺度的把握不合理，特别是对于航空发动机转子级用钛合金材料及其部件，如何把握好评判标准尺度的确是一项难题，于是制定各类技术标准，提出组织评判的标准。

本章较为系统地梳理了变形钛合金材料研究和生产过程曾遇到的一些高低倍组织，特别是异常的高低倍组织。异常低倍组织如绝热剪切变形带、年轮组织、花纹组织、过热组织和单个大晶粒等，异常显微组织如长条 α、大块 α、扭折 α、α 条带、双套组织等。对这些高低倍组织进行表征，并根据理论和实践经验对其作出评判，分析产生原因，并提出相应的控制措施。

4.1 变形钛合金的低倍组织

在钛合金坯料和锻件的生产过程中，往往要在不同生产阶段检查坯料和锻件的低倍组织，一方面是为了检查和评估锻造变形流线分布情况及低倍组织形貌，观察是否存在异常情况如绝热剪切变形带、年轮组织、过热组织、单个大晶粒、组织不均匀等；另一方面还可以显示是否存在冶金缺陷或锻造缺陷，如夹杂物、偏析、孔洞、裂纹、折叠等，当然这些缺陷很多是通过无损检测如超声检测、荧光渗透检测、X 射线检测时得以发现的，这部分内容将在第 5 章详细描述。

4.1.1　低倍组织定性评定

变形钛合金的低倍组织可以定性地分为四类，即模糊晶、半模糊晶、半清晰晶和清晰晶，如图 4-1 所示。其中第 1~3 级为模糊晶组织，第 4~6 级为半模糊晶组织，第 7~9 级为半清晰晶组织，第 10~12 级为清晰晶组织。当然，组织分级的界面没有极其严格的界定。

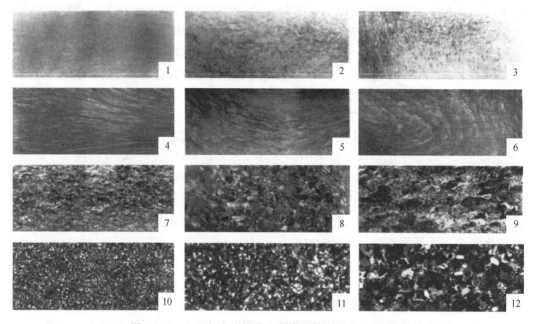

图 4-1　α+β 两相变形钛合金盘模锻件低倍组织评级图

清晰晶组织表现为低倍试片或零件表面腐蚀后，原始 β 晶粒的晶界目视可见（人眼目视分辨能力约为 0.1mm），钛合金铸锭铸态组织或在 β 区热处理或锻造变形得到的低倍组织一般为清晰晶，典型形貌如图 4-2 所示，对应的显微组织一般为片层组织或网篮组织。

模糊晶组织表现为低倍腐蚀后表面无光泽，呈毛玻璃状，目视无法分辨单个晶粒的组织，在 α+β 两相区经过充分的锻造变形且发生良好再结晶，一般可获得模糊晶组织，典型形貌如图 4-3 和图 4-4 所示。因多边化和再结晶作用，导致单个 β 晶粒内 α 集束产生变形并发生晶体取向变化而形成亚晶粒，使反射光线变得模糊，表现为低倍表面暗度增加，对应的显微组织一般为双态组织或等轴组织；如果在 α+β 区变形不充分，会得到短条状 α 的组织，一般无法分辨原始 β 晶界。当然，如果 β 晶粒尺寸小于 0.1mm，在低倍下也呈模糊晶组织。实际上，工程生产的钛合金半成品或锻件，原始 β 晶粒尺寸一般只能控制在 0.5mm 以上。

 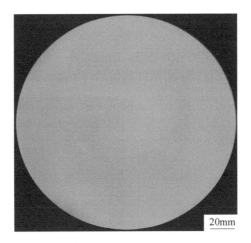

图 4-2　TC17 钛合金 φ250mm 棒材
横截面低倍清晰晶组织

图 4-3　α+β 区充分变形且良好再结晶得到的
TC17 钛合金大规格棒材低倍模糊晶组织

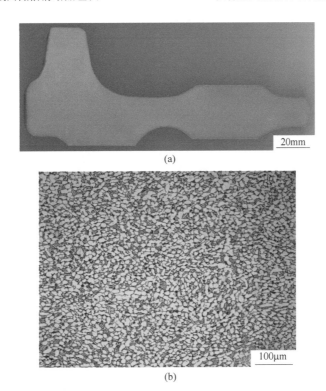

(a)

(b)

图 4-4　TC11 钛合金压气机盘锻件径向低倍模糊晶组织及其对应的高倍双态组织
（a）低倍组织；（b）显微组织

　　介于完全清晰晶和完全模糊晶组织之间的组织一般称为半清晰晶或半模糊晶，若更接
近于清晰晶则称为半清晰晶组织，典型形貌如图 4-5 所示，若更接近于模糊晶则称为半模
糊晶组织，典型形貌如图 4-6 所示。从清晰晶、半清晰晶、半模糊晶到模糊晶，实际上并
没有设定一个很严格的界限，当在 α+β 区变形不充分或在 α+β 区上部变形，容易得到半
清晰晶或半模糊晶组织，对应的显微组织往往是在 α+β 区变形不足而呈现扭折长条状的 α

相，原始 β 晶界可以部分分辨，或者初生 α 相含量过少，原始 β 晶界可以分辨。还有一种情况是，如果在 α+β 区变形参数控制不当，如变形速率过大，在短时间内塑性变形能大约有 95% 转化为热量，引起锻坯内部局部温升，产生过热组织，同时造成材料软化[1]，这会导致在锻坯或锻件的局部特别是心部出现半清晰晶甚至是清晰晶组织的情况。

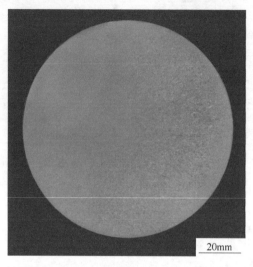

20mm

图 4-5　TA19 钛合金 ϕ100mm 棒材（锻态）横截面低倍，局部为半清晰晶组织，可见单个 β 晶粒

20mm

图 4-6　TC11 钛合金离心叶轮锻件径向低倍，上下端面附近区域为半模糊晶组织

　　低倍组织形貌可以基本反映钛合金坯料和锻件变形过程的组织演变情况。但是，低倍组织和显微组织之间并不遵守传统认知的对应关系，清晰晶或半清晰晶并不一定对应片层组织或网篮组织。在两相钛合金大型航空锻件的局部曾经出现过一种特殊的组织形貌，高倍为初生 α 颗粒等轴化良好的双态组织或等轴组织，而低倍组织呈现半清晰晶或半模糊晶形貌，局部区域原始 β 晶粒目视可见，如图 4-7 所示，将其称为伪大晶粒或伪 β 粗晶组织。虽然低倍为伪大晶粒组织对应的高倍往往是双态组织，但仔细观察，存在断续的晶界 α，勾勒出原始 β 晶界的轮廓，在一个原始 β 晶粒内的变形组织或多或少有方向性排列特征，反映了坯料此前经历的 β 锻或 β 热处理的痕迹。伪大晶粒组织更多地出现在大规格棒材和大型锻件中，而很少出现在小规格棒材和小型锻件中，这与在 α+β 区的变形程度及再结晶程度有极大关系。伪大晶粒组织往往与微织构存在一定的关联度，局部区域的 α 相会呈相同或相近的晶体取向排列，伪大晶粒组织会影响大型钛合金锻件的力学性能及其性能的均匀性分布，会造成局部拉伸强度偏低，对于疲劳性能特别是保载疲劳的下降作用会

更显著，因此对于主要承受大应力低周疲劳载荷的盘锻件，要尽量避免出现伪大晶粒组织。

伪大晶粒组织的出现，丰富和加深了对钛合金低倍组织与显微组织关系的认识与理解。解决伪大晶粒组织的关键是在 α+β 区锻造时须实施充分的变形，当然要避免 α+β 区多火次小变形的方式，使初生 α 相能充分地发生多边化和再结晶，使原来 β 晶粒内产生的再结晶晶粒组织有不同的晶体取向，避免生成微织构区域。经过 α+β 区充分变形并再结晶退火，这种锻态的伪大晶粒组织特征往往会消失。

除某些特殊工艺制造的钛合金锻件外（如 TC17、TC19 钛合金 β 区模锻生产盘锻件），多数钛合金棒材和锻件最终应在 α+β 区进行充分变形和再结晶，获得均匀的模糊晶，对应的显微组织为均匀分布的等轴组织或双态组织。对于要求采用 β 区模锻的钛合金盘锻件，应为细小的清晰晶组织，典型形貌如图 4-8 所示，避免出现粗大的 β 晶粒和 β 晶粒不均匀分布。

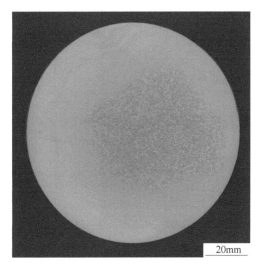

图 4-7 TA19 钛合金 ϕ100mm 棒材低倍上的
轻微年轮组织及中心区域伪 β 粗晶组织

图 4-8 TC25 钛合金 ϕ220mm 棒材横截面低倍试片
（1/4 扇形块）经 β 热处理（T_β+30℃/保温 2h/
空冷）后的低倍组织，为细小的清晰晶组织

对于半模糊晶组织和半清晰晶组织的判定，其显微组织一般存在晶界 α 和原始 β 晶界的痕迹，晶内 α 集束的片层未能得到良好等轴化，若无连续的晶界 α 或超过标准规定的长条 α，对于一般用途的航空钛合金锻件，一般应判为合格。

4.1.2 低倍组织定量评定

俄罗斯相关的技术资料认为，定量描述和评定钛合金低倍组织的参数有晶粒尺寸（D_M），晶粒不等轴度（K_D）和衬度（T）。在低倍试片的截面上，将相对于固定位置入射光线具有相同图像衬度的区域作为一个低倍晶粒，对比度取决于晶粒晶体取向与入射光线的夹角关系。当晶粒尺寸大于人眼目视的分辨能力（约为 0.1mm）时就能分辨开。实际上，低倍组织目视可见的晶粒尺寸（D_M）与实际的晶粒尺寸（D_β）可能会存在差异，即存在如下三种关系，用图 4-9 示意地表达。

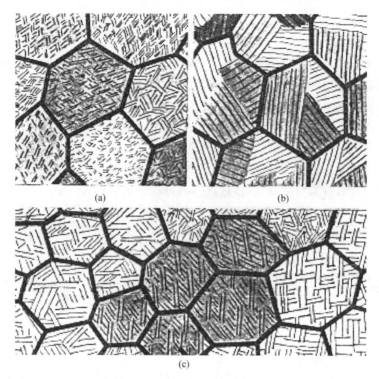

图 4-9　微观晶体取向要素对低倍组织显露晶粒尺寸的影响示意图

(a) $D_M = D_\beta$；(b) $D_M < D_\beta$；(c) $D_M > D_\beta$

（1）低倍组织中看到的晶粒尺寸与实际的 β 晶粒尺寸相等（$D_M = D_\beta$），这种情况一般是当相邻 β 晶粒的位向差较大且分布均匀时才出现。

（2）低倍组织中看到的晶粒尺寸小于实际的 β 晶粒尺寸（$D_M < D_\beta$），这种情况是因单个的 α 集束尺寸大于目视分辨尺寸，将 β 晶粒内单个的 α 集束看成是一个 β 晶粒。

（3）低倍组织中看到的晶粒尺寸大于实际的 β 晶粒尺寸（$D_M > D_\beta$），这种情况是因两个或两个以上相邻的 β 晶粒之间的晶体取向差很小（<10°），这几个相邻的 β 晶粒被误认为是一个 β 晶粒。

当然，在上述所有情况下，实际 β 晶粒尺寸越小，在低倍组织下看到的晶粒尺寸也会越小。

在 β 区和 α+β 区变形还会引起晶粒形状的变化。当在平行于变形方向的平面（如盘模锻件的径-轴向截面）上观察低倍组织时，如果变形晶粒没有得到再结晶球化，则原来呈现等轴的晶粒看起来近似拉长的椭圆形或长条形。在评定低倍组织时，除评定晶粒尺寸外，还需评定晶粒纵向和横向尺寸之比值来表征晶粒不等轴度。一般采用与图 4-10 所示的标准图片对比来评定晶粒不等轴度，图 4-10 提供了四种不等轴度，即：(a) $K_D = 1.5$；(b) $K_D = 3$；(c) $K_D = 5$；(d) $K_D = 10$。

钛合金低倍组织的另一个重要特征是衬度，实质上是反映金属对光线的反射性。当晶粒尺寸大于人眼目视分辨能力时，存在的亮度差异表示显微组织中原始 β 晶粒和 α 集束位向的不同。倾转低倍试片，改变了入射光线与组织的晶体取向差，衬度会发生变化。由于反射光的散射和偏振作用，因腐蚀而产生凹凸不平的反射面会使衬度更加明显。

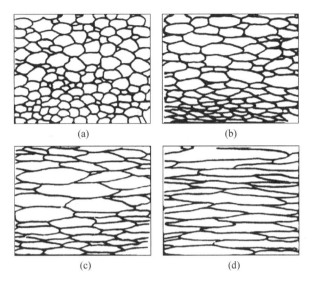

图 4-10　钛合金低倍组织晶粒不等轴度评级图

(a) $K_D = 1.5$；(b) $K_D = 3$；(c) $K_D = 5$；(d) $K_D = 10$

4.1.3　典型低倍组织

4.1.3.1　变形流线和绝热剪切变形带

金属在实施锻造时会沿一定方向流动，低倍试片或部件表面经腐蚀后会呈现流线状分布，合理分布的变形流线可以发挥方向性的优势，提高零件的使用性能和使用寿命。与钢不同的是，用于航空级别的钛合金材料是不允许含有夹杂物缺陷的，材料相对要纯净得多，α+β 区充分变形的钛合金锻件变形流线一般情况下是不可见或不明显，呈现均匀的模糊晶组织，如图 4-11 所示。表面无金属光泽，呈毛玻璃状，目视无法分辨单个晶粒，相应的显微组织如图 4-12 所示，为典型的双态组织，初生 α 相含量较多，初生 α 相等轴化好且分布均匀，无明显的方向性排列。

图 4-11　TC11 钛合金发动机锻件均匀模糊晶低倍组织

当在 α+β 区特别是在低温进行单方向大变形量快速变形时，或晶界 α 没有充分破碎，变形流线更易显露。典型钛合金锻件变形流线形貌如图 4-13 所示，变形流线沿模锻件外部轮廓合理分布，没有折叠、扭折、外露或凹角流动等异常情况；图 4-14 为对应的显微组织，大部分原始 β 晶界 α 已破碎，但局部区域仍有晶界 α 的残留，并保持长条状形貌，晶内可见原始片层集束破碎并转变为 α 相的定向排列特征，说明在 α+β 区变形和再结晶过程不够充分，初生 α 的球化也不够充分，特别是晶界 α 没有充分破碎和球化。

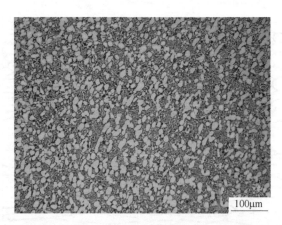

图 4-12 TC11 钛合金盘锻件典型的双态组织

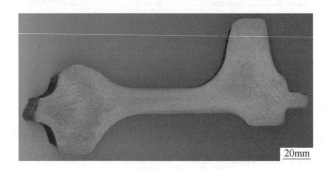

图 4-13 TC11 钛合金盘锻件径向低倍表面呈现的变形流线组织

对于质量要求高的航空钛合金锻件，变形流线应沿模锻件外部轮廓合理流畅分布，没有锻造折叠、开裂等。另外，锻件应有充分的变形并尽量发生再结晶。对于一些经 β 区锻造的钛合金锻件，低倍腐蚀表面可能无法观察到变形流线，清晰晶组织会掩盖变形流线。

多数航空钛合金标准对棒材等半成品和锻件的变形流线做了规定，如 AMS4928 《Titanium Alloy Bars，Wire，Forgings，Rings and Drawn Shapes，6Al-4V，Annealed》对 Ti-6Al-4V 钛合金模锻件的流线要求是：除了飞边端部区域外，变形流线应与锻件轮廓相一致，无穿晶流线。穿晶流线简称穿流，是指流线穿透肋条（或凸台）的根部，使流线的连续性遭到破坏的情况。穿流易引发近表面开裂并形成折叠，在生产叶片锻件时，叶片的进气边或排气边易出现穿流而形成折叠，在折叠处发现有氧化层，如图 4-15 所示。还有一种异常的流线是涡流，是指流线弯曲呈回流状。涡流和穿流通常发生在具有 L 形、U 形和 H 形断面的锻件上。锻造变形流线易与成分偏析形成的亮条、暗条等相混淆，需要通过显微组织分析加以分辨。

多数钛合金在 850~1050℃ 温度范围内实施锻造变形，普通锻造时模具温度相对较低，一般模具表面温度不高于 400℃。为了减小模具对钛合金坯料接触因快速热传导而产生的激冷作用，锻造操作在相对高的应变速率（$1~1000s^{-1}$）下进行，意味着流动应力很高，导致大的锻造载荷，促进变形的不均匀[2]。对于航空发动机部件如叶片、盘、机匣，其中

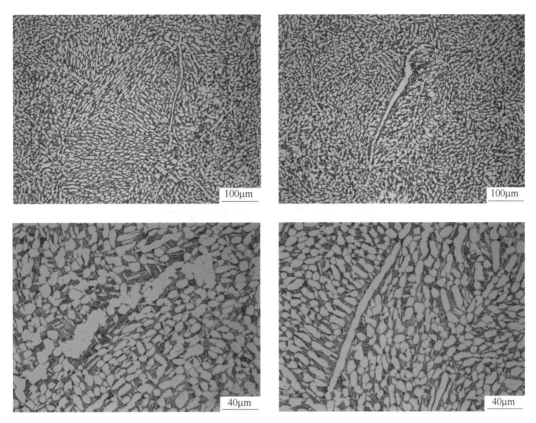

图 4-14 TC11 钛合金盘锻件的显微组织，有断续串状分布的晶界 α 和连续长条状的晶界 α

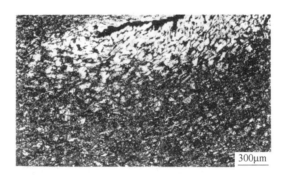

图 4-15 Ti-6Al-4V 钛合金叶片外缘因穿流引发近表面开裂并形成折叠

叶片模锻的变形条件最易出现绝热剪切变形带（ASB：Adiabatic Shear Band），当在曲柄压力机上进行叶片锻件模锻时，由于模具预热温度低，毛坯上下端面由于与模具先接触，冷却快，造成叶片坯料温度不均匀，加剧了坯料内部的剪切摩擦，在变形过程中内部形成应变锥。当然，外摩擦也起着重要作用，但内摩擦的影响更大些，随着变形量的增加，应变锥互相叠合。由于叶片型面复杂，进一步变形，则应变锥发展成波纹状的细晶条带。在普通模锻及高速锤模锻的 Ti-6Al-4V 钛合金叶片中常出现波纹状的剪切变形带，而在等温模锻的叶片中则没有出现剪切变形带[3]。消除或减弱绝热剪切变形带的措施有：增加预锻工序、保持模具表面良好的光洁度、加强锻造润滑、选择合适的模锻温度和应变速率。

　　图 4-16 和图 4-17 显示了 TC11 钛合金压气机叶片横截面处的绝热剪切变形带组织，变形带与其他区域存在衬度的差异。从三维空间看，变形带应为具有较小厚度的薄层。在高应变速率和大变形量的综合作用下，变形带内是未再结晶或再结晶不充分的区域，变形带内的组织更细小且具有强烈的方向性，通过热处理是不能完全消除剪切变形带的。

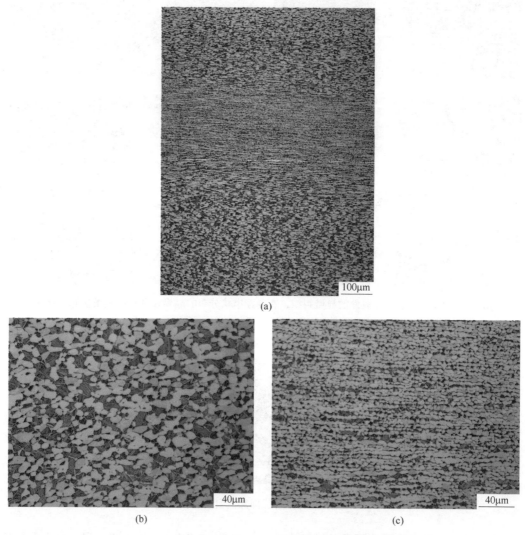

图 4-16　TC11 钛合金压气机叶片横截面绝热剪切变形带组织

（a）绝热剪切变形带和基体的组织；（b）基体；（c）绝热剪切变形带

　　图 4-18 和图 4-19 为国外用于 F4 战斗机的某涡扇发动机退役的 Ti-6Al-4V 钛合金压气机叶片横截面的显微组织，其中第 2 级和第 3 级叶片存在明显的绝热剪切变形带组织。到了第 11 级叶片之后，叶片采用 β 加工工艺，以细小的片层组织而使用。研究表明，绝热剪切变形带会影响零件的拉伸性能和热稳定性等性能，若暴露于成品叶片的表面，表面腐蚀时在叶盆、叶背的变形带露头处容易出现腐蚀坑，对疲劳性能不利[4]。

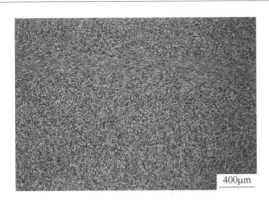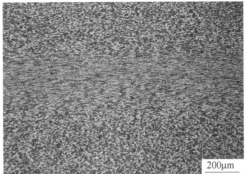

图 4-17　TC11 钛合金压气机叶片横截面的绝热剪切变形带组织

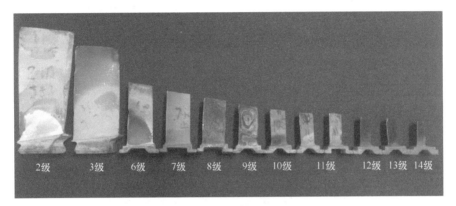

(a)

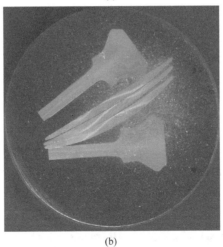

(b)

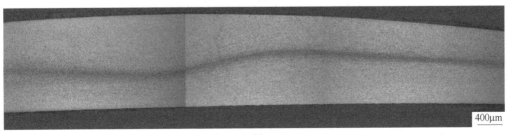

(c)

图 4-18　国外某涡扇发动机退役的 Ti-6Al-4V 钛合金压气机第 2 级转子叶片叶身横截面低倍组织

（a）叶片外形；（b）叶片横截面低倍组织；（c）叶片横截面显微组织，可见明显的绝热剪切变形带；

（d）叶片正常区显微组织；（e）绝热剪切变形带组织

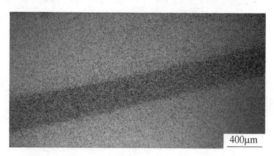

图 4-19　国外某涡扇发动机退役的 Ti-6Al-4V 钛合金压气机第 3 级转子叶片叶身横截面组织

钛合金由于具有较大的比热容（C_p）和低的热导率（λ）[5]，当锻造温度、应变速率选择或控制不当时，在高应变速率和大塑性应变的共同作用下，在一个较短的时间内完成锻造，变形产生的热量无法快速散失，于是产生强烈的变形局域化趋势，变形过程的塑性变形功转化的热量将引起绝热温升，导致局部流变软化，形成绝热剪切变形带，宽度一般在 10~100μm，引起强烈的应变不均匀分布，沿着剪切方向被剧烈拉伸产生拉长的细小晶粒[6]。IMI685 钛合金在825℃/10s⁻¹ 变形时观察到流变失稳，产生绝热剪切变形带，剪切带与压缩方向成 45°，集中剪切局域化会导致组织的显著细化，得到超细晶组织[7]。有时绝热剪切变形带有裂纹伴生，裂纹可沿变形带扩展，也可出现与变形带斜交的多条裂纹。绝热剪切变形带在一些著作和论文中也常被描述为"热线"（heat lines）、"热交叉"（thermal crosses）等术语。Ti-6Al-4V 钛合金绝热剪切变形带内的硬度比基体高约 25%，但比 α′马氏体相软 10%[8]。

在高应变速率下的塑性变形由三个互相竞争的因素决定：由于变形程度的增加导致应变强化效应、应变速率强化效应、由于绝热温升导致的软化效应。当软化效应占优势时，就会发生热黏塑性本构失稳，形成绝热剪切变形带。当然，"绝热"这个说法不是很严谨，在高应变速率情况下进行变形，所经历的时间极短而已。Ranc[9]认为大约为 10μs，在这种情况下，热量散失比热量产生要慢得多，一旦变形停止，剪切带内材料的热量会向邻近金属快速散失。变形带内由于变形温升和严重塑性变形作用，材料发生动态再结晶的温度低于常规变形条件下的静态再结晶温度，因此变形过程会发生快速的不完全动态再结晶，诱发晶粒显著细化。同时，变形带内的晶粒也可能发生转动[10]。当应变速率大于 0.1s⁻¹时，变形过程不会发生动态再结晶，变形时，α 相会被拉长。拉长晶粒内的位错胞壁合并形成多个晶体取向差较小的等轴亚晶，亚晶通过亚晶界旋转 30°左右形成细小的等轴晶[11]，这种效应在低温下更为明显。为了研究绝热剪切变形带内塑性流变不稳定和晶粒细化机制，可采用电子束背散射衍射成像方法（EBSD）分析剪切变形带内的晶体取向与织构演化[12]。郜清安[13]等采用 EBSD 分析了某发动机压气机钛合金精锻叶片剪切变形带区域和正常基体的组织晶体取向，表明在剪切变形带区域内组织的晶体择优取向非常微弱，并没有形成织构。

绝热剪切变形带内因高的剪切应力作用而发生金属塑性流动局域化，剪切变形带内温度急剧升高使材料软化。在极端条件下，短时间内可能在最大剪切应力面的薄弱区域形成超过材料断裂强度的应力集中，当在剪切变形带上的应变达到塑性开裂的临界值时，即会形成裂纹并导致开裂[14]。钛合金针状组织比等轴组织更容易产生剪切变形带和开裂现象[7]。液压机慢速变形会产生一个更大的温度梯度，产生的剪切变形带比机械压力机更加严重，低的锻造温度下容易出现剪切开裂[15]。

除了高温锻造外，钛合金在快速的车削加工、受到外物快速冲击时也可能会产生绝热剪切变形现象。目前常采用分离式 Hopkinson 压杆装置（SHPB：Split Hopkinson Pressure Bar）对帽形试样进行动态加载来研究绝热剪切变形机制。

当有规定时，锻造形成的细晶绝热剪切变形带应符合设计要求，一般在锻件标准中有规定，往往采用与评级图比较来加以判定。如某标准要求 Ti-6Al-4V 钛合金压气机转子叶片，从叶身的顶部、中部和底部各切取一截面，按某图谱标准进行剪切变形带的评定。当有轻微组织变化（评为 A 级）时，出现在任何区域均是允许的；当变形带为穿流型缺陷（评为 C 级）时，出现在任何区域均是不允许的。

4.1.3.2 年轮组织和花纹组织

在进行钛合金棒材和锻件低倍组织观察时，经常发现规则的低倍组织流线如年轮组织（tree ring）或花纹组织，其对应的显微组织往往没有特别的异常。年轮组织是经腐蚀的低倍试样上呈现同心且明暗交替的酷似多年生木本植物茎干横断面上的周期环状轮圈。

图 4-20 显示了某 TA15 钛合金 φ400mm 大规格棒材横向低倍（1/4 扇形块）上发现的

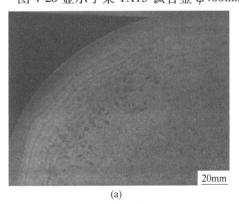

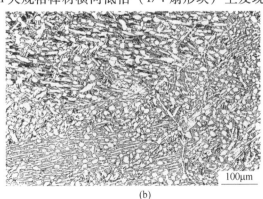

(a)　　　　　　　　　　　　(b)

图 4-20　TA15 钛合金 φ400mm 大规格棒材横向低倍（1/4 扇形块）
上发现的年轮组织（a）及相应的显微组织（b）

年轮组织及单个粗大晶粒及相应的显微组织，低倍呈现年轮组织，局部有单个孤立的大晶粒，显微组织中原始 β 晶界清晰可辨，晶界上残留细长的 α 条，一个 α 集束内的次生 α 条具有相同的排列方向。图 4-21 显示了某 TC11 钛合金 φ100mm 棒材横向低倍上发现的年轮组织。图 4-22 为 TC11 钛合金 φ38mm 棒材横截面低倍组织上的年轮组织。图 4-23 为 TC11 钛合金 φ38mm 棒材花纹区和正常区域的显微组织，虽然低倍年轮组织对入射光线的反射差别很大，但显微组织无明显差别。图 4-24 为 TC6 钛合金 φ35mm 棒材横截面低倍组织及棒材心部和外圆处的显微组织，低倍表现为方形的年轮组织，棒材心部和外圆的显微组织无明显差别。图 4-25 为 TC6 钛合金 φ30mm 棒材横截面低倍组织及心部花斑区的显微组织，低倍心部区域表现为大片呈花斑状组织，但其显微组织无明显异常。

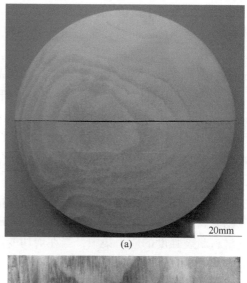

(a)

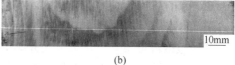

(b)

图 4-21　TC11 钛合金 φ100mm 棒材的年轮组织，不同位置的显微组织没有明显差异
（a）横截面；（b）纵截面

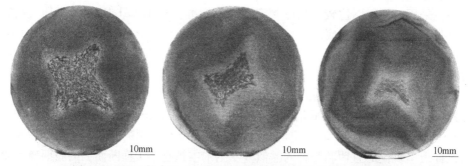

图 4-22　TC11 钛合金 φ38mm 棒材横截面低倍组织上的年轮组织

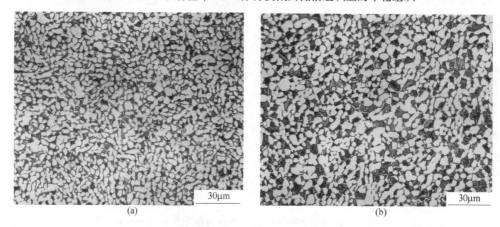

(a)　　　　　　　　　　　　　　　(b)

图 4-23　TC11 钛合金 φ38mm 棒材中心花纹区（a）和正常区域（b）的显微组织

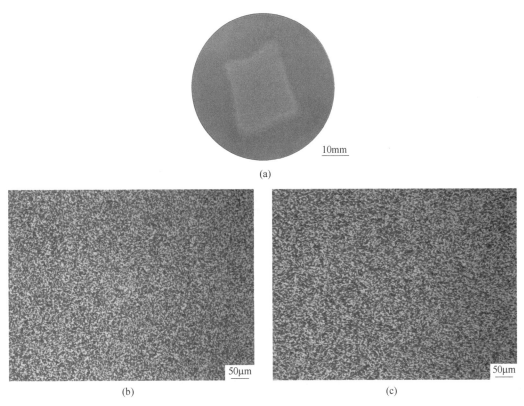

图 4-24 TC6 钛合金 φ35mm 棒材低倍的方形年轮组织
（a）棒材横截面低倍组织；（b）棒材心部；（c）棒材外圆

从上述 TA15、TC11、TC6 钛合金棒材的低倍组织可知，呈现的年轮组织是由深浅不同的几何圆环构成，类似于树木的年轮。产生年轮组织的原因可能有两种：（1）熔炼时因电流波动等引起铸锭横截面的成分产生周期性的微小波动；（2）因锻造变形不均匀引起低倍衬度的差异。年轮组织往往只是低倍衬度的差异，显微组织一般没有明显差异。图 4-25 所示的 TC6 钛合金棒材低倍花斑组织往往与棒材制备过程某一火次由于锻造工艺参数控制不当造成局部过热有关[16]，尽管通过后续 α+β 区的充分变形，高倍组织已得到了很好的细化和等轴化，但是低倍组织仍带有曾经过热组织的痕迹。

欧洲标准 ETTC3《钛合金棒材低倍组织标准》（Macrostructural Standards for Titanium Alloy Bars）将钛合金棒材上发现的年轮组织归因于熔炼不当产生的，称为年轮状偏析，也称波纹偏析。在真空自耗电弧熔炼过程中，电流参数的波动会引起合金凝固结晶速度的变化，如果电流突然增大，钛液温度升高，结晶速度降低，致使熔池中已凝固的钛液近表面层发生重熔现象，使得金属的固/液相界面产生二次结晶，同时结晶速度减慢，有利于低熔点组元向液相扩散，使铸锭固/液相界面上析出与熔池形状相似的偏析层。电流参数波动次数越多，析出的偏析层也越多。在钢锭中经常发现波纹偏析，如在 18Cr2Ni4WA 钢制涡轮内轴锻件上发现的波纹偏析[17]，波纹偏析对室温拉伸、冲击、剪切、扭转等力学性能未见明显的不利影响。

在我国的钛合金自由锻棒材、径锻棒材和轧制棒材上均发现过多例年轮组织，当方形

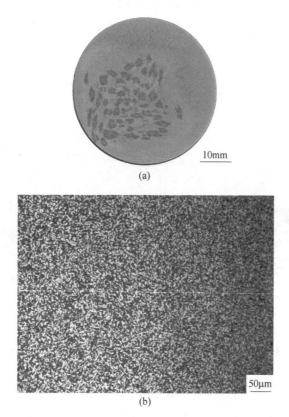

图 4-25　TC6 钛合金 φ30mm 棒材低倍的花斑状组织及相应的显微组织

（a）棒材横截面花斑低倍组织；（b）花斑区的显微组织

拔长时出现方形年轮，当圆形拔长时出现近似圆形年轮，因此认为年轮组织是由锻造加工造成的，年轮的均匀程度可用来推断锻造变形的火次及均匀性。年轮线是金属变形剧烈的区域，年轮线两侧变形较缓和，这就形成了衬度层次，同一层次内晶粒的晶体取向趋向一致，腐蚀后便呈现流线或年轮形状[18]。年轮区域及其邻区的显微组织几乎无可辨别的差异，而且成分也无差异。

对于年轮组织的判定，应根据微区化学成分、显微组织和力学性能综合判定是否合格。标准 AMS2380《优质钛合金的批准与控制》（Approve and Control of Premium-Quality Titanium Alloys）对年轮组织的判定要求是：如果没有超出化学成分范围的偏析，并且年轮状的显微组织是合格的，那么加工形成的年轮组织是允许的。

在钛合金棒材或锻件低倍组织检查时，经常会呈现花纹状的形貌。图 4-26 为 TC17 钛合金 φ250mm 棒材横截面锻态低倍上发现的花纹组织，当以不同角度目视观察时，花纹组织时隐时现，因此这种组织亦被称为"鬼影"组织，其显微组织与正常组织没有明显差异。图 4-27 为某发动机 TC11 钛合金盘零件表面腐蚀后发现的花纹组织，通过对盘件进行金相复型观察其显微组织，没有发现异常。图 4-28 为某发动机 TC4 钛合金实心风扇叶片表面发现的花纹组织，其显微组织为理想的双态组织，无异常。

这种花纹组织应与钛合金在 α+β 区变形不均匀或不充分有关，变形组织没有得到良好再结晶，而且这种组织具有遗传性，锻件上发现的花纹组织往往不一定是模锻阶段才形

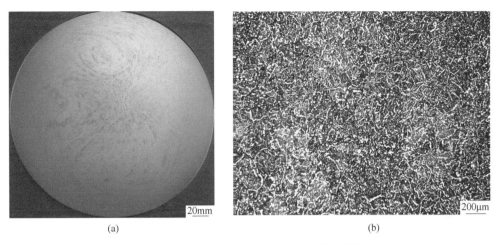

(a)   (b)

图 4-26 TC17 钛合金 ϕ250mm 棒材（锻态）横截面低倍的花纹组织

（a）低倍组织；（b）显微组织

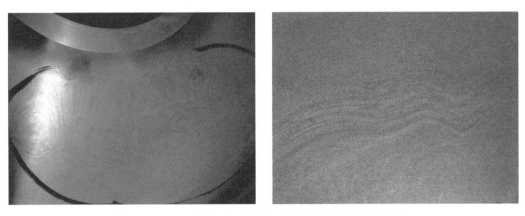

图 4-27 TC11 钛合金盘零件表面腐蚀局部位置的花纹组织

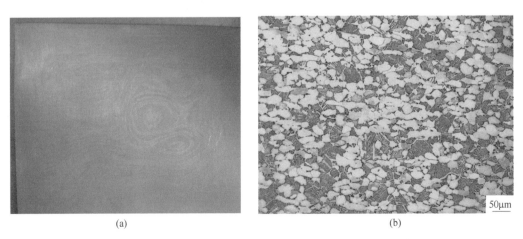

(a)   (b)

图 4-28 某发动机 TC4 钛合金实心风扇叶片表面的花纹组织

（a）叶片机加工表面腐蚀后的低倍组织形貌；（b）显微组织

成，而是与之前的棒材或坯料的初始组织状态有很大关系，通过 α+β 区热处理不能有效消除，通过 β 热处理后的低倍上看不到这种花纹组织。图 4-29 为将图 4-26 对应的低倍试片分别进行了 α+β 区热处理（双重固溶+一次时效处理：840℃/2h/AC+800℃/4h/WQ+630℃/8h/AC）和 β 热处理（930℃/2h/AC）后的低倍组织，α+β 区热处理后花纹组织依然存在，而经过 β 热处理得到了细小的清晰晶组织。

图 4-30 为国外某钛合金发动机盘零件经腐蚀后的表面形貌，轮毂和轮辐部位呈现明显的花纹组织，认为是因固溶处理淬火冷却时局部与淬火剂冲击导致不同区域接受腐蚀程度不同造成的。

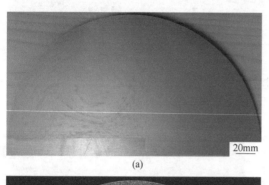

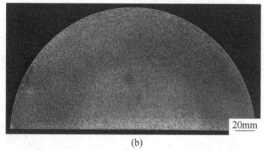

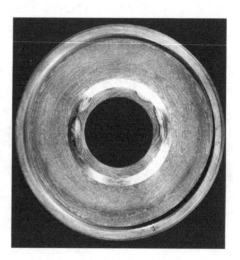

图 4-29　TC17 钛合金锻态棒材（带花纹组织）
经不同热处理后对应的低倍组织形貌
（a）α+β 热处理；（b）β 热处理

图 4-30　国外某钛合金盘零件轮毂
和轮辐部位固溶处理时因接受腐蚀
程度不同而产生的花纹组织

4.1.3.3　心部过热组织

在高温锻造过程中，塑性变形功的大部分会转化为热能，引起坯料局部温升，导致相变及组织变化，而这些变化反过来引起变形抗力及力学性能的变化，影响到塑性变形过程本身。钛合金由于具有较大的比热容（C_p）和低的热导率（λ），塑性变形过程中因变形功产生的热量会使变形体温升（ΔT）较为明显，ΔT 可用如下公式计算：

$$\Delta T = \frac{\int_0^\varepsilon \sigma(T)\,\mathrm{d}\varepsilon}{\rho C_p} \tag{4-1}$$

式中　ρ——密度；

$\quad C_p$——比热容；

$\quad \sigma(T)$——T 温度下的应力；

$\quad\quad \varepsilon$——应变。

　　显然，变形体单位体积内的热量越大，且散失到周围介质中的热量越小，则温升效应越显著，这个现象主要发生于锻坯心部[5]。温升效应与变形温度、变形速率、变形量、合金的热导率有密切关系。这种温升对锻造一般是有利的，它能维持锻造温度，延长可锻时间，但在某些控制不当的情况下，这种温升会产生不利影响[19]。对于钛合金，变形速率往往是影响变形温升效应的主要因素，提高变形速率，快速产生的大量变形热因无法快速散失而集中到坯料心部，容易产生过热，甚至超过T_β，冷却之后得到清晰晶的低倍组织，高倍则为片层组织或网篮组织。这种情况在以往采用高速锤进行钛合金锻造时经常会出现。采用压力机上自由锻或模锻，降低变形速率，可以降低变形抗力和变形热效应，出现过热组织的情况极少。延长变形持续时间可使热能在锻坯中的分布更为均匀，保证变形更均匀，组织也会更均匀。考虑到钛合金容易出现锻造过热的情况，应根据合金类型、坯料尺寸，适当控制变形速率，实际上是为了控制坯料心部出现严重的温升效应，实现"控温锻钛"。

　　钛合金的心部过热组织典型形貌如图 4-31 和图 4-32 所示，即中心区域为超过 β 转变温度（T_β）形成的片层组织，出现这种情况产品是不合格的。

(a)

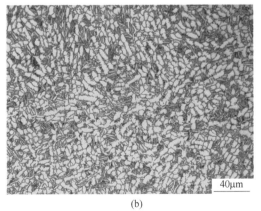

(b)

(c)

图 4-31　TC11 钛合金熔检样低倍组织（原始棒材规格 φ230mm）

（a）低倍组织；（b）基体，双态组织；（c）中心细小清晰晶，片层组织

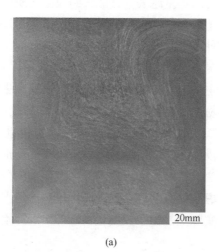

(a)

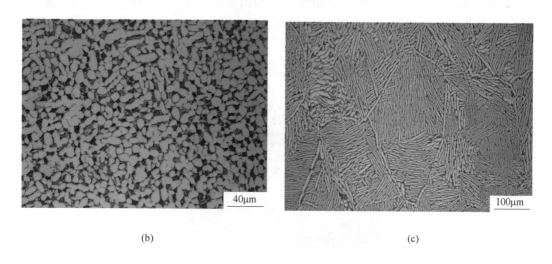

(b)　　　　　　　　　　　　　　　　　(c)

图 4-32　TC11 钛合金离心叶轮锻件低倍心部过热组织

（a）低倍组织；（b）基体，双态组织；（c）中心半清晰晶，细小片层组织

4.1.3.4　心部单个大晶粒

近年来，在某些钛合金锻件的心部发现了多起单个大晶粒的组织，其尺寸范围从十几毫米到一百多毫米，呈不规则的等轴状或长条状，典型例子如图 4-33 所示的 TC4 钛合金摇臂锻件低倍心部的单个大晶粒，其尺寸超过 50mm，基体为 β 区变形得到的细小片层组织，β 晶界清晰可辨，在单个大晶粒区域没有 β 晶界。图 4-34 为 TC17 钛合金棒材熔检样（尺寸为正方形截面坯料 90mm）低倍中心出现的异常单个大晶粒，尺寸为十几毫米，单个大晶粒内的细小 α 片层大致呈两个方向编织。图 4-35 为图 4-34 对应的 TC17 钛合金棒材熔检样低倍采用超声 C 扫描的成像图，可以清晰分辨单个大晶粒与基体之间的界面。从目前已发现的例子表明，单个大晶粒均位于锻件（坯）的心部，而且往往是在接近 T_β 或 T_β 以上温度变形时才出现。

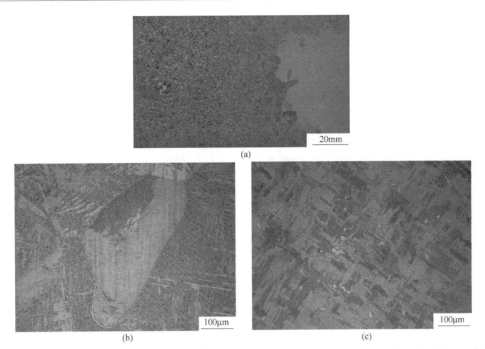

图 4-33 TC4 钛合金摇臂锻件低倍（截取整个低倍试片的左半边），锻件心部有单个大晶粒，尺寸超过 50mm，基体为 β 区变形得到的细小片层组织，β 晶界清晰可辨，在单个大晶粒区没有 β 晶界

（a）低倍组织（局部）；（b）基体区；（c）单个大晶粒区

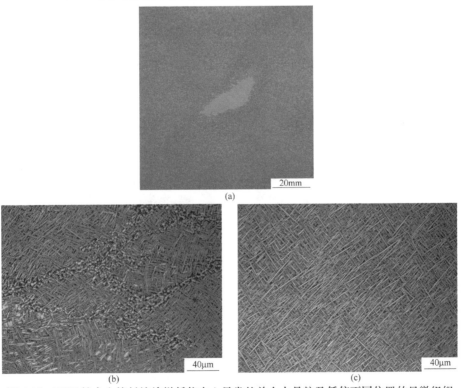

图 4-34 TC17 钛合金棒材熔检样低倍中心异常的单个大晶粒及低倍不同位置的显微组织

（a）低倍组织；（b）β 锻得到的典型组织；（c）单个大晶粒内的组织

通过再结晶降低变形组织中点阵畸变和位错密度的过程是以再结晶晶粒的成核及长大而实现的，一般可把这一过程分为两个阶段：原有的变形晶粒均被新的无畸变晶粒取代，为再结晶的第一阶段，称为加工再结晶；新形成的无畸变晶粒彼此吞并而继续长大，为再结晶的第二阶段，称为聚集再结晶。对于钛合金材料，在低于再结晶温度下即使长时间保持，晶粒实际上并不会长大，只有当温度达到再结晶温度以上，特别是超过T_β进入β单相区，晶粒才会显著长大。研究表明，在BT3-1、BT8和BT9钛合金中，当在α+β区变形量超过85%时，会出现晶粒的合并，并可能形成织构，不同晶粒的晶轴方向重合，高温条件具有更强的热激活和扩散能力，会促进相同或相近位向晶粒的合并，晶界消失，即出现聚集再结晶[20]。这个过程使晶界表面积减少，自由能降低，趋于稳定状态。

钛合金材料在β区加热条件下，锻造操作时个别行程变形过快或压下量过大，坯料内部产生显著的热效应，引起锻件心部实际温度大幅提高，各晶粒的晶体取向也会趋于一致，形成锋锐的变形β织构，容易产生聚集再结晶，特殊情况下会形成单个织构的大β晶粒[21]，新的晶粒则继承变形金属的织构。后续如果还有变形，变形量相对较小，粗大的晶粒不能被破碎，这种单个大晶粒组织会遗传到锻件上[22]。此单个大β晶粒在冷却时按Burgers取向关系部分地转变为α相，理论上一个β相可转变为12个α相变体，但是变形及β相的状态均会对α相变体选择造成影响。实际上，单个β大晶粒冷却发生相变时有强烈的择优取向选择，从图4-34（c）对应的TC17钛合金单个大晶粒组织可见，由两种接近垂直的α片层组成。

对TC17钛合金单个大晶粒区和基体进行了拉伸性能的测试对比，取样位置如图4-36所示，拉伸测试结果见表4-1。单个大晶粒区的拉伸强度显著低于基体，降幅约15%（按均值计算），而塑性显著提高，伸长率（δ）增幅约114%，断面收缩率（Ψ）增幅约250%。

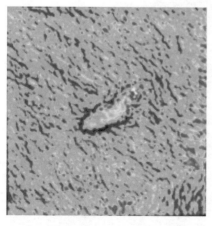

图4-35　TC17钛合金棒材熔检样低倍超声
检测C扫描（采用10MHz探头）成像图

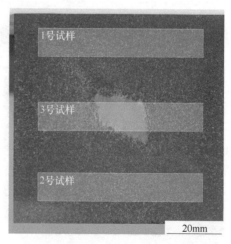

图4-36　TC17钛合金中心单个粗晶区域
与正常基体室温拉伸试样取样示意图

单个大晶粒内锋锐的织构组织是引起强度降低、塑性大幅提高的主要原因。各个拉伸试样的断口 SEM 形貌如图 4-37 和图 4-38 所示,单个大晶粒区域的断口有大量细小的韧窝,而正常基体组织拉伸断口上还有解理面。

表 4-1 TC17 钛合金中心单个大晶粒区域与正常基体室温拉伸性能

取样位置	σ_b/MPa	$\sigma_{0.2}$/MPa	δ/%	ψ/%
正常基体(1 号试样)	1192	1135	6.1	16.8
正常基体(2 号试样)	1164	1110	8.0	21.1
测试部位带单个大晶粒区(3 号试样)	1005	948	15.1	66.6

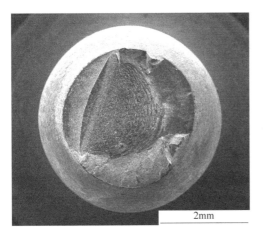
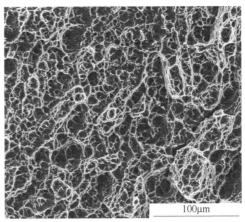

图 4-37 TC17 钛合金单个大晶粒区域(3 号试样)拉伸断口 SEM 形貌

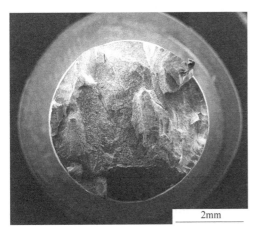
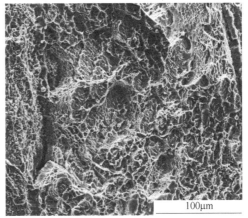

图 4-38 TC17 钛合金基体组织(1 号试样)拉伸断口 SEM 形貌

还有一种情况是,在钛合金锻件或锻坯心部不一定形成完整的单个大晶粒,而是分布着多个大晶粒。如某 Ti-4Al-6Mo-5Cr-5V 钛合金方形棒坯上发现的大晶粒组织,如图 4-39 所示。低倍表面出现的异常为单个粗大晶粒,呈不规则的长条形,单个粗大晶粒内没有晶界,其最大长度方向大于 10mm;基体为细小的等轴晶组织(因相邻晶粒晶体位向不同,腐蚀后呈现不同的衬度），平均晶粒尺寸大约为 300μm；大晶粒与多晶基体的界面清晰。大晶粒与正常基体在硬度和成分方面无可见差异，出现大晶粒应该是由于变形引起的，往往与 β 锻或准 β 锻（或准 β 热处理）时过大的变形量（存储的变形能大）、过快的变形速率（局部温升）有关，其产生机理可能还是聚集再结晶长大。本案例对应的 Ti-4Al-6Mo-5Cr-5V 钛合金方形棒坯是在 α+β 区以大变形量锻造加工而得到，当在 β 区热处理时（具备充分的动力学条件），坯料内大变形区如十字交叉变形带、剪切变形带等区域，会产生异常的再结晶形核与长大，导致 β 晶粒聚集长大。

聚集再结晶是随温度升高、保温时间延长、晶粒细化而加剧的，为了防止产生这种聚集再结晶长大，必须随着晶粒的细化而降低锻造温度，加热持续时间也必须加以严格规定。

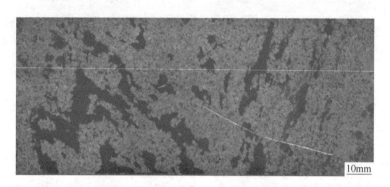

(a)

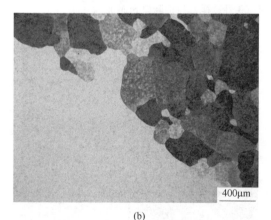

(b)

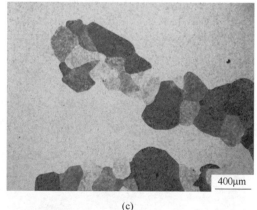

(c)

图 4-39　Ti-4Al-6Mo-5Cr-5V 钛合金中的粗大单个晶粒

（a）低倍组织，长 59mm，宽 25mm；（b）大晶粒与基体界面组织；（c）大晶粒与细小多晶基体界面区组织

4.1.3.5　其他不均匀低倍组织

从钛合金铸锭到棒材、锻坯、锻件等产品的整个热加工过程存在先天的不均匀性。首先，初始的铸锭，因熔体成分均匀程度、凝固宏观偏析、凝固时冷却速度等差异，导致铸锭具有本质不均匀的晶粒组织，包括晶粒尺寸、晶体取向以及微观成分偏析等。随后铸锭

经开坯锻造、锻坯改锻、锻件模锻等锻造，从理论上讲，锻造工艺参数众多，包括加热条件（温度、气氛、升温速率等）、锻造条件（始锻温度、变形速率、变形量、终锻温度等）、与模具的接触条件、坯料的冷却条件等，坯料内部各处的温度和应变是不均匀的，锻后冷却速度也不同。得到的钛合金棒材、锻坯、锻件的高低倍组织会存在一定程度的不均匀。

在工程上，设计工艺和实际操作时，目的是利用最少、最简捷、最有效的工艺得到所希望的组织状态和力学性能。为了获得相对均匀的高低倍组织，工艺设计和具体操作两方面都很重要。获得一个相对均匀的高低倍组织对于航空发动机钛合金关键部件如叶片和盘来说至关重要，它是决定部件力学性能、使用性能和使用可靠性的关键因素。组织均匀性是一个相对的概念，工程上要得到完美一致无差别的高低倍组织是很难的，当然，要控制避免出现严重的且影响工程应用的不均匀组织。

工程上，与化学成分差异无关的钛合金低倍组织不均匀情况主要有局部过热、局部粗晶等，在晶粒尺寸、组织形貌、衬度等方面存在差异，往往通过低倍腐蚀或蓝色阳极化处理可以显示异常组织，下面介绍一些典型的不均匀低倍组织。

A　局部过热组织

工程上发现的钛合金局部过热组织有因加热不当引起的，也有因锻造不当引起的（主要发生于心部，见4.1.3.3节描述）。图4-40（a）为某 TC11 钛合金锻件的低倍组织，右侧为清晰晶，其产生原因是热处理时该部位靠电炉的电阻丝太近，导致局部温度超过 β 转变温度，清晰晶区对应的显微组织为典型的 β 热处理后得到的片层组织，模糊晶区则为典型的双态组织。采用超声 C 扫描检测锻件低倍试片，清晰晶区的杂波高，如图4-40（f）所示。

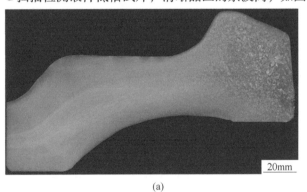

(a)

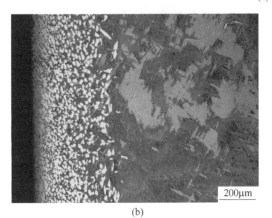

(b)

(c)

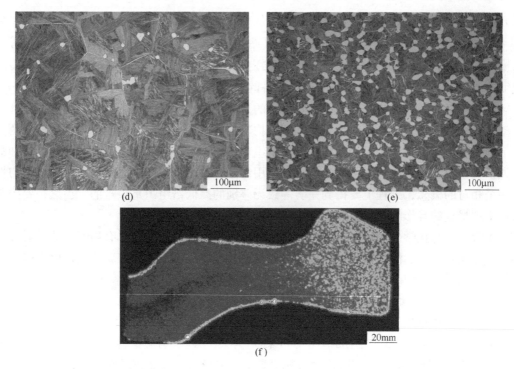

图 4-40　TC11 钛合金锻件低倍组织、给定位置的显微组织及对应的超声检测 C 扫描图
(a) 低倍组织；(b) 表面氧化层组织，厚约 0.5mm；(c) 清晰晶区组织；
(d) 过渡区组织；(e) 模糊晶区组织；(f) 10MHz 探头检测 C 扫描图像

B　粗晶环组织

图 4-41 显示了某 TA15 钛合金锻坯的低倍组织，在其心部有一圈扁状的粗晶环，正常的模糊晶区为双态组织，初生 α 相含量为 15% 左右，中心模糊晶区初生 α 相含量较高，α 颗粒更为细小，两者之间清晰粗晶环的显微组织也为双态组织，但是初生 α 相含量略高于正常模糊晶区，原始 β 晶粒更为粗大，晶界可以清晰分辨。此区域组织应是伪大粗晶组织，在改锻的某一火次时心部应曾经历了过热，心部区域进入了 β 相区，随后在 α+β 区经过了一定的变形，但原始 β 晶界痕迹依然保留。最心部处变形量大，后续产生了较为充分的再结晶，原始 β 晶界痕迹消失，形成了这种特殊的组织形貌。

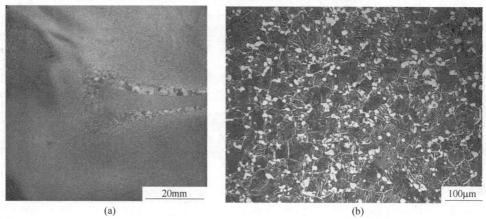

(a)　　　　　(b)

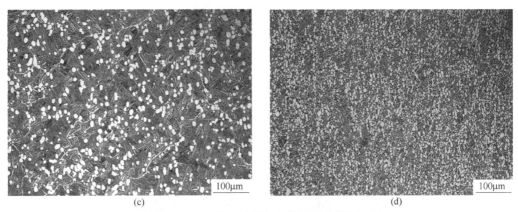

(c)　　　　　　　　　　　　　　　　　(d)

图 4-41　TA15 钛合金锻坯心部清晰粗晶环组织
（a）低倍组织（截取整个低倍试片的左半边）；（b）模糊晶区；
（c）模糊晶与中心之间过渡的清晰晶环区；（d）中心模糊晶区

俄罗斯在 BT3-1 钛合金叶片锻件毛坯的叶身截面低倍组织试片上也曾发现过一个清晰的粗晶边缘，虽然叶身中间部分变形剧烈，但温度低于叶身截面其余部分的边缘受到轻微压缩从而进入临界变形区。模锻结束并从模具中取出毛坯后，由于锻件中热量的内层传导作用，毛坯表面重新被加热，这就导致再结晶和粗大晶粒的形成。

C　其他

在钛合金的低倍试片上，在晶粒模糊化程度、衬度方面如果存在差异，在低倍上很容易显现。图 4-42~图 4-46 提供了一些实际生产过程中发现的低倍组织不均匀的情况，大多

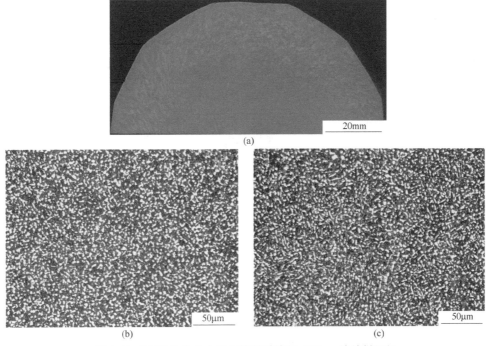

(a)

(b)　　　　　　　　　　　　　　　　　(c)

图 4-42　TC17 钛合金大规格棒材改锻的 ϕ90mm 熔检样组织
（a）低倍组织；（b）棒坯外缘；（c）棒坯中心

与锻坯内部因温度不均匀、应变不均匀等因素综合作用有关。轻微不均匀低倍组织，如果显微组织符合标准要求，一般判定为合格，如果低倍组织不均匀程度过于显著，应按照相关标准的组织评级图加以判定。

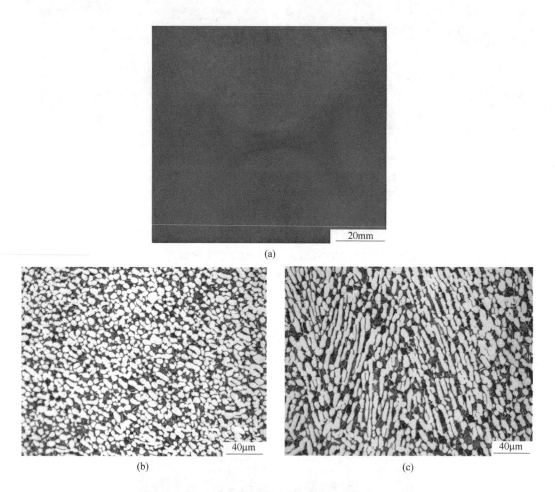

图 4-43   TC11 钛合金方坯（宽 97mm，高 87mm）组织
（a）低倍组织；（b）方坯中心大变形区；（c）方坯外缘附近

TC17 钛合金大规格棒材改锻的 ϕ90mm 熔检样中心部位约 ϕ60mm 范围内为模糊晶组织，在外缘部位为半模糊晶组织，β 晶粒沿径向呈方向性排列，虽然在低倍组织上有较大的差异，但其显微组织差异很小。

TC11 钛合金方坯（宽 97mm，高 87mm）变形流线明显，中心为十字交叉的大变形区，中心大变形区的初生 α 颗粒等轴化程度高，方坯外缘组织中局部的 α 颗粒排列具有较弱的方向性。

TC8-1 钛合金饼坯锻件径向组织给定位置的显微组织，饼坯靠近上模处为小变形区（俗称：变形死区），可见晶界的痕迹，其他正常变形区域为模糊晶组织，小变形区的组织中，因在两相区变形不充分，集束内的 α 颗粒呈条状平行排列，集束间的界面清晰可辨，其他大变形区的初生 α 颗粒等轴化程度高，组织均匀。

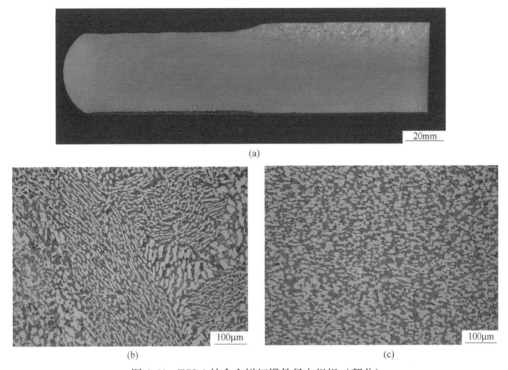

图 4-44　TC8-1 钛合金饼坯锻件径向组织（部分）

（a）低倍组织；（b）饼坯靠近上模处的小变形区；（c）正常变形区

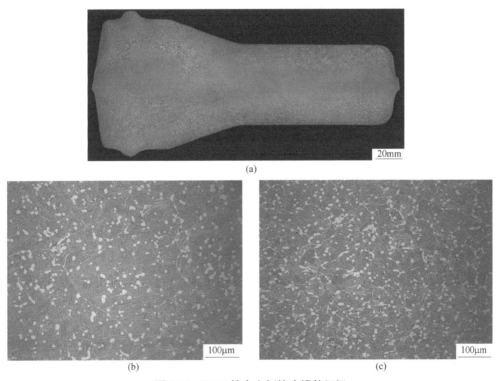

图 4-45　TA15 钛合金框接头锻件组织

（a）低倍组织；（b）半清晰晶区；（c）中心模糊晶区

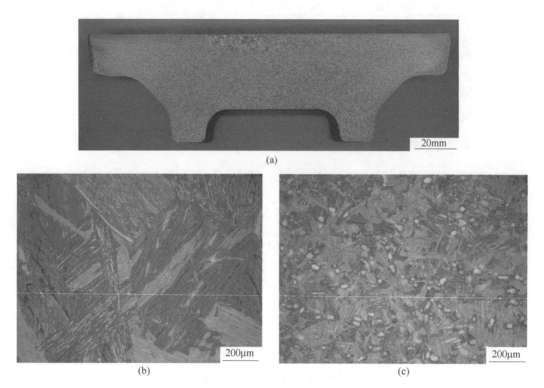

图 4-46　TA7 钛合金环件径向组织
(a) 低倍组织；(b) 粗晶区；(c) 细晶区

　　TA15 钛合金框接头锻件组织给定位置的显微组织，低倍呈明显的不均匀，局部有半清晰晶组织，半清晰晶区的原始 β 晶界可以清楚分辨，原始 β 晶粒较为粗大，初生 α 相含量约为 10%，而中心模糊晶区的原始 β 晶粒尺寸非常细小，初生 α 相含量比半清晰晶区要多。

　　TA7 钛合金环件径向低倍组织局部有粗大的清晰晶，粗晶区为完全的粗大片层组织，细晶区有等轴的初生 α 颗粒。

4.2　变形钛合金的显微组织

　　变形钛合金的显微组织是复杂多样的，表现为原始 β 晶粒尺寸范围大，α 相和 β 相在比例、形态（片状、针状、球状）、尺寸、空间排列（平行并列、网篮编织）的各种组合，以及某种热机械处理条件下得到的亚稳态的针状 α′马氏体相，加之在各种热机械处理条件下发生 α/β 相变，β 向 α 转变之前存在原始 β 晶粒和晶界 α，构成了钛合金异彩纷呈的显微组织特征。

　　钛合金显微组织形貌常通过破坏性的金相检验进行检查和分析，而金相检验属于抽查性质，只能对所腐蚀的表面组织进行观察和分析。局部的显微组织形貌不能完全代表整个部件内部所有区域的组织情况，换句话说，部件内存在异常组织的概率较大，异常组织特别是缺陷组织的出现和分布往往带有随机性质，尺寸及分布的规律性未必很强，因此更需引起重视。有几起民航发动机故障与钛合金异常组织有关，如 1993 年于加州洛杉矶，CF6-80C2 发动机高压压气机第 3~9 级鼓筒失效，原因是 Ti-6242S 钛合金组织中呈定向排列的 α 集束处引发保载疲劳断裂失效；1995 年于泰国曼谷，CF6-50C2B 发动机高压压气机第 3~9 级盘的孔部位开裂，原因是 Ti-6242S 钛合金组织中呈定向排列的 α 集束发生保载疲劳断裂失效；1996 年 7 月 6 日，美国 Delta 航空公司 MD-88 飞机 JT8D-219 发动机 Ti-6Al-4V 钛合金风扇盘轴破裂飞出碎片，打入后机身，导致 2 名乘客死亡和 2 名乘客重伤，是因零件螺栓孔加工产生的异常组织处产生裂纹[23]。钛合金高低倍组织的质量控制至关重要，是保证飞机安全飞行的重要因素。

4.2.1 显微组织分类

我国将钛合金的典型显微组织分为四类，即片层组织、网篮组织、双态组织和等轴组织，如图 4-47 所示。实际上，这种分类方法是比较粗略的，无法涵盖钛合金所有类型的显微组织。俄罗斯的 Brun[24] 将 α+β 型钛合金的显微组织分为三类：片层组织、片层向球状变化的过渡组织、球状组织（见图 4-48），是基于 α 相的两种典型形貌即片层和等轴而进行分类的，未经任何变形的 α 相显示为无畸变的平直片层，而经 α+β 区变形并再结晶和球化后的 α 相则为等轴球状。

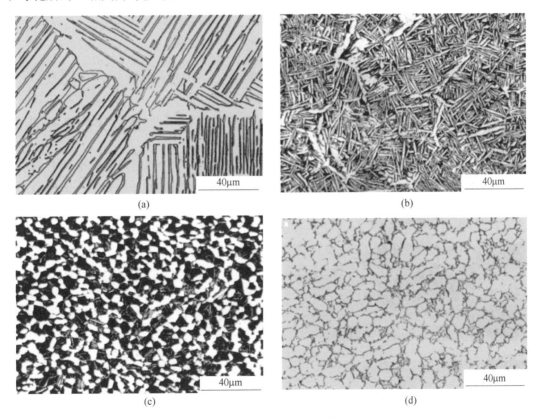

图 4-47 我国钛合金显微组织分类

（a）片层组织；（b）网篮组织；（c）双态组织；（d）等轴组织

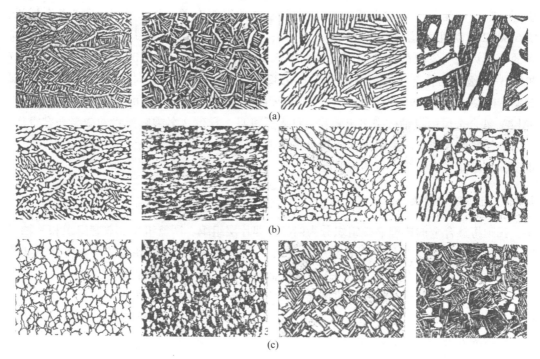

图 4-48　俄罗斯 Brun 提出的 α+β 型钛合金显微组织分类

（a）片层组织；（b）过渡组织；（c）球状组织

为了完整且定量地描述 α+β 型钛合金的显微组织，需要用到如下定量组织参数：

（1）片层组织的定量组织参数：1）原始 β 晶粒尺寸（D_M）、不等轴度（K_D）；2）α 集束尺寸（d）；3）初生和次生 α 相片层厚度（分别记为 b_1、b_2）；4）α 相和 β 相的体积分数（y）。

（2）球状组织（含双态组织和等轴组织）的定量参数：1）球形初生 α 相尺寸（b_1）；2）β 转变组织尺寸（d）；3）次生 α 相片层厚度（b_2）；4）初生 α 相含量（α_p）；5）α 相和 β 相的体积分数（y）。

（3）过渡组织的定量参数：除上述片层组织的参数外，还要用到如下参数：1）不同 α 集束中 α 片最大畸变角度（φ）；2）初生 α 相球化程度（C）及其尺寸（b_1）。

在 β 区锻造或热处理之后得到的显微组织一般为片层组织或网篮组织，其 α 相呈片层形貌。有时当与金相试样切割面的夹角为一个很小的角度时，会造成视觉误差，原本 α 细片会呈现大块 α 的形貌，如图 4-49 所示，有时会呈现等轴状，如图 4-50 所示，需引起金相工作者的注意，它不是异常组织。

4.2.2　变形钛合金显微组织标准要求

在钛合金"工艺—组织—性能"关系研究中，高低倍组织直观地反映了热工艺参数的合理与否及对工艺参数的控制能力，是影响产品性能和质量的直接因素，特别是对于航空发动机用的钛合金锻件，高低倍组织控制是质量控制的核心。

由于钛合金组织具有多样性特征，具体组织参数过多，组织形态复杂多变，采用定量

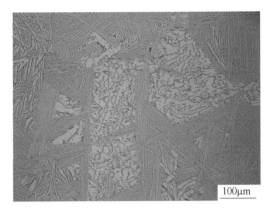

图 4-49　TC4 钛合金片层组织的 α 片层与金相试样平面近似平行时呈现的特殊组织形态

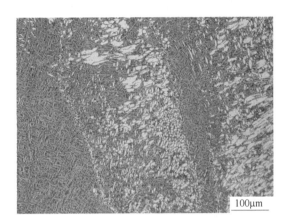

图 4-50　TC6 钛合金 β 锻网篮组织的特殊形貌

金相方法测定如此多的组织参数及判定，实际操作时是很困难的。目前一般的做法是针对不同钛合金类型和不同生产工艺，建立显微组织评级图，纳入相应的标准，用于材料和锻件的检查和验收。其优点是简便、直观。当然，已制定的显微组织评级图实际上是不可能涵盖所有的组织形貌特征的，评级图只是一种典型组织形貌的代表，在进行组织评定时应按评级图的分类与特征对照比较，灵活运用，并综合考量。

　　历史上很多标准对于显微组织的要求采用语言描述，如常用的 Ti-6Al-4V、Ti-811 钛合金的 AMS 材料标准如 AMS4928《Titanium Alloy Bars，Wire，Forgings，Rings and Drawn Shapes，6Al-4V，Annealed》、AMS4973《Titanium Alloy Forgings，8Al-1Mo-1V，Solution Heat Treated and Stabilized》，要求半成品和成品的组织为：应为 α+β 区变形后得到的组织，具体为如下其中之一：（1）β 转变基体上的等轴和/或拉长的初生 α 相，原始 β 晶界上无连续网状的晶界 α；（2）主要为完全的等轴和/或拉长的初生 α 相，原始 β 晶界上无连续网状的晶界 α；（3）部分破碎和扭曲的晶界 α，同时含有片状的 α。另外，标准还要求：在原始 β 晶界上存在连续网状的晶界 α 是不允许的，如果表现为部分破碎或扭曲的晶界 α 则是允许的。各个标准尽管对组织要求的描述略有差异，但无本质区别。

4.2.3 异常 α+β 区变形组织

关于钛合金显微组织不均匀性的控制，这比低倍晶粒度的控制要复杂得多，很难通过几张临界性质的图片就可以对照评定和规定的。处理显微组织均匀性问题时，除应考虑零件使用条件（是否为转子零件等）因素外，还必须考虑不均匀程度及其在整个部件（或试样）中出现的概率。实践表明：某些产品即使在工艺过程中已有充分的 α+β 区最终变形，其显微组织已普遍呈现均匀细小的等轴初生 α，仍有可能在局部或个别微区出现一些相对粗大的等轴 α 晶粒或扭曲的条状 α，只要这些局部或个别的等轴初生 α 不是很粗大，或者连续的初生 α（包括残留的晶界 α 和晶内条状 α）尺寸不是很长（或很粗），那就可以按其总体进行评级，即根据总体的组织是否符合标准要求来决定该产品是否合格。如在视场上发现很粗大的等轴初生 α、不规则初生 α 块或尺寸很大的连续初生 α，即使是局部或个别的，仍要判为不合格。如果组织的微区间差异较轻微，则即使出现的概率高一些，也不应判为不合格。

4.2.3.1 长条 α

长条 α 组织是指初生 α 相呈纤维状或拉长形貌，其长宽比一般大于 3，典型形貌如图 4-51~图 4-53 所示。在进行金相检验时发现，与大块 α 相相比，出现长条 α 相的概率更大。大部分的长条 α 为近直线形，偶尔也表现为扭曲条状。有时一个长条 α 由几段相连的条组成，一般在条状原始晶界 α 相的两侧存在贫 α 相的区域，呈现细小片层 β 转变组织。

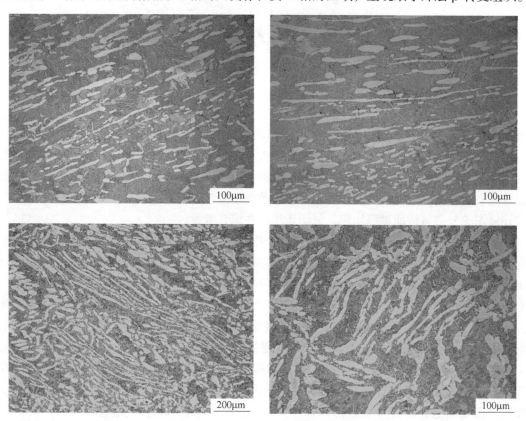

图 4-51   TC4 钛合金中的长条 α

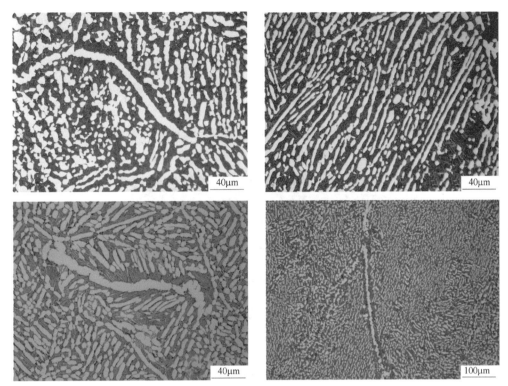

图 4-52 TC11 钛合金中的长条 α

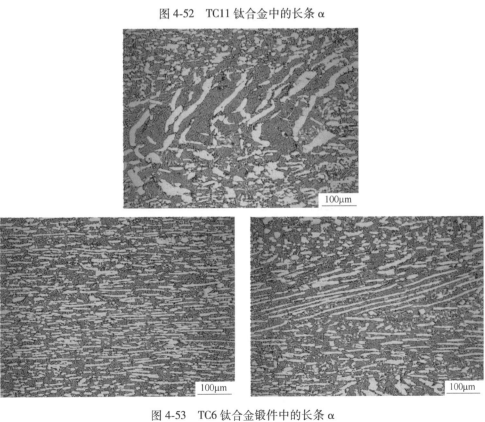

图 4-53 TC6 钛合金锻件中的长条 α

美国 AD 报告 A007077 《Summary of Low Cycle Fatigue Testing of Titanium Alloy Forgings》认为：在 α+β 区加工的 Ti-64 和 Ti-662 钛合金中，粗大长条 α 相的存在会严重降低疲劳寿命，这与粗大 α 相容易萌生裂纹，并作为裂纹扩展和长大的快速通道有关。晶界 α 的存在会略微降低 Ti-662 钛合金的低周疲劳性能，而对 Ti-64 钛合金的低周疲劳性能影响不大。

某国飞机用钛合金材料标准规定：严重的长条 α，当 α 条的长度超过 0.51mm 时，判为不合格。长条 α 相的严重程度不得超过如图 4-54 所示的形态。

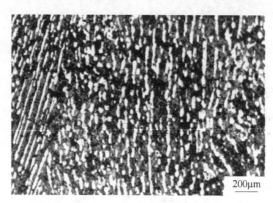

图 4-54　不合格的长条 α

我国 GJB 494—1988《航空发动机压气机叶片用 TC11 钛合金棒材》规定：航空发动机转子叶片用棒材的少量的长条 α 的尺寸应不超过 0.06mm，静子叶片用棒材的少量的长条 α 的尺寸应不超过 0.08mm。

美国国家军用标准 Mil-F-83142A《钛合金优质锻件》（Forging，Titanium Alloys，Premium Quality）规定：长条 α 相在长度方向上不超过 0.008 英寸（0.2032mm）。

美国波音公司标准 BMS7-247C《优质 Ti-6Al-4V 钛合金锻件》（Titanium Alloy 6Al-4V Forging，Premium Quality）规定：长条 α 相在长度方向上不超过 0.01 英寸（0.254mm）。

国外某公司对 IMI550 钛合金盘锻件的组织规定：双态组织中的单独条状 α 长度不应超过 0.25mm，不允许有连续的晶界 α，且单个晶粒上呈现连续 α 相的晶界比例不超过该晶粒总晶界长度的 50%。对 Ti-6Al-4V 钛合金盘锻件的组织规定：双态组织中的单独条状 α 长度不应超过 0.5mm，不允许有连续的晶界 α，且单个晶粒的晶界 α 相比例不应超过该晶粒总晶界长度的 30%，且不连续晶界 α 不应在超过 3 个邻近晶粒中出现。

过去的研究和生产经验表明：当钛合金在 β 相变点以上加热后出炉空冷或锻造均不会产生太粗大的晶界 α 和晶内片状 α；然而当钛合金在 β 相变点以上加热后缓慢炉冷至 β 相变点以下出炉空冷或锻造，就会产生粗大的晶界 α 和晶内片状 α。

4.2.3.2　大块 α

与正常的等轴初生 α 相比，大块 α 尺寸更大，其长宽比一般小于 3，典型形貌如图 4-55～图 4-57 所示。大块 α 相显微硬度与基体没有明显差异。

TC11 钛合金双态组织中的等轴初生 α 相尺寸一般为 5～10μm，而当 α 相的尺寸超过

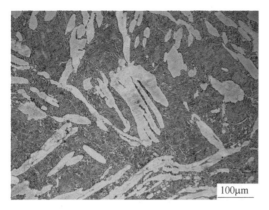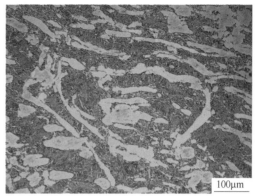

图 4-55 TC4 钛合金中的大块 α，组织均匀性很差

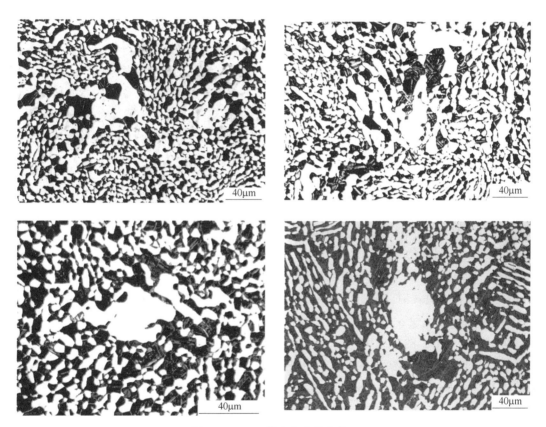

图 4-56 TC11 钛合金中的大块 α

20μm 时，可以认为是大块 α 相，有时也将大块 α 相称为块状 α 相或粗大 α 相。对所观察的大量块状 α 相进行综合分析后发现，除了有近圆形整体的块状 α 相外，还有一些表现为在块状中间夹有 β 转变组织。大部分的块状 α 在空间的形貌应为具有一定厚度的、形状不规则的扭曲片层。有些块状 α 相为条状 α 或小块 α 因相互连接而形成了大块状，块状 α 与长条 α 是连在一起的，这可能是原始扭曲不规则的 α 片被不同角度的平面相截切时，α

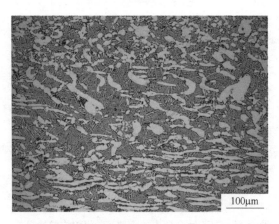

100μm

图 4-57　TC6 钛合金锻件中的长条 α 和大块 α

片平面方向表现为块状，而与 α 片平面方向垂直或有一定角度时表现为长条状。在对观察结果进行统计时，发现长条 α 的概率要远远高于块状 α，这是因为只有当金相截切的平面与晶界 α 面一致或仅当角度较小时才显示为块状，其他情况则显示为长条状。大部分的块状 α 与长条 α 可能为同一性质三维形态的 α，只是在进行二维平面截切后观察时所表现出来的形貌不一样。无论块状 α 还是长条 α，大部分为原始晶界 α 的残留，也有为晶内 α 片层的残留[25]。一般在条状原始晶界 α 相的两侧存在贫 α 相的区域，显示为单一细小的片状 β 转变组织[26]。

　　除了晶界 α 残留以外，由于熔炼时造成的局部微观 α 稳定化元素的富集，如富 Al 也是形成块状 α 的原因之一。在某些情况下，α 颗粒内合金元素的不均匀分布会促使在热加工过程中 α 颗粒的不均匀粗化[27]。有时在实际生产过程中，由于某种原因致使在 α+β 区长时间加热，α 相也会发生粗化[28]。

　　AMS2380《优质钛合金的批准与控制》(Approve and Control of Premium-Quality Titanium Alloys) 在解释大块 α 时，说明块状 α 典型纵横比小于 3；但在某些情况下，纵横比也可能为 1，并说明了大块 α 来源于大的晶界 α 或粗大的 α 片层。

　　美国军标 MIL-F-83142A 对 α+β 锻组织规定：在热处理后锻件的任意截面上，等轴初生 α 颗粒含量在 15%~45%，尺寸不得大于 0.125mm，长条 α 的长度不得超过 0.2mm；原始 β 晶界上不允许有连续的网状 α；锻造过程应将所有原始 β 晶界破碎，由等轴初生 α 和 β 转变组织组成；能看到的原始晶界不得超过总晶界的 25%。

　　从以上分析可知，长条 α 相和大块 α 相主要是因变形不足而残留的原始 β 晶界 α 相和晶内片状 α 相。为了从根本上减少和消除块状 α 和长条 α，必须控制在 α+β 区变形之前的片层组织中的晶界 α 或晶内片状 α 的厚度，保证足够的变形量、合理的热机械处理工艺的制定及良好均匀的变形是减少长条 α 相和大块 α 相的关键。

　　粗大初生 α 相对室温拉伸强度、塑性、冲击韧性以及高温拉伸性能的影响不大，有时还会略提高高温持久性能。有粗大初生 α 相存在时，高周疲劳强度有所降低，由于组织的不均匀加剧了微区塑性变形的不均匀。另外，当粗大的初生 α 相暴露于试样表面时，对疲劳寿命的影响更大，而出现在试样中心时，对疲劳寿命的影响相对要小，这是疲劳寿命分散度大的原因之一[29]。

4.2.3.3 α条带

α条带是指局部区域内α长条集聚成群，并呈平行排列，典型形貌如图4-58和图4-59所示。α条带一般与变形时金属流动方向一致，降低加热和变形温度，通常会促进α条带的形成，要使之发生完全的球化更困难[30]。板材成形的工艺，注定会造成组织的不均匀，容易产生拉长α、带状α、块状α。带状α组织会影响板材后续的超塑成形，原因在于带状组织会阻碍晶界的滑动[31]。

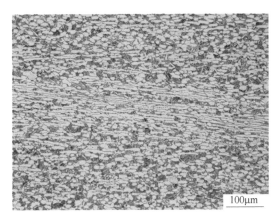

图4-58 TA15钛合金板材中的α条带组织，表现为在某个区域内长条状的α呈平行排列

图4-59 TC4钛合金的α条带组织

4.2.3.4 扭曲α

因在α+β区变形不充分，原始片层α发生了扭曲，α长条呈并行排列，典型形貌如图4-60所示。

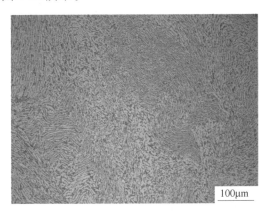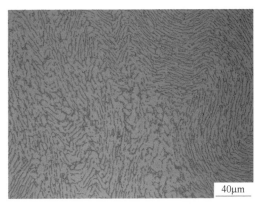

图4-60 TC4钛合金φ150mm棒材中的扭曲α组织，说明在两相区变形量很小，α片层发生了扭曲，有明显的方向性

4.2.3.5 双套组织

双套组织是双态组织的一种特殊形态，典型形貌如图4-61所示的TC4钛合金风扇叶

片中的双套组织，为两种尺寸明显不同的等轴 α 的双态组织。图 4-62 为 TC11 钛合金某发动机风扇机匣壳体环轧件的双套组织，较大尺寸的初生 α 颗粒的平均尺寸为 10μm，较小的初生 α 相颗粒的等轴度相对较差，其平均尺寸约为 2~4μm。若其初生 α 含量总和满足技术标准要求，且力学性能达标，判为合格。图 4-63 为某 TC11 钛合金增压级一级盘模锻件低倍花纹组织及其高倍组织，超声检测时出现单个显示信号，应该与局部组织的各向异性（即微织构）有关，低倍为不均匀的类似云图的花纹状模糊晶组织，与超声检测的波形图有一定的对应关系，异常显示是内部组织的反射。初生 α 由两种不同尺寸的等轴 α 组成，初生 α 含量偏高，总量在 60% 以上。

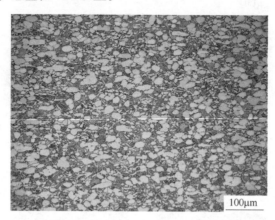

图 4-61　某发动机 TC4 钛合金风扇叶片锻件热处理后形成的双套组织

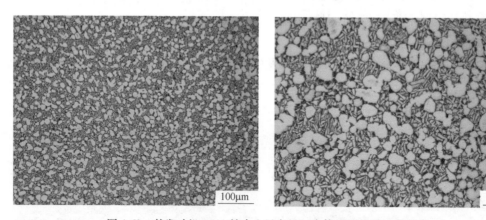

图 4-62　某发动机 TC11 钛合金风扇机匣壳体环轧件的双套组织

出现双套组织与多火次锻造的温度和变形量参数控制有关。以 TC11 钛合金为例，其典型的双重退火的工艺为 950℃/1h/AC+530℃/6h/AC，如果变形工艺的最后倒数第二火的锻造温度高于正常的锻造温度（一般为相变点以下 30~50℃），锻造温度偏高有可能为炉温设定时高于正常值，也有可能是变形速率太高引起坯料局部温升，锻后组织由经过一定变形的初生 α 相和扭折的 β 转变组织组成，如果最后一火锻造温度正常，少量的初生 α 相和扭折的 β 转变组织将再次接受变形；在双重退火的首次退火时，少量的初生 α 相发生很好的球化，对应于双套组织中尺寸较大的初生 α 相，变形了的 β 转变组织中析出比初生

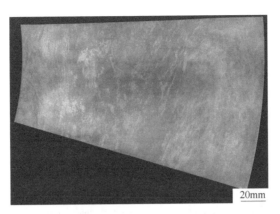

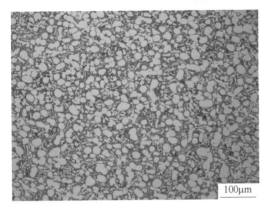 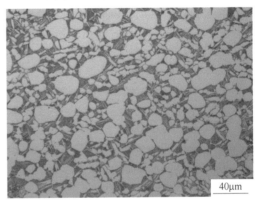

图 4-63 TC11 钛合金增压级一级盘模锻件低倍花纹组织及其显微组织（双套组织）

α 相更为细小的近等轴形的 α 相，成为双套组织中尺寸较小的初生 α 相。简而言之，大尺寸的球状 α 相为原来的未被破碎的初生 α 相，小尺寸的球状 α 相为原来片层的 β 转变组织由于变形发生再结晶而形成的新 α 相[26]。

双套组织对钛合金锻件的拉伸性能、持久性能等无明显影响，但它是在非正常工艺条件下形成的，应合理制定和控制锻件（或锻坯）成形后期在 α+β 区的锻造温度，包括始锻温度、终锻温度等，尽量使各火次的变形温度保持一致，并合理控制变形速率，以防出现过热组织。

参 考 文 献

[1] Bruschi S，Poggio S，Quadrini F，et al. Workability of Ti-6Al-4V alloy at high temperatures and strain rates [J]. Materials Letter，2004，58（27~28）：3622~3629.

[2] Smith D J. The isothermal forging of titanium alloys [C]. Ti-1988，The 6th World Conference on Titanium：1277~1281.

[3] 刘建宇，张琲联，王贤民，等．钛合金压气机叶片等温模锻的试验 [J]. 材料工程，1980（4）：16~20.

［4］《航空锻件缺陷图谱》编写组. 航空锻件缺陷图谱［M］. 北京：国防工业出版社，1980.

［5］Tricot R. Thermomechanical processing of titanium alloys［C］. Ti-1988, The 6th World Conference on Titanium：23~36.

［6］尤振平，米绪军，惠松骁，等. Ti5Mo5V2Cr3Al 合金中绝热剪切带的微观结构演化［J］. 稀有金属材料与工程，2011，40（7）：1184~1187.

［7］Krishna V G, Prasad Y V R K, Birla N C, et al. Hot-deformation mechanisms in near-alpha titanium alloy 685［J］. JOM, 1996, 48（10）：56~59.

［8］Walley S M. Shear localization：a historical overview［J］. Metallurgical and Materials Transaction A, 2007, 38：2629~2654.

［9］Ranc N, Taravella L, Pina V, et al. Temperature field measurement in titanium alloy during high strain rate loading—adiabatic shear bands phenomenon［J］. Mechanic of Materials, 2008, 40（4~5）：255~270.

［10］Billy J, Lukac I, Karel V, et al. The structure of localized shear bands in nonisothermally hot forged two-phase Ti alloy［C］. Ti-1988, The 6th World Conference on Titanium：1361~1365.

［11］汪冰峰，杨扬. 钛合金 TC16 中绝热剪切带的微观结构演化［J］. 中国有色金属学报，2007，17（11）：1767~1772.

［12］Sun J L, Trimby P W, Yan F K, et al. Shear banding in commercial pure titanium deformed by dynamic compression［J］. Acta Materialia, 2014, 79：47~58.

［13］邰清安，李晓光，关红. 钛合金叶片流线成因分析［J］. 热加工工艺，2010，39（11）：129~132.

［14］Shih-chieh Liao, Duffy J. Adiabatic shear bands in a Ti-6Al-4V titanium alloy［J］. Journal of the Mechanics and Physics of Solids, 1998, 46（11）：2201~2231.

［15］Semiatin S L, Seetharaman V, Weiss I. Hot workability of titanium and titanium aluminide alloys—an overview［J］. Materials Science and Engineering A, 1998, 243（1-2）：1~24.

［16］刘庆瑔. 航空发动机钛合金叶片制造技术及失效分析［M］. 北京：航空工业出版社，2018.

［17］曾凡昌，安郁芝，朱国强，等. 航空发动机轴类件冶金图谱［M］. 北京：航空工业出版社，1996.

［18］袁成安. 两相钛合金棒材组织缺陷分析［J］. 稀有金属材料与工程，1988（4）：67~72.

［19］胡宗式，王少林，陈森灿. TC11 钛合金镦粗过程的有限元模拟［J］. 金属学报，2002，38（增刊）：653~655.

［20］Л. А. 尼克里斯基，等. 钛合金的模锻与挤压［M］. 陈石卿，焦明山译. 北京：国防工业出版社，1982.

［21］吕炎. 塑性成形件质量控制理论与技术［M］. 北京：国防工业出版社，2013.

［22］崔一平，朱知寿，魏志坚，等. TC21 钛合金自由锻件低倍粗晶成因及锻造工艺优化研究［C］. 第十二届全国塑性工程学术年会，2011.

［23］NTSB/AAR-98/01. Aircraft Accident Report. Uncontained Engine Failure, Delta Air Lines Flight 1288, McDonnell Douglas MD-88, N927DA, Penacola, Florida, July 6, 1996［R］. January 1988.

［24］Brun M Y, Shakhanova G V. Titanium alloy structure and parameters defining its diversity［J］. Titanium Scientific Technical Journal, 1993, 1：24~29.

［25］蔡建明，曹春晓，马济民，等. TC11 钛合金中长条 α 和块状 α 相的判定与控制［J］. 材料工程，2002（增刊）：29~31.

［26］蔡建明，曹春晓，马济民，等. TC11 钛合金异常双态组织的形成及控制［J］. 稀有金属材料与工程，2005，10（增刊3）：517~521.

［27］王金友，葛志明，周彦邦. 航空用钛合金［M］. 上海：上海科学技术出版社，1988：229.

［28］B. K. 亚历山大. 钛合金半成品［M］. 宁兴龙译（内部资料）.

［29］孙雪征. 粗大初生 α 相对 TC9 钛合金力学性能的影响［J］. 材料工程，1987（4）：40~43.

［30］ Levin I V, Shibanov A S, Tetyukhin V V, et al. Manufacture of billets and bars with regulated structure and mechanical properties for aircraft engine disks and blades forgings and other critical parts ［C］. Ti-1995, The 8th World Conference on Titanium：774~777.

［31］ Winkler P J. Recent advances in superplasticity and superplastic forming of titanium alloys ［C］. Ti-1988, The 6th World Conference on Titanium：1135~1150.

5 航空发动机钛合金缺陷判定
与控制及失效模式

  航空发动机是一种复杂的压缩/膨胀气体高速流动、转子系统高速旋转的热动力机械，是在高温、高压、高速旋转特别是很快的加减速瞬变造成应力和热负荷高低周交变的恶劣条件下工作[1]，会受到因高周疲劳、低周疲劳、蠕变/持久断裂以及低周疲劳—高温蠕变交互作用等引起部件失效或故障的限制[2]。在发动机服役过程中，材料和部件特别是转子的质量问题如冶金缺陷、热加工缺陷、表面完整性问题、残余应力等，易造成部件的变形或断裂，影响发动机的使用功能、使用寿命与使用可靠性。高压压气机叶片断裂会引发钛火、压气机喘振等故障，风扇叶片、盘或压气机盘破裂，机匣往往无法包容住这些高能碎片，会造成发动机的非包容性损伤，高速飞出的碎片会击穿邻近的机身、燃油箱、系统元器件等，对飞机的安全飞行造成严重威胁。这里所说的缺陷是指可探测的连续性间断，或者在物理和尺寸上的不完善。包含一个或多个缺陷并不必然表明该零件不符合技术条件或不符合使用要求，重要的是要建立验收标准，以已知缺陷对使用寿命或产品的安全性有多大可能的影响为依据[3]。

  据美国空军材料实验室（AFML：Air Force Materials Laboratory）统计，1963～1978年间，美国空军战斗机共发生了3824次飞行事故，其中由发动机故障引起的有1664起，占43.5%，而其中因结构强度和疲劳寿命等与材料质量问题有关导致的发动机故障占90%以上[4]。为降低事故率，美国空军总结上述事故教训，提出了《发动机结构完整性大纲》（ENSIP：Engine Structure Integrity Program），并于1973年和1975年先后制定《涡轮风扇和涡轮发动机通用规范》（MIL-E-5007D）及《涡轴、涡桨发动机通用规范》（MIL-E-8593A），1976年美国科学咨询委员会（SAB：Science Advisory Board）对发动机发展过程评价后，于1978年正式制定《发动机结构完整性大纲》，它是对十余年来所发生的服役问题和发动机发展问题的一个总结[5]。据法国Snecma公司统计，1976～1983年间，该公司的发动机共发生过52起与盘失效相关的发动机非包容性损伤故障，其中因材料缺陷引发的有6例，因高周疲劳引发的有6例，因高周疲劳+微动疲劳引发的有6例，因低周疲劳引发的有7例，因维修引发的有7例，因制造缺陷引发的有7例，因其他及未知原因引发的有13例[6]。

  钛合金材料具有比强度高、使用温度范围宽、抗蚀性好和其他一些可利用的特性，从20世纪50年代开始在航空发动机上得到应用，对减轻发动机结构质量、提高推重比和使用性能起到了重要作用[7]。目前，先进的军民用航空发动机上，钛合金用量约占整机质量的25%～40%，主要用于风扇和压气机的叶片、盘、整体叶盘、鼓筒、机匣等部件，其中，转子叶片、盘、鼓筒为转子件，也是断裂关键件，盘和鼓筒还列为寿命受控件，服役时要跟踪记录使用寿命。钛合金材料和部件生产过程存在众多复杂的工艺、环境、操作等因素，极有可能形成或含有某种缺陷，由于检测方法或检测手段的限制而造成这些缺陷未被发现，或者技术标准、质量控制标准规定不合理，都有可能使带有缺陷的零部件装机使用[8]。

常规的发动机设计和强度计算一般不太考虑材料缺陷这个问题，工程实践表明，材料缺陷出现的概率很低且规律性不强，但是，钛合金部件中一旦含有重大缺陷，对发动机造成的威胁是极大的，缺陷的存在往往会严重降低钛合金部件的使用寿命，有可能在低于设计寿命之前或在一个规定的修理期内发生无征兆的提前断裂失效。钛合金具有强烈的缺陷敏感性，不论是冶金缺陷还是表面缺陷，均有可能扮演疲劳裂纹萌生位置的角色[9]，疲劳裂纹往往在夹杂物、偏析、异常显微组织以及应力集中部位萌生，局部不均匀的循环塑性变形加速疲劳裂纹的萌生[10]。材料缺陷的随机出现，使得部件寿命的预测非常困难，需要更频繁地进行在役检查，中断发动机的使用，引起成本的上升。缺陷控制是钛合金材料和部件生产、加工、使用过程的重要环节，特别是对于转子级钛合金材料及转子零部件。先进加工工艺的发展、生产过程细节的严格控制、高灵敏的无损检测手段发展与应用，主要是为了尽量消除各类缺陷或降低缺陷的发生率。

钛合金具有极强的活性，在海绵钛制备、铸锭熔炼、棒材和锻件的锻造和热处理、机加工、表面处理等过程中容易引入缺陷，在使用过程中还会与环境交互作用、部件间摩擦等产生氢脆、热盐应力腐蚀、外物冲击损伤、钛火等故障。

为了得到"零缺陷"的优质钛合金锻件，要求原材料是优质的，这是生产优质锻件的基础。原材料应具有三"高"特性，即高纯净性（purity）、高洁净性（cleanness）和高均匀性（homogeneity），三"高"特性牵引并推动钛合金熔炼、加工和检测技术的发展和进步。钛合金具有较强的缺陷敏感性，缺陷是制约钛合金零件合格率和工作可靠性的重要因素，同时缺陷也是零部件损伤容限设计的基础。

为了正确地评定各类缺陷对零件使用可靠度的影响，一方面需使用各种检测方法，确定缺陷的性质、大小、方位；另一方面，要确定零件有缺陷处的应力分布状况及变化规律。缺陷降低零件力学性能的程度与缺陷尺寸、缺陷与最大应力的方向以及材料对应力集中的敏感程度有关。越尖锐的缺陷，其尖端处的应力集中越大，缺陷尖端处往往会最先开裂。

本章介绍钛合金材料及部件的各种缺陷，如硬 α 夹杂物、高密度夹杂物、偏析、疏松、缩孔等冶金缺陷，以及裂纹、折叠、应变诱导孔洞等热加工缺陷，还有长条 α、大块 α、扭折 α、绝热剪切变形带等异常显微组织，尖锐微织构等。此外，还介绍钛合金的一些失效模式，如氢脆、热盐应力腐蚀、钛火等。

5.1 钛合金部件失效引起的发动机典型故障案例

本节回顾国外报道的几起著名的因钛合金部件失效引发的发动机故障或飞机失事案例：因冶金缺陷（硬 α 夹杂物）引起的 CF6 发动机 Ti-6Al-4V 钛合金风扇盘破裂造成 1989 年的 Sioux 城空难[11]；因熔炼不当造成富 O 偏析引起 CF6 发动机 Ti-6242 钛合金盘件疲劳断裂造成 1997 年加航发动机非包容性损伤事件[12]；因零部件机加工冷却不当引起 JT8D 发动机 Ti-6Al-4V 钛合金风扇盘轴断裂造成 1996 年 Pensacola 城事件[13]；因钛合金选材不当引起的 20 世纪 70 年代早期两起 RB211 发动机 IMI685 钛合金风扇盘疲劳断裂事件。本节简要介绍这些事件的失效分析过程以及钛合金部件断裂失效的产生原因及采取的改进措施。

　　我国曾发生过三十余起因钛合金部件失效产生的发动机损坏故障，如某型发动机在台架试车时，高压压气机 TA11 钛合金第 1 级转子叶片叶身根部折断，打伤发动机导致试车失败，叶片工作寿命 151h15min，在疲劳源处有两处大小相近的缺陷，经能谱分析为钛的氧化夹杂物，单个缺陷尺寸约为 0.5mm×0.2mm，两者相距 0.3mm，距叶片表面深度为 30~40μm，该缺陷诱发疲劳裂纹提前萌生，导致叶片发生早期疲劳断裂[14]。还有多起因叶片叶根与盘榫槽之间发生微动磨损造成叶片疲劳断裂的例子，如某型发动机长期试车至 88h50min 时高压压气机 TC11 钛合金第 4 级转子叶片在榫头处折断[15]。还发生过因叶片表面机械损伤、陈旧裂纹、折叠、阻尼凸台转接 R 不合适、表面熔滴烧伤、过载等造成钛合金叶片、整体叶盘等部件的提前断裂故障[15]。

　　据报道，苏联 Ti-6Al-3Mo-2Cr 钛合金制造的发动机第一级高压压气机盘发生过十次以上的破裂，均为疲劳断裂[16]。1988 年 5 月，我国的图 154M 民航客机的 Д30КУ-154 发动机高压压气机轴内的 ОТ4 钛合金隔热套筒在工作中突然产生外压失稳而向内鼓包，碰到了高速旋转的低压转子转动轴，最终该轴在大扭矩作用下产生断裂，引起低压涡轮转子整个飞出，造成发动机的非包容性破裂。该套筒采用两段 1.5mm 板料卷压后焊接成圆筒再与三段圆环焊接而成，圆筒卷得不圆，出现若干直线段，焊缝也不均匀，致使局部刚度和强度降低。后将隔热套筒改成锻件机械加工而成，以保证几何形状符合要求，对于这类转动件必须要壁厚均匀，几何尺寸同心度要好。

5.1.1 Ti-6Al-4V 钛合金风扇盘断裂导致 Sioux 城空难事件

　　1989 年 7 月 19 日，美国联合航空公司 UA232 航班在从丹佛（Denver）到芝加哥（Chicago）的巡航飞行（马赫数为 0.83）途中，DC-10 飞机（Douglas 公司生产）尾翼上的 2 号 CF6 发动机（GE 公司生产）风扇盘断裂，导致发动机非包容性损坏，盘的碎片击中飞机三套液压系统的汇集点，致使飞机无法正常操纵，在 Iowa 州的 Sioux 机场迫降时造成 111 人死亡的重大空难事件。Sioux 城空难事件后约 3 个月，才在 Iowa 州 Alta 附近的农田找到 CF6 发动机 Ti-6Al-4V 钛合金风扇盘残骸，主要有两块，如图 5-1 所示，拼接后如图 5-2 所示。这些残骸部件被运到 GE 公司位于 Ohio 州 Evandale 厂，在美国国家运输安全

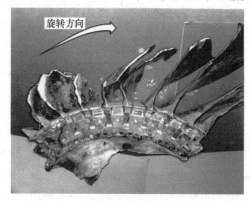

图 5-1　1989 年 7 月 19 日 Sioux 城空难事件的 CF6 发动机 Ti-6Al-4V 钛合金风扇盘和风扇叶片组件残骸

委员会（NTSB：National Transportation Safety Board）的指导下进行分析。切下的小块试样随后运到位于华盛顿的 NTSB 材料实验室做深入分析和评估。

图 5-2 CF6 发动机 Ti-6Al-4V 钛合金风扇盘和风扇叶片组件残骸拼接后的样子

该 CF6 发动机是 GE 公司于 1971 年生产并于 1972 年 1 月装到一架新的 DC-10 飞机上使用，共服役了 41009h（或 15503 次飞行循环），自最近一次检修后服役了 760 次飞行循环。该风扇盘材料为采用两次真空自耗电弧熔炼的 Ti-6Al-4V 钛合金，盘零件重 168kg，盘缘厚 127mm，盘内孔厚 76mm，中心孔尺寸 ϕ279.4mm，风扇组件如图 5-3 所示的示意图。

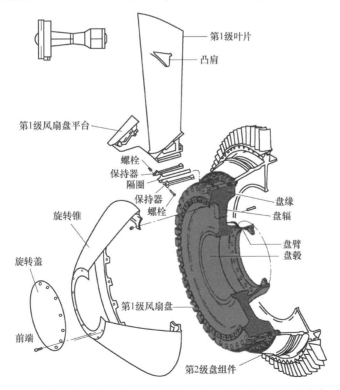

图 5-3 CF6 发动机风扇组件结构示意图（第 1 级风扇盘以蓝色高亮显示）

经扫描电镜（SEM：Scanning Electron Microscopy）观察，Ti-6Al-4V 钛合金风扇盘断口宏观形貌如图 5-4 所示，裂纹源处的断口形貌如图 5-5 所示，裂纹源处发现有冶金缺陷，尺寸为 1.4mm×1.4mm×0.38mm。对断口进行了成分检测和金相分析，结果表明，缺陷区的 N 含量为 2.07%，因此判定该缺陷为硬 α 夹杂物，离开硬 α 夹杂物颗粒大约 1mm 处，N 含量降为 0.05%。缺陷区内有微裂纹，在缺陷核心区有微孔洞，呈现明显的脆性断裂特征，根据疲劳条带间距推算，表明裂纹扩展从盘的早期应用就已经开始了，裂纹扩展不受缺陷的影响。

图 5-4　CF6 发动机 Ti-6Al-4V 钛合金风扇盘断口宏观形貌

图 5-5　Ti-6Al-4V 钛合金风扇盘断口裂纹源位置 SEM 形貌

该风扇盘在 17 年的服役期间共经历 6 次大修检查，每次检查都包括荧光渗透检测。基于断裂力学推算，在断裂前的上一次修理检查时，风扇盘上已存在的裂纹长度大约是 12.6mm，按理采用荧光渗透检测是可以检测出该裂纹的，但是没有被检出。NTSB 认为此次事故是因检测人员的人为因素以及美联航发动机修理厂的质量控制程序不完善导致的。

Sioux 城空难事件 27 年后的 2016 年，McEvily 发表论文[17]认为：CF6 发动机 Ti-6Al-4V 钛合金风扇盘断裂原因是亚表层疲劳裂纹萌生和扩展导致的，这个亚表层的裂纹不能被之前大修时的荧光渗透方法检出，荧光渗透只能检测表面裂纹。该 Ti-6Al-4V 钛合金风扇盘经过表面喷丸强化处理，盘内孔表面产生了双轴方向的残余压应力，残余压应力会增加疲劳裂纹萌生和扩展的阻力；当表面压应力足够高时，会阻止从表面开裂，促进亚表面的疲劳裂纹萌生。

与 Sioux 城空难事件断裂相关的风扇盘零件（编号为 00385 号）同炉号的风扇盘共有 8 件，仍有 6 件（零件号分别为 00382 号、00383 号、00384 号、00386 号、00387 号、00388 号）在服役，随即被召回进行水浸超声检测和表面腐蚀检查。结果表明，其中有 1 件零件（00388 号）超声检测时发现了不合格的异常显示，经金相分析，认为是富 N 的硬 α 夹杂物，且夹杂物不同方向上已有微裂纹，但没有显示疲劳裂纹扩展的迹象；其中有 1 件零件（00386 号）超声检测有小的缺陷显示，但金相分析未发现材料缺陷；其中有 1 件零件（00382 号）经表面蓝色阳极化检验，在盘臂法兰前面两个螺栓孔之间有尺寸约 16.5mm×1.5mm 轻微的腐蚀异常显示，在盘臂法兰后侧有两个尺寸为 9.65mm×6.35mm 的暗色腐蚀异常显示，表明是成分偏析；其中 1 件（00384 号）经蓝色阳极化检验有过热组织异常显示，认为是由于锻造超温所致。

经调查，该批 Ti-6Al-4V 钛合金铸锭（炉号为 K8283）是 TIMET 公司在 Nevada 州 Henderson 工厂于 1971 年 2 月完成熔炼，采用两次真空自耗电弧熔炼，第二次真空自耗电弧熔炼后锭型为 ϕ711mm（28″），质量约 3178kg（7000 磅）。熔炼时使用的冷却水来自 Mead 湖，水中含有微量硫黄（S），制成的钛合金材料含有比其他材料供应商更高一些的 S 含量。另外，TIMET 公司还采用磷酸清理工序，会在钛合金材料中引入微量的 P 元素，因此合金中的 P 含量也会高于其他材料供应商制造的钛合金材料。原材料主要采用海绵钛和中间合金，也用了部分回收料和其他炉号的尾料。铸锭随后在 TIMET 公司的 Ohio 州 Toronto 工厂锻制成 ϕ400mm（16″）棒材，棒材表面磨光后采用接触法超声检测，根据超声检测结果，对应于锭头的棒材切除长为 165mm（6.5″）的材料。该批棒材总质量为 2818kg（6208 磅，包括检验用试片），于 1971 年 3 月 26 日销售给 Alcoa 公司，经复验，符合 GE 公司相关材料标准要求。Alcoa 公司将该炉材料下料成 8 件坯料，单件重 318kg（700 磅），制成相应的风扇盘锻件，随后进行力学性能测试（每一件在内孔位置试环上检测室温拉伸和缺口持久性能）、金相组织检验和 H 含量测试。该批 Ti-6Al-4V 钛合金风扇盘锻件于 1971 年 5 月交付给 GE 公司。GE 公司的生产记录表明，其中件号为 MPO00385 号风扇盘锻件（称为"A"件）于 1971 年 6 月进行水浸超声检测，发现有一个不符合标准的超声信号显示，该件判为不合格，并于 1972 年 1 月将该锻件运至一家独立的检测实验室 CONAM 进行超声检测复验，CONAM 对超声信号显示的存在、位置、幅度进行了确认，该件随后运至 GE 公司做报废处理，并进行了切割和金相分析，在低倍试片上未发现硬 α 夹杂物或其他缺陷。

令人惊异的是，编号 MPO00385 号风扇盘有两个件号，除上述提及的有超声异常显示的锻件外，根据 GE 公司的制造加工记录表明，一件编号同为 MPO00385 号的风扇盘锻件（称为"B"件）进行了机械加工，并于 1971 年 9 月通过了水浸超声检测和低倍腐蚀检查，该风扇盘零件运到发动机装配线后进行了喷丸、燕尾槽喷砂、金属喷漆等工作，并装于编号为 S/N451-251 的 CF6-6 发动机，该发动机于 1972 年 1 月装于一架新的 DC-10 飞机。

尽管 Alcoa 公司记录表明有一件编号为 00381 号的锻件，但 GE 公司未能发现该锻件的记录。GE 公司记录的 MPO00385 号风扇盘有两个件号，即"A"件符合 Alcoa 公司的记录，采用 K8283 炉号生产；"B"件来自 RMI 公司生产的炉号为 704233 的铸锭。由 RMI 公司炉号为 704233 的铸锭制成的 ϕ400mm（16″）棒材被 Alcoa 公司于 1970 年 11 月接收。但是，Alcoa 公司记录显示，RMI 炉号为 704233 的棒材第一次下料是在 1972 年，当时下了 3 件单重 318kg（700 磅）坯料，符合风扇盘锻件所需的规格；但是 Alcoa 公司记录进一步表明，由 704233 炉号材料生产的所有锻件均用于飞机结构件。需要提及的是，RMI 公司炉号为 704233 的铸锭采用两次真空自耗电弧熔炼工艺，第二次自耗电弧熔炼时采用充 Ar 方式，而不是真空熔炼。

针对出事的 MPO00385 号风扇盘零件对应的原材料是 TIMET 公司提供的，还是 RMI 公司提供的，后续经过了一番分析，希望通过痕量元素含量的差异进行判断。在 TIMET、GE、Alcoa、RMI 独立地对各个盘件进行了化学分析，最后汇总报给 NTSB。TIMET 认为出事的 MPO00385 号等盘件的 S 和 P 含量低于正常值，因此 TIMET 和 GE 认为该批 Ti-6Al-4V 钛合金不是 TIMET 生产的，然而 RMI 认为所有 7 个盘件均来自同一个炉号，化学成分偏差符合炉次间的正常偏差。

Sioux 城空难事件之后成立了三个独立工作小组，即美国联邦航空局（FAA：Federal Aviation Administation）支持下的发动机风险工作组（EHWG：Engine Hazard Working Group）、FAA 钛转子部件评估组（TRCRT：Titanium Rotating Components Review Team）和喷气发动机钛质量委员会（JETQC：Jet Engine Titanium Quality Committee）。其中，JETQC 机构由发动机制造商（Honeywell、PWA、Turbomeca、GE、RR、Williams International、MTU、Snecma）、FAA 及钛材和锻件供应商（Allvac、Ladish、TIMET、Dynamet、NF&M、VSMPO、Howmet、RMI）组成。通过 JETQC 机构，搜集和监控优质钛合金工业生产过程，发动机制造商之间更加明确地共享数据，对硬 α 夹杂物的学术交流，有助于提高大家的认识，最终目的是为了提高钛材的冶金质量[18]。

FAA 钛转子部件评估组（TRCRT）评估发动机高能转子部件用钛合金的设计、制造、检测、寿命管理程序，并为改进结构完整性提供建议。TRCRT 机构进行了一次彻底深入的调查[6]，在 1962~1989 年间，共发生 25 起与钛合金材料冶金缺陷相关的断裂事故，其中 19 起是因 I 型缺陷（即硬 α 夹杂物），6 起是因 II 型缺陷（硬度没有突变的偏析，没有在材料内部形成裂纹或孔洞）。JETQC 报道，从 2002~2005 年，每年每百万磅（相当于 4.54×10^5kg）钛合金铸锭中发现夹杂物的数量已小于 0.1 次，而这一参数在 1990~1993 年为大于 1.1 次[19]。这得益于如下方面的改进：（1）海绵钛制造；（2）冷炉床熔炼；（3）改进车间操作实践，如提高原料质量、控制硬 α 夹杂物和高密度夹杂物、改进熔炼车间的布局和管理、关注电极状态与加工、定期进行危险评估和培训等；（4）多区超声检测技术[18]。

1971 年开始，CF6 发动机 Ti-6Al-4V 钛合金风扇盘工程图标记改用三次真空自耗电弧熔炼工艺，从 1972 年 1 月开始，所有风扇盘采用新标准，即采用三次真空自耗电弧熔炼工艺。另一个变化是，生产同一个锻件用棒材坯料尺寸变小，从 Alcoa 公司的直径 400mm（16″）改为 Wyman-Gordon 的直径 330~356mm（13″~14″）。更小的坯料尺寸，可以提供更好的水浸超声检测灵敏度，可以更灵敏地检出硬 α 夹杂物、孔洞或开裂等缺陷。

5.1.2 Ti-6242 钛合金高压压气机盘断裂导致 CF6 发动机非包容性损伤

1997 年 9 月 6 日，加拿大航空公司从北京飞往温哥华的 CP30 航班，在北京首都机场起飞时左翼的 CF6-80C2B6F 发动机发生非包容性损伤，至出事时发动机累计服役 14585h 或 2758 次飞行循环。北京的维修人员对发动机检查后发现，高压压气机的第 3 级已脱离压气机鼓筒转子（由高压压气机的第 3~9 级组成）。发动机的几个气动和电气部件已经被碎片和着火损坏。在位于德国 Hannover 的 MTU 公司进行了发动机的拆解，经分析认为是高压压气机鼓筒转子的第 3 级盘发生了断裂。

断裂的 Ti-6242 钛合金盘件断口形貌如图 5-6 所示，表面有明显的疲劳条带，疲劳裂纹覆盖从槽底部延伸的椭圆形区域，并几乎穿过整个厚度的轮毂。疲劳裂纹深度约为 14mm，横向长 21mm，约占第 3 级盘截面面积的 45%。从断口表面以下大约 6mm 取样分析低倍组织，相应的低倍组织如图 5-7 所示，断口两侧低倍上都发现了异常组织，为一个暗色的扩散带，宽约 2mm。异常区域显微组织的初生 α 晶粒更大，方向性比基体区域更明显，且初生 α 相含量更多，达到 70%，而基体的初生 α 含量为 50%，组织织构呈任意分布。异常区的硬度为 HRC38~43，基体硬度平均值为 HRC34。经电子探针分析，暗色扩散带内的 α 晶粒含有更高的 O 含量，大多为 0.1%~0.4%，最大值达到 0.8%。在加拿大的英属哥伦比亚大学（British Columbia University），采用能谱和波谱分析，证实暗色扩散带内 O 含量高，但是与富 O 的硬 α 夹杂物相比，其 O 含量要低得多。初生 α 相细小任意分布的双态组织，对保载疲劳敏感性低。但是，高的初生 α 含量和高 O 含量的异常条带，会促进保载疲劳裂纹的萌生。在断口平行处继续切取试片观察低倍组织，其中一边到了 14mm 后才慢慢变淡，到 30mm 完全消失，另一个断口到 45mm 还存在暗色扩散带。

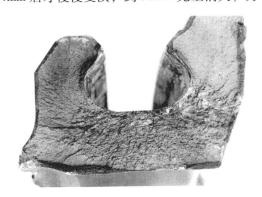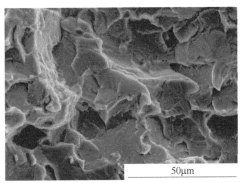

50μm

图 5-6   Ti-6242 钛合金高压压气机盘槽处的断口形貌

据上述分析，该 Ti-6242 钛合金第 3 级盘断裂的主因是盘槽区存在富 O 偏析，该偏析降低了局部区域疲劳裂纹萌生的抗力，在燕尾槽底承受了高的周向应力，而且在役检测时不能检测到裂纹区域。据 GE 公司报告，该 Ti-6242 钛合金第 3 级盘工作温度为 138℃，在该温度下，盘承受的周向应力大约是锻件屈服强度的 75%，考虑到应力集中效应，局部的应力可能已超过屈服强度。

该台 CF6-80C2B6F 发动机生产于 1989 年，在 1994 年 11 月到 1995 年 1 月在苏格兰 Prestwick 的 GE Caledonian 工厂进行过大修，检修时进行了荧光检测和超声检测，在检修

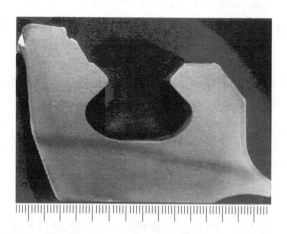

图 5-7　距离断口 6mm 处截面的低倍试片上的暗色条带

时不要求进行涡流检查。超声检测时，在 45°顺时针切变波检测中，第 3 级盘的部分位置记录了满刻度最大值的 23%（临界值为 30%），逆时针检查时没有发现类似显示。发动机制造商认为：这个显示是钛合金显微组织或晶界的反映，而不是裂纹的显示。

　　高压压气机第 3 级盘材料为 Ti-6242 钛合金，由 RMI 公司提供原材料。由加拿大运输安全委员会（TSB：Transportation Safety Board of Canada）、美国联邦航空局（FAA）、美国国家运输安全委员会（NTSB）和 GE 公司组成的调查组到 RMI 公司检查制造过程，评估熔炼记录。该批材料（炉号为 981897）采用三次真空自耗电弧熔炼工艺生产，第一次得到 φ610mm（24″）锭，第二次得到 φ762mm（30″）锭，第 3 次得到 φ914mm（36″）的成品铸锭。该批材料在第一次和第二次熔炼时有反常情况，即第一次熔炼时有未知的钛材料用作自耗电极上的隔条（spacer-bar hanger）；第二次熔炼时真空有下降，炉内压力最大值达到了 0.95mmHg（126Pa）（当时的 AMS2380 标准要求熔炼时炉内最大稳态压力小于 1mmHg（133Pa），偶然的瞬态压力小于 6mmHg（798Pa）），慢慢降到稳态大约是 0.1mmHg（13.3Pa），真空回到 0.2mmHg（26.6Pa）大约花了 30min。RMI 公司认为，真空下降可能是因为熔炼时遇到电极块变换，第二次熔炼时发生了坩埚漏水，O 元素扩散进入了熔体。

5.1.3　Ti-6Al-4V 钛合金风扇盘轴断裂导致 Pensacola 城事件

　　1996 年 7 月 6 日 14 时 24 分，美国 Delta 航空公司 1288 航班的 MD-88 飞机（N927DA，序列号为 49714，1988 年 4 月制造，1988 年 11 月售卖给 Dleta 航空公司）在佛罗里达州 Pensacola 机场起飞时，发生了发动机非包容性损坏，飞机左侧的 JT8D-219 发动机（序列号为 SN726984，PW 公司生产）Ti-6Al-4V 钛合金风扇盘轴零件破裂，其碎块扎入飞机左侧的后机身，造成 2 名乘客死亡和 2 名乘客重伤（见图 5-8），于是停止起飞。该 Ti-6Al-4V 钛合金风扇盘轴零件编号为 R32971，设计使用寿命为 20000 次飞行循环，至断裂时已服役了 16542h（或 13835 次飞行循环），风扇盘轴零件的三维示意图如图 5-9 所示，断裂故障件如图 5-10 所示。该台发动机于 1995 年 9 月 24 日从另一架飞机上拆下时，风扇盘轴已累计使用了 12693 次飞行循环。从 1995 年 10 月 27 日进行荧光渗透检查和目视检查后到 1996 年 7 月 6 日出事，该风扇盘轴又使用了 1528h（或 1142 次飞行循环）。

图 5-8　JT8D-219 发动机风扇盘轴零件碎片扎入 MD-88 飞机机身

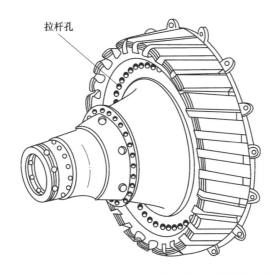

拉杆孔

图 5-9　JT8D-219 发动机 Ti-6Al-4V 钛合金风扇盘轴零件三维立体图

图 5-10　Ti-6Al-4V 钛合金风扇盘轴零件碎块

　　该 Ti-6Al-4V 钛合金风扇盘轴锻件由美国 Ladish 公司（位于美国 Wisconsin 州 Milwaukee）生产，由瑞典 Volve 公司（位于瑞典 Trollhattan）于 1989 年 1 月进行机加工、精整和检查。Ti-6Al-4V 钛合金风扇盘轴断裂部件在美国 NTSB 材料实验室进行分析，其中一个径向断口上有疲劳裂纹，起源于拉杆孔内侧的两个位置，这两个位置离孔后缘的距离分别为7.80mm（0.307″）和 14.05mm（0.553″），放射状的疲劳裂纹扩展区最大长度约为38.1mm（1.5″），疲劳区外为瞬断区（见图 5-11 和图 5-12）。孔壁表面的金相检查表明，

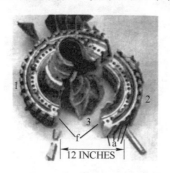

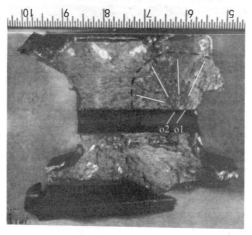

图 5-11　Ti-6Al-4V 钛合金风扇盘轴零件螺栓孔位置疲劳裂纹萌生处的断口形貌

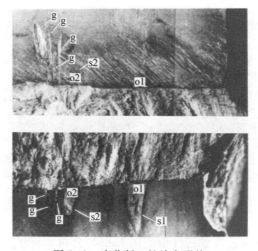

图 5-12　疲劳断口的放大形貌

经表面抛光后有一片区域比附近区域显得更暗，暗色区域很显然是圆周机械加工的痕迹，这个痕迹是部件钻孔操作时留下的。对暗色区域放大检查，发现暗色区域的孔壁有许多小的平行表面裂纹（梯形裂纹），与孔的长轴方向平行。暗色区域以外的孔壁表面显示有交叉阴影，这个痕迹是部件珩磨操作时留下的。在疲劳断口区域发现大约有 12887 条疲劳条带，大致相当于这个风扇盘轴飞行循环的次数，靠近断裂源区的疲劳断口表面部分的颜色比疲劳断口其他区域要更深。断口变色区域的条带数量大致与最后一次荧光渗透检查之前的飞行循环数相同。其中的一个疲劳源区，靠近孔壁表面 3 个区域显示改变了的显微组织：第 1 个区域深度大约 0.05mm（0.002″），为严重分层的 α 再结晶晶粒，表明表面温度至少达到了 650℃（1200°F，对于钛合金来说是最低的再结晶温度），PW 公司在 NTSB 监督下采用电子探针 X 射线微区成分分析，这个再结晶区域含有 7% 的 O 和 3.5% 的 Fe，对这个改变层进行 SEM 分析并采用能谱仪（EDS：Energy Dispersive Spectrometer），表面有小尺寸拉长的富 Fe 颗粒，离表面大约为 43μm（0.0017″），EDS 分析表明该颗粒含 26% 的 Fe；第 2 个区域深度为 0.05~0.152mm（0.002″~0.006″），厚约 100μm，这个区域内的显微组织为严重变形的 α 和 β 晶粒，拉长方向平行于表面；在此区域以下的第 3 个区域，从孔表面以下深度大约 0.254mm（0.01″），显微组织呈扭曲状，这是制造过程在旋转刀具的压力作用下金属发生变形的结果。硬度测试结果表明，改变的显微组织区域的硬度值高达 HRC52，而基体材料硬度为 HRC34~36（标准要求不大于 HRC39）。还进行了断口表面的荧光渗透检查（在 Evans East Laboratory 进行）和蓝色阳极化检查，显示为暗蓝色，与冶金检查时的暗色一致。

1989 年 5 月 26 日 Volve 公司的生产记录表明有 2 个不符合项（或瑕疵），在 2 个钻孔上有一些振痕（chatter mark），在后续切削（boring）和珩磨（honing）时不再提到振痕。分析认为，盘钻孔时发生过热，裂纹起源于钻孔处，风扇盘后端有 24 个拉杆孔（tie-rod holes），拉杆孔直径为 13.14mm（0.5175″），深度 73.91mm（2.91″），与 1.5 级的盘连接。孔的加工分为四步：钻孔（用 φ12.2mm（0.480″）钻头）、两次扩孔（第一次扩孔到 φ12.9mm（0.508″），第 2 次扩孔到 φ13.1mm（0.516″）），然后用氮化硼（boron nitride）珩磨精整加工，最终得到 φ13.14mm（0.5175″）的孔。

Pensacola 城空难事件之后，Volve 公司进行了钻孔造成组织改变的故障再现试验，在没有冷却剂、更高钻孔转速、进给速度加大造成刀具崩刃、切屑积累的情况下进行，模拟出了与故障件相同的结果。基于 NTSB 的调查结果，FAA 以及工业部门审视了现行方法中关于关键部件材料工艺与加工的控制、发动机转动限寿件的定寿方法以及飞机区域安全性设计等环节的不足。对于缺陷控制，FAA 组织工业部门分别在 2000 年和 2008 年发布了两个阶段的研究报告《Turbine Rotor Material Design》，旨在降低材料制造过程引入缺陷。对于孔加工进行了系统研究，FAA 于 2006 年发布了《Guidelines to Minimize Manufacturing Induced Anomalies in Critical Rotating Parts》技术报告，对发动机限寿件材料加工和部件制造具有重要的指导意义。

由机械加工不当引起的所谓制造异常造成盘开裂或爆裂事件在 20 世纪 90 年代有所增加。欧洲资助的项目 MANHIRP（Integration of Process Controls with Manufacturing to Produce High Integrity Rotating Parts for Modern Gas Turbines），关注钛合金机械加工产生的异常或缺陷，旨在降低制造异常造成盘件爆裂的风险。该项目的目标：（1）根据材料所需的表面状态，建立不合格产品制造工艺开发、更改和判定的科学依据；（2）通过加强具体工艺控制能力，因机械加工异常导致盘件爆裂的概率降低 10 倍。当加工 Ti-6Al-4V 钛合金孔时，采用线切割方法人为地制造"过热"类型的加工异常，研究表明："过热"异常降低疲劳性能，异常区组织为 β 转变组织。加工时的颤振表面、严重的显微组织变形均会降低疲劳性能，这是与增加的表面粗糙度和/或表面残余应力的变化有关[20]。

在军用发动机领域，由于压气机盘螺栓孔疲劳断裂造成的飞行事故频频发生，如 1997 年由于 F100-PW-100 发动机第 1 级风扇盘螺栓孔低周疲劳造成盘件断裂，盘的碎片打坏发动机燃油总管，火花引起发动机着火，引发 F-15 战斗机 A 等事故；2007 年由于 F100-PW-200 发动机第 3 级风扇盘翻修期间采用太具侵略性的拆卸工艺，导致风扇盘一个螺栓孔附近的显微组织发生小块变形，造成螺栓孔疲劳断裂，进而造成盘断裂，盘碎块飞出机体扎入燃油箱并着火，引发 F-16 战斗机坠毁。

5.1.4　IMI685 钛合金风扇盘断裂故障

英国 RR 公司第一种高涵道比三转子结构的 RB211-22B 涡扇发动机（装于 Lockheed Tristar 民航客机 L-1011）在投入航线使用 8 个月后，出现了两起世人关注的重大故障，即于 1972 年 12 月 28 日（美国东方航空公司 EA901 航班，风扇盘工作了 335 次飞行循环）和 1973 年 1 月 10 日（美国环球航空公司 TWA28 航班，风扇盘工作了 274 次飞行循环）分别发生了 IMI685 钛合金风扇盘提前断裂的失效事件（见图 5-13）。IMI685 钛合金具有优异的耐热性和比强度，为 RB211 发动机所选用，IMI685 钛合金压气机盘在进行全寿命台架试车评估（低周疲劳寿命测试）时符合疲劳设计准则和寿命要求，IMI685 钛合金风扇盘设计指标是 2500 次飞行循环。RB211 发动机风扇盘用的 IMI685 钛合金材料由英国帝国金属工业公司（IMI）提供，锻件由卡米诺钢铁公司生产。

图 5-13　1973 年 1 月 10 日 TWA28 航班因 IMI685 钛合金风扇盘断裂
造成 RB211 发动机非包容性损伤

在故障调查分析时，普查了外场使用及公司内部试验的发动机，对 RB211 发动机更换下来的超过 150 次飞行循环的风扇盘进行检查，发现其中 10% 的盘上已产生裂纹，对有、无裂纹的风扇盘进行统计分析，发现有裂纹的风扇盘均来自铸锭的上半部分[21]，认为铸锭上半部分坯料（A 组）制造的盘质量较差。可能的原因是：IMI685 钛合金铸锭头部冒口部位存在孔洞，会捕捉炉内的 Ar 和 O 气，带孔洞的区域在后续锻造过程会部分闭合，但存在弱的平面，在高的拉应力保载作用下，虚接的平面会发生突然爆裂，形成解理性质的断裂小平面，小裂纹快速扩展，形成小平面开裂，而在没有保载应力的作用时不会出现这种情况。

在研制阶段，采用小尺寸的饼坯和压气机盘锻件来评估 IMI685 钛合金盘件的力学性能，结果是能满足设计要求，随即更大截面尺寸的风扇盘投入应用。RR 公司的工程师提出了另一个看法，IMI685 钛合金风扇盘零件尺寸大、截面厚，锻件采用 β 热处理（β 区固溶并油淬），在锻件心部产生了一个非常大的残余应力，会引发内部损伤，后续时效处理时未能全部消除残余应力[22]，因而降低了盘的拉伸强度。采用小尺寸锻件无法评估大型风扇盘内的残余应力，无损检测时也无法被发现[23]。另外，IMI685 钛合金盘锻件采用 β 热处理得到粗大原始 β 晶粒尺寸的片层组织，具有最差的低周疲劳性能。

基于弹性应力分析表明，最大周向应力位于风扇盘中心孔内表面，裂纹源位于内孔表面下一点，传统的弹性—塑性应力不能解释这一现象，应该是与时间相关的塑性应变（冷蠕变，即通过位错滑移产生变形，而不是通过扩散攀移产生变形[24]）在起作用，冷蠕变不仅为疲劳裂纹萌生提供了激活因素，也会影响疲劳裂纹萌生位置的分布。研究表明，IMI685 钛合金盘锻件采用 β 热处理（β 区固溶并油淬）得到粗大原始 β 晶粒尺寸的片层组织，这种组织状态对保载疲劳最为敏感[25]。经验表明，实验室测试试样和服役钛合金部件是不一样的，后者表现为更短的寿命[26]。采用实验室试样测试，试样体积小，含"弱环"的概率低，试样包含更少的"差的晶粒组合"；而全尺寸部件评估时，从统计学意义角度看，含有"弱环"的概率高得多，因此疲劳寿命会更短[27]。

RR 公司认为选择 IMI685 钛合金用于风扇盘是不恰当的，是一个非常难堪的教训[22]。IMI685 钛合金从风扇盘的应用中随后被去除，但一直在中压压气机和高压压气机盘上保持应用[28]。

此两起 IMI685 钛合金风扇盘断裂故障之后，采取了如下补救措施：（1）对风扇盘分别对待：属于 A 组（铸锭上半部分）的，使用寿命限制为 100 次飞行循环；属于 B 组（铸锭下半部分）的，使用寿命限制为 450 次飞行循环；（2）修订热处理规范：降低轮盘热处理后的残余应力；（3）修订验收规范：增加一个质量验收规范，即风扇盘在进行最后检验之前，以全负荷与全速运转一定时间，以发现是否出现裂纹；（4）加大风扇盘轮毂厚度，降低盘的工作应力；（5）改用与 JT9D 和 CF6 发动机相同的 Ti-6Al-4V 钛合金作为风扇盘材料，由美国 Wyman-Gordon 公司提供锻件毛坯。直到今天，RR 公司所有发动机的风扇盘一致采用 Ti-6Al-4V，与 PW、GE 公司采用相同的选材设计，即采用 Ti-6Al-4V[29]。从 1976 年开始，RR 公司在发动机关键部件上使用了以断裂力学为基础的寿命管理程序，以评估发动机的结构完整性，这是第一次将损伤容限设计用于航空发动机。

RB211 发动机 IMI685 钛合金风扇盘断裂故障引出了钛合金保载敏感性问题，一直困扰和限制了钛合金部件的设计与应用。近 50 年来，保载疲劳是航空发动机钛合金选材和应用时最为关注的问题之一，得到了大量研究。特别是近 20 年来，通过引入晶体塑性模型和离散位错模型，理论性地探讨钛合金保载疲劳损伤的机理，取得了很好的研究结果，见第 6 章相关的保载疲劳敏感性内容的叙述。

5.2　钛合金典型冶金缺陷及其产生原因

钛合金在航空发动机应用历史上常受到部件内在缺陷如夹杂物、偏析、裂纹、孔洞等的困扰，钛合金材料和部件在制造加工的某些环节可能会引入缺陷，在无损检测时又不能保证百分百地检出所有缺陷。在众多影响发动机钛合金部件使用可靠性的因素中，冶金缺陷的危害性是最大的。工程上定义的钛合金冶金缺陷主要是指夹杂物、微观偏析及孔洞、裂纹等。冶金缺陷的存在破坏了在空间和成分上的连续性、均匀性和/或致密性，缺陷与基体之间在可变形性、弹性模量、热膨胀系数、力学行为等方面存在程度不一的差异，缺陷处及缺陷与基体界面位置容易引起应力集中，局部应力升高易引发裂纹萌生，成为诱发断裂失效的源头，给零件的可靠应用带来隐患。

钛合金材料的冶金缺陷往往具有隐患深、诊断难度大等特点，并且具有遗传性，一旦在熔炼阶段形成，一般很难在后续的一系列热加工过程中被消除。如果这些缺陷未被检测发现，或检测能力不足而发现不了，或技术标准规定不合理等，使带有缺陷的钛合金零部件装机使用，有可能成为导致发动机失效的潜在因素[8]。因此有必要了解钛合金中各类缺陷的性质及其产生原因，从而有的放矢地采取措施以监测和消除缺陷可能带来的危害性。

对于航空应用特别是发动机转子部件应用的钛合金来说，对冶金质量的要求是极其严苛的。钛合金材料在进行分类时，往往有"转子级""航空级"和其他等级分类要求，实际上主要是对钛合金材料冶金质量提出不同的要求。评定钛合金冶金质量的一些定性要求包括：（1）宏观和微观体积内成分具有良好的均匀分布，合金化元素和杂质元素含量符合要求，特别是铸锭头部的成分；（2）不含有各类夹杂物；（3）没有不可接受的微观偏析；（4）无残余的气孔、缩孔、疏松、裂纹等缺陷。

宏观体积成分不均匀分布一般称为宏观偏析。真空自耗电弧熔炼固有的熔化和凝固方式，以及合金固有的凝固过程中液/固相溶质原子再分配的特性，注定造成钛合金铸锭成分存在宏观偏析。宏观偏析是由糊状区浓度差和密度差等因素引起局部溶质原子富集液体的流动所致[30]。钛合金液相在凝固过程中，因溶质原子再分配作用，液相和固相具有不同的成分，是引起宏观偏析的根本原因。由于不能充分扩散，偏析一般会保留在铸锭中。通常来说，提高铸锭冷却速度，减小糊状区尺寸，会缩短凝固时间，使形成宏观偏析的倾向减弱[31]。实际操作时，钛合金真空自耗电弧熔炼速度显著快于镍基高温合金，采用输入高的熔炼功率，可以获得更好的铸锭表面质量，但同时凝固速度是慢的，这样会造成严重的偏析倾向。航空结构中用到的钛合金部件尺寸相对很大，又考虑到经济性和炉批管理等因素，加之真空自耗电弧熔炼的能力，钛合金初始铸锭尺寸可以达到 $\phi700 \sim 1000mm$，这也加剧了宏观偏析的严重程度。

钛合金中的夹杂物一般有两种，即硬 α 夹杂物（Hard α Inclusion）、高密度夹杂物（HDI：High Density Inclusion）。硬 α 夹杂物是指钛的氧化物或氮化物，又称为低密度夹杂物（LDI：Low Density Inclusion）、高间隙元素缺陷（HID：High Interstitial Defect），有时将富氧、富氮的偏析与硬 α 夹杂物归为同一类，称为 I 型缺陷（Type I Defect）。高密度夹杂物主要是指熔炼过程中未熔解而残留的难熔金属 W、Mo、Ta、Nb 或其碳化物如 WC，WC 常用于刀具材料，有些 WC 刀具还含 Co。与钢中硫化物、磷化物等夹杂物形成机理不同的是，钛合金中的夹杂物均是外来的。几乎所有常见元素（除高活性的稀土元素外）在钛中有大的溶解度，从理论上来讲，钛合金中不存在内生的非金属夹杂物。尽管液态的钛合金可以熔解几乎所有的材料，但是，这个熔解过程只在有限时间内进行，采用的是扩散方式而不是熔化方式，这意味着需要相当长的时间才能完全熔化难扩散的元素或物质，当这个熔解时间少于熔炼或铸造液态保留时间时，一些高熔点的物质会存活，保留在钛合金铸锭或铸件中[32]。一般可采用超声检测和 X 射线检查出来，但不能保证百分百被检测到，当夹杂物尺寸很小时，会超过这些检测方法的灵敏度极限。采用化学成分分析方法是无法检测到钛合金中因夹杂物存在而引起的平均成分上的差异。

钛合金中发现的偏析主要有三种，即富 Al 偏析（亦称 II 型缺陷）、富 Ti 偏析和富 β 稳定元素的偏析（简称 β 偏析或 β 斑）。偏析是钛合金中最常见的冶金缺陷，偏析区由于局部成分含量、相变温度与基体存在差异，相应地会引起低倍组织衬度和显微组织形貌的差异，在对锻坯或部件的表面或试片进行腐蚀或蓝色阳极化检验时可以被发现，呈现与基体不同的衬度或形貌，一般呈亮点、亮条、暗点、暗条形态，偏析的尺寸和范围与偏析严重程度及所用的热处理制度有关。成分偏析在材料或锻件的加工过程中一般不会形成裂纹、孔洞等缺陷，难以通过超声检测发现。通常通过金相分析、电子探针或 X 射线能谱分析、显微硬度测量等综合手段，将偏析区与正常基体作对比分析，确定偏析的类型、性质及严重程度。偏析的类型、性质和严重程度对钛合金构件的危害程度是不一样的，应根据材料特性、构件几何形状、受力条件、工作环境、使用寿命和使用可靠性要求，通过试验分析区别对待，合情合理地处理偏析问题。偏析问题是影响航空钛合金关键件使用可靠性的一大障碍，而且因偏析的严重程度各异，偏析对力学性能特别是疲劳性能的影响难以有一个定量化的结论。各国根据自己的用钛经验，对于不同用途的钛合金材料或锻件，制定相应的偏析处理规则。

由于熔炼工艺不当或控制不严等原因，钛合金铸锭的冒口、底部、外圆周等位置经常会出现缩孔、疏松、冷隔等缺陷。缩孔是由于铸锭顶端热封顶时补缩不足而形成的呈圆柱形或锥形的连续空洞，亦称缩管；疏松表现为局部的蜂窝或麻点状的小孔；冷隔是由不同方向流来的两股熔融金属彼此相遇，但未熔合成一体时形成的。如果这些缺陷未被去除干净，会在后续锻造变形过程中被压合、折入或产生开裂，形成内部裂纹。这些缺陷在钛合金零部件加工和检验时偶尔会遇到，判定时往往会与冶金缺陷相混淆，并且这些缺陷的存在对钛合金部件的安全可靠使用造成极大隐患。

5.2.1 硬 α 夹杂物

除稀土元素外，几乎所有元素从室温到熔点温度范围内在钛中有较大的溶解度，因此传统认为钛合金中是不存在非金属夹杂物的。钛合金中唯一的第二相是局部富含间隙元素 O、N 生成 TiO_2、TiN 化合物相，其硬度比钛合金基体高得多，因而称为硬 α 夹杂物[33]。硬 α 夹杂物的密度相对于另一类所谓的高密度夹杂物要低得多，因此亦称为低密度夹杂物，国外也有称高间隙元素缺陷；如果局部富含 O、N 但未形成 TiO_2、TiN 化合物相的区域，常称作富 O 偏析和富 N 偏析，称为高间隙元素缺陷，或者笼统地称为 I 型缺陷。钛的间隙元素中，O、N、C 均是 α 相稳定化元素，但 C 不会产生与 O、N 相似的作用，不会形成硬 α 夹杂物缺陷。O、N 的浓度只要在标准范围之内，一般是没有危害性的，少量的 O、N 元素有助于提高钛合金的硬度和强度[34]。

5.2.1.1　硬 α 夹杂物对航空发动机使用可靠性的影响

航空发动机风扇和压气机的钛合金盘和叶片部件工作时，承受着复杂的交变载荷作用，盘主要承受大应力的低周疲劳载荷，叶片主要承受高周疲劳载荷，根据部件所在位置，其工作温度可以从室温一直到约 600℃。相对于发动机的其他静子件，这些转子件的工作应力状态和温度条件相对是严苛复杂的，一旦产生断裂失效，会对发动机造成巨大破坏。如果这些钛合金转子件中存在初始的硬 α 夹杂物，因其不具有良好的塑性变形能力，夹杂物与基体之间在弹塑性变形能力存在显著差异，在复杂多变的大应力持续作用下，势必造成夹杂物与基体界面处产生显著的应力集中，应力集中的大小和分布情况取决于夹杂物和基体的密合性、两者弹性模量和热膨胀系数的差异以及夹杂物本身的形状、大小、数量和分布状态，缺陷与基体界面形成的局部大的应力集中难以通过塑性变形方式而松弛。因此，界面处易开裂，或者硬 α 夹杂物内部在之前的锻造过程已产生裂隙，硬 α 夹杂物缺陷会成为钛合金部件早期的疲劳裂纹源[35]。在某些情况下，夹杂物可以视为一种有缺口效应的裂纹。当然，低 N 含量的硬 α 夹杂物不一定会形成裂隙，而且通过超声检测可能还无法检出。

表 5-1 列出了全球民航飞行史上典型的因硬 α 夹杂物造成发动机钛合金盘件提前断裂的事件，盘碎块带有巨大动能，往往造成发动机的非包容性损伤，进而易引发恶性的飞行事故。其中最知名的是 1989 年的 Sioux 城空难事件，如前所述，该事件造成 111 人死亡的严重后果，引起全球范围的钛工业界、学术界、发动机制造商、航空公司、航空管理机构的广泛关注，进而快速推动了钛合金熔炼技术的革命性变化以及钛合金缺陷检测技术的发展。

表 5-1　因钛合金中硬 α 夹杂物缺陷造成的发动机盘件破裂典型案例

时间	地点	飞机	发动机	产 生 原 因
1970 年 4 月 19 日	意大利罗马	DC-8	JT-3D	起飞时风扇盘破裂，停止起飞。飞机因起火而被烧毁。在钛合金风扇盘上发现了硬 α 夹杂物。制造该批材料采用 Ar 气 VAR 熔炼工艺，盘件材料取自锭坯头部
1979 年 3 月 16 日	日本冲绳	DC-10	CF6-50	起飞时高压压气机第 3 级盘失效，盘上发现有硬 α 夹杂物
1983 年 6 月 25 日	印度尼西亚马尼拉	B747	CF6-50	飞机爬升时高压压气机第 9 级盘断裂，原因是硬 α 夹杂物导致的低周疲劳破坏
1983 年 7 月 5 日	美国芝加哥	DC-8	CFM56	起飞时高压压气机第 1 级盘破裂。该盘件仅服役了 256 次飞行循环。在盘的断裂面上发现了硬 α 夹杂物，该批钛合金材料采用三次 VAR 熔炼工艺
1989 年 7 月 19 日	美国苏城	DC-10	CF6-6D	在苏城机场准备迫降时坠毁，飞机上共有 285 名乘客和 11 名机组人员，死亡 111 人。在 2 号 CF6 发动机第 1 级风扇盘上发现有硬 α 夹杂物

续表 5-1

时间	地点	飞机	发动机	产 生 原 因
1995 年 4 月 10 日	埃及开罗	A300	CF6-50C2	在发动机高压压气机 Ti-6242 钛合金第 3~9 级鼓筒转子的第 6 级上发现有硬 α 夹杂物，引发提前断裂。该部件已累计使用 15544h 或 8264 次飞行循环
1997 年 9 月 7 日	中国北京	B767	CF6-80C2	发动机高压压气机第 3~9 级鼓筒转子的第 3 级盘发生断裂，原因是第 3~5 级盘鼓的 Ti-6242 钛合金（RMI 公司提供）中含有富氧偏析，降低了盘件燕尾槽底部疲劳裂纹萌生抗力，该区域承受大的周向应力。大约 30kg 重的转动件脱离发动机

1984 年 12 月 23 日，苏联 SU3519 航班的图 154B-2 客机从克拉斯诺雅茨克（Красноярск）起飞 2min1s 后，在位于 2040m 高空时 3 号 Д30КУ 发动机起火，造成重大空难，110 人死亡，仅 1 人存活[36]。分析表明：铸锭用原料中氮化、氧化的海绵钛在真空自耗电弧熔炼中没有完全熔化，形成硬 α 夹杂物，并带入压气机盘中，成为 Д30КУ 发动机低压压气机第 3 级盘的疲劳断裂源。

1999 年 9 月，我国某型发动机进行第 20 次台架试车的第 14 次开车时，在 13700r/min 转速时，高压压气机 TA11 钛合金第 1 级转子叶片叶身根部断裂，叶身部分残骸未能找到，共工作了 151h15min。疲劳源位于叶背中部，距叶根约 2.2mm，断裂位置低于一弯振型节线位置，源区有两块异物，如图 5-14 和图 5-15 所示，反复清洗后该异物仍存在，单块异

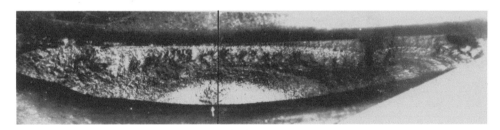

图 5-14　TA11 钛合金叶片断裂断口形貌

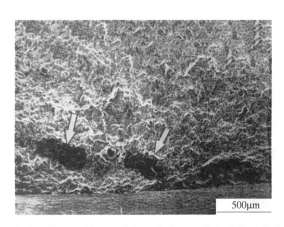

500μm

图 5-15　TA11 钛合金第 1 级转子叶片断口疲劳源区放大形貌（箭头指处为异物）

物的尺寸约为 0.5mm×0.2mm，两者相距约 0.3mm，异物距叶片表面约 0.03mm。经分析，该异物为钛的富氧夹杂物，上面有许多裂纹，说明异物是很脆的[37]。我国某型发动机 BT3-1 钛合金第 1 级风扇叶片从进气边叶尖处掉角，掉角缺口呈"L"形，长边约 13mm，短边约 7mm，裂纹起始于叶盆面距叶尖 6.5mm 处尺寸为 0.6mm×0.2mm 的高氧缺陷处[15]。

　　航空用途的钛合金材料和锻件生产实践表明，工程上发现硬 α 夹杂物缺陷的概率是极低的。1989 年 Sioux 城空难事件促使钛工业从业者加深了对钛合金中硬 α 夹杂物危害性的认识。此事件之后，国际上通过引入冷炉床熔炼技术以及改进真空自耗电弧熔炼工艺，加强钛合金熔炼车间管理等措施后，硬 α 夹杂物的出现概率显著降低。据统计，目前国外转子级钛合金中检出硬 α 夹杂物缺陷的概率已减少到每年生产 $5×10^5$kg 铸锭材料中少于一个缺陷，由于全球航空发动机使用的钛合金每年要超过 $1×10^6$kg，这意味着钛合金材料中的缺陷检测和消除仍然是很重要的[38]。

5.2.1.2　硬 α 夹杂物的性质

　　图 5-16 为在某钛合金锻造产品中发现的硬 α 夹杂物，经过多火次锻造变形，硬 α 夹杂物内部已产生裂隙，夹杂物与基体之间已开裂。

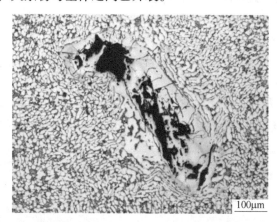

图 5-16　钛合金中硬 α 夹杂物

　　图 5-17 为应用于某航天装备的 TC4 钛合金碗形压力容器零件进行机械加工时发现内侧有一个尺寸为 1mm×1.5mm 的孔洞缺陷，经金相和成分分析，该缺陷为硬 α 夹杂物。硬 α 脆性大，经多火次变形，硬 α 夹杂物内部已发生碎裂（见图 5-17 中的缺陷 1）。

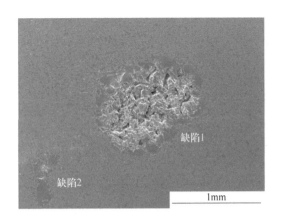

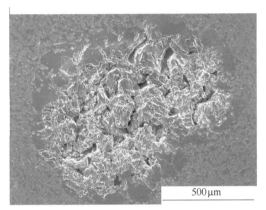
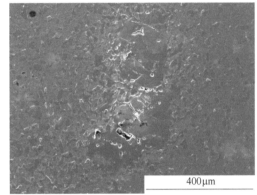

图 5-17 TC4 钛合金碗形压力容器零件机械加工时发现的硬 α 夹杂物

　　测量了 TC4 钛合金硬 α 夹杂物两个区域（见图 5-17 中的缺陷 1、缺陷 2）缺陷处和基体的显微硬度，结果见表 5-2，缺陷区的硬度约为基体的 2 倍，并能观察到显微硬度压痕尖角处已产生微裂纹，如图 5-18 所示，反映了硬 α 夹杂物显著的脆性。

表 5-2　TC4 钛合金硬 α 夹杂物与基体的显微硬度差异

位置	显微硬度测量值（HV）	平均值（HV）
缺陷 1	654，774，804，696，784，738	742
缺陷 2	734，781，721，702	735
基体	387，384，375	382

　　采用扫描俄歇微探针（仪器型号：PHI-700，采用同轴电子枪和 CMA 能量分析器）对缺陷成分进行了半定量分析，分析区域均取自缺陷的大块 α 处，结果见表 5-3（仪器直读的成分都是原子百分比含量，根据原子百分比换算成质量百分比），与基体相比，该缺陷处为不同程度的富 O 和富 C。按技术条件要求，TC4 钛合金的 O 含量不大于 0.2%，C 含量不大于 0.1%（均为质量分数），缺陷区的 O、C 含量已明显高于技术条件规定的允许值，且已形成硬而脆的硬 α 夹杂物。

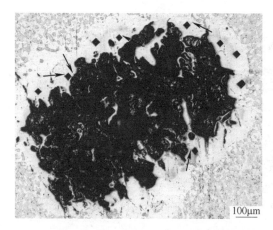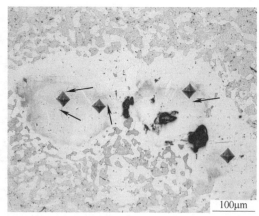

图 5-18　TC4 钛合金硬 α 夹杂物及其显微硬度压痕金相形貌

表 5-3　TC4 钛合金硬 α 夹杂物和基体的微区成分分析

部　位	标号	成分（质量分数）/%				
		Ti	Al	V	O	C
缺陷 1 处的大块 α	1 号	70.8	4.8	2.9	14.3	7.3
	2 号	72.5	3.2	10.8	7.3	6.2
缺陷 1 大块 α 显微硬度压痕裂纹处	1 号	61.7	5.7	8.9	7.1	16.6
	2 号	65.9	3.2	9.9	6.4	14.6
	3 号	58.6	4.3	9.0	9.9	18.2
缺陷 2 大块 α	1 号	73.7	3.1	11.6	7.2	4.5
	2 号	58.6	3.6	9.7	14.1	14.0
基体（远离缺陷位置）		78.7	6.7	10.9	1.6	2.3

　　根据 Ti-O 相图（见图 5-19），钛的氧化物主要是 TiO_2，其熔点为 1870℃，与钛的熔点（1668℃）较为接近。根据 Ti-N 相图（见图 5-20），钛的氮化物有 2 个，即 δ-TiN 和 ε-Ti_2N，TiN（N 原子分数为 47.4%）熔点为 3290℃[33]，Paige[39] 认为 TiN 的熔点是 2927℃，Ti_2N 的熔点仅为 1100℃。可见，TiN 熔点远高于纯钛和 TiO_2，TiN 在钛合金熔池中的熔化速率要远远小于 TiO_2。实际上，钛合金最常遇到的硬 α 夹杂物以 TiN 为主，TiO_2 次之。

　　从点阵常数数据推断，TiN 的室温密度为 5.39g/cm^3[40]。TiN 晶体为立方晶系，硬度很高，显微硬度为 2.12GPa，莫氏硬度为 9 级（相当于刚玉的硬度）。硬 α 夹杂物不存在一个固定的化学或成分上的定数（质量分数），一般来说，N 含量为 3.5%～14.8%，O 含量不大于 2.5%，当 N≤4% 时，在 954℃ 变形时，夹杂物是有一定塑性的，当 N≥5.5% 时，夹杂物呈显著脆性，压缩时断裂应力低于 489～725MPa[41]。

　　在钛合金半成品坯料、锻件、零件上发现的硬 α 夹杂物一般呈不规则的形状，尺寸范围跨度大，发现的硬 α 夹杂物尺寸可以大至几毫米。钛合金中的硬 α 夹杂物往往比钢中的氧化物夹杂物要大得多[42]。硬 α 缺陷区的硬度显著大于基体，缺陷区往往存在裂隙，这个裂隙可能是保留了原始氮化或氧化了海绵钛的孔隙状态[43]，或在锻造变形时，脆性的

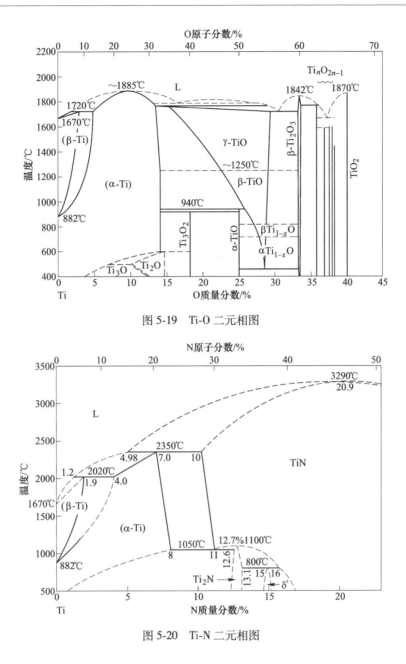

图 5-19 Ti-O 二元相图

图 5-20 Ti-N 二元相图

硬 α 夹杂物缺陷几乎没有塑性变形能力，容易发生内裂而形成裂隙[44]。如果硬 α 夹杂物的裂隙尺寸大于超声检测灵敏度，应该可以检测出该冶金缺陷。事实上，通过超声检测发现的硬 α 夹杂物几乎都与缺陷处已发生的开裂或孔隙有关。

钛合金材料最有效的无损检测方法是超声检测。理论上，TiN 的弹性模量比钛基体平均值高约 30%，应该是可以被检测到的，但实际上，钛的弹性各向异性引起超声波阻抗局部改变，密排六方结构（HCP：Hexagonal Closed Packed）的 α-Ti 在晶胞 a 轴和 c 轴方向的弹性模量（E）相差 30%，TiN 的弹性模量和钛的差异与 α-Ti 的弹性各向异性值大致相同。因此，任何灵敏到足以检测这些差异的超声技术也只能检测到其织构区域或起源方向，导致超声检测时发生许多"误报"[45]。这种"误报"在厚截面钛合金锻件中是很常见的，尤其是在组织粗大的坯料中。如果硬α夹杂物区域没有形成开裂，因硬α夹杂物与钛基体对超声波的反射声波相近，而且其密度与钛基体也相近，几乎不能通过 X 射线或超声检测检出。有作者尝试采用热电子探测技术检测钛合金部件内不开裂的硬α夹杂物，但其效果有待验证[46]。由上述可知，传统的超声、X 射线、化学分析等检测手段对于检出钛合金中硬α夹杂物的能力是很有限的。

5.2.1.3　硬α夹杂物的产生原因

钛合金中的硬α夹杂物是外来的，局部氧化（包括燃烧、火焰切割）的海绵钛，Kroll 工艺时熔化的 Mg 中堆积 N，熔炼时炉子发生漏气或漏水，铸锭表面不恰当的清理特别是一次锭的清理，铸锭出模时燃烧，铸锭、电极焊接或电极头焊接时差的保护，机加工过程中局部燃烧，低质量的切屑，TiO_2 未充分混合等都是硬α夹杂物潜在的来源[47]。Shamblen[48]认为硬α夹杂物的来源有 26 种，其中最主要来自海绵钛中混入钛的氮化物和氧化物。在海绵钛的生产过程中有一个在密封罐中的还原分离过程，如果密封遭到破坏，就会导致海绵钛与空气接触而发生氧化和氮化，发现的硬α夹杂物的 N 含量可达 8% ~ 9%[38]。在海绵钛破碎、电极打磨等操作时都会因控制不当而发生钛的氧化和氮化[49]。为此，优质钛合金用海绵钛要经过一个人工挑选工序，用目视法将燃烧过的以及氧化、氮化了的海绵钛挑选出去，氮化或氧化的海绵钛会呈现黄色。但是，不能保证所有燃烧过的海绵钛颗粒都能被目视发现和检出，目前仍无有效的方法对海绵钛进行严格筛选[50]。在真空自耗电弧熔炼时遇到污染，特别是漏气，或者电极与电极杆之间的焊接接头发生熔化，容易形成硬α夹杂物[51]。

5.2.1.4　硬α夹杂物的熔解特性

从理论上，只要温度和时间条件充分，任何夹杂物均能完全熔解于钛液。实际上目前常用的真空自耗电弧熔炼，TiN 在熔池中的熔解速率很低，硬α夹杂物在熔池中的熔解受扩散控制，熔解过程遵守 Arrhenius 关系，即靠热激活的作用，其熔解速率受温度的强烈影响。自耗电弧熔炼的熔池温度一般仅能达到 1800℃左右，液钛过热度小，而且随着凝固的进行，硬α夹杂物在熔池中的保持时间短，这两个因素是导致钛液中硬α夹杂物存活的主要因素。另外，硬α夹杂物在真空自耗电弧熔炼过程的运动轨迹是"短路"模式[32]，即在钛液中的存留时间很短。

采用多次真空自耗电弧熔炼可以降低硬α夹杂物的出现概率，但不能彻底解决更大和更难熔的颗粒的熔解。法国矿冶学校（Nancy School of Mines）与 TIMET UK 和 TIMET Savoie 合作，采用 SOLAR（Solidification During Arc Remelting）软件描述真空自耗电弧熔炼过程与熔炼参数相关的电磁搅拌（磁场强度和反转时间）、重力流、热传导、物质传输，以表征熔池轮廓和液态金属的流体力学行为、局部凝固条件、铸锭宏观偏析，可以模拟两次或三次真空自耗电弧熔炼、热封顶、冷却阶段任一时刻的状态[52]。TiN 颗粒的熔解动力学受颗粒中 N 向周围钛液金属的传输所支配，夹杂物与金属界面的温度和相对流速对 TiN 颗粒的熔解具有重要影响。一旦夹杂物到达凝固界面前沿，实际上夹杂物的熔解就停止了，因为相对流速降到了零，N 的固态扩散是很低的，可以忽略不计。了解夹杂物的运动轨迹和在熔池中的保留时间对于评估它的熔解速率以及消除情况很重要，夹杂物在自耗电弧炉熔池中保留时的运动轨迹和熔解过程还取决于它的特征，如尺寸、密度、原始位置、

N 含量等。J. P. Bellot[49]综述了不同作者研究合成 TiN 夹杂物在液钛中的熔解速率，结果见表 5-4。如有一个直径 1mm 的 TiN 颗粒，在 1650℃ 静态的熔池条件下，以其熔解速度为 40μm/min 计算，则需要 25min 才能完全熔解[53]。提高熔化温度，可以显著加速 TiN 的熔解；采用电子束冷炉床和等离子体冷炉床熔炼，在高能量密度的电子束或离子束的局部轰击下，炉床中的局部钛液瞬时可以达到很高的温度，有助于快速熔解漂浮于熔池表面的 TiN 夹杂物。

表 5-4 合成硬 α 夹杂物的熔解速率

熔炼炉	液相	缺陷	温度/℃	熔解速度 /μm·min^{-1}	文献作者	结论
电弧炉	Ti-64	TiN 圆柱形	1650	41	R. G. Reddy	随搅拌程度增加，熔解速率显著提高
电弧炉	Ti-64	TiN 管形	1650	29	A. Guillou 等	
EB 炉	Ti40	TiN 圆柱形	1810	2640	F. Schwartz	
			1670	168		
VAR	纯 Ti	—	1625~1825	124~344	C. E. Shamblen 等	
EB 炉	纯 Ti	TiN 管形	1680	82	A. Mitchell	温度上升 100℃，熔解速率加倍
			1720	145		
			1810	270		
VAR	纯 Ti		1750~1783	304~426	L. A. Bertram 等	
电弧炉	纯 Ti	TiN 粉末	—	292	J. L. Henry 等	

5.2.1.5 消除硬 α 夹杂物的措施

为了消除或减少钛合金中硬 α 夹杂物的出现，应从原料纯净度控制、熔炼技术改进、无损检测技术改进三方面着手。

A 原料纯净度控制

基于上述分析，追溯钛合金中硬 α 夹杂物的来源，往往与所用海绵钛原料有关，必须杜绝使用氧化或氮化的海绵钛。目前，提高海绵钛质量采取的改进措施有：（1）采用 Kroll+真空蒸馏（VDP）工艺从 $TiCl_4$ 中提炼海绵钛，降低海绵钛中 Mg 和 $MgCl_2$ 的含量。第一次真空自耗电弧熔炼的铸锭头部会沉积 Mg 和 $MgCl_2$，表面层的 Mg 容易燃烧。（2）提高 Mg 的纯度，如存在 Mg 的氮化物（Mg_3N_2），则通过 $Mg_3N_2+2Ti \rightarrow 2TiN+3Mg$ 置换反应，Ti 置换 Mg_3N_2 中的 Mg，形成氮化钛（TiN）。（3）海绵钛坨的破碎过程要在有着火探测系统下进行。（4）加强自耗电极制备、回收料的筛分与检查、电极焊接的质量控制[50]。（5）加强熔炼车间管理，提高原料质量，熔炼车间的布局与管理，电极状态与加工的控制，定期进行危险评估和培训。

B 熔炼技术改进

钛合金中硬 α 夹杂物的处理方式与镍基高温合金有很大差别。对于钛合金熔炼来说，因诸多原因造成海绵钛、切屑中的富 O、富 N 区域，必须要完全熔解于基体成分才不会造成危害，因此必须通过熔炼确保去除硬 α 夹杂物，特别是对于航空发动机转子级零部件用的钛合金材料[49]。

除真空自耗电弧熔炼方法外，发展了适于钛合金铸锭制备的冷炉床熔炼技术（CHM：Cold Hearth Melting），根据热源的不同分为两种，即电子束冷炉床熔炼（EBCHM：Electron Beam Cold Hearth Melting）和等离子体冷炉床熔炼（PACHM：Plasma Arc Cold Hearth Melting）。俄罗斯上萨尔达冶金生产联合体（VSMPO 公司）发展了凝壳熔炼技术（SAR：Skull Arc Remelting），可以实现高附加值钛残料（钛屑、块料）的回收利用，生产成分均匀的优质钛材，因为在液态下能长时间保持，有足够的时间熔化硬 α 夹杂物，并促进成分的均匀化[54]。2011 年之前的 10 年内，VSMPO 公司采用 SAR+VAR 工艺共生产了 1.5×10^4 t 钛合金铸锭，主要用于航空关键件的应用。2008 年，GE、Snecma、RR 发起了 Ti-6Al-4V 钛合金 SAR 熔炼研究，植入人工缺陷如陶瓷刀具、碎屑等，经过超声和 X 射线检测，没有发现一例高密度夹杂物或硬 α 夹杂物[54]。

实践表明，冷炉床熔炼技术在控制高密度夹杂物、低密度夹杂物及成分均匀性方面显著优于真空自耗电弧熔炼技术，可以实现钛合金材料"零缺陷"的纯净化制造，成为高性能、多组元、高纯度钛合金及金属间化合物研究与生产必不可少的铸锭制备技术。目前，美国已实现优质钛合金铸锭冷炉床熔炼的工业化生产，而且将冷炉床熔炼纳入技术标准并规定：转动件用钛合金优先采用冷炉床+真空自耗熔炼（HM+VAR）的材料，可以代替三次真空自耗电弧熔炼的材料。统计表明，1990~2001 年，经 HM+VAR 熔炼的材料，硬 α 夹杂物出现概率（HA/M-lb：硬 α 夹杂物个数/每百万磅材料）从约为 2 降低到了约为 0.2。GE 公司于 1988 年开始投入使用 HM+VAR 工艺来生产转子盘、鼓筒、轴用钛合金材料，到 1991 年底，大约评估了 2000t 钛合金铸锭，未发现一例硬 α 夹杂物或高密度夹杂物[55]。Allvac 公司于 1992 年投入使用 HM+VAR 工艺。

研究表明，感应凝壳熔炼（ISM）方法比 VAR 方法具有更好的熔解富 N 夹杂物的能力，这与夹杂物在熔池中的保留时间长以及感应形成的熔池搅拌有关[39]。研究表明，电渣重熔去除钛合金中的富 N 夹杂物能力较强，富 N 夹杂物的熔解速率比 VAR 熔炼方法要快 10^2~10^3 倍。虽然电渣重熔技术是一种很有发展潜力的钛合金铸锭生产方法，但目前尚处于开发阶段，还未用于工业生产[56]。

C　无损检测技术改进

硬 α 夹杂物具有硬脆、无损检测不确定性等特性，类似于一颗"隐形炸弹"，使得无法正确预测钛合金部件的使用寿命，特别是对于要求长寿命的发动机钛合金关键转子件，直接影响钛合金在航空发动机领域的使用信心。对于航空发动机转子件用钛合金材料，对其纯净度的要求几乎是所有金属结构材料中最严的。

为了提高钛合金坯料和锻件中缺陷的检测灵敏度，发展了相控阵超声检测、超声定位检测、多区聚焦超声检测等先进超声检测技术[57]，可以检测厚截面坯料和锻件。能检出的最小缺陷尺寸与合金类型、坯料的截面尺寸及检测设备能力、探伤灵敏度有关。如果硬 α 夹杂物区域已存在孔洞，通过超声检测相对容易检出缺陷[58]。相对于 α+β 型的 Ti-6Al-4V 和 Ti-6242，近 β 型的 Ti-17 和 Ti-6246 显示出更明显的声波衰减，这使声波穿过厚截面发现缺陷并返回缺陷信号更加困难。多区聚焦超声检测系统首先在 GE 公司得到发展与应用，其主要优势是降低了材料的超声波噪声，从而提高检测灵敏度，另一个优势是可以采集电子化数据，有利于保存检测结果。通过对比检测 Ti-6Al-4V、Ti-17、

Ti-6242 钛合金 $\phi 175 \sim 254$mm 棒材（共 500t），多区聚焦超声检测共发现 11 例异常单个显示，其中 6 例确定为非常小的孔洞，5 例为误报显示，可能与组织的定向排列或局部的织构有关[57]。

显微组织细化和均匀化可以提高超声检测的可探性。在实际无损检测时，尽量在棒材阶段进行超声检测，因为棒材比之前的锭坯以及之后的锻坯和锻件更容易发现硬 α 夹杂物缺陷，尽管棒材中的硬 α 夹杂物数量不会多于锭坯。棒材中的硬 α 夹杂物经变形后，会产生一个更大的截面面积，更容易被检测到。棒材可以用更灵敏的超声检测方法，如多区聚焦水浸超声检测。棒材直径小，意味着声波穿过的材料要少[59]，可以提高缺陷检测的灵敏度。在形状规整的坯料阶段进行超声检测，还可以节约材料和成本，也有助于锻件设计采用近净成形技术（考虑到锻件超声检测表面盲区）。

5.2.1.6 处理硬 α 夹杂物问题的概率损伤容限设计

1989 年 Sioux 城空难事件后，美国宇航工业协会（AIA：Aerospace Industries Association）下属的转子完整性副委员会（RISC：Rotor Integrity Sub-Committee，1990 年成立）联合各航空发动机制造商，提出了一个针对航空发动机钛合金关键转子部件损伤容限设计的战略，引入概率相关的盘件寿命评估方法，其关键部分是评估钛合金部件中存在硬 α 夹杂物时（缺陷的分布、数量、尺寸等）的失效行为，以减少转子破裂非包容性事件的发生频次[59]。1995 年，联邦航空局发起一个研究项目，成员单位包括 Southwest Research Institute、Allied Signal Engines、RR Allison、GE 和 PW，开发了概率为基损伤容限设计软件 DARWIN™（Design Assessment of Reliability With INspection），集成了图形用户界面、有限元应力分析和断裂力学为基的寿命评估（用于低周疲劳）、材料异常数据、检测异常的概率以及检测工序安排[60]。DARWIN™不是为了代替目前的安全寿命设计方法，而是为发动机生产商提供一个附加的工具，用于钛合金转子部件的管理和风险评估[61]。

5.2.2 高密度夹杂物

真空自耗电弧熔炼时，电极材料经过电弧熔化全部进入铸锭（或下一次熔炼的电极）。另外，自耗熔炼是一个边熔化边凝固的过程，熔炼时熔池的温度仅高于纯钛熔点（1668℃）以上 200℃左右，而且熔池液态保持时间较短。如果自耗电极中一旦混入高熔点夹杂物，在熔池中短时间内难以完全熔解，而且其密度高，一旦落入熔池，则会快速沉入熔池底部而被液/固界面捕获，进入凝固的铸锭中形成高密度夹杂物。

钛合金的高密度夹杂物主要有难熔元素 W、Mo、Ta、Nb 及它们的碳化物如 WC 等，它们的共性是有高的熔点和密度，见表 5-5[62]。以往钛合金机械加工常用 WC 刀具，在钛屑中可能会混入 WC 刀具的碎块。在含钛屑的残料进行回收熔炼时，由于 WC 熔点极高，难以将之熔解，在铸锭中仍将以 WC 块存在。Rudinger 等研究了真空自耗电弧熔炼过程中 WC 夹杂物颗粒的熔解情况。经一次真空自耗电弧熔炼，仅能熔化 0.4mm 的 WC 颗粒，经过两次真空自耗电弧熔炼，90%左右 0.6mm 的 WC 颗粒得以熔化，经过三次真空自耗电弧熔炼后，0.6mm 的 WC 颗粒全部能熔化，0.8mm 及尺寸更大的 WC 颗粒无法完全熔解[63]。可见，自耗电弧熔炼熔化高密度夹杂物是很困难的，为了保证真空自耗电弧熔炼获得无夹杂物的优质钛合金铸锭，必须保证原料中不得混入夹杂物。

表 5-5　钛合金与难熔金属或其碳化物的密度和熔点

材料	密度/g·cm⁻³	熔点/℃
Ti 合金	4.37~4.65	1650~1700
WC	15.6	2870
W	19.3	3410
Ta	16.6	2996
Mo	10.2	2610
Nb	8.6	2468

图 5-21 为在 TC11 钛合金棒材上发现的 Mo 夹杂物。图 5-22 为 TC11 钛合金盘零件经 X 射线检验时发现的 Ta 夹杂物。图 5-23 为用于某航天装备的 TC4 钛合金 φ80mm 棒材上发现的 W 夹杂物，缺陷长和宽均约为 3mm，深度约为 2mm。

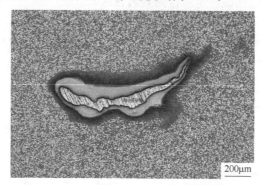

图 5-21　TC11 钛合金棒材中的 Mo 夹杂物

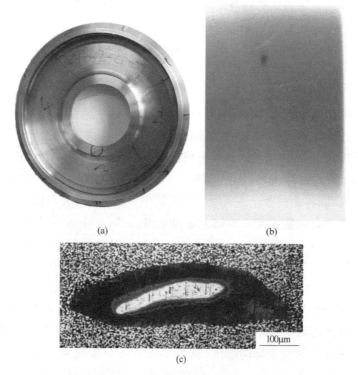

(a)　　　　　　　　　　　　(b)

(c)

图 5-22　TC11 钛合金盘零件中的 Ta 夹杂物

(a) 盘零件；(b) X 射线显示为黑色阴影；(c) 金相形貌

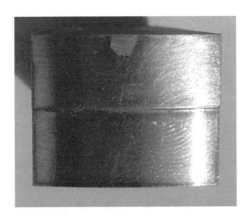

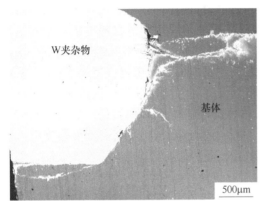
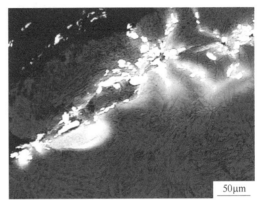

图 5-23　TC4 钛合金 φ80mm 棒材中的 W 夹杂物

高密度夹杂物与钛合金基体之间在物理性质和变形性能方面存在大的差异，容易引起应力集中继而成为疲劳裂纹萌生的源头。另外，由于夹杂物与钛合金基体热膨胀系数不同，在夹杂物周围产生内应力，在加工过程中容易在夹杂物与基体之间产生微裂纹，这些微裂纹将会成为后来疲劳裂纹萌生的源头。即使没有形成微裂纹，因夹杂物的存在破坏了基体组织的均匀性和连续性，在复杂加载应力作用下，造成应力集中，促进疲劳裂纹的产生，并在一定条件下加速裂纹扩展。随着夹杂物尺寸的增大，应力集中效应也随之增大，促使由夹杂物引起的疲劳失效的概率增加。鉴于高密度夹杂物对于发动机转子部件使用的极大危险性，目前，如果在材料、锻件或部件上发现任何一例高密度夹杂物，将拒收相应熔炼炉批生产的所有部件。

（1）高密度夹杂物的产生原因。真空自耗电弧熔炼时，电极材料经过电弧熔化全部落入坩埚之中形成铸锭。当电极中混入 W、WC 等高熔点异物时，通过自耗电弧熔炼无法在短时间内将其充分熔解，因为自耗电弧熔炼熔池温度一般仅为 1800℃ 左右，远低于这些难熔金属及化合物的熔点。另外，W 和 WC 具有显著大于钛的密度，一旦随熔液进入熔池，这些颗粒物会快速沉入熔池底部，被液/固界面捕获，因此难熔颗粒物在液态熔池中的存留时间极短，来不及完全熔解。

高密度夹杂物的来源有：1）采用钨合金刀具进行机加工时，刀尖断裂混入原料中（虽提倡采用金刚石刀头作为加工钛材的刀具，但由于成本等原因，多数仍用钨合金刀头加工钛材），或者熔炼钛合金用的炉料采用钼条、铌条、钨条等；2）偶然混入重金属碎屑，如白炽灯钨灯丝、圆珠笔头和热电偶碎片；3）使用不正确的添加料，制备中间合金时带入未熔的高熔点金属物质，或采用高熔点金属颗粒或块料，尺寸太大而无法熔解；4）电极焊接时采用钨极氩弧焊（GTAW：Gas Tungsten Arc Welding），焊接自耗电极时钨极掉渣进入焊缝区[64]。

钛合金中的高密度夹杂物是无法在后续的锻造和热处理过程被消除的，而且在铸锭阶段，夹杂物很难被检出，往往加工到半成品或成品检验时才有可能被发现。通过 X 射线检验通常可发现高密度夹杂物缺陷，但检测物厚度应不超过 50mm。

（2）消除高密度夹杂物的措施。为防止钛合金材料中出现高密度夹杂物，通常采取以下措施：1）百分百地仔细检查所有炉料，以免夹带有硬质合金碎粒进入炉料。工程上，有时还对 Al-V 中间合金进行百分百的 X 射线检测。如果使用回收料，则对机加工切屑采用磁选分离；2）采用连续挤压法生产单根电极，而不采用焊接制造自耗电极，该方法目前仅在俄罗斯 VSMPO 公司和重庆金世利钛业公司使用；3）采用一根电极熔炼一支一次铸锭→一支一次铸锭熔化一支二次铸锭的工艺路线，电极焊接不使用钨极氩弧焊；4）采取工艺措施防止难熔金属块掉入液态熔池，避免将电极与辅助电极的焊缝区熔化进入铸锭；5）对于特别重要用途的铸锭，采取二次甚至三次重熔工艺，提高偶然进入炉料的高熔点料块的熔化概率；6）采用冷炉床熔炼或凝壳熔炼，通过密度分离，高密度夹杂物沉入炉床凝壳内，不会流入铸锭坩埚中，这样可以保证完全除去高密度夹杂物。实践表明，采用 EBCHM 工艺熔炼了 1×10^{8} 磅（4.54×10^{7} kg）的工业纯钛，在最终产品中未发现一例高密度夹杂物[64]。

5.2.3　偏析

钛合金熔炼过程的凝固是一个不可逆的伴有传热及传质的过程，有传热就有过冷，有传质就会在固相晶体生长前沿有溶质的富集或贫乏，凝固通常是在非平衡条件下进行的。合金的原始成分、液/固界面处液相内的温度梯度（G_{L}）和凝固速度（v），是影响"成分过冷"及决定结晶体形貌的主要因素，随着 G_{L} 的减小和 v 的增大，结晶体形貌由平面晶向树枝晶转变。凝固过程中出现溶质再分布是合金凝固不同于纯金属的一个重要特征，也是合金凝固过程一种普遍的传质现象。铸锭成分的均匀性、晶粒组织及热裂等的形成都与溶质再分布有关。衡量溶质再分布状况的主要参数是分配系数（k），表示同一温度下固相成分 C_{S} 与相平衡的液相成分 C_{L} 之比值，即

$$k = \frac{C_{S}}{C_{L}} \tag{5-1}$$

影响钛合金成分偏析的因素包括：（1）溶质原子分配系数 k；（2）扩散能力；（3）晶粒尺寸；（4）凝固速度；（5）液相的本质和强迫运动；（6）晶粒形成模式。上述因素中，溶质原子分配系数 k 是特别相关的参数。

当钛合金中的溶质原子含量为约 5% 时，根据图 5-24 所示的 Ti-Me 二元相图确定 k 值，见表 5-6。当合金的液相线和固相线向下倾斜时，$C_{S} < C_{L}$，$k < 1$；反之，$C_{S} > C_{L}$，$k > 1$。

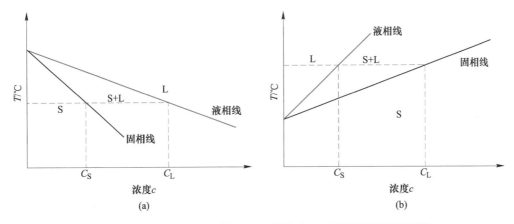

图 5-24 Ti-Me 二元相图示意图（Me 为溶质，k 为溶质原子分配系数）

(a) $k<1$；(b) $k>1$

表 5-6 Ti-Me 二元相图溶质原子分配系数

元素	分配系数 k	
	文献 1	文献 2
Al	0.4	0.9
Co	—	0.5
Cr	0.5	0.4
Cu	0.2	0.3
Fe	0.3	0.6
Mn	0.3	—
Mo	—	3.5
Ni	0.05	0.4
Nb	—	4.0
Si	0.2	0.35
Sn	0.3	—
V	0.5	0.5
Zr	0.4	—

注：文献 1：K. Rüdinger, D. Fischer. Effect of beta flecks on the fatigue behaviour of Ti-6Al-6V-2Sn [C]. Ti-1980, Proceedings of the 4th International Conference on Titanium：1907~1917.

文献 2：Harold D. Brody, S. A. David. Application of solidification theory to titanium alloys [C]. Ti-1968, The Science, Technology and Application of Titanium, The 1st World Conference on Titanium：21~34.

（1）α 稳定化元素的偏析行为。在开发钛合金时，合金元素的熔解、偏析及均匀化常被忽略，实际上它们对一种新合金能否成功研制及工业化生产起很大作用。对于真空自耗电弧熔炼，工业纯钛和 Ti-6Al-4V 钛合金的凝固界面通常是平面形的，固相是以胞状形貌长大，假定熔炼电极的成分是均匀的，得到的大型铸锭，因合金元素的宏观偏析作用，O 表现为"负"偏析，Fe 表现为"正"偏析，铸锭底部和外圆周富 O 和贫 Fe[65]。Al 和 V 元素的宏观偏析程度很小，在铸锭中的成分均匀性容易得到控制。Al 元素具有较高的蒸气压，在自耗电弧熔炼的真空条件下会挥发，特别是在提缩冒口阶段，Al 的损失相对更大。

因此，铸锭冒口一般表现为贫 Al，除非采取其他的应对措施，如早期尝试过在提缩冒口时充入 Ar 气，但这会带来残存气孔的可能性，也有的采用缩短提缩冒口时间以及增加电极头部的 Al 含量，但实际可操作性是很差的。有一种反常情况是，在铸锭头部对应的锻件偶尔会发现富 Al 偏析，造成这种现象的原因非常复杂，但基本上认为是与凝固蒸发的 Al 沉积物掉落进铸锭熔液中未能完全熔化扩散有关。Al 部分扩散进入基体中，其尺寸足够的大，以至于低倍检查时就可以目视到富 Al 偏析。

（2）β 稳定化元素的偏析行为。钛合金凝固时的宏观偏析一般受柱状晶/枝状晶凝固方式控制，溶质原子分配系数 k 值小的元素如 Fe、Cr、Mn 在液固相界面处更多地被排挤进入液相，造成液相的凝固点降低，富集这些元素的液相在枝晶间流动并凝固收缩，形成富含这些元素的区域，即形成 β 偏析。显然，对于大型铸锭的熔炼，提缩冒口阶段的凝固速度减慢，晶粒尺寸变大，更容易产生枝晶偏析。枝晶间的液相富含某些 β 稳定化元素，与熔体成分有较大差异，凝固以及后续锻造加热时，这个毫米级尺度的成分偏析无法通过长程固态扩散而消除，残留下来形成微观偏析，常见的有 β 斑。枝晶界面不会导致像 α 型合金那样的宏观偏析[65]。

对于航空发动机常用的高强钛合金，如 Ti-17（TC17）和 BT22（TC18），Fe 和 Cr 是形成 β 偏析最主要的合金元素。早期我国含 Mn 的 TC1 和 TC2 钛合金，也很容易形成 β 斑。钛合金 β 斑对力学性能的影响研究，各种研究结果差异很大，以至于没有一个确定性的结论。

（3）钛合金的宏观偏析。由于凝固过程溶质原子再分配作用，钛合金熔炼凝固时会发生宏观尺度的溶质原子偏析，常见的有钛合金铸锭冒口部位富 O；由于提缩时 Al 的挥发作用，冒口部位往往贫 Al。宏观偏析程度是评价钛合金铸锭成分均匀性的重要参数，对于一些航空发动机关键用途的钛合金材料，工程上往往要求测试铸锭的头、中、尾三个部位的成分，符合标准规定的上下限要求，以此评估铸锭的成分均匀性。有时在钛合金的研发阶段，还对铸锭头、中、尾的横截面进行"十字"的 9 点或 17 点取样，评估圆形铸锭横截面的成分分布。某些标准要求，对于一些高 Al 当量的钛合金，根据成分的实测值，按 Al 当量经验公式计算实际的 Al 当量值。有些标准还规定，测试锭头和锭尾的相变点（T_β），要求相变点的差值要小于某个值。上述方法均是评估钛合金成分均匀性的实用手段。

宏观偏析会使钛合金铸锭或坯料的相变点产生波动，进而影响工程上钛合金坯料变形温度的制定。从钛合金铸锭上取样时，由于原始组织粗大且为片层组织，采用金相法测定 T_β 时，片层 α 相往往与针状马氏体 α′ 相不容易分辨开，T_β 的判定与金相人员的经验也有很大关系。因此，最好是采用经过 α+β 区变形之后的坯料取样测定 T_β。钛合金的宏观偏析还会影响最终产品的力学性能波动，通过改善钛合金铸锭的成分均匀性，有助于提高同批次产品的性能稳定性，以及不同批次产品的性能一致性，这对于航空应用是极其重要的。

（4）钛合金的微观偏析。在钛合金坯料或锻件金相检验中发现最常见的冶金缺陷是微观偏析，包括富间隙元素 O、N 偏析，富 Al 偏析，富 Ti 偏析，富 β 稳定元素如 Fe、Cr、Mn 偏析。由于偏析区与基体存在不同程度的物理性能和力学性能的差异，往往会成为疲劳裂纹萌生位置，降低疲劳裂纹萌生的寿命，因微观偏析造成的钛合金部件特别是发动机转子件的提前疲劳断裂故障屡见不鲜。大部分的微观偏析仅在表面腐蚀、蓝色阳极化等检验时才显露，超声检测、X 射线等对检测微观偏析是无能为力的。与夹杂物类似的是，微观偏析也是钛合金部件内部的一颗"隐形炸弹"，显著影响发动机部件的使用寿命和使用可靠性，因此有必要深入了解微观偏析的种类及产生原因，采取有效的消除或降低微观偏析的具体措施，才能提高钛合金部件的冶金质量。

5.2.3.1 富间隙元素 O 和 N 偏析

工程上一般将钛合金的富 O、富 N 偏析与硬 α 夹杂物合并称为 I 型缺陷，但实际上是有差别的，其产生的部分原因与硬 α 夹杂物一致，如原料中混入了氧化或氮化的海绵钛。如果钛合金铸锭熔炼时炉内发生漏气或漏水，部分熔融的钛液会富集 O 和 N，进而形成富 O、富 N 偏析，它是一种严重的脆性偏析，其危害性仅次于硬 α 夹杂物，如 5.1 节所述的 CF6 发动机 Ti-6242 钛合金压气机盘提前断裂导致发动机非包容性损伤，其原因是熔炼过程发生漏水导致坯料局部形成了富 O 偏析。

因富 O 偏析还引起过 TC4 钛合金压力容器低压爆破的故障[66]。原材料中高氧含量的颗粒或电极局部氧化会易形成富 O 偏析。因此，应从原材料（海绵钛、中间合金等）生产全过程严格防止受到氧污染，提高原材料质量[67]。

5.2.3.2 富 Al 偏析

富 Al 偏析是指局部 Al 元素富集而形成的 α 相稳定区域，还称为 II 型偏析、高 Al 缺陷或 α 偏析。与正常基体相比，富 Al 偏析区包含更多的 α 相，它可能是脆性的，也可能有一定的塑性，与 Al 含量的高低有关。图 5-25 为某发动机 TC11 钛合金高压压气机第 6 级盘锻件上发现的富 Al 偏析，缺陷区的显微硬度为 HV743，而基体的显微硬度为 HV386，缺陷区的显微硬度显著大于基体，因此可以认为是脆性偏析。如果 Al 含量很高，脆性的

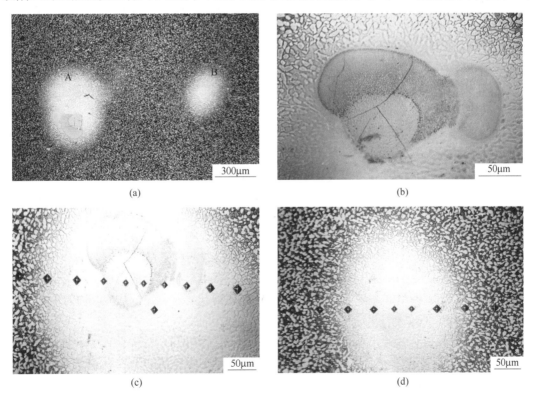

(a)   (b)

(c)   (d)

图 5-25 某发动机 TC11 钛合金高压压气机第 6 级盘锻件中的富 Al 偏析

（a）缺陷总体形貌；（b）缺陷 A 放大形貌；（c）缺陷 A 及其附近显微硬度压痕；（d）缺陷 B 及其附近显微硬度压痕

缺陷区在锻造变形时会产生开裂，图 5-26 显示了某 TC4 钛合金中的富 Al、V 偏析，偏析区已产生裂纹。

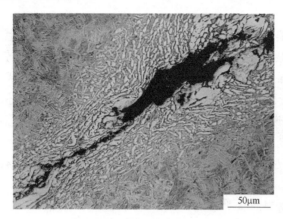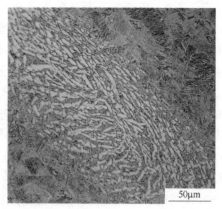

图 5-26　TC4 钛合金中的富 Al、V 偏析，偏析区已产生裂纹

　　富 Al 偏析会对钛合金的力学性能产生显著的负面影响，但其影响程度不如硬 α 夹杂物、高密度夹杂物那么严重[47]。对于航空发动机用钛合金部件，是不允许存在富 Al 偏析的。据报道，1970 年在意大利罗马发生的一起 DC8 飞机发动机风扇盘破裂事件与富 Al 偏析有关。该风扇盘材料是 RMI 公司采用充 Ar 气自耗电弧熔炼制备的，对应的盘件来自铸锭头部，调查认为：采用充 Ar 的自耗电弧熔炼工艺有生成Ⅱ型偏析的趋势。基于此事件，美国联邦航空局（FAA）和美国空军（USAF：U. S. Air Force）立即强制执行，认为两次真空自耗电弧熔炼是最低标准，而且规定：在真空条件下初熔及在充 Ar 下重熔的材料，如用于转子件则必须切除 7% 的头部料[11]。

　　富 Al 偏析的产生原因很复杂，一般认为是由于凝固过程形成的铸锭头部缩孔（缩管）和气孔导致的[34]，在铸锭中一旦形成缩孔，在最初的孔洞处只有少量气体，孔洞处气体压力很低，一些 Al（或相对易挥发的元素）迅速从热的孔洞表面处快速蒸发进入孔洞，孔洞内充满金属蒸气，随后这些蒸气冷凝，像露珠一样附着在较冷的孔洞表面，于是孔洞表面会富含 Al、Sn 或其他易挥发元素，一旦孔洞崩塌并经锻造愈合，原始孔洞表面区域会形成Ⅱ型偏析。富 Al 偏析组织的尺寸大到可以在低倍腐蚀检查时被发现。如何防止富 Al 偏析，这给熔炼操作提出了难题，显然，延长提缩冒口时间可以消除缩孔，但会导致不可接受的 Al 蒸发损失。目前工程上的解决办法看上去很实用，但很昂贵，就是热处理后往回切去能检测到的富 Al 区域的坯料。这个特殊的铸锭问题是最有可能影响或限制真空自耗电弧熔炼铸锭尺寸的因素，从统计学角度考虑，随着铸锭尺寸的增加，Al 富集控制难度增大。尽管高温下 Al 扩散速率很大，但因 Al 损失引起的宏观偏析是难以均匀化的。

5.2.3.3　富 Ti 偏析

　　富 Ti 偏析是指贫合金化元素的 α 相稳定区域。对于常用的 TC11 钛合金来说表现为贫 Al、贫 Mo 等，对于 TC4 钛合金来说表现为贫 Al、贫 V，偏析区的 Ti 含量高于基体，含有密集的 α 相，对于 α+β 区加工的组织，因该区域的相变点（T_β）低于基体，有时也会呈现片层组织，亦称为Ⅱ型缺陷。

　　富 Ti 偏析的硬度低于基体，属于非脆性偏析，图 5-27 所示的 TC11 钛合金第 6 级静子叶片上发现的富 Ti 偏析，偏析区显微硬度为 HV287～314（均值为 HV300），而基体显微硬度为 HV349～371（均值为 HV355）。有时同一偏析区不同位置的硬度也会有较大差异，这可能与不同位置的偏析程度、晶体取向、测量误差有关[68]。

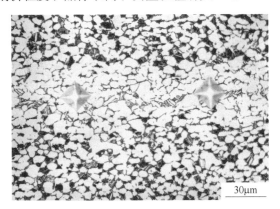

图 5-27　TC11 钛合金第 6 级静子叶片叶身横截面上的富 Ti 偏析

图 5-28 为某 TC4 钛合金 φ150mm 棒材心部发现的富 Ti 偏析（贫 Al 和 V），偏析区为

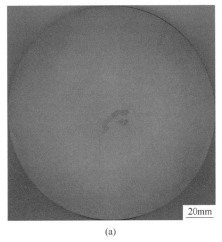

(a)

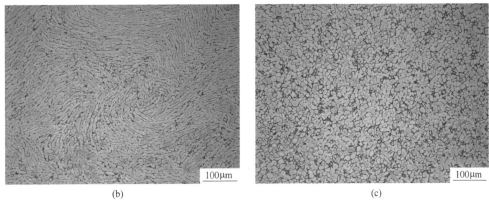

(b)　　　　　　　　　　　　　　　　　(c)

图 5-28　TC4 钛合金 φ150mm 棒材心部的富 Ti 偏析（贫 Al 和 V）
(a) 低倍组织；(b) 偏析区；(c) 正常区

扭曲的片层组织，该区域的相变点低于基体，原始 β 晶粒粗大，基体为良好球化且均匀的等轴组织。图 5-29 为某 TC4 钛合金 φ50mm 棒材上发现的富 Ti 偏析，经微区成分测试，偏析区 Al 含量约为 3%，V 含量为 1.7%，远低于基体的成分含量。图 5-30 为某 TA15 钛合金 φ75mm 棒材横截面低倍上发现的富 Ti 偏析，呈"V"形，偏析区内含更多的 α 相。图 5-31 为 TC11 钛合金叶片亮条对应的贫 Al、贫 Mo 的富 Ti 偏析。

图 5-29   TC4 钛合金 φ50mm 棒材上发现的富 Ti 偏析（贫 Al 和 V）

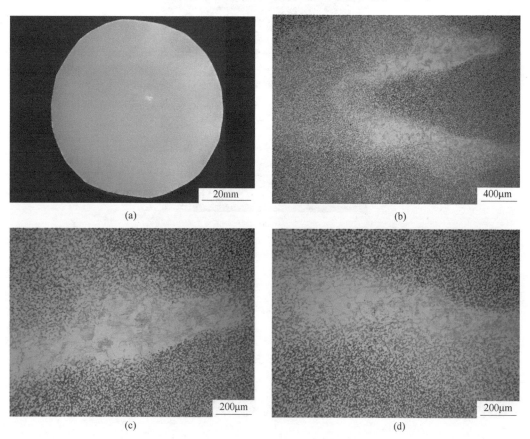

图 5-30   TA15 钛合金 φ75mm 棒材横截面低倍上发现的富 Ti 偏析
（a）低倍组织；（b）～（d）显微组织

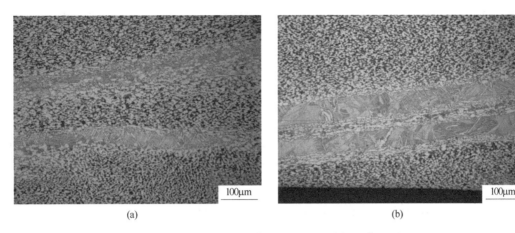

图 5-31　TC11 钛合金叶片亮条对应的富 Ti 偏析（贫 Al 和 Mo）

（a）典型形貌 1；（b）典型形貌 2

富 Ti 偏析是困扰早期 TC4 钛合金工业生产和应用的主要障碍。我国早期试制 915 发动机时，TC4 钛合金大量应用于低压压气机各级转子叶片、盘、风扇叶片和静子叶片、封严圈以及支承座等零件，在相应的轧棒和锻件上发现有大量的亮点和亮条。经对比测试，亮条含量占试样截面 5% 以下时对瞬时拉伸性能及持久性能影响很小，当面积大于 10% 时就有比较大的影响，富 Ti 偏析对塑性指标基本无影响。这种贫 Al、V 的富 Ti 偏析亮条再经过一次熔炼是可以消除的，曾将含贫 Al、V 亮条的 $\phi50$mm 锻棒重新自耗电弧熔炼一次，即再次将化学成分搅拌均匀化，结果锻棒上的亮条全部消失[69]。

出现富 Ti 偏析与电极制备及熔炼工艺有关，如果采用粗颗粒的海绵钛，或海绵钛颗粒尺寸不匀，就可能导致钛锭中局部成分不均。另外，如果电极压制不够密实，在熔化过程中大块掉入熔池来不及熔化或搅拌均匀，也可能产生局部成分不均。根据掉入元素的不同，成分偏析可能是低 Al 低 V，可能是高 Al 高 V。

对 TC9 钛合金中发现的非连续白亮块富 Ti 偏析分析表明，产生富 Ti 偏析的主要原因在于致密海绵钛粒度过大、熔炼过程中发生不正常掉块、焊接和熔炼时起弧料使用不当，尤其是大块非熔物掉入熔池[70]。海绵钛颗粒越大，下沉速度就越快，更容易产生成分偏析。二次铸锭或三次铸锭如果使用海绵钛做起弧料，容易形成局部富钛的区域，即形成富 Ti 偏析[71]。

采用三次代替两次真空自耗电弧熔炼，有助于成分的均匀化，出现富 Ti 偏析的频次显著下降。如果材料或锻件上出现富 Ti 偏析，一般不会对材料的整体力学性能产生显著恶劣的影响，通常处理原则是视锻件使用重要性来判定是否合格，发动机转子叶片对于偏析的容忍程度要求远严于静子叶片。以往处理此类偏析时，对于静子叶片，如果偶尔发现的一个叶片上有富 Ti 偏析，则加强其他叶片的检验；如果不再发现类似偏析，则该炉号的叶片锻件可以继续投入加工，但需要加强粗抛光后的表面腐蚀检查；如只发现少量叶片的表面含有此类偏析，则只报废含偏析的叶片锻件，其余正常叶片仍可投入使用。

AMS 标准 AS1814《钛显微组织术语》（Terminology for Titanium Microstructures）从 C 版（2007 年，目前已到 2016 年的 E 版）开始，这种富 Ti 偏析也可称为 β 斑，即除了富 β 稳定化元素形成 β 斑组织情况外，增加了一种新的情况，明确将贫 α 稳定化元素 Al 和/或

O 并形成 β 斑组织的区域亦认为是 β 斑，在 β 斑区域内无等轴初生 α 相或 α 相含量比基体要少。

5.2.3.4　β 偏析

β 偏析是指钛合金材料的局部区域富集 β 稳定化元素的偏析。当局部区域富集 β 稳定元素时，会引起该区域 β 转变温度（T_β）的降低，其值低于基体，还会引起偏析区 β 相含量与基体的差异。当在 α+β 区上部热加工时偏析区发生提前相变，可能会进入单一的 β 区，冷却之后形成片状的 β 转变组织，一般称为 β 斑。β 斑一般呈现片状 β 转变组织形貌，没有或很少有初生 α 相，原始 β 晶粒尺寸粗大，与正常的 α+β 区加工得到的等轴组织或双态组织形成鲜明对比[72]。当然，某些要求在 β 区模锻或终加工的锻件组织，如果局部有 β 偏析，当进行低倍组织和显微组织检验时，也能分辨偏析区与基体的差异，表现为因接受腐蚀程度不同造成衬度的差异、β 晶粒尺寸的差异等。β 偏析是以 Fe、Cr、Mn、Mo 为主要合金化且其含量较高的钛合金最为常见的冶金质量问题，而这些 β 稳定化元素是提高钛合金拉伸强度和淬透性最有效的合金化元素[73]。

以 Ti-Al-Mn 为合金系的 TC1、TC2 是我国早期航空发动机和飞机结构件用中低强度的钛合金，目前仍在生产和使用。这两种钛合金工程生产和检验时遇到的最主要冶金质量问题是容易出现 β 偏析，图 5-32 为某 TC1 钛合金发动机安装边环锻件中的 β 偏析，低倍上表现为清晰晶亮条，显微组织为 β 斑，拉长的 β 斑条带容易与金属变形流线相混淆。

图 5-32　TC1 钛合金发动机安装边环锻件中的 β 偏析

（a）低倍组织；（b）显微组织 1；（c）显微组织 2

图 5-33 为某 TC2 钛合金锻件中发现的尺寸很小的 β 偏析，低倍上表现为细小的暗点，显微组织为 β 斑，经显微硬度测试，β 斑区的显微硬度（均值为 HV303）略高于基体（均值为 HV261）。图 5-34 为 TC2 钛合金中发现的严重的 β 斑。

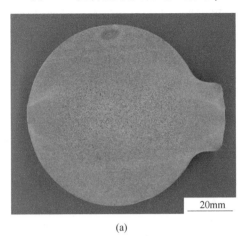

(a)

(b)

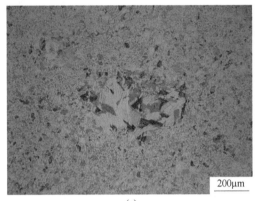

(c)

图 5-33　TC2 钛合金锻件中的 β 偏析
（a）低倍组织；（b）显微组织 1；（c）显微组织 2

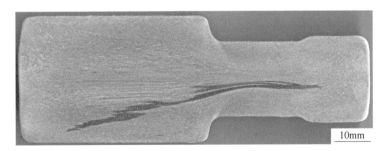

图 5-34　TC2 钛合金中严重的 β 斑

由于在钛合金中加入 Mn 容易形成 β 偏析，从 20 世纪 50 年代后期开始，Ti-Al-Mn 系钛合金逐渐被 Ti-Al-V 系和 Ti-Al-Mo 系钛合金取代。另外，真空自耗电弧熔炼时，Mn 容易挥发，早期进行 Ti-Al-Mn 系钛合金铸锭制备时，最后一次熔炼常采用充 Ar 方式，以减少

Mn 的挥发，这使得工艺复杂性增加。

航空用途最为广泛的 TC4（Ti-6Al-4V）钛合金，也曾出现过富 V 偏析的情况，如图 5-35 所示的某 TC4 钛合金锻件上发现的 β 斑，β 斑的拉长条带与变形流线很相似，低倍组织观察时往往较难区分，须采用进一步的显微组织分析加以分辨。随着真空自耗电弧熔炼工艺技术的优化，目前生产的 TC4 钛合金已很少出现 β 偏析，即使是熔炼超大型（φ900mm 以上）的铸锭也很少出现 β 偏析。TC4 钛合金之所以在工业领域能获得最大量的应用，与其优异的热加工工艺性有密切关系。

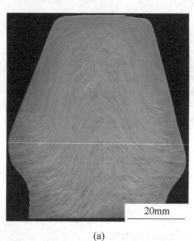

(a)

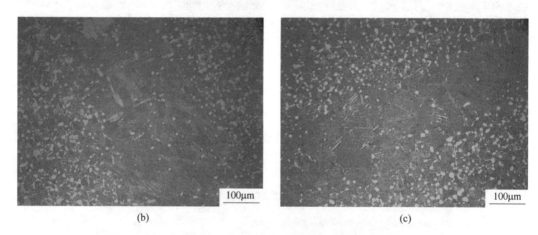

(b)　　　　　　　　　　　　　　　　　(c)

图 5-35　TC4 钛合金中的 β 斑条带
（a）低倍组织；（b）显微组织 1；（c）显微组织 2

图 5-36 为某 TC6 钛合金三通接头锻件上发现的 β 偏析，低倍组织上呈现为亮线，显微组织为拉长的 β 斑条带。图 5-37 为 TC6 钛合金锻件低倍上的局部伪大晶粒加 β 偏析条带，这些偏析条带通过超声检测 C 扫描可以分辨。图 5-38 和图 5-39 分别为两批 TC6 钛合金锻件上发现的 β 斑。

TC11 钛合金是我国航空发动机用主干材料，在 40 余年的生产历史中，遇到的最主要冶金质量问题是 β 偏析，因其 Mo 含量较高（3.5%），早期熔炼用电极采用合金包方式加入，电极中原料分布是很不均匀的，经过两次真空自耗电弧熔炼，经常会出现 β 偏析，在

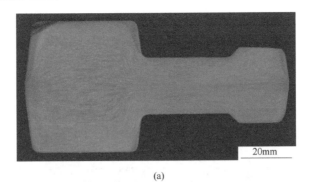

(a)

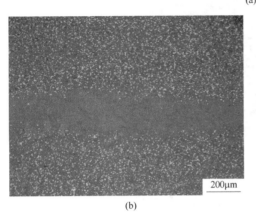

(b)

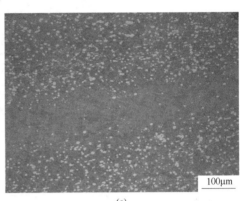

(c)

图 5-36 TC6 钛合金三通接头锻件中的 β 偏析

（a）低倍组织；（b）显微组织 1；（c）显微组织 2

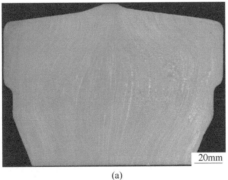

(a)

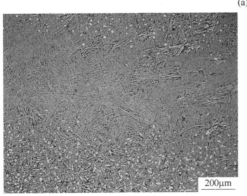

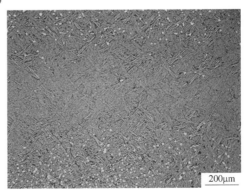

(b)

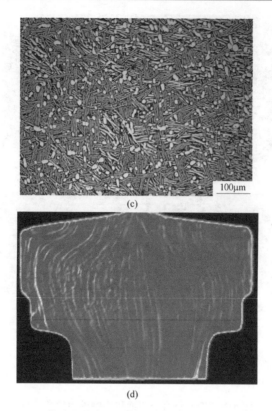

(c)

(d)

图 5-37 TC6 钛合金锻件低倍上的局部伪大晶粒加 β 偏析条带

（a）低倍组织；（b）偏析条带区；（c）正常基体；（d）10MHz 超声检测 C 扫描

图 5-38 TC6 钛合金锻件中的 β 斑（例 1）

图 5-39 TC6 钛合金锻件中的 β 斑（例 2）

盘或叶片零件上腐蚀检验当出现 β 偏析时，只能做报废处理，损失很大。图 5-40 为某 TC11 钛合金棒材上发现的 β 斑，β 斑区与基体界面清晰，β 斑内为典型的片层组织。图 5-41 为某发动机用 TC11 钛合金盘锻件低倍上发现的 β 斑，β 斑内因富含 β 稳定化元素，β 相含量高，腐蚀之后呈暗色，与基体相对的亮白色有明显差异。β 斑呈细长条的带状，沿变形流线分布，长 13~16mm，宽 0.1~0.2mm，条带内的显微组织是条状初生 α+β 转变组织，初生 α 相含量为 25%~35%；基体的显微组织为等轴初生 α+条状初生 α+β 转变组织，初生 α 相含量大于 60%。对比测试显微硬度，条带内的显微硬度均值为 HV441.9，而基体的显微硬度均值为 HV388。采用电子探针测定成分，条带内 Al 为 6.37%、Mo 为 5.92%，而基体的 Al 为 5.41%、Mo 为 3%，Zr 和 Si 无明显差异，可见该缺陷为富 Mo 偏析。

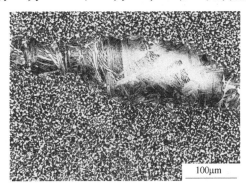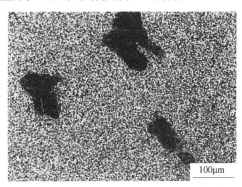

图 5-40　TC11 钛合金棒材中的 β 斑

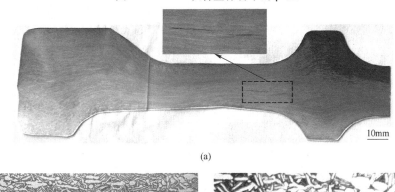

(a)

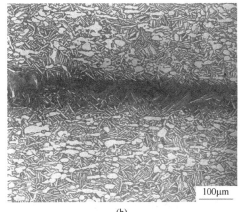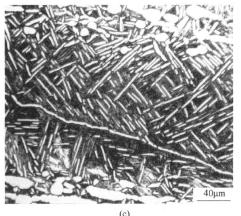

(b)　　　　　　　　　　　　　　　　(c)

图 5-41　某发动机用 TC11 钛合金第 3 级盘锻件上发现的 β 斑

（a）低倍组织形貌；（b）偏析区显微组织形貌；（c）偏析区局部显微组织放大形貌

　　TC17（Ti-17）和 TC19（Ti-6246）钛合金是我国目前航空发动机设计优先选用的中温高强钛合金。与 TC4 钛合金相比，TC17 和 TC19 钛合金 400℃ 以下的拉伸强度可以提高约 20%，应用于发动机转子特别是盘件，有助于提高转子的超转破裂性能。为了获得高的拉伸强度，这两种合金加入了较高含量的 β 稳定化元素，TC17 加入 4%Cr+4%Mo，而 TC19 加入 6%Mo，致使这两种合金具有强烈的 β 偏析倾向。图 5-42 为 TC17 钛合金 α+β 区变形锻坯中发现的 β 斑，基体组织为细小的双态组织，初生 α 等轴化好，β 斑内仍有少量的初生 α 相。图 5-43 为 TC17 钛合金锻坯上发现的 β 斑，基体组织为细短条初生 α 的双态组织，β 斑内为完全的片层组织。图 5-44 为 TC17 钛合金 β 模锻盘锻件上发现的 β 斑，基体组织为网篮组织，β 斑内因更高的 β 相含量而呈暗色，且组织更加细小，金相显微镜下不易分辨组织细节。图 5-45 为 TC19 钛合金离心叶轮锻件上发现的 β 斑，数量多，形态各异。

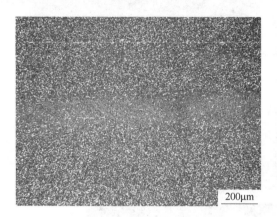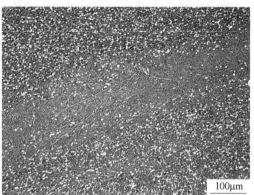

图 5-42　TC17 钛合金 α+β 区变形锻坯中发现的轻微 β 斑

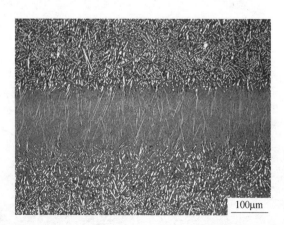

图 5-43　TC17 钛合金锻坯上发现的 β 斑，基体组织为双态组织

　　TC18 钛合金相当于俄罗斯的 BT22，大量应用于飞机关键承力构件，在航空发动机上也有少量应用，主要用于中温条件下使用的压气机盘。TC18 钛合金的强度高，材料特性接近于 TC17 和 TC19 钛合金，因含有较高含量的 Mo，且还含有易产生偏析的 Cr 和 Fe，因

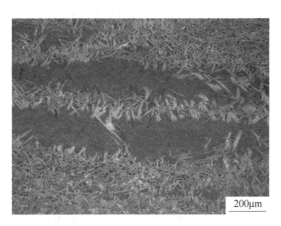

图 5-44　TC17 钛合金 β 模锻盘锻件上发现的 β 斑

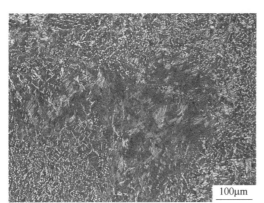 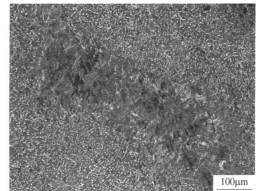

图 5-45　TC19 钛合金离心叶轮锻件上发现的 β 斑

此该合金具有强烈的形成 β 斑趋势。图 5-46 为 TC18 钛合金锻件上发现的 β 斑，缺陷区与基体成分对比分析见表 5-7，为富 Cr、Fe 偏析。

 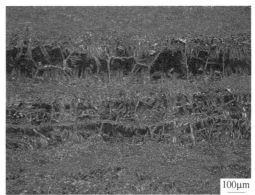

图 5-46　TC18 钛合金锻件上发现的 β 斑

表 5-7　TC18 钛合金 β 斑缺陷与基体成分分析

项目	位置	合金元素（质量分数）/%					
		Al	V	Cr	Fe	Mo	Ti
第1组	缺陷区	4.49	5.03	0.95	1.27	5.15	83.11
	基体	4.48	4.78	0.80	0.88	6.16	82.90
第2组	缺陷区	4.26	4.88	1.03	1.13	5.67	83.02
	基体	4.40	4.71	0.70	0.97	5.52	83.69
第3组	缺陷区	4.26	4.79	1.00	1.24	5.55	83.17
	基体	4.50	4.60	0.91	0.95	5.63	83.43

　　β 斑经过 β 区加热之后，其组织状态和晶粒尺寸与基体有差异，低倍上因接受腐蚀程度的不同而呈现不同的衬度，可能表现为发亮或发暗的条带。这恰好也说明 β 斑是由成分偏析造成的，而不是变形不均匀或变形热的缘故。我国的 TC25 钛合金 β 锻盘件上曾发现多起 β 斑例子，如图 5-47 所示。β 斑区为网篮组织（完全的 β_转），网篮编织程度更好且片层更细，但 β 晶粒粗大，无晶界 α；基体与 β 斑区界面清晰，无过渡区；即使采用高灵敏度的水浸超声检测，也无法检测出 β 斑缺陷。缺陷区与基体的微区成分电子探针分析结

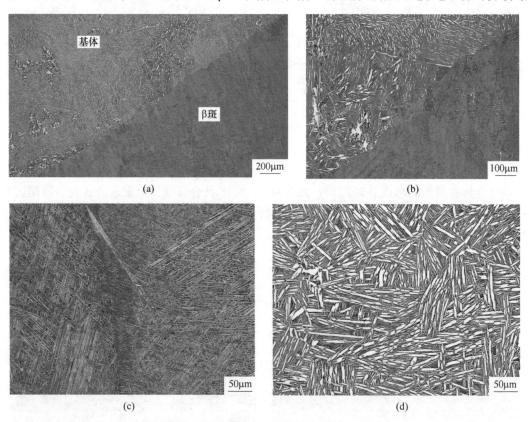

图 5-47　TC25 钛合金 β 模锻盘锻件中的 β 斑
（a）（b）偏析区与基体的界面；（c）偏析区；（d）基体

果见表 5-8，β 斑与基体主要是 Al 含量存在显著差异，Mo 与 W 含量无明显差别，该 β 斑例子不是富 β 稳定元素的偏析，而是贫 Al 偏析，两者无法从形貌上进行分辨。经显微硬度测试，该 β 斑区的硬度比基体低得多（维氏硬度值相差 100 左右），这与 β 斑区过低的 Al 含量是呼应的。β 斑内一般包括许多 β 晶粒群，如果是在 β 区变形的情况，β 斑的晶粒尺寸要显著大于基体的原始 β 晶粒尺寸；在较高温度下，β 斑内保持单一的 β 相，会发生重结晶，晶粒长大趋势明显，β 斑与基体之间存在一个明显的界面。

表 5-8 TC25 钛合金盘锻件中的 β 斑与基体成分电子探针分析　　（质量分数,%）

元素	β 斑区			基体		
	1 号	2 号	3 号	1 号	2 号	3 号
Ti	89.550	89.403	88.965	88.044	88.052	88.516
Al	4.650	4.726	5.101	6.003	5.960	5.979
Sn	1.665	1.750	1.680	1.684	1.685	1.645
Zr	1.799	1.851	1.856	1.803	1.873	2.018
Mo	2.365	2.307	2.338	2.236	2.264	2.019
W	0.995	1.029	1.064	0.983	1.023	0.807
Si	0.041	0.032	0.028	0.037	0.028	0.023

A　β 偏析的性质及产生原因

β 斑是富含 β 稳定化元素的高强钛合金遇到的最常见的冶金质量问题，最为普遍和常见的是含 Fe 和 Cr 的钛合金。局部区域富集 β 稳定化元素会降低该区域的 T_β，会改变组织形态以及 β 含量，从而能够轻易地用金相分析方法分辨。如果最终的锻造和热处理是在显著低于 T_β 温度的 α+β 区下进行，则使 β 偏析区域也可能会在 α+β 区经受变形，该区域的组织形态与基体的差异会缩小，甚至看不出差异，在这种情况下，β 偏析不易被观察和分辨。当然，经过 β 锻的坯料或锻件，从低倍组织上往往无法清晰地分辨 β 斑，β 斑与基体一般仅在晶粒尺寸和衬度方面有差异。所以对于一些最终采用 β 模锻的钛合金，如 TC17 和 TC19 等，必须在 α+β 区变形坯料上进行 β 斑的检查。

为了保证钛合金材料中没有 β 斑点，在一些标准中采用一种特殊的方法来检查材料或坯料中是否存在 β 斑，即在低于 T_β 的某个特定温度，将经过 α+β 区变形的棒坯、锻坯等低倍试片在 T_β-25℃ 或者 T_β-30℃ 温度下进行热处理。在该温度下，基体约有 30% 的等轴 α 相，但 β 偏析区域的 T_β 一般是低于或略高于此温度，因此 β 偏析区没有等轴初生 α 相，或含有更少含量的初生 α 相。

如上所述的 TC1、TC2、TC4、TC6、TC11、TC17、TC18、TC19、TC25 等钛合金中发现的 β 斑，可以分为两类：一类为传统认知的富 β 稳定化元素的 β 斑，为 β 偏析，如对于 TC17 钛合金，基体名义成分为 4%Cr，β 斑区 Cr 含量实测典型值为 5.5%[64]，此类 β 斑区因其合金化程度高，其显微硬度一般高于基体；另一类为贫 Al 的 β 斑，不能称为 β 偏析，此类 β 斑区的显微硬度一般低于基体。这两类 β 斑均表现为更低的 T_β、更少的 α

相，从组织形貌上是无法区分的。

一般认为，在真空自耗电弧熔炼条件下引起钛合金铸锭化学成分不均匀的原因有：熔化瞬间进入熔池的合金组元不均、合金组元的结晶偏析、合金组元的气化和沉积等。按照结晶偏析经典理论，影响结晶偏析的因素主要有：液/固界面溶质原子分配系数（k）、熔池深度和形状、冷却速度、结晶速度及方向、结晶前沿过渡区尺寸、液体金属搅动程度。

以 TC17（Ti-17）钛合金为例来阐述 β 斑的产生原因。所有的金属合金的熔炼凝固过程在液/固相界面上会发生溶质原子的再分配，根据凝固结晶的杠杆定律，溶质原子在液相和固相具有不同的含量。大部分的凝固条件是非平衡状态的，可以近似地简化为固相无扩散、液相均匀混合的条件。采用区域熔炼方法试验得到溶质原子再分配系数 k（$k = \dfrac{C_S}{C_L}$，其中 C_S 为固相溶质原子浓度，C_L 为液相溶质原子浓度），对于钛合金而言，经测试，Fe 元素的 $k = 0.6$，Cr 元素的 $k = 0.7$[74]。凝固时，Fe、Cr 在液/固界面上被排斥进入液相，当在凝固的最后阶段发生枝晶状结晶时，余下的液相富含 Fe、Cr 元素，且其密度大于 Ti，因此枝晶间的液相密度要大于钛液。Brooks 提出了一个密度驱动向下形成通道的 β 斑形成机制，凝固时这部分液相成为 β 斑的原始区域，β 斑的尺寸近似于枝晶臂间距，这个数值在 1~1.5mm 之间。经估算，Ti-17 钛合金中 Cr 在基体和 β 斑区域的含量分别为 4% 和 5.5%。采用能谱分析钛合金铸锭枝晶的成分分布可知，Ti-17 中 Cr 的分布呈现周期律特征，其波长对应于初始枝晶间距或二次枝晶间距[75]。从组织形貌上看，在大型铸锭中，观察到的 β 斑呈现长串状或笔杆状，在铸锭中心附近呈"V"形分布[76]。"V"形代表了那个时刻熔池底部的轮廓，当关闭熔炼电流时，磁场搅拌也相应停止，此后熔池中的金属凝固条件与之前的凝固不同，留下了一个可见的界面。采取合理的提缩冒口工艺及特殊的控制方法，可以有效控制铸锭头部的"V"形区域的凝固方式，以缩小等轴晶区，防止产生枝晶型凝固，可以避免或减弱 β 偏析程度[77]。Shamblen[78]认为，Ti-17 钛合金中的 β 斑一般出现在铸锭上部三分之一区域，铸锭状态的 β 斑尺寸为 1~4.4mm，T_β 下降典型值为 33℃。

B　钛合金的 β 偏析倾向性

由上述分析可知，产生 β 斑是合金元素凝固偏析的结果，偏析区通常发生在几百微米到几个毫米的范围内。β 斑一般出现在有较高含量 Fe、Cr、Mo 的钛合金中，如 TC17（Ti-17）、TC19（Ti-6246）、TB6（Ti-1023），这些强 β 稳定化元素对于提高钛合金的淬透性和拉伸强度效果显著。同时，为避免生成脆性的化合物相，一般将 Cr 和 Fe 含量控制在 5% 以下。当然，β 斑有时也出现于最常用的 TC4（Ti-6Al-4V）和 TC11（BT9）钛合金中。Seagle[31]将不同钛合金材料出现 β 偏析倾向进行了量化比较，见表 5-9，数字越大，表示出现 β 斑的倾向越明显，几种常用的钛合金材料，如 Ti-6Al-4V 为 9，Ti-6242 为 11，Ti-6246 为 21，Ti-17 为 36，Ti-1023 为 63，SP700 为 68。因此，用于航空发动机的 Ti-6246 和 Ti-17 钛合金，与其他钛合金如 Ti-6Al-4V 及 Ti-6242 相比，控制铸锭锭型和熔炼工艺参数显得尤为重要。

表 5-9 常用航空钛合金的 β 偏析倾向

合 金	偏析倾向系数	类别	典型铸锭尺寸/mm
CP-Ti	1		900
Ti-3Al-2.5V	4		900
Ti-5Al-2.5Sn	8	少或无 β 斑	900
Ti-811	8		900
Ti-6Al-4V	9		900
Ti-6242	11		900
Ti-6246	21		900
Ti-17	36	可能会形成 β 斑	900
Ti-662	38		900
Ti-13V-11Cr-3Al	59		760
Ti-1023	63	更可能形成 β 斑	760
SP700	68		760
Ti-8Mn	104	广泛有 β 斑	625

β 斑问题是困扰一些高强钛合金工业生产和工程应用的重要障碍，尽管加入高含量的 Fe、Cr、Mn、Mo 有助于提高强度和增加淬透性，但是一旦出现 β 斑，会对力学性能特别是疲劳性能具有无法预料的负面作用。从冶金质量控制角度分析，一般要求控制飞机和航空发动机关键应用的钛合金不允许存在严重的成分偏析。波音和空客与 VSMPO 公司分别联合开发的 Ti-5553 和 Ti-55531 钛合金，代替 Ti-1023 钛合金用于新一代飞机的起落架构件，除了力学性能方面（有更高的拉伸强度，达到 1240MPa）的考虑外，更多的是考虑工艺因素，通过降低 Fe 含量可以有效降低 β 斑的形成倾向。另外，Ti-5553 和 Ti-55531 钛合金截面厚度为 150mm 以下可以采用空冷即可实现显著的强化，且对锻造和热处理工艺参数不太敏感，这些优势简化了锻造和热处理工艺，锻件的残余应力小，有效减小机加工变形[79]。

C β 偏析对力学性能的影响

钛合金 β 斑对力学性能的影响程度存在较大争议，但可以肯定的是，它对零部件使用性能的负面作用不如硬 α 夹杂物和高密度夹杂物那么严重。β 斑与基体之间的界面是充分扩散的，因此应力作用到 β 斑缺陷上不会引起力学响应的巨大差异。一般认为，对贫 β 稳定元素的钛合金，如果在退火状态下使用，β 斑没有太大危害[80]。β 斑有时也在 Ti-6Al-4V（V 偏析）这类合金中出现，但是产生的负面作用不会像 Ti-1023 钛合金那么有破坏性[81]。

多数研究结果认为 β 斑会有所降低低周疲劳性能，因为 β 斑与相邻基体具有不同的局部力学响应，可以是更强，也可以是更弱。在循环载荷作用下，β 斑附近区域会产生明显的局部应变梯度，会成为早期的疲劳裂纹源[82]。周义刚[83]认为，β 斑会降低 Ti-1023 钛合金的低周疲劳寿命。Rüdinger[84]认为，β 斑会降低 Ti-662 钛合金的低周疲劳性能，但影响程度不是特别严重。β 斑对 Ti-662 钛合金高周疲劳性能的影响与 β 斑及加载方向有关系，在 L 方向，会提高高周疲劳强度，而在 L-T 方向，则降低高周疲劳强度，这个现象可以解释为：β 斑本身具有方向性，沿着 L 方向延展，在一些特定的加载条件下会有强化作用，在其他方向则是弱化的。

美国 AD 报告 A007077 研究结果表明：总体而言，β 斑有降低 Ti-6Al-4V 钛合金低周疲劳性能的趋势，在疲劳源处发现有 β 斑，可能粗大的片层组织更容易萌生疲劳裂纹。AD 报告 A035820 则认为：对于较低应力水平的测试条件，疲劳裂纹未必产生于 β 斑区，这与总体显微组织（原始 β 晶粒尺寸、二次 β 晶粒尺寸、等轴初生 α 相的体积分数等）和 β 斑缺陷的性质（尺寸、严重性、成分等）有关。但到目前为止，据有限的资料，于 1966 年在罗马发生过一起因 β 斑引发 JT3 发动机 Ti-6Al-4V 钛合金叶片的服役失效。

D β 偏析的消除及控制措施

钛合金 β 偏析的产生一般认为是与铸锭凝固过程的枝晶偏析有关，实际控制时应减小枝晶臂间距，可以降低偏析程度。如果液/固界面是平面型的就不会产生微观偏析，在真空自耗电弧熔炼过程避免 β 斑可采用如下的 Tiller 方程（5-2）加以判定[85]。从 Tiller 方程可知，减小凝固速度亦即熔化速率、减小坩埚尺寸或者改变搅拌磁场方向会提高热扩散能力，有助于避免产生偏析。在某些钛合金中，这些工艺变化从经济性角度是不可接受的。

$$\frac{GD_L}{V} \geq -MC\frac{1-k}{k} \tag{5-2}$$

式中　G——液相中的温度梯度；

D_L——扩散系数；

V——凝固速度；

M——液相线斜率；

C——溶质原子浓度；

k——溶质原子分配系数。

目前我国航空发动机用钛合金铸锭一般采用三次真空自耗电弧熔炼，熔池较深，容易产生 β 斑。为了减小生成 β 斑趋势，应降低熔炼电流，减小熔炼速度，使熔池深度减小呈扁平状，尽量缩小等轴晶区域。但是，采用较小的熔炼电流，铸锭表面质量会下降。如果生产具有强烈偏析倾向的钛合金铸锭时，可浇铸成较小的锭型，使 β 斑最小化。铸锭直径不宜过大，对于 Ti-17 和 Ti-1023 钛合金，铸锭直径应不大于 750mm，并以较低的速率熔炼，熔炼速率控制在正常值的 60% 即可[45]。另外，在真空自耗电弧熔炼时采用电磁或感应搅拌熔池，在洛伦兹力的作用下使柱状晶破碎，促进晶粒细化，形成细小等轴晶，可以降低出现 β 斑的程度[86]。如果采用冷炉床熔炼，拉锭坩埚可以得到相对较浅的熔池以及较快的凝固速度，可以显著降低 β 斑的出现概率，甚至可以完全避免。

为了消除或降低因枝晶偏析形成 β 斑的倾向，可将铸锭进行高温长时扩散退火处理（如 1250℃/48h），具体做法是：用纯钛包裹铸锭，在高温单一 β 相区，溶质原子有较强的扩散能力，通过长程扩散可有效消除 β 斑[87]。但是这种方法实际很难用于工程中，高温长时加热占用设备引起工艺成本剧增，而且钛合金铸锭表面氧化烧损也是很严重，生成很厚的 α 层，影响后续锻造生产和清理，锻造时容易诱发表面开裂[44]。在实际生产时，钛合金铸锭开坯时因在单一 β 相区保温的温度较高，适当延长铸锭的加热和保温时间，可以起到减少偏析作用[88]。

为了减少 β 斑，Hayakawa[89] 提出在最后一次提缩冒口时，采用逐渐变细即锥形的自耗电极，可以减小熔池的深度，通过增大温度梯度和凝固速度，减少等轴晶区 Fe 和 Cu 等元素的偏析。

E β 偏析的标准规定

在 AMS 系列钛合金标准中，仅 Ti-1023 钛合金的 4 份锻件标准对 β 斑的尺寸做了规定，见表 5-10，均要求 β 斑的尺寸不得大于 0.762mm×0.762mm（0.03″×0.03″）或相当的面积（0.58mm^2）。我国某企标对应的 Ti-1023 钛合金锻件，要求在 T_β−40℃ 热处理后检查 β 斑，参考 AMS 标准对于 β 斑的尺寸要求，要求其面积不得超过 0.58mm^2。

表 5-10 AMS 标准对 Ti-1023 钛合金中 β 斑的控制要求

序号	标准号、时间	标准名称	对 β 斑的控制要求	备注
1	AMS4983G 2019 年 5 月	Ti-1023 钛合金自耗电极熔炼和单步固溶+时效处理的锻件，拉伸强度 1241MPa 级别	无初生 α 的 β 斑区，其尺寸不得大于 0.762mm×0.762mm（0.03″×0.03″），或相当的面积	要求 $K_{IC} \geq 44$MPa·$\sqrt{m}$
2	AMS4984G 2019 年 5 月	Ti-1023 钛合金自耗电极熔炼和固溶+时效处理的锻件，拉伸强度 1193MPa 级别	无初生 α 的 β 斑区，其尺寸不得大于 0.762mm×0.762mm（0.03″×0.03″），或相当的面积	要求 $K_{IC} \geq 44$MPa·$\sqrt{m}$
3	AMS4986F 2019 年 4 月	Ti-1023 钛合金自耗电极熔炼和单步固溶+过时效处理的锻件，拉伸强度 1103MPa 级别	无初生 α 的 β 斑区，其尺寸不得大于 0.762mm×0.762mm（0.03″×0.03″），或相当的面积	要求 $K_{IC} \geq 60$MPa·$\sqrt{m}$
4	AMS4987F 2020 年 1 月	Ti-1023 钛合金自耗电极熔炼和单步固溶+过时效处理的锻件，拉伸强度 965MPa 级别	无初生 α 的 β 斑区，其尺寸不得大于 0.762mm×0.762mm（0.03″×0.03″），或相当的面积	要求 $K_{IC} \geq 88$MPa·$\sqrt{m}$

波音公司某标准《Titanium 10V-2Fe-3Al Forgings》（1987 年）规定：如果拉伸性能和 K_{IC} 能满足的话，出现 β 斑组织不能拒收。当然，这是针对飞机结构件的用途而做出的规定。

国外某标准对 Ti-6Al-4V 钛合金低压压气机风扇转子叶片 β 斑的要求为：当局部区域的最长尺寸小于 1.5mm 时，它的平均初生 α 相含量应不少于邻近正常组织的 1/3。当局部区域的最长尺寸不小于 1.5mm 时，它的平均初生 α 相含量应不少于 20%。

某发动机用企业标准对 Ti-6Al-4V 钛合金关键转动件锻件显微组织中 β 斑的要求：当局部区域的最长尺寸不小于 0.75mm，且小于 1.5mm 时，它的平均初生 α 相含量应不少于邻近正常组织中平均初生 α 相含量的 1/3；当局部区域的最长尺寸不小于 1.5mm 时，它的平均初生 α 相含量应不少于 15%。如图 5-48 所示的 β 斑是合格的，当严重程度达到如图 5-49 所示时则是不合格的。

某标准对 IMI550 钛合金盘锻件中 β 斑的要求：当局部区域的最长尺寸不小于 0.78mm，且小于 1.5mm 时，它的平均初生 α 相含量应不少于邻近正常组织中平均初生 α 相含量的 1/3；当局部区域的最长尺寸不小于 1.5mm 时，它的平均初生 α 相含量应不少于 20%。

某标准对 Ti-6242 钛合金中 β 斑的要求：局部区域的最长尺寸小于 0.75mm；当局部区域的最长尺寸小于 1.5mm 时，它的平均初生 α 相含量应不少于邻近正常组织的 1/3。当局部区域的最长尺寸不小于 1.5mm 时，它的平均初生 α 相含量应不少于 5%。

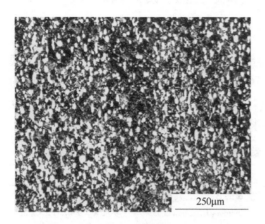

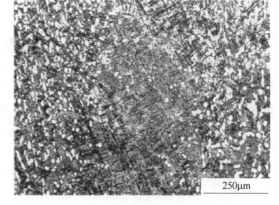

图 5-48　轻微的 β 斑，能被接受的临界状态　　　　图 5-49　不合格的 β 斑缺陷

某标准对 IMI834 钛合金盘锻件中 β 斑的要求：不含初生 α 相的 β 斑面积不超过 1.25mm^2，而且要求 β 斑内晶粒尺寸不允许超过 0.7mm。

某标准对 Ti-6246 钛合金中 β 斑的要求：β 斑面积不得大于等于 1.25mm^2。

在 ETTC2《α+β 钛合金棒材显微组织标准（1979 年）》等标准中提供了一张 β 斑的图片，如图 5-50 所示，判定为不合格。

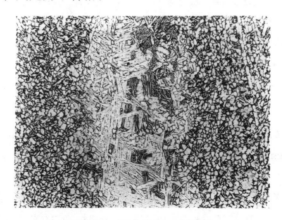

图 5-50　不合格的 β 斑图片

5.2.3.5　硅化物偏析

在国外的一些材料标准中，给出了因硅偏聚形成硅化物条带的组织照片（见图 5-51），在我国加入硅的钛合金中还没有遇到过此类情况。当出现硅化物条带时，根据尺寸和分布来进行判定，如某标准对 IMI829 钛合金棒材、型材、锻坯、锻件或零件中出现的硅化物条带符合下述一条或多条时，则应拒收该棒材、型材或锻件等：（1）颗粒尺寸应小于 0.025mm；（2）硅化物条带的长度应小于 12.7mm，宽度应小于 0.4mm；（3）颗粒群在本质上应大体呈线性弥散分布；（4）单独的硅化物条带沿盘件轴向的间距应为小于 2.5mm，沿盘件周向的间距应比较短条带长度的 1/2 要大；（5）如果硅化物颗粒群表现为局部偏聚，则应考虑拒收。

图 5-51 钛合金中硅化物偏析条带

5.2.4 孔洞

采用真空自耗电弧熔炼制备钛合金铸锭时总有一部分材料是瞬时形成的，起弧和热封顶（亦称提缩冒口）是两个典型的阶段，与凝固相关的缺陷容易出现在铸锭的底部和头部这两个位置。起弧时，一般在坩埚底部放置一些海绵钛或熔炼钛合金切屑作为起弧料，铸锭底部容易形成冷隔组织，如果冷隔部分未能切除干净，带入后续锻坯中，可能会残留冷隔组织。在最后一次成品锭熔炼最后的热封顶阶段，需采用逐级减小电流的措施以提缩冒口，当没有足够的液体补充结晶引起体积收缩造成的空隙时，即会出现缩孔（见图 5-52）；在枝晶轴之间留下的许多微小空洞，称为疏松。钛合金铸锭中的缩孔还与海绵钛中残留的氯化盐有关，这些盐类物质在固态钛金属中的溶解度几乎为零，但在液相中会形成气泡，导致在后续坯料中形成未愈合缩管或焊接孔洞[90]。这种由收缩引起的孔洞在后面的热加工时也可能会发生焊合[91]，但是这些部位对于航空应用来说可能存在风险，孔洞焊合区域在低于屈服强度的大应力作用下，有可能会产生突然的爆裂，成为裂纹源。

图 5-52 钛合金铸锭纵截面低倍上的缩孔

采用真空自耗电弧熔炼钛合金铸锭时，在高真空条件下，铸锭中的 H 含量水平一般不足以形成孔洞。在提缩冒口阶段，因金属凝固收缩或挥发物质引起的孔洞，采用好的热封顶工艺大体上是可以避免的。采用高的熔炼速率会产生更多更大的凝固缩孔。采用低的熔炼速率，熔体可以更好地除气，并得到更浅的熔池，会导致更少的凝固收缩[47]，但会影响铸锭外表面质量，冷隔层加厚，如果铸锭外表面车削量少，有可能在锭坯中残留冷隔组织，并遗留到最终的锻坯中。图 5-53 为工业纯钛 TA1 环形锻件外圆周近表面层发现的孔洞，最大尺寸已超过 2mm，在三维空间呈扁平形状，孔洞与基体在金相试样二维平面上有时伴有裂纹。该孔洞缺陷可能来源于铸锭中的缩孔或疏松。

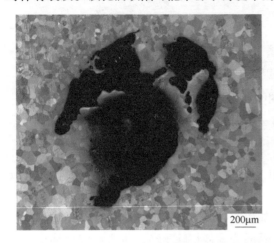 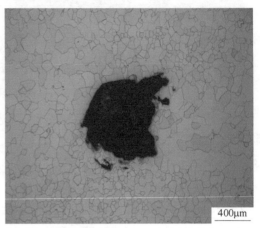

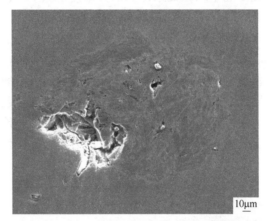

图 5-53　工业纯钛 TA1 环形件机加工表面发现的孔洞

等离子体冷炉床熔炼（PACHM）是在惰性气体 He 或 Ar 保护下进行的，He 或 Ar 气在 Ti 中的固溶度几乎为零。可以想象，有可能会在液/固界面上机械式地捕获气泡，因此采用一次 PACHM 熔炼工艺制备钛合金铸锭有存在气孔的可能。对于航空发动机用途的优质钛合金材料，往往要求采用 PACHM+VAR 两联工艺，通过后续的 VAR 熔炼，去除之前 PACHM 熔炼铸锭（作为 VAR 的电极）中可能存在的气孔缺陷。

在封闭的凝固缩孔和疏松内，在高温保持时，因 Al 元素具有高的蒸气压，会向孔区迁移。在经过变形加工后会引起显微组织异常，严重时会形成富 Al 偏析。

航空用途的钛合金铸锭在进行开坯锻造之前，需要进行仔细清理。采用带锯切割将铸锭底部冷隔组织以及冒口区的缩孔和疏松区域完全切除干净，对铸锭的外表面进行车削加工，以去除表面的冷隔组织或异常。禁止采用先进行铸锭锻造再用剁刀热切冒口和底部料的做法。残留的孔洞会给钛合金部件的安全使用埋下隐患，缩孔和疏松破坏了金属基体的连续性，往往成为疲劳裂纹扩展的起始位置。有时带有缩孔和气孔的钛合金铸锭，经过多火次的塑性变形而被延伸拉长，在未焊合孔洞之下形成分层。图 5-54 所示为在某 TA15 钛合金飞机框梁锻件铣削加工时发现的分层缺陷组织，成分与正常基体无异，该缺陷为原始的缩孔经过多火次锻造后未能焊合而残留在锻件中，分层形状与十余火次不同方向反复镦拔过程是吻合的。在锻坯和锻件状态，缺陷是压实的，超声检测时声波可以透过缺陷，不会有缺陷单显信号的显示，因而虽经过多次超声检测，未能检出此缺陷。

图 5-54　TA15 钛合金飞机框梁锻件孔洞缺陷区域的显微组织

钛合金铸锭中的孔洞类疏松在锻造压应力作用下可能会发生焊合，实践表明，这些焊合的孔洞是不能可靠地被超声探伤检测到的。在部件使用过程中，在一些特定短时大应力作用下，焊合位置会发生突然的爆裂，从而引发裂纹甚至断裂。如 1972 年和 1973 年英国 RR 公司的 RB211-22B 发动机连续发生两起 IMI685 钛合金风扇盘破裂故障，导致发动机非包容性损坏，认为是由于风扇盘对应的铸锭头部冒口区存在孔洞所致[92]。这些带孔的区域在锻造过程中会部分闭合，形成弱的小平面，在高应力作用下突然产生爆裂，形成解理性的断裂面。在保载应力作用下，小裂纹快速扩展，形成小平面开裂；在没有保载应力作用下，不会出现这种弱点。

钛合金锻坯和锻件还有一类孔洞被称为应变诱导孔洞（SIP：Strain Induced Porosity），是由于锻造温度过低或应变速率过大造成应变局部化，其结果是在晶界特别是三叉晶界等位置开裂并形成小孔洞，这些尺寸很小的孔洞也是难以通过超声检测检出的[82]。环轧变形具有强烈的产生应变诱导孔洞的敏感性，可能与环轧时在某临界温度以下过大的拉应力作用有关[93]。在进行缺陷分析时要将熔炼导致的孔洞与锻造导致的孔洞进行区分。有关应变诱导孔洞的内容将在 5.3.2 节详细叙述。

5.3　钛合金典型热加工缺陷及其性质

钛合金材料及其零件在铸造、锻造、轧制、热处理、焊接、电解加工、电脉冲加工、机械加工、抛光等各个工艺过程中，均会产生各式各样的工艺缺陷，大致可分为四类：（1）破坏金属连续性的缺陷，如裂纹、折叠、孔洞等；（2）热变形或热处理工艺控制不当导致组织不均匀；（3）零件表面烧伤，如抛光烧伤、磨削烧伤、电解烧伤、电脉冲烧伤、电接触烧伤、熔滴烧伤等；（4）加热超温，产生过热组织。

5.3.1 锻造开裂与折叠

钛合金属于难变形材料，特别是对于高 Al 含量的 α 型和近 α 型合金，变形抗力大，工艺塑性低。如果变形工艺参数控制不当，容易引起锻造开裂，形成具有一定深度、宽度和长度的裂纹，呈直线或曲线状分布于锻件表面或内部。按裂纹的位置可分为表皮裂纹、皮下裂纹、心部裂纹等。很多锻坯在进行十字拔长时，如果控制不当，在工件横截面沿对角线会形成呈十字形的裂纹。另外，钛合金在高温长时加热时表面被氧化，形成一定厚度且既硬又脆的 α 层，锻造时表面 α 层容易开裂。因此，钛合金坯料在进行锻造加热之前，最好是清除表面已有的氧化层，特别是对于一些高合金化的 α 型和近 α 型钛合金。在实施锻造过程中，如坯料表面产生严重的开裂，必须停止锻造，待坯料冷却并清除裂纹后才能继续加热锻造变形。

在钛合金锻件模锻时，因模具设计不当、锻坯尺寸不当、润滑和操作不当等原因，造成表面金属折入锻件内部，形成重叠层的折叠缺陷，形似裂纹，多见于锻件的内圆角和尖角部位，折叠前表面的氧化层会使折叠裂隙两侧金属无法焊合，高倍表现为裂隙两侧有硬 α 层。图 5-55 为某 TA15 钛合金发动机轴承座锻件截面低倍显示的折叠缺陷，已形成裂缝并扩展到锻件内部，折叠裂缝两侧因高温氧化形成 α 层。图 5-56 为 TC4 钛合金棒材头部因径向精锻缩尾形成的折叠，在裂缝两边有氧化层。图 5-57 为某型发动机用 TC11 钛合金第 3 级压气机盘缘在腐蚀工序发现的锻造折叠缺陷，尺寸为 2mm×0.5mm，折叠附近氧化层与基体的显微硬度见表 5-11，可见缺陷附近的硬度值明显高于基体。

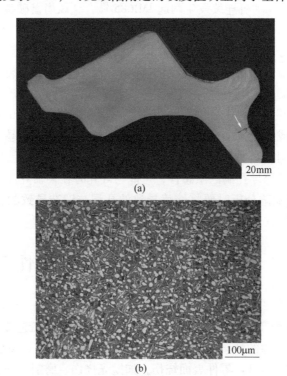

(a)

(b)

图 5-55 某 TA15 钛合金发动机轴承座锻件的折叠缺陷
（a）低倍组织；（b）正常基体；（c）折叠裂缝；（d）折叠裂缝尖端

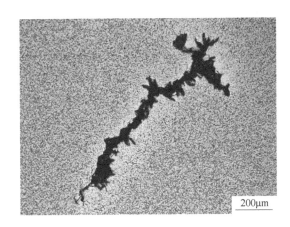

图 5-56 TC4 钛合金棒材头部因径向精锻缩尾形成的折叠，裂缝两边有氧化层

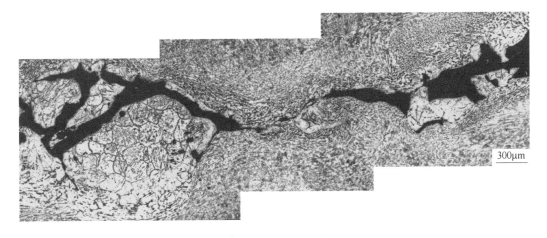

图 5-57 TC11 钛合金盘锻件轮缘处的锻造折叠缺陷

表 5-11 TC11 钛合金折叠附近氧化层与基体显微硬度值

位置	硬度值（HV）				
	1 点	2 点	3 点	4 点	平均值
折叠附近氧化层	737.4	737.4	729.9	784.2	747.2
基体	367.5	398.3	386.0	374.0	381.4

零件上如存在折叠，不仅减小了零件的承载面积，而且工作时此处产生应力集中，常成为疲劳裂纹源。如某型发动机在试车 156min 时发生喘振，停车后分解检查，发现高压压气机 TA11 钛合金第 2 级转子叶片在叶背中部折断，疲劳裂纹起始于叶背中部尺寸为 14mm×0.8mm 的锻造折叠[15]。因此，技术条件中规定锻件上不允许有折叠。通过目视检查、超声检测和荧光渗透等检测，如果折叠处的裂纹呈闭合状态，未必能被可靠检出，特别是当声波入射方向与裂纹纵向平行时，更难以检测到。

另外，钛合金模锻件中也曾出现过涡流和穿流以及金属未充满模腔的情况。具有 L 形、U 形和 H 形截面的模锻件成形时，若模具设计不当或坯料过大等，在肋条充满后，腹板处仍有余料，在流向毛边槽的过程中，肋条根部金属产生相对回流，使金属流线弯曲而形成漩涡状。对 U 形和 H 形截面的锻件，由于模具设计不当或坯料过大，在变形最后阶段，肋条部分已充满，腹板部分尚有余料，穿过肋条根部向毛边槽流去，导致肋条根部产生金属流线被穿断的缺陷。模锻时由于金属未充满型腔等，致使锻件外形残缺，通常出现在锻件的肋顶或凸角部位。

5.3.2 应变诱导孔洞

钛合金属于难变形金属材料，塑性变形特性往往受变形温度、变形速率、变形量等参数的强烈影响。对于一些塑性成形性能差的 α 型钛合金如 TA7(Ti-5Al-2.5Sn)，在特定的变形条件如变形温度低、变形量大、变形速率大和/或有局部剪切变形等原因，坯料内部经常会产生二次拉伸应力作用，孔洞优先在与主应力方向垂直的原始 β 晶界上形成并长大[94]。在晶界特别是三叉晶界等位置萌生裂纹并形成的小孔洞，称为应变诱导孔洞，晶界区域出现孔洞意味着非均匀的应变状态[95]。孔洞的形成、长大与粗化受直接或间接的拉伸应力驱使[96]。

一旦在钛合金锻坯中形成孔洞，在后续锻造操作时不会发生愈合，其结果是：作为一个缺陷，成为早期疲劳裂纹萌生的位置[97]。这些尺寸很小的孔洞是难以用超声检测检出的[82]，可能会对服役性能产生恶化作用。

表 5-12 为钛合金热加工时形成绝热剪切变形带及产生开裂的工艺条件。TA7 钛合金在工程生产中经常会出现应变诱导孔洞缺陷。TA7 钛合金的 β→α+β 为 1040℃，α+β→α 为 980℃，α+β 区间的温度范围只有 60℃。应变速率和变形温度强烈影响 TA7 钛合金的流变应力，表现了强烈的局域化变形特征[98]。Prasad[99]给出了 TA7 等钛合金锻造时形成绝热剪切变形带及产生开裂的工艺条件。图 5-58 为 TA7 钛合金环轧件车削加工时暴露的孔洞，环件轧制时与轧辊接触的环件端面温降较快，变形温度相对较低，工艺塑性急剧下降，易产生应变诱导孔洞缺陷。缺陷最初以孔洞方式存在，孔洞缺陷沿相界面扩展，形成大的孔洞甚至是裂纹。当然，应变诱导孔洞的前提是初始坯料没有先天存在的孔洞或裂纹。因此，要区分缩孔残余引起的内裂以及诸如存在硬 α 夹杂物时存在的内裂。

表 5-12 钛合金热加工时形成绝热剪切变形带及产生开裂的工艺条件

合金	温度/℃	应变速率/s⁻¹
TA7（Ti-5Al-2.5Sn）	800~875	1~100
TC11	800~900	>1
Ti-6242S（α+β 加工的等轴组织）	900~925	1~10
IMI685	775~1010	>0.1

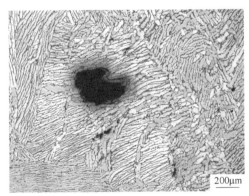
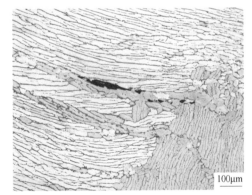

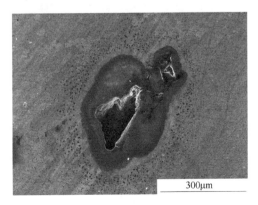
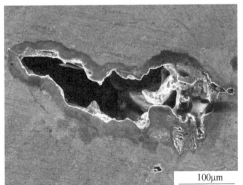

图 5-58 TA7 钛合金环轧件车削加工时暴露于表面的孔洞缺陷

应变诱导孔洞的形成与合金成分有很大关系，高的 α 稳定化元素和低的 β 稳定化元素会促进应变诱导孔洞的形成，α 相强化水平越高，应变诱导孔洞出现的倾向性也增大，增加 β 相含量会降低应变诱导孔洞出现倾向。低温加工时易出现应变诱导孔洞的潜在问题，进一步限制了许多钛合金的可用加工温度窗口。钛合金的应变诱导孔洞往往是在 α+β 区低温段变形时形成的，但为了获得超细晶组织，低温加工又是有效手段之一，因此需权衡矛盾利弊。图 5-59 为钛合金产生应变诱导孔洞的倾向性比较，像 SP700 这些钛合金对低温变形不敏感，因此可以获得更为细小的晶粒，SP700 比 Ti-6Al-4V 不易产生应变诱导孔洞[31]。

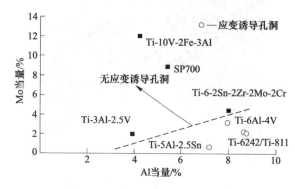

图 5-59　钛合金形成应变诱导孔洞倾向性比较

　　钛合金的应变诱导孔洞也经常在超塑成形时出现，Ti-6Al-4V 钛合金超塑成形时，如果温度低于 850℃，缺乏软的可变形的 β 相，加之金属流动不充分，易在三叉晶界、α/α 界面或 α/β 界面上产生孔洞[100]。在三叉晶界上形成的裂纹一般称为楔形开裂（见图 5-60）[101]，提高应变速率或降低温度均有利于减少楔形开裂。因微观不均匀变形导致晶界上大的应力集中，在高的应变速率作用下，应力集中不能通过扩散或塑性金属流变过程而松弛，会使孔洞扩大。

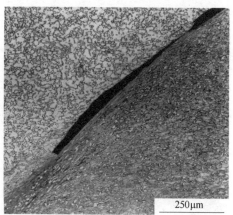

图 5-60　Ti-6Al-4V 钛合金坯料中原始 β 晶界上的楔形开裂

图 5-61 为 Ti-6Al-4V 钛合金的基于动态材料模型（DMM：Dynamic Material Modeling）热加工图[102]，显示了各个区域的变形机制，对优化材料的热加工工艺参数、改善材料的加工性、控制组织及避免缺陷的产生具有重要指导作用。安全区域通常包括：动态再结晶、动态回复和超塑性等机制；损伤失稳区域包括：韧性断裂、楔形开裂、沿晶开裂、局部塑性流动、绝热剪切变形带形成等[103]。当其在 α+β 区应变速率大于 0.1s⁻¹ 条件下变形时，表现为剪切变形，流变不稳定；当在非常大的应变速率如大于 1s⁻¹ 条件下会发生流变集中局域化，会沿剪切变形带开裂。

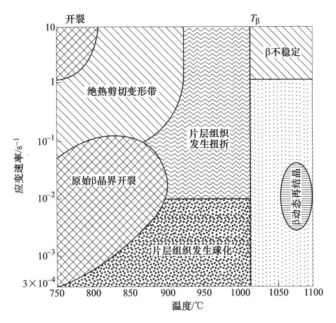

图 5-61 Ti-6Al-4V 钛合金的热加工显微组织变化机制示意图

在进行金相分析时，要将应变诱导孔洞与腐蚀坑区分开。工业纯钛和 TA7 钛合金在室温条件是一种全 α 相的组织结构，不太接受氢氟酸的腐蚀，在低倍检验时如果过度腐蚀，因这些材料中含有一定的杂质元素 Fe，Fe 在 α 相中的固溶度很低，当 Fe>0.15% 时，就会形成 β 球状质点，腐蚀时这些 β 小质点容易接受腐蚀而呈现坑状的麻点或斑点[104]，容易与材料自身的应变诱导孔洞相混淆（见图 5-62）。TA7 钛合金的金相试样的制备很困难，常常是晶粒难以清晰显露，或者显露了晶界，同时出现了过腐蚀坑，并且随着腐蚀时间的延长而增加腐蚀坑（见图 5-63）。如果采用电解抛光并轻腐蚀，TA7 钛合金试样表面不会出现腐蚀坑（见图 5-64）。所以从金相腐蚀的角度看，建议 TA7 钛合金的高倍和低倍腐蚀操作应以显露组织为准，不宜采用过强的腐蚀剂或过长的腐蚀时间。当然，提高合金的纯度，特别是降低杂质元素 Fe 含量，可以减少腐蚀坑的出现，如超低间隙元素（ELI：Eextra Low Interstitials）级的 TA7 不太容易出现腐蚀坑。

消除应变诱导孔洞的方法是仔细控制应变速率和变形温度，特别要控制终锻温度。当然，产生应变诱导孔洞与合金类型有很大关系。实践表明，在众多钛合金中，α 型的 TA7 钛合金很容易出现应变诱导孔洞缺陷，因此在进行 TA7 钛合金锻造时要制定特殊的工艺措施。

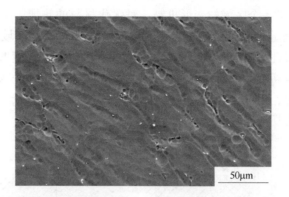

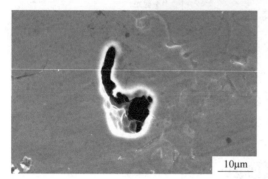
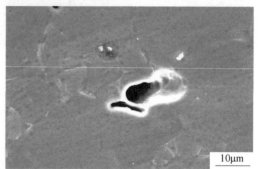

图 5-62　TA7 钛合金环轧件低倍腐蚀坑

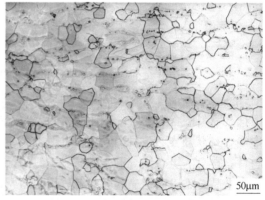

图 5-63　TA7 钛合金环形件着色
腐蚀后的腐蚀微孔形貌

图 5-64　TA7 钛合金环形件经电解
抛光并轻腐蚀后的显微组织形貌

5.3.3　表面损伤

机械加工过程中遗留的刀痕、叶身与榫头转接圆角未抛光、喷丸覆盖不到某些转接部位、圆角处钳工修理或打毛刺后留下过深锉刀痕迹以及零件管理不严格，运送安装过程中碰伤等各种原因破坏了钛合金零件如叶片的表面完整性，工作时易产生过大的应力集中，在复合疲劳应力作用下，叶片容易产生提前疲劳断裂。如 1978 年一台某型发动机飞行 200h 后，发动机振动过大，返厂检修时发现一个 TC4 钛合金第 1 级叶片叶背上有一条长 13mm、深 2.01mm 的横向裂纹（该处叶片厚度 3.8mm），断口上呈现大间距的疲劳弧线，属于大交变应力短时间作用造成的裂纹，疲劳源位于表面划伤处，这个划伤可能是叶片运送、安装过程中管理或操作不当造成的。类似的问题在斯贝发动机试车中也发生过，造成 TC4 钛合金叶片折断飞出事故。可见，叶片加工、检验、运送、安装等各环节必须严格管理[105]。

　　某型发动机 TC4 钛合金第 1 级风扇盘也发生过因表面完整性不好造成疲劳断裂的事故，该盘试车 35h 后，几乎所有榫槽底部与侧面圆角处均产生裂纹。分析后确认造成该裂纹的主要原因是槽底圆角处有较深的锉刀凹痕，疲劳裂纹起源于这些凹痕底部，造成局部应力集中，大大降低零件的疲劳寿命，所以盘的机械加工，尤其是过渡圆角处必须倍加注意，对无法使用机床加工的部位更应规定严格的表面质量要求和检验标准。

　　2007 年 1 月 25 日，美国美莎航空公司的一架装有 2 台 CF34-3B1 发动机的 CRJ200LR 支线客机从 Denver 国际机场起飞时，CF34-3B1 发动机的 Ti-17 钛合金风扇盘断裂失效，已服役了 10849 次飞行循环，失效原因是：在发动机维修时，在风扇盘孔缘的表面使用了不恰当的电化学腐蚀标印（ECM：Electro Chemical Etching Marking）。由于操作不当，接地线意外松动并接触到盘的表面，使得盘表面产生电弧损伤，造成小的疵点，引发了裂纹萌生进而发展成一扩展裂纹，最终导致断裂[106]。

　　我国某发动机 BT3-1 钛合金第 1 级实心静子叶片，在超声及荧光检查时，在叶片的叶背锁板处发现有穿透性裂纹，长约 26mm。疲劳裂纹从电刻字处开始，沿叶片锁板横向发展，产生原因是由电刻字引起的缺口，表面缺口明显地提高缺陷处的应力集中，而且电刻字靠近叶片根部 R 处也易产生应力集中，叶片在交变载荷长期作用下，缺口处优先产生疲劳断裂。在英国斯贝发动机钛合金叶片技术条件中有规定：不用电刻字标记，而用腐蚀法进行标记[107]。

　　图 5-65 为 TA15 钛合金低倍试片表面磨削烧伤形貌及烧伤区和基体的显微组织。经低倍腐蚀，因接受腐蚀程度的差异，显示为明显的衬度，磨削烧伤部位初生 α 在短时高温时有回溶迹象，在随后快速冷却时，β 相转变为细小的片层组织或生成马氏体组织。图 5-66 为某钛合金叶片抛光烧伤形貌，显示为一椭圆形暗色区域。在 TC11 钛合金叶片表面的抛光烧伤呈"白斑"，是由于抛光用力太大形成的，一旦出现轻微过烧可用低温退火处理来消除其不利影响[108]。

　　上述烧伤在局部区域不同程度地破坏了基体的组织，并产生拉伸残余应力，明显降低力学性能，特别是疲劳性能。如某型发动机台架试车 2h45min 时，低压压气机 TC4 钛合金第 2 级转子叶片从根部断裂，另有两个叶片根部存在裂纹，因叶片在抛光或磨削叶尖时产生的火花溅落在裸露的成品叶片上产生熔滴烧伤，叶片表面附着高硅富氧熔融物，并使附近的叶片组织也发生了明显变化，导致叶片在交变应力作用下从该缺陷处萌生疲劳裂纹[15,109]。

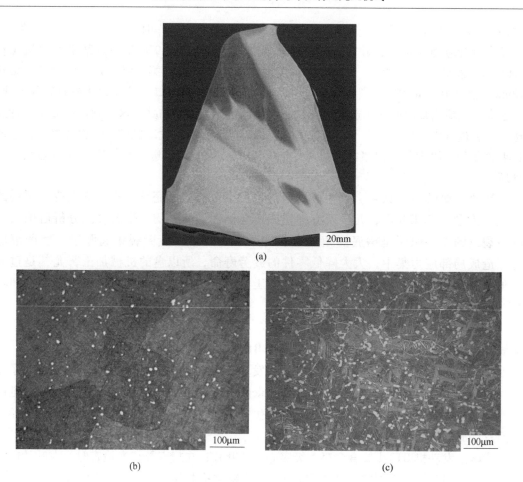

图 5-65　TA15 钛合金低倍表面烧伤及其不同位置的显微组织

（a）低倍表面磨削烧伤；（b）烧伤区；（c）正常基体

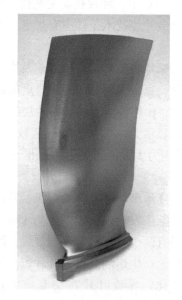

图 5-66　钛合金叶片抛光表面烧伤形成的"白斑"形貌

5.4 其他影响钛合金部件安全使用的因素

除上述的夹杂物和偏析影响钛合金部件的力学性能和使用可靠性外，还要避免出现钛火、氢脆、热盐应力腐蚀开裂、微动磨损、微动疲劳、锻脆等影响使用的因素。钛合金的力学性能特别是疲劳性能对于表面完整性具有强烈的敏感性，部件表面损伤如划伤、烧伤等会成为疲劳裂纹萌生源，差的表面状态如表面粗糙度、残余拉应力也是降低钛合金疲劳性能的重要因素。

5.4.1 钛火

5.4.1.1 航空发动机钛火故障

1962 年，英国鹞式战斗机（Harrier Jet）的第 2 架原型机 P1127（XP972）试飞中，所装的飞马发动机压气机工作叶片与机匣相磨蹭，引起钛着火，飞机坠毁，驾驶员幸免于难。20 世纪 60 年代后期，PW 公司为 F15 和 F16 战斗机研制的第 1 型推重比 8 一级的 F100 发动机进行台架试车时，高压压气机部件（第 1~3 级转子叶片为 Ti-811 钛合金，第 4 级叶片为 Ti-6246 钛合金，后几级为镍基高温合金）发生钛火故障，钛合金零件着火后，火焰扩大，使发动机严重受损[110]。1973 年 3 月 14 日，在美国田纳西州图拉赫马试验基地的一次试验中，一台 F100 发动机遭到完全损坏，钛火几乎彻底烧毁了压气机（见图 5-67），这是钛合金应用初期较为严重的钛火故障[111]。20 世纪 70~80 年代，相当数量的发动机遭遇钛火故障，从军用机到民用机，几乎无一幸免逃过钛火，如：（1）1987 年，因 F404 发动机钛火，美国海军损失 4 架 F/A-18 战斗/攻击机；（2）1976 年开始，CF6 发动机钛火事件不断发生，到 1979 年达到顶峰，一年内发生 14 起钛火事件；（3）1977~1988 年，苏联的 HK-8（用于图-154 和伊尔-62）、HK-86（用于伊尔-86）、Д-30（用于图-134）和 АИ-25（用于雅克-40 等）等，曾发生过 30 余起钛火事件[92]。国外典型钛火故障烧毁的发动机如图 5-68 和图 5-69 所示[112]。我国有多型航空发动机也曾发生过多次钛火故障，如某型发动机高压压气机 TC8-1 钛合金零级轮盘封严箅齿环与 2A70 铝合金进口可调导叶内环发生摩擦，致使箅齿环局部温度过高而起火燃烧，内环、箅齿和涂层烧蚀混合物在

图 5-67 F100 发动机台架试车中因碰磨引发钛火故障

图 5-68　典型钛火引发航空发动机的损毁

图 5-69　因钛火造成高压压气机转子和第 1~2 级内机匣烧毁

离心力作用下被甩至零级外环。另外，加热零级转子叶片的同时卡在零级转子叶片与外环之间，进一步导致零级整流叶片、零级转子叶片、一级转子叶片等流道件的烧蚀，产生严重摩擦的主因是内环涂层在算齿接触摩擦、发动机振动大等综合因素作用下，因结合强度不足产生大面积脱落，个别大块涂层材料卡在算齿间高速摩擦[15]。发生钛火的原因一般是钛合金高压压气机工作叶片（或断片）与钛合金机匣互相摩擦造成的。"钛火"导致不可挽救的飞行事故以及昂贵的维修费用和适航风险。

美国空军开展了钛合金燃烧研究，评估了钛的合金化对发生钛火的影响。采用 10kW 激光强制点火，确定钛合金叶片燃烧的边界条件（空气的压力、温度、流量），测试结果见表 5-13[111]。

航空发动机风扇系统，因低温和低压，而且叶片厚，难以满足燃烧条件，在风扇部件中未发生过钛燃烧故障，风扇一般可不考虑钛火问题[110]。高压压气机的前几级处的空气压力与温度条件恰好落在易使钛着火的参数范围内，钛合金机匣易产生自燃着火。当转子与静子间发生碰磨时，由于高速摩擦生热，在短时间内热量无法散失；在一定的压力和温度环境条件下，引起钛合金自燃着火，当钛合金部件温度大约到 1600℃发生点燃后会持续燃烧，发动机运转时，高温、高速、高压条件当达到点燃钛时，就会产生钛火，钛火一旦燃烧起来，温度极高并且速度非常快。据观测，在高压压气机中，钛着火后在 5~10s 内即

表 5-13　钛合金产生钛火倾向性比较

分　类	合　金	特　征
容易燃烧（17 种）	Ti-5Al-2. 5Sn（TA7） Ti-13V-11Cr-3Al Ti-5Al-5Zr-5Sn-1Mo-1V Ti-5Al-5Sn-2Mo-2Zr Ti-3Al Ti-6Al-2Sn-4Zr-4Mo Ti-5Al-2Sn-2Zr-4Mo-4Cr Ti-6Al-6V-2Sn Ti-21. 5Nb-13. 5Al TiBe Ti-50Nb-0. 25Mo-0. 25V Ti-50V-0. 25Nb-0. 25Mo Ti-25Nb-25V-0. 5Nb-5Al Ti-20Al Ti-6Al-4V（IMI318） T40（纯 Ti） IMI685	（1）一旦燃烧会相对容易自持续； （2）宽的自持续燃烧区； （3）使用时要特别注意； （4）低压和低温时，燃烧更取决于气流速度
难以燃烧（5 种）	Ti-6Al-2Sn-4Zr-2Mo Ti-16V-2. 5Al Ti-21. 5Nb-13. 5Al Ti-4Si Ti-8Al-1Mo-1V	（1）一旦点燃，难以自持续； （2）更小的燃烧边界； （3）中度到重度的燃烧； （4）使用时要注意
难以持续（7 种）	Ti-3Al-8V-6Cr-4Mo-4Zr Ti-8Mo-8V-2Fe-3Al Ti-20Cr-0. 03Y Ti-14Mn-0. 03Y Ti-10Cu Ti-9Fe Ti-50V-2. 8Al-1. 5Si	（1）严重的燃烧边界； （2）高的温度和压力的燃烧区； （3）轻度到中度的燃烧； （4）可用于压气机前段到中段级
非常困难	Ti-3Al-8V-7Cr-4Sn-1Zr Ti-3Al-8V-4Cr-2Mo-2Fe Ti-15V-3Al-3Cr-3Sn Ti-13Cu-1. 5Al Ti-13Cu-5Mo Ti-11Co Ti-10Cu-2. 5Fe-2Al Ti-7Fe-5Mn-0. 03Y Ti-11Ni Ti-13Cu-3Al	（1）燃烧面很小或不存在； （2）难以持续燃烧； （3）非常高的压力和温度条件下，有限的燃烧； （4）小到没有破坏； （5）结构合理时使用
不燃烧（3 种）	TiAl 合金（含 Al：36%、34%、32%、30%、28%、24%） Ti-19Cu Ti-13Cu-4. 5Ni	（1）结构评估允许时可以广泛应用； （2）一旦点燃也不会持续燃烧； （3）点燃后会熄灭

能将钛机匣烧穿。一般转子与静子间造成相互摩擦的原因有：（1）钛合金转子叶片断裂，卡在转子与静子间旋转摩擦；（2）转子叶片尖部与机匣间隙较小，由于振动或其他原因引起碰磨；（3）整流器内环的轴向或径向移位，或者由于止推轴承损坏引起转子部件轴向窜动，造成转子与相应整流器内环碰磨等。苏联民用发动机钛火事故的统计表明，引起钛零件相互摩擦和着火的原因中，钛合金叶片折断占 43%，轮盘破裂占 20%，轴承损坏占 17%，结构设计不当导致长时间工作后零件变形占 17%，装配不当使转子与静子间相互摩擦占 3%[92]。

5.4.1.2 防钛火措施

为了防止钛火，采取了很多措施，主要有：（1）加大转子叶片叶尖与机匣的间隙；（2）修改叶片设计，如 F404 修改了高压压气机第 1、3 级转子叶片的设计，避免了由于振动引起叶片断裂；（3）在高压压气机设计中，转子叶片与机匣或整流器、转子叶片与静子叶片、封严箅齿与封严环等配合结构，工作温度超过 300℃ 时，不成对地采用钛合金，或采取隔离措施；（4）静子叶片采用合金钢或镍基合金，机匣采用合金钢，如 HK-8、HK-86、AИ-25、Д30 发动机高压压气机静子叶片逐步由钛合金改为合金钢，但这会增加结构质量；（5）在转子叶片叶尖相应的机匣段内壁设置钢衬套，如 JT9D 和 PW4000 发动机在钢衬套内表面钎焊一层金属毛毡易磨带；（6）少数钛合金机匣增加特殊的防钛火隔层，如 F404 发动机钛合金外涵机匣内壁附加特种的氟橡胶衬套，防止钛火焰烧穿机匣，后来将钛合金改为 M152 合金钢，CF6、CFM56 发动机采取了与 F404 相同的更换材料措施，并将外涵机匣由钛合金改为 PMR15 复合材料。

苏联的统一民航适航性标准明确规定高压压气机零件使用钛合金的温度限制为：（1）转子叶片不大于 500℃；（2）静子叶片不大于 330℃；（3）机匣及封严环不大于 330℃；（4）箅齿环不大于 300℃。这大大限制了钛合金的应用温度和使用范围[92]。

EJ200 发动机高压压气机（共五级）机匣的第 1~4 级采用钛合金，这四级转子采用钛合金整体叶盘，存在钛火风险，采取的措施有：在钛机匣内径对应工作叶片的环形带上设有氧化锆陶瓷涂层，其内还涂有 Bentonit 可磨耗涂层。为防止叶片与机匣摩擦产生过热（过热会引起叶片断裂），在叶片叶尖涂上一层立方氮化硼（CBN）涂层（见图 5-70）。另外，采用双层机匣设计，外层机匣采用钛合金，与中介机匣相连，传递核心发动机的外部载荷[112]。在钛合金表面喷涂 Mo，形成 Ti-Mo 二元阻燃合金层，深度约为 100μm。当 Mo 含量大约为 10% 时，采用激光点火法测试，点燃温度比 Ti-6Al-4V 高 200℃[113]。汪瑞军[114] 等采用微弧脉冲离子表面改性技术，在钛合金表面制备 $Ti_{40}Zr_{25}Be_{20}$ 阻燃改性层，对阻止钛火二次燃烧效果显著。

NASA 和 PW 开发了 Pt/Cu/Ni 和真空蒸发 Al 涂层，能提高在冲击能量条件下钛合金的起火温度。美国空军的电子空气动力激光试验台和 PW 公司的燃烧试验台评定了一系列涂层，并将 Cr-Ni-Al 涂层用于 CFM56 发动机高压压气机。俄罗斯 AЛ-31Φ 发动机机匣内环使用了 BN 涂层作为防燃烧涂层。

2002 年 12 月 15 日，一架装 4 台 RB211-524G 发动机的波音 747 客机在执行洛杉矶至纽约的航班任务中，其中一台发动机发生钛火；原因是高压压气机第 1 级转子叶片榫根与榫槽间的干膜润滑剂部分脱落，长期工作过程中叶片榫根承压面与盘榫槽摩擦不均匀，可能造成根部榫头在盘榫槽的卡阻，从而引起过大的振动，同时造成叶片根部涂层的损伤，

图 5-70　在钛合金叶片叶尖涂上一层立方氮化硼（CBN）涂层

引发高周疲劳裂纹的萌生，榫根处产生纵向裂纹，叶片外伸，叶尖碰到机匣，产生钛火，钛火不仅将其他 57 个叶片上部烧熔，而且将合金钢机匣烧穿形成了一个弧形槽道。2003 年 11 月 17 日，一架装 4 台 RB211-524G 发动机的波音 747 客机由新加坡起飞时，又发生类似的钛火故障。经检查，除一片甩脱外，所有高压压气机第 1 级转子叶片叶尖部分烧熔，叶片形成金字塔形状。这两起案例说明钛火不仅发生在钛-钛相对应的部件中，也能发生在钛合金工作叶片与钢制机匣间[110]。钛火问题仍未能根除。

5.4.1.3　阻燃钛合金的开发

产生钛火的三个影响因素是：空气压力、温度和空气流条件。与气流速度相比，气流压力对于点燃钛和持续燃烧更加重要。相对而言，低熔点材料不会轻易燃烧，因为合金熔化时会从燃烧区带走材料。TiAl 熔点为 1460℃，Ti_3Al 熔点为 1600℃，Ti-6242 熔点为 1700℃，TiAl 合金的阻燃性能是最佳的。减少钛合金中 Ti 元素的含量以及形成 Al 的氧化膜（在 Ti-Al 系合金）会抑制燃烧[115]。解决钛火的最佳办法是使用阻燃钛合金[116]。

如第 1 章所述，20 世纪 80 年代中后期，应 F-22 战斗机用 F119 发动机的设计需求，开发了一种阻燃钛合金 Alloy C，名义成分为 Ti-35V-15Cr，命名为 Alloy C。90 年代后期，英国 Birmingham 大学多学科中心与 RR 公司合作开发了一种低成本、阻燃的 β 型钛合金 Ti-25V-15Cr-2Al-0.2C，加入 C 后形成 Ti_2C，通过晶粒细化和降低 O 含量，塑性显著改善。

另外一个好的防钛火办法是在普通钛合金叶片叶尖上加一层阻燃钛合金，传统焊接方法如 TIG 可以用于叶尖堆焊，但大量的热量和大的熔池，使得难以控制尺寸精度，特别是叶片的进、排气边。直接激光制造（DLF：Direct Laser Fabrication）显而易见提供了一种可选方案，在叶尖沉积一薄层 Ti-25V-15Cr-2Al-0.2C 阻燃钛合金，有小的热影响区[117]，如图 5-71 所示。

5.4.2　氢脆

根据图 5-72 所示的 Ti-H 相图可知，H 对 β 相有强烈的稳定化作用，使纯钛的 β→α 转变温度从 882℃降到共析转变点 319℃。在 319℃时，H 在 α 相中的原子分数为 6.7%，在 β 相中原子分数为 39%。在 600℃以上，H 在 β 相中的固溶度原子分数可以达到 50%以上，而不析出氢化物。H 在 α 和 β 相中的溶解度存在较大差异与晶体结构的差异有很大关系，α 相中八面体间隙半径为 0.059nm，四面体间隙半径为 0.0315nm，而 H 原子半径为 0.041nm，因而大部分 H 原子占据 α 相的八面体间隙位置。β 相的八面体间隙为 0.044nm，这样 H 原子可以更多地溶入其中。在 319℃冷却时，β 相通过共析反应分解为 α 相和氢化物。在 319℃以下，随着温度下降，H 在 α 相中的溶解度大大下降，在室温下极限固溶度原子分数大约为 0.04%[118]。

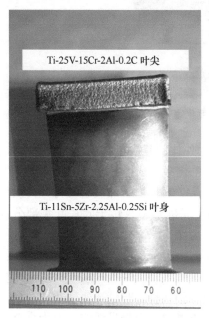

图 5-71   在 Ti-679 钛合金叶片上采用直接
激光制造技术沉积一层阻燃钛合金

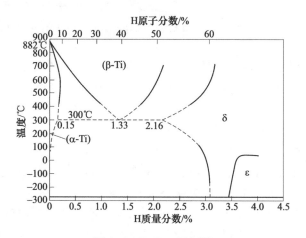

图 5-72   Ti-H 二元相图

钛的氢化物有三种类型：δ、ε 和 γ，常见的是 δ 氢化物 TiH_x，为简单立方结构。H 主要占据 HCP 结构和 BCC 结构中的四面体间隙中，当所有 HCP 结构的四面体间隙位置被 H 原子占据时，$x = 2$，即形成 TiH_2，实际上，氢化物的原子组成位于 $TiH_{1.5}$ 和 $TiH_{1.99}$ 之间[119]。在 Ti-4Al 钛合金中，有两种氢脆机制，在低应力下，为应力诱导氢化物析出和解理断裂机制；在高应力下，裂纹扩展速度快，不能以裂纹尖端形成氢化物，失效原因是氢助局部塑性变形，局部塑性流变所需应力降低。

材料或构件中的缺陷处是氢易偏聚的地方，如位错、晶界、沉淀相及夹杂与基体相界面、气孔等缺陷处以及构件缺口根部、微裂纹尖端等局部应力集中等较高的区域，氢与局部应力场交互作用，在此处形成局部的氢偏聚。局部应力越大，氢的浓度也就越大。

由于 H 含量太高引起氢脆是早期钛及钛合金材料制备时经常遇到的技术问题，如美国 Douglas 飞机公司使用的工业纯钛薄板，采用了酸滤的海绵钛并经充 Ar 的自耗电弧熔炼，产品的 H 含量达到 0.04%～0.05%（400～500ppm），由于 H 含量太高而难以成形并易断裂。1954 年末，在 Ti-8Mn 钛合金制成的零件中曾出现一种迟滞脆性断裂现象，认为是因氢脆造成的。PW 和 GE 公司的喷气发动机中某些压气机零件在发动机试车时曾产生断裂，归因于氢脆[120]。在进行发动机翻修时，经常发现钛合金叶片局部掉块，这可能与锻造过程、电化学加工、酸洗或碱洗除鳞处理时的吸氢致脆有关，一般发生在 H 含量最大的叶片的排气边或者叶尖位置。在实际应用中，要防止钛合金表面受到 Fe 的污染[121]，如果叶片部件表面局部有 Fe 物质时，会形成局部的 TiFe 合金区域，TiFe 合金是很好的储氢合金，促进诱发吸氢，形成 $FeTiH_{1.7}$ 相[122]。在含盐蒸发的环境，温度在 129℃ 时，曾发生过几例点蚀失效，与埋入的 Fe 颗粒有关[123]。有些用于燃气轮机的钛合金叶片，在 350℃ 以下在石油燃气环境下工作 8000h 和 24000h，未发现吸氢脆化，当超过 350℃ 时，吸氢会快速加剧[124]。

据资料表明，Ti-8Mn 钛合金薄板缺口拉伸试样，在低于典型拉伸断裂强度（100%计）以下加载时，当 H 含量为 0.026%（260ppm）时，施加应力仅为拉伸强度的 50%经过 10h 后就发生了断裂，而 H 含量为 0.0169%（169ppm）和 0.002%（20ppm）的薄板没有这么严重的氢脆。大部分的 α+β 型钛合金的氢脆敏感性弱于 Ti-8Mn 钛合金。如果 H 含量足够小，那么，在使用过程中不会因氢脆而引起断裂。TA7 钛合金中 H 含量超过 0.015%后，冲击韧性值急剧下降。基于大量试验，钛合金中的 H 含量规定为不大于 0.0125%~0.02%（125~200ppm），具体要求取决于具体的合金。在钛中加入 Al 可以弱化氢脆，如在 Ti-7Al 钛合金中，导致氢脆从纯钛的大约 0.0055%（55ppm）增加到 Ti-7Al 钛合金的 0.03%（300ppm）。在钛中加入少量 β 稳定元素也会改善 α 型合金对 H 的溶解度。钛合金中的杂质元素 Fe 会促进氢化物的形成。H 的扩散与温度有关，在 80℃ 以下不是很严重，在 80℃ 以上，随着钛合金中 Fe 含量提高，H 在钛中的扩散会加速。当温度大于120℃ 时，H 向钛内扩散速度大大加快。因此，在钛氧化膜不稳定的环境中，钛可以使用的温度界限为 80℃[125]。针状组织在断裂韧度和蠕变方面优势大于等轴组织，但是其最严重的缺点是对延迟形式的氢脆非常敏感，现在规定的 150ppm 允许 H 含量，实际上对于针状组织的 α+β 型合金是不适宜的[126]。上海空间推进研究所的规格为 M4mm×30mm 高强度钛合金螺栓在正常预紧装配后产生断裂，经分析，螺栓断裂的性质为低应力脆性断裂，断裂机理为氢致延迟断裂，主要与制造该批螺栓的棒材原始 H 含量（0.019%）过高有关[127]。早期国外有些钛合金锻件标准有一项室温缺口拉伸试验，其目的是考核材料是否存在氢脆。早期波音公司标准要求 Ti-6Al-4V 起落架锻件的 H≤0.015%，实际上，波音要求原材料半成品中的 H≤0.004%，锻件首批批准时要求 H≤0.0075%，批生产时要求 H≤0.0125%。随着钛合金原材料中 H 含量的有效控制到一个很低的程度，现在很多标准已取消了室温缺口拉伸试验。

钛合金氢脆可以分为第一类氢脆（亦称为内部氢脆）和第二类氢脆（环境氢脆）。内部氢脆是指在没有承受任何应力之前的熔炼、锻造、焊接、电镀、酸洗等过程中金属内部就已存在高 H 含量的脆性源，如形成了脆性的氢化物相，引起应力集中敏感，冲击韧性急剧下降，在较小的工作应力作用下便会发生脆性断裂。钛合金的化学性质活泼，在室温下就能吸收氢气，在高温加热时与油等碳氢化合物接触，有更严重的吸氢现象，高温下溶入固溶体的 H 随着温度下降以脆性片状的 γ 型（Ti_2H）氢化物形式析出，而使合金变脆。因此，钛合金锻造和热处理加热应尽量避免采用油炉或气炉加热，如果需要采用油炉或气炉加热，必须保证炉内气氛为微氧化性，最好是采用电炉[128]。

钛合金焊接构件中，H 在焊接接头内的扩散过程决定 H 的再分布和是否出现 H 含量峰值。电子束焊接形成的残余应力对 H 的扩散作用影响也很大，从而可能形成对延迟断裂威胁最大的 H 含量峰值。当然,含有过高 H 含量的钛合金,在进行电子束焊接时被急剧加热,开始析出气泡状的 H,它在金属凝固时即变成气泡。

另外,酸洗和化铣是钛合金增氢的重要环节,也容易被忽视。钛合金零件酸洗和化铣时采用的是 HF 酸和 HNO_3 的混合水溶液,溶液中的 H^+ 容易快速渗透进入工件内[129]。对于薄壁的钛合金精锻叶片来说,化铣工艺是至关重要的环节,还要考虑到 H 渗入时在叶片中的分布是不均衡的,从化铣叶片排气边取样测试 H 含量并不能代表叶片局部区域的 H 含量,可能会达到平均 H 含量的 3~10 倍。因此,实际测试叶片的 H 含量,一定要注意取样位置和实际的 H 含量值。渗氢程度和氢渗入深度既取决于合金中 β 相的含量,也取决于氢扩散速度与金属溶解速度的比例关系。在含有氧化成分的溶液中进行精整处理可以有效避免表面渗氢。对于一些对氢脆敏感的材料如 Ti-5Al-2.5Sn 钛合金,还可以采用碱洗除氧化层,当然应保持有效除鳞所需的最短时间。经过化学腐蚀的毛坯和零件要与未除氢的标准试样对比来检查 H 含量,这个标准试样要自始至终和零件一起放在腐蚀槽液中,H 含量应符合材料标准或技术条件,必须定期分析腐蚀槽液的成分[130],应保证腐蚀液具有合适的配比,减少 H^+ 含量。

环境氢脆是指在应力和氢介质共同作用下,处于晶格间隙中的氢原子,通过上坡扩散定向迁移聚集到应力集中处,由于氢原子与位错的交互作用,使位错不能自由运动,引起局部硬化,从而使基体变脆,或者析出脆性的氢化物,容易萌生微裂纹和扩展,特别是在高应力集中区,如缺口的尖端。环境氢脆是应变时效型的,意味着氢扩散是一个重要因素。肖纪美等人[131]用超高压透射电镜进行了工业纯钛渗氢试样的动态拉伸试验,验证了氢原子在应力场梯度作用下经上坡扩散形成氢原子团和氢化物相,氢化物本身以及氢化物与基体界面通过不同的位错滑移机制发生开裂,形成微裂纹。

H 在 β-Ti 中有较大的溶解度,在 α-Ti 中的溶解度很小,且随着温度的下降变得更小,在室温下大约只能溶解 0.002%。在 α-Ti 中存在微量的 H 便会形成 γ 相,使合金的塑性特别是冲击韧性下降,出现氢化物氢脆。在以 β 相为主的钛合金中,由于 H 在 β 相中的溶解度较大,温度下降时并不析出 γ 相,H 以过饱和状态存在,在应力的长期作用下,便可能发生应变时效型氢脆。如果工件内留有残余应力或应力梯度,或者织构,会加剧延迟开裂现象。另外,氢脆也是引起钛合金保载疲劳断裂的重要原因之一[132],在应力保持阶段,H 会扩散到裂纹尖端引起局部 H 浓度提高,诱导氢化物的析出,断口表现为准解理脆性断裂特征[133]。H 对 IMI685 钛合金保载疲劳影响研究表明,当 H 含量小于 0.006%(60ppm)时,随着 H 含量增加,作为一个强化元素,疲劳寿命有所提高,但当 H 含量大于 0.006%(60ppm)时,随着 H 含量增加,强度提高,但塑性和疲劳寿命下降。断口形貌表明,断口表面有脆性的氢化物形成[134]。

如果 H 含量超标,可以通过真空退火进行除氢处理,在 600℃ 或者更高温度及 1.33×10^{-2} Pa 压力或更低真空退火条件下除去[45]。我国于 1980 年前后遇到过 TC11 钛合金棒材 H 含量超标情况,H 含量大于 0.012%(120ppm),返回材料厂进行真空除氢处理。TA15 钛合金的真空除氢退火:加热温度 600~750℃,保温时间根据最大截面厚度而定: ≤20mm 保温 1~2h;>20~50mm 保温 2~3h;>50mm 保温>3h[135]。

对粉末合金和铸造产品,发展了热氢处理工艺。采用 H 作为临时元素,以细化和改变显微组织。

5.4.3 热盐应力腐蚀开裂

钛是一种活泼金属，但在大多数的介质环境如大气、海水中，因其表面能生成一层稳定致密的氧化膜而具有极好的耐蚀性能。钛合金以其优异的耐蚀性而著称，这也是钛合金区别于其他金属材料如钢、铝合金的显著优势，因而显示了钛合金在航空、航天、化学等领域广阔的应用前景。

1955 年末，G. W. Bauer 在对 Ti-6Al-4V 进行 700°F（371℃）蠕变试验时，在试样表面发现了一条不是由于蠕变断裂造成的裂纹，他将其追溯到蠕变试样表面有盐的指纹，并得出这是应力腐蚀开裂的结论，这也是首次报道钛合金热盐应力腐蚀开裂（HSSCC：Hot-Salt Stress Corrosion Cracking）的例子[136]。其他研究者有充分的理由担心这个令人震惊的结果，通过试验很快证实了 Bauer 的结论。与其他金属合金体系一样，工件表面存在较高的拉应力（低于屈服强度）和特定的环境条件（介质、温度、时间）下，钛合金也有产生应力腐蚀开裂失效的风险。外加拉应力如焊接应力、冷热加工产生残余应力作用会加剧应力腐蚀开裂的发生。20 世纪 60 年代早期，装有作为火箭推进器燃料的四氧化二氮（N_2O_4，不含 NO）或甲醇的钛合金容器发生过灾难性的失效事件，研究认为是由于应力腐蚀开裂导致的[137]。1964 年年底，在美国海军实验室，B. F. Brown 发现在应力、盐水、时间的共同作用并预先存在裂纹情况下，许多钛合金会存在应力腐蚀开裂失效，即裂纹尖端应力场强度因子（K_{ISCC}）值下降。

俄罗斯某发动机 120 件 BT5-1（Ti-5Al-2.5Sn）钛合金外涵道导流叶片中的 33 件在工作 40h 内出现裂纹，最高工作温度 60℃。经分析，为应力腐蚀开裂导致的，在断口缝隙内含 Cl、Ca、Mg 和 O 的腐蚀碎屑填充于穿晶二次裂纹，以及高的残余应力。加工槽的应力集中效应可能对应力腐蚀开裂有辅助作用。

我国某型发动机 TC11 钛合金离心叶轮内孔产生过应力腐蚀开裂故障，该叶轮内孔采用 F275 橡胶 O 形密封圈密封，裂纹分布在叶轮内孔与氟橡胶圈接触表面，断口为解理开裂特征，断口表面的腐蚀产物含有大量的氟元素。离心叶轮工作温度约 400℃，而 F275 氟橡胶裂解温度为 327℃。因此，在工作时氟橡胶圈发生裂解，产生氟离子，钛合金遭遇腐蚀，发生了应力腐蚀开裂[138]。

含有 Cl^-、Br^- 和 I^- 的盐都使钛合金产生应力腐蚀开裂，氯盐产生应力腐蚀开裂的严重程度顺序为：$MgCl_2 < SrCl_2 < CsCl < CaCl < KCl < BCl_2 < NaCl < LiCl$。氟盐和氢氧化物不产生应力腐蚀开裂[139]。

20 世纪 50 年代中后期，钛合金迅速扩大应用于新型先进喷气发动机压气机的叶片和盘，特别是对于舰载机用发动机，其工作环境接近或满足钛合金热盐应力腐蚀开裂的条件。我国有很长的海岸线，钛合金的热盐应力腐蚀开裂问题值得充分重视[140]。对于直升机的服役环境，因其相对在较低的空间飞行，更加要关注盐环境的作用。钛合金叶片和盘有充分接触盐类物质的机会，比如在加工、装配和维修时会将指纹汗液、血液或眼泪留在工件表面；在海洋环境工作时，空气中含有大量盐分，叶片和盘件表面会逐步堆积一薄层盐，盐分容易吸潮，本身也易溶解于水，吸潮电解质液膜含 Cl^-，在高温长时使用时能破坏钛合金的氧化膜层，有引发热盐应力腐蚀开裂的风险。到 1959 年，美国开发马赫数 3 的超音速飞机，使得钛合金应力腐蚀问题也成为飞机机身材料需要考虑的首要问题。在高速飞行时，由于与空气摩擦，机身会加热到应力腐蚀范围内的温度。热盐应力腐蚀开裂现象给钛合金在航空装备上的可靠应用带来了不确定性和可能的限制，到 20 世纪 60 年代，热盐应力腐蚀开裂问题成为航空领域钛合金应用研究的重点课题。1965 年在美国西雅图召开了钛合金热盐应力腐蚀开裂专题学术研讨会，并于 1966 年出版了《Stress-Corrosion Cracking of Titanium，ASTM STP 397》。

5.4.3.1　热盐应力腐蚀开裂微观机理

V. C. Petersen 和 H. B. Bomberger[141] 认为钛合金的热盐应力腐蚀开裂机理与盐（NaCl）及潮湿空气（H_2O）在高温下通过两步化学反应（见式（5-3）和式（5-4））生成 HCl 和 H 原子有关，HCl 的离解会产生 H^+。HCl 渗透穿过附着的氧化薄膜，与之下的 Ti 发生反应生成 $TiCl_2$ 和 H 原子，H 被吸收到金属表面，导致脆化，促进在低应力下的裂纹萌生。

$$Ti + 2NaCl + 2H_2O \longrightarrow TiCl_2 + 2NaOH + 2H \tag{5-3}$$

$$TiCl_2 + 2H_2O \longrightarrow TiO_2 + 2HCl + 2H \tag{5-4}$$

根据标准 ARP 982D—2016《减小锻造钛合金产品的应力腐蚀开裂》（Minimzing Stress-Corrosion Cracking in Wrought Titanium Alloy Products），认为钛合金产生应力腐蚀开裂的介质条件包括：（1）高于 260℃ 的碱金属卤素盐或其他金属的卤素盐，并有氧和水蒸气参与作用。（2）Ag、Cd 和 Hg 会促进钛合金开裂，但未能确定相应温度（即便是室温）下的开裂对应的应力下限。（3）甲醇，室温时钛合金在甲醇中的应力腐蚀开裂最为敏感，随着温度升高，应力腐蚀敏感性下降，有卤化物、酸和强氧化剂存在时，启裂时间缩短；暴露于甲醇溶液的大多数钛合金，当有水时会阻止应力腐蚀开裂。（4）作为火箭推进剂液体燃料氧化剂的 N_2O_4，在 30~75℃ 时会发生应力腐蚀失效。（5）含有少于 1.5% H_2O 和少于 10%~20% 的 NO_2 红烟硝酸将会极大地腐蚀金属引起自燃性反应。

虞炳西等[142] 研究了两种热处理状态 Ti-6Al-4V 钛合金的热盐应力腐蚀性能（表面喷盐 0.1mg/cm²），证实该合金在高温、应力、卤盐（NaCl）及湿气的作用下经过 100h 热暴露后，其塑性明显下降；在 300~450℃ 范围内，随着温度的升高，材料的热盐应力腐蚀脆化临界应力明显下降；当暴露温度低于 300℃ 时，合金对热盐应力腐蚀不敏感；在 300~420℃ 范围内，热盐应力腐蚀临界应力低于同一温度的蠕变强度，这表明材料在此温度范围内使用时，热盐应力腐蚀将成为限制因素；温度高于 420℃ 时，蠕变强度低于同一温度的热盐应力腐蚀的脆化应力，此时蠕变强度成为材料的限制因素。用离子探针测定断口上的 H 含量分布表明，裂纹起始点的 H 含量比内部高约 10 倍，断口表面比断口下面也高出很多倍，这说明 H 在裂纹中有高度偏聚现象，它是造成合金脆化的原因。

5.4.3.2　合金成分对热盐应力腐蚀开裂敏感性的影响

钛合金热盐应力腐蚀的程度取决于合金成分、应力水平、温度、时间和盐的浓度。共析型 β 稳定元素 Mn、Co 会增加合金对裂纹的敏感性；增加同晶型 β 稳定元素 Mo、V、Nb 和 Ta 含量，会减少对热盐应力腐蚀的敏感性，其中以 Mo 最为有效；此外，大量加入 Zr 有可能避免热盐应力腐蚀。

R. V. Turley[143] 研究了 Ti-6Al-4V、Ti-8Al-1Mo-1V、Ti-4Al-3Mo-1V、Ti-5Al-2.5Sn、RS-140 钛合金的应力腐蚀敏感性，认为所有钛合金均对应力腐蚀是敏感的，其中 Ti-4Al-3Mo-1V 合金对应力腐蚀抗力最大，Ti-5Al-2.5Sn 抗力最小；随着温度的上升（从 600℉ 到

800℉），应力腐蚀敏感性增加，应力腐蚀开裂是在合金表面的晶界和某些穿晶平面的交界处由腐蚀产生的窄沟引起的。

表 5-14 为不同钛合金的热盐应力腐蚀敏感性程度，可见在航空发动机上常用的钛合金如 Ti-5Al-2.5Sn、Ti-8Al-1Mo-1V 具有高度的热盐应力腐蚀开裂敏感性。

表 5-14　钛合金热盐应力腐蚀开裂敏感性等级比较

敏感性	合　　金
高度敏感	Ti-5Al-2.5Sn、Ti-5Al-5Sn-5Zr、Ti-8Mn、Ti-7Al-12Zr、Ti-8Al-1Mo-1V
中等敏感	Ti-5Al-5Sn-5Zr-1Mo-1V、Ti-6Al-6V-2Sn、Ti-3Al-13V-11Cr、Ti-6Al-4V、Ti-5Al-2.75Cr-1.25Fe
高抗应力腐蚀	Ti-4Al-3Mo-1V、Ti-5Al-3Mo-1V、Ti-11.5Mo-6Zr-4.5Sn、Ti-2Al-4Mo-4Zr、Ti-2.25Al-1Mo-11Sn-5Zr-0.25Si、Ti-8Mo-8V-3Al-2Fe

在较高温度下工作的钛合金，如 IMI685、IMI829、IMI834、Ti-811、Ti-6242S、Ti-6246 等均具有明显的热盐应力腐蚀开裂敏感性，这些合金均含有较高含量的 Al，Al 是盐类如 NaCl 高温水解的加速剂，特别是组织中形成 α_2 相时，会加剧热盐应力腐蚀开裂敏感性。在含盐环境下，IMI834 钛合金的疲劳性能严重下降，除了腐蚀疲劳外，同时一定存在热盐应力腐蚀开裂作用，在热盐高温环境拉应力作用下，疲劳裂纹源产生于盐沉积部位下的点蚀位置[144]。模拟直升机海洋性工作条件下的实验室研究，在 Ti-6246 钛合金试样表面连续引入盐雾，或者试样表面涂上一层一定数量的海盐，结果表明，Ti-6246 钛合金具有热盐应力腐蚀开裂倾向[145]，喷丸和金属陶瓷涂层可以提高热盐应力腐蚀开裂抗力[146]。

Ti-811 钛合金具有较高的高温拉伸强度、弹性模量和较低的密度等特性，曾引起发动机应用和超声速运输机蒙皮板材结构应用的极大兴趣。大量试验研究结果表明，该合金相对于其他常用钛合金如 Ti-64 和 Ti-6242 对于热盐应力腐蚀更为敏感，导致在后来的一些发动机选材时未被采用。在含 Al 的钛合金中，当 Al 质量分数超过 5% 后，或者有明显 α_2 相析出时，会限制位错交滑移运动，增加热盐应力腐蚀开裂倾向[147]。

5.4.3.3　提高钛合金热盐应力腐蚀开裂抗力的措施

ASTM F945《采用航空发动机清洁材料导致钛合金应力腐蚀的标准测试方法》（Standard Test Method for Stress-Corrosion of Titanium Alloys by Aircraft Engine Cleaning Materials）描述了如何确定钛合金在各种溶液和工艺过程中抗应力腐蚀的试验程序。将干净试样与施加不同溶液试样弯曲成"U"形，一起置于一个夹具之中，并在板材试样某一个面上产生一个较高的拉应力作用，在高温下持续暴露一定时间后，检查试样表面的完整性，以评估钛合金的应力腐蚀倾向。

钛合金部件产生热盐应力腐蚀开裂必须同时具备如下三个必要条件：（1）高温（220~500℃）；（2）表面拉伸应力（对于 Ti-6Al-4V 钛合金最小应力要求 300MPa 以上）；（3）腐蚀性气氛（含 Cl^- 的水溶液，表面上有热盐沉积，最小 NaCl 表面浓度要求 0.16g/m²）[148]。应力腐蚀受温度、应力、时间、盐成分和沉积量、空气介质，特别是空气压力和电势的影响。在实验室测试设备上看到热盐应力腐蚀的作用，不一定在实际的发动机工作中会遇到，因为两者的空气压力和电势存在明显的差异，空气压力的提高，不太容易使上述的电化学反应发生。另外，在实验室条件下，一般使用更高的盐含量。

ARP 982D—2016《减小锻造钛合金产品的应力腐蚀开裂》（Minimzing Stress-Corrosion Cracking in Wrought Titanium Alloy Products）基于实验室研究结果，提出了能够消除锻造钛合金产品在异常的化学环境条件下服役时应力腐蚀开裂的建议：（1）选择满足服役环境要求的具有足够应力腐蚀抗力的合金，在海水中对平面应变条件下的裂纹扩展抗力高的合金包括 Ti-64 ELI；（2）在甲醇中加入少量水，在推进剂 N_2O_4 中加入少量（0.4%～0.8%）的 NO，会有效抑制应力腐蚀；（3）热处理与成形工艺参数对钛合金的应力腐蚀开裂敏感性有重要影响，β 锻或 β 热处理一般会增加合金对热盐应力腐蚀的敏感性，但会阻止室温水性环境下的应力腐蚀开裂；（4）避免高应力集中系数持续的大载荷作用，通过喷丸引入表面压应力可以提高设计应力极限，采用保护涂层如化学镀镍能够阻止热盐应力腐蚀开裂；采用表面阳极化处理也可改善应力腐蚀开裂倾向；（5）对于有热盐应力腐蚀倾向的钛合金盘件，应采取特殊的预防措施，如在制造、装配、巡航时保持一个干净的表面，以及定期的部件表面清洗操作，去离子水和非卤化有机溶液如甲基乙基酮和丙酮（除甲醇外）可以安全地用于钛合金工件的清理，氯化烃能够引起特定钛合金高温下的开裂，在热处理前去除残余的氯化烃，钛合金构件不应暴露在氯化有机物溶液的高温蒸气中，禁止使用四氯乙烯、甲醇。

ARP 1795《清洁剂对航空发动机用钛合金应力腐蚀的影响》（Stress Corrosion of Titanium Alloys, Effect of Cleaning Agents on Aircraft Engine Materials）标准描述了航空发动机用清洁剂和保养维修化学物质对钛合金应力腐蚀作用的推荐测试方法。

尽管实验室研究表明，钛合金特别是高 Al 的钛合金具有明显的热盐应力腐蚀开裂敏感性，针状组织比等轴组织对热盐应力腐蚀开裂更敏感，在氢气环境有疲劳裂纹扩展加速的现象。在实际应用中，还没有出现过重大的钛合金应力腐蚀失效案例[149]。可能实验室条件下的测试结果不代表实际服役条件，没有到合金应用的极限条件。业界的一些研究者认为：实际服役时的高转速和移动的空气流，快速流动的空气可以去除一些气体性的腐蚀产物；但是也有专家认为对于一些非气体反应产物，高速气流是没有能力去除污染物的，而实验室则是静止空气状态。

虽然钛合金存在应力腐蚀问题，但其严重程度显著低于铝合金和钢，因此飞机起落架的一些部件采用钛合金来制造除了考虑比强度因素外，主要还是基于克服铝合金和合金钢零件由于出现腐蚀斑点而导致应力腐蚀和疲劳裂纹。当然，钛合金中的 O 含量控制很关键，过高的 O 含量会降低应力腐蚀抗力。

5.4.4 低熔点金属致脆

由于钛合金耐磨性差，如不加以保护则不能做承受摩擦的零部件，在钛合金和其他金属零件的配合面之间应进行必要的表面处理。钛的电位正极，与电位负极的金属材料接触时，会引起电偶腐蚀。用镀银作为钛合金的保护层是一个很好的方法，美国的 JT3D、苏联的 P13-300 等发动机采用这种防粘技术。但是，当钛合金与固态或液态低熔点金属或合金（如 Cd、Hg、Zn、Pb、Sn、Bi、Ag、Ag-Cu 合金）接触时，并在低于材料屈服强度的拉应力作用下可能会发生脆性断裂，该断裂不是连续的，而是一个延迟过程。

美国西屋（Westinghouse）公司 XJ54 发动机 Ti-4Al-4Mn 压气机第 16 级盘在耐久性测试时发生开裂，结果表明与镀镉螺栓直接接触有关[150]，这种失效行为称为镉脆，钛合金对镉脆的敏感性大于高强钢，在设计中应予以特别注意。

英国 RR 公司发生过螺纹镀 Ag 插头的失效事故，称其为银脆。GE 公司和 PW 公司也曾发生过银脆故障，如 J93 发动机的 Ti-7Al-4Mo 压气机盘的螺栓孔（盘之间采用镀 Ag 螺栓连接，镀 Ag 作为抗腐蚀涂层用）周围出现裂纹，在超转试验时在盘的几乎每个螺栓孔位置产生了裂纹，螺栓为镀 Ag 的 ϕ12.7mm 的 A286 钢制螺栓，与盘直接接触[150]。同一时期，J93 发动机有几个 Ti-5Al-2.5Sn 钛合金压气机静子叶片在轴的螺纹段和平台轴角处产生断裂，当时叶片装配允许在螺母到螺纹处进行镀 Ag，叶片断裂应该与镀 Ag 有关。在 IMI829 钛合金的一些盘件上曾发生过普遍的开裂，因为在高温工作状态下，液态的 AgCl（镀 Ag 的螺母与 Cl⁻ 反应而产生）在钛装配件的表面微孔中富集诱发裂纹。Ag 有集聚 NaCl 的能力，并形成 AgCl，在螺栓孔周围的高应力区，Ag 能把 NaCl 聚集到足以发生应力腐蚀破裂的程度，在裂纹源部位均发现了 AgCl[151]。Ti-6Al-4V 钛合金压气机转子组件曾发生过银脆，螺栓孔发生开裂，镀 Ag 的螺栓与盘直接接触[152]，因此禁止将 Ag 物质用于发动机部件和发动机装配工具[153]，禁止钛零件与镀镉、镀银零件、标准件或工具接触。当用作螺纹润滑剂时，采用有机结合的干膜润滑剂或合适的含石墨润滑脂；当用作抗微动磨损作用时，采用 MoS_2 干膜润滑剂更适合。

低熔点金属致脆的本质是这些低熔点金属与 Cl⁻ 结合形成盐类物质引起钛合金的应力腐蚀。Ag、Au、Pt 和 Pd 在发动机的工作温度下，只有当周围环境中的 Cl⁻ 浓度足以形成盐时，才有可能引起盐应力腐蚀。各种气象研究表明，在高达 1828m（6000 英尺）的海气有不连续的 NaCl 颗粒，另外，从距海平面约 32190m（20 英里）处收集的雨水中含 $2.7×10^{-4}$%（2.7ppm）的 Cl_2。实际发动机工作环境下，空气中的 Cl_2 浓度不会超过几个 ppm（ppm=10^{-6}），必须考虑空气中自然存在的 Cl_2 和氯化物盐污染引起钛合金应力腐蚀的可能性。根据范特霍夫（Van't Hoff）方程计算，形成氯化盐的最低 Cl_2 浓度，在 750℉（399℃）时的估计值见表 5-15[150]。可知，Cd、Pb、Ag、Pd 与钛合金表面接触的确具有潜在的风险。

表 5-15　形成氯化盐的最低 Cl_2 浓度

元素	镉（Cd）	铅（Pb）	银（Ag）	钯（Pd）	锰（Mn）	铜（Cu）	钴（Co）	锌（Zn）	铂（Pt）	镍（Ni）
原子序数	48	82	47	46	25	29	27	30	78	28
熔点/℃	321	327	962	1554	1244	1083	1495	419.5	1768	1453
沸点/℃	767	1749	2212	2970	1962	2567	2870	907	3825	2732
最低 Cl_2 浓度/%	$4×10^{-8}$	10^{-7}	$2×10^{-6}$	$2×10^{-5}$	10^{-3}	$5×10^{-3}$	0.0125	0.0180	0.2000	0.2500

钛合金存在的固体银脆问题，可采用施加保护层或其他方法弥补，在镀银之前预先镀中间过渡层，然后再镀工作层，使脆化元素与基体材料隔开，就可以防止产生固体金属致脆。中间过渡层应选用诸如 Cu、Ni 等既可以改善基体材料的可镀性，提高工作层的稳定性，防止工作层向基体扩散，又不会脆化基体的材料[154]。我国的某涡喷发动机压气机钛合金叶片榫头上采用 Ni-Ag 镀层，未发现有银脆问题，它的作用与美国常用的 Cu-Ni-In 镀层有相同的作用。美国 JT9D、CF6、CFM56、F100 等发动机钛合金压气机叶片榫头采用

Cu-Ni-In 镀层。根据表 5-15，在 Cl_2 浓度小于 $10^{-4}\%$（1ppm）的空气环境中，所有三种金属与气态 Cl_2 应该是不发生反应的。

5.4.5　微动磨损和微动疲劳

传统叶片—盘榫齿连接结构，因不稳定空气流的气动力学作用，叶片叶根与盘榫槽连接面处会受到正向应力和切向应力的共同作用，在切向应力的作用下会产生极小的位移，这种摩擦现象称为微动；亦即小幅度的往复运动，这会导致微动磨损，引起几何尺寸变化从而造成盘与叶片之间丧失正常的配合关系，并破坏钛合金表面薄的氧化保护层，产生硬质的氧化物残渣颗粒，加剧表面损伤[155]，容易诱发疲劳裂纹萌生，由微动疲劳和微动磨损共同作用引发的失效故障称为微动损伤。这个微动磨损过程包含了复杂的多轴加载条件、表面损伤以及相关的残余应力[156]。钛合金压气机叶片与盘之间的微动损伤部位在叶片榫头与盘榫槽的表面接触处，不分解难以进行有效的检测或监控。

我国某发动机长期试车时，发生过 TC11 钛合金第 4 级转子叶片的断裂失效，是起源于微动磨损损伤处而出现的高周疲劳断裂，其性质属于微动疲劳；即由于榫头与榫槽配合面过盈，在榫头与榫槽配合的压线处产生局部应力过大，致使在该区域产生微动磨损，在振动交变应力作用下，微裂纹不断扩展长大，最后导致叶片榫头疲劳断裂。为了防止微动疲劳，应控制叶片榫头与盘榫槽的配合间隙，榫头部位喷丸强化及榫头表面涂干膜润滑剂、MoS_2 等对配合面进行隔离和润滑[157]。我国某发动机空心风扇叶片采用 TC4 钛合金超塑成形/扩散连接工艺制造，在进行叶片的振动疲劳试验过程中，叶片榫头叶背侧发生疲劳开裂，认为产生原因是叶片榫头与夹具配合面发生了微动磨损，微动振幅在 $20\mu m$ 左右，促使叶片表面萌生大量微裂纹，在交变应力作用下不断扩展，最后形成宏观的疲劳裂纹[158]。

装于波音 777-300 飞机的 Trent893-17 发动机于 2001 年 1 月 31 日在飞机起飞时，26 个风扇叶片的第 9 号叶片从叶根处（叶身与燕尾型榫根转接处）断裂甩出。经分析认为，风扇叶片断裂的主要原因在于：叶根设计不合理，致使局部应力过高，叶根燕尾型榫头与轮盘榫槽间涂的干润滑膜遭到破坏，使局部区域接触面无干润滑膜，造成接触面间有擦伤甚至有粘连（相当于微焊），风扇叶片长期处于恶劣工况且榫根承力面上受力不均，加速了疲劳裂纹的发展[159]。装于波音 787 飞机的 Trent1000 发动机分别于 2016 年 11 月 26 日、2017 年 6 月 10 日和 2017 年 7 月 27 日，发生了三起中压压气机第 1 级转子叶片断裂，检查其他的叶片也有部分在叶片根部榫头侧面有裂纹，在叶片榫根与盘榫槽接触的表面上均有明显的磨蹭痕迹，判定产生原因是由于装配间隙不合适，发动机振动导致叶片榫根与轮盘榫槽间产生相互摩擦，因微动疲劳导致叶片榫头断裂。

采用 MoS_2、石墨自润滑、金属薄膜、等离子喷涂涂层方法，避免金属与金属间的直接接触来解决微动疲劳。另外，采用喷丸处理，产生冷加工硬化层，在表面和亚表面产生压应力，提高材料的疲劳损伤抗力。喷丸是提高微动疲劳性能的一个有效手段，在 Ti-6Al-4V、IMI834 叶片/盘、IMI834 盘/IN718 叶片上都做了试验，喷丸作用是很显著的[160]。Ti-6Al-4V 钛合金风扇盘与叶片之间接触应力高（400~500MPa），位移幅度大（≤$150\mu m$），温度低（<100℃），盘槽采用钢球喷丸处理，叶根采用等离子喷涂 Cu-Ni-In 涂层，表面附着 MoS_2。对于小型的压气机叶片，接触应力小（200~300MPa），位移幅度小

（≤20μm），但温度较高（<450℃），叶根采用玻璃丸喷丸处理[161]。

为了减小销子微动磨损作用，早期工作集中于孔挤压强化工艺（Ballizing），采用一个镀 Ag 的不锈钢套管，辅以 MoS_2 润滑剂[162]。Ti-6Al-4V 钛合金压气机叶轮、螺栓连接的盘，直升机主桨毂臂铰链箱均发生过因微动磨损导致的失效，补救措施是采用等离子喷涂软质的 Cu-Ni-In 涂层，或采用附加的夹紧装置螺栓代替螺纹连接[152]。等离子喷涂 Cu-Ni-In 涂层有明显的抗微动损伤作用，其主要原因在于涂层易于变形吸收微动能量，摩擦系数小，减小了表层应力，使损伤限制在涂层范围内[163]。

局部快速热处理（LRHT：Local Rapid Heat Treatment）可用于钛合金部件局部的表面热处理，采用高能量密度的电磁感应加热方法，对压气机叶片的榫头进行局部处理，提高榫头的耐磨性和微动疲劳性能[164]。

5.4.6 外物冲击损伤

飞机在低空飞行时，如起飞和降落阶段，航空发动机风扇叶片有受到鸟类冲击的可能，严重时会造成风扇叶片的变形或断裂进而引起发动机停车。2009 年 1 月 15 日，美国全美航空 1549 航班 A320 飞机从纽约拉瓜迪亚机场（LaGuardia Airport）起飞爬升过程中遭到一群加拿大黑颈黑雁的撞击，导致两台 CFM56-5B 发动机同时停车，在失去动力的情况下，6min 后成功迫降于哈德逊河（Hudson River）上，155 名乘客和机组人员全部生还，创造了航空飞行史的奇迹。1989 年巴黎航展开幕当天下午，参展的米格-29 战斗机在进行飞行表演时，左侧 РД-33 发动机吸入飞鸟引起停车，飞机失控坠毁，飞行员跳伞获救。为了避免外物吸入，苏-27 战斗机进气道上加装了可收放的过滤网。

另外，飞机在起飞和降落时，发动机风扇叶片和压气机叶片会受到吸入的石头、沙子、冰渣、螺钉、轮胎小块等外来物的冲击，尺寸一般在毫米级别，冲击速度主要取决于叶片转速，为 100~350m/s，大部分的外物冲击发生于叶片前端的进气边。如 2000 年协和号飞机因机场跑道碎片击中发动机造成飞机失事，乘客和机组人员全部遇难。由于很小的外来物损伤导致军用发动机风扇叶片断裂的事故是很常见的，如 1994 年和 1995 年发生两起均由外来物损伤造成 F110-GE-129 发动机风扇第 1 级转子叶片断裂，导致 F-16C/D 战斗机坠毁（A 等事故）[92]。

当飞机和直升机低空飞行和起降时，地面上的沙尘在强大气流作用下被吹散，其中很多沙粒或尘埃会吸入发动机内冲击压气机叶片表面。由于钛合金本身耐磨损和耐冲刷能力较弱，容易发生冲刷磨损而失效，尤其是对于直升机用发动机，由于飞行高度较低，发动机叶片经受带沙尘的高速气流下工作。沙尘的硬度远远大于钛合金的硬度，所以这种冲刷磨损属于硬磨粒磨损，磨损率较高。作为冲刷磨损，其磨损率与沙尘粒子的入射角、粒子的速度亦即沙尘的流量密切相关，一般入射角在 30°时磨损率最大，磨损率与粒子的速度和沙尘的流量成正比。钛的磨蚀速度大约比钢或高温合金要快 40%，磨蚀之后导致叶片尺寸和表面粗糙度的一些变化，有发生提前疲劳断裂的倾向[153]。在航空发动机中，压气机叶片是最主要的损伤部件，压气机叶片断裂的唯一方式是疲劳失效。Nochovnaya[165]认为，由于沙石冲击引起的疲劳断裂占 43%。钛合金抗冲刷的如 CrC、TiN 超硬涂层可以显著提高钛合金叶片的抗磨蚀能力，但对钛合金叶片的疲劳性能会有一定的负面作用。

钛合金受到外物冲击损伤（FOD：Foreign Object Damage），会加速疲劳裂纹萌生。对于叶片，可以在外物损伤位置萌生裂纹，这个问题还伴随着冲击引发的残余应力、显微组织变形、初期微裂纹以及应力集中等。因外物冲击造成显微组织的损伤，还会形成局部的剪切变形带组织。

发动机叶片受到低周疲劳和高周疲劳综合作用，目前采用一个当量应力集中因子（K_t）来处理外物冲击损伤问题，K_t值一般是经验性的，由部件测试数据和外场使用经验综合获得[166]。缺陷容忍的设计方法，基于裂纹扩展门槛值，以保证受到高周疲劳载荷的关键部件在低于疲劳裂纹扩展门槛值ΔK_{th}下工作，保证在10^9循环数内不会发生明显的裂纹扩展[167]。

为了模拟风扇叶片受外物冲击，一般采用分离式 Hopkinson 压杆进行动态性能试验。对于 Ti-6Al-4V 钛合金，固溶时效处理得到的双态组织往往比普通退火的等轴组织具有更好的抗外物冲击性能。

5.5　制样和加工不当引起的假象

钛合金的金相检验往往需要从锻件或部件本体上采用线切割、气割或带锯切割等手段切取相应的低倍或高倍试样，随后要经历一系列的试样加工，如对试样表面进行砂轮磨、砂纸磨、抛光、腐蚀等工序。在这些加工和处理过程中，如果操作不慎或控制不当，进行金相分析时偶尔会造成一些奇异的假象，会与钛合金客观存在的冶金缺陷相混淆，严重时会误导对于缺陷的评判。下面介绍在工程生产时的四起典型案例。

图 5-73 为某 TC11 钛合金离心叶轮低倍表面发现多个堆积的球形颗粒状异物，异物组织中有枝晶相，类似于凝固组织，经扫描电镜局部成分分析，结果见表 5-16，异物处除有 TC11 钛合金本身的元素外，还含 Fe 和 Cu。该异物为其他含 Cu、Fe 的金属材料打磨火星溅射到了该 TC11 钛合金金相试样表面形成的。

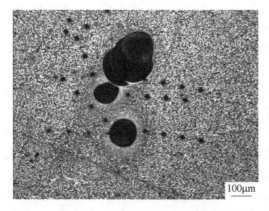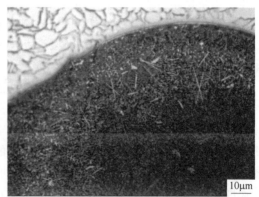

图 5-73　TC11 钛合金离心叶轮低倍表面发现的颗粒状异物

表 5-16　TC11 钛合金金相试样表面异物区的 SEM 成分能谱分析结果

元素	Ti	Al	Zr	Mo	Si	Fe	Cu
含量（质量分数）/%	74.62	6.52	2.03	5.38	0.75	2.91	7.79

　　图 5-74 为用于叶片生产的 TC11 钛合金小规格棒材的显微组织。为良好编织的网篮组织。经现场观察，采用砂轮切割从 φ30mm 棒材上切取金相试样，在短短的两三秒内完成切割，强烈摩擦引起切割面近表面层金属快速温升，有可能超过相变点温度，而之后过热的近表面层未进行车削，轻微的打磨不足以去除过热层。对于导热系数低的钛合金材料，在进行砂轮切割时要控制时间，防止过度温升。

图 5-74　TC11 钛合金小规格棒材因下料切割速度太快造成的过热组织

　　图 5-75 为对某批次 TC11 钛合金 φ17mm 棒材进行入厂检验的金相分析时试样的异常组织，试样表面有面积约为 $1mm^2$ 的异物，呈龟裂状，与基体有明显的界面，无钛合金的组织特征，轻微抛光无法将其去除。为了鉴定是冶金缺陷还是制样带入的缺陷，进行了模拟实验，取一个 TC11 钛合金模拟试样（组织与受检测试样相同）放置在砂轮下，用另一个 TC11 钛合金试样在砂轮上打磨，有意让火花飞溅到模拟试样表面，对试样进行抛光、腐蚀和观察，该故障再现试样表面的组织形貌如图 5-76 所示，表面存在的飞溅物与检测试样具有相同特征，同样与基体有明显的界面，高出基体表面且呈现龟裂。据此，确认该试样表面金相分析发现的缺陷不属于材料质量问题，缺陷为制样过程中外来同材质打磨飞溅物，该飞溅物冷却时，因受到冷却收缩和附着面形成的拉应力作用出现龟裂。

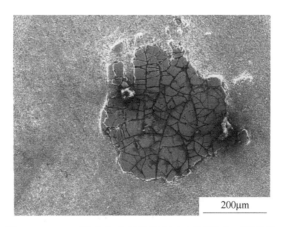

图 5-75　TC11 钛合金小规格棒材金相试样表面的异物

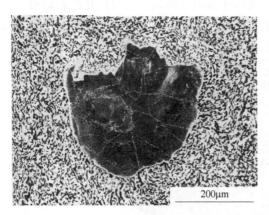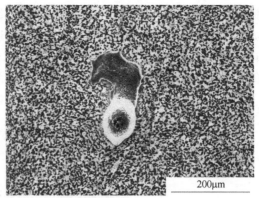

图 5-76　TC11 钛合金故障再现试样表面形貌

　　图 5-77 为 TC4 钛合金杆件 WC 刀具崩刃嵌入基体的形貌，当采用 WC 刀具进行车削加工时，刀尖崩刃嵌入了该钛合金零件表面，在界面上引起基体组织一定程度的变形，并有清晰的界面。在进行金相分析时，要将高密度夹杂物冶金缺陷分辨开。

图 5-77　TC4 钛合金杆件表面嵌入的 WC 刀尖崩刃

参 考 文 献

[1] 刘大响. 一代新材料，一代新型发动机：航空发动机的发展趋势及其对材料的需求 [J]. 材料工程，2017，45（10）：1~5.

[2] 李其汉，王延荣. 航空发动机结构强度设计问题 [M]. 上海：上海交通大学出版社，2014.

[3] 美国金属学会. 金属手册（第八版，第十一卷）无损检测与质量控制 [M]. 北京：机械工业出版社，1988：227.

［4］ 傅恒志. 未来航空发动机材料面临的挑战与发展趋向 ［J］. 航空材料学报, 1998, 18（4）: 52~61.

［5］ 何晋瑞. 航空发动机延寿定寿的新方法与材料寿命及寿命预测 ［J］. 航空材料, 1986（2）: 45~47.

［6］ Martin P, Herteman J P. Quality assurance for titanium critical applications ［C］. Ti-1992, The 7th World Conference on Titanium: 2805~2818.

［7］ 曹春晓. 航空用钛合金的发展概况 ［J］. 航空科学技术, 2005（4）: 3~6.

［8］ 段莉萍, 刘卫军, 钟培道. 机械装备缺陷、失效及事故的分析与预防 ［M］. 北京: 机械工业出版社, 2015.

［9］ James A, Van Den Avyle, Brooks J A, et al. Reducing defects in remelting processes for high-performance alloys ［J］. JOM, 1998, 50（3）: 22~25.

［10］ 钟群鹏, 周煜, 张铮. 裂纹学 ［M］. 北京: 高等教育出版社, 2014.

［11］ Aircraft Accident Report No. NTSB/AAR-90/06. United Airlines Flight 232, McDonnell Douglas DC-10-10, Sioux Gateway Airport, Sioux City, Iowa, July 19, 1989.

［12］ Aviation Investigation Report No. A97F0059. Uncontained engine failure, Canadian Airlines International, Boeing 767-375ER, Beijing, China, Sept. 6, 1997.

［13］ Aircraft Accident Report No. NTSB/AAR-98/01. Uncontained Engine Failure, Delta Air Lines Flight 1288, McDonnell Douglas MD-88, N927DA, Pensacola, Florida, July 6, 1996.

［14］ 许锷俊. 缺陷、损伤、微裂纹对航空发动机构件服役总寿命及可靠性的影响 ［J］. 航空发动机, 2003, 29（2）: 11~15.

［15］ 刘庆瑔. 航空发动机钛合金叶片制造技术及失效分析 ［M］. 北京: 航空工业出版社, 2018.

［16］ Shaniavski A A, Losey A I, Banov M D. Development of fatigue cracking in aircraft engine compressor disks of titanium alloy Ti-6Al-3Mo-2Cr ［J］. Fatigue & Fracture of Engineering Materials & Structures, 1998, 21（3）: 297~313.

［17］ McEvily A J, Ishihara S, Mutoh Y. 1989 DC-10 crash: A cold case mystery solved ［J］. Engineering Fracture Mechanics, 2016, 157: 154~165.

［18］ Shamblen C, Woodfield A, Wayte P, et al. Titanium industry quality improvements ［C］. Ti-2003 Science and Technology: 2737~2744.

［19］ Woodfield A P, Shamblen C E. Titanium alloy melt process quality improvements ［C］. Ti-2007 Science and Technology: 151~154.

［20］ Feist W D, Niklasson F, Fox K M. The influence of manufacturing anomalies on fatigue performance of critical rotating parts in the aero-engine ［C］. Ti-1988, The 6th World Conference on Titanium: 2883~2890.

［21］ 张津, 洪杰, 陈光. 现代航空发动机技术与发展 ［M］. 北京: 航空航天大学出版社, 2006.

［22］ Coplin J F. Design with titanium ［C］. Designing with Titanium: Proceedings of Conference, 1986, July 7-9: 11~27.

［23］ Alexander J D, Jezioro M. The relationship between manufacturing technology and design ［C］. Ti-1988, The 6th World Conference on Titanium: 1151~1155.

［24］ Hasija V, Ghosh S, Mills M J, et al. Deformation and creep modeling in polycrystalline Ti-6Al alloys ［J］. Acta Materialia, 2003, 51（15）: 4533~4549.

［25］ Evans W J. Time dependant effects in fatigue of titanium and nickel alloys ［J］. Fatigue Fracture Engineering Material Structure, 2004, 27（7）: 543~557.

［26］ Pilchak A L. A simple model to account for the role of microtexture on fatigue and dwell fatigue lifetimes of titanium alloys ［J］. Scripta Materialia, 2014, 74: 68~71.

［27］ Harrison G F, Tranter P H, Winstone M R, et al. Designing for dwell-sensitive fatigue in near alpha titanium alloys ［C］. Designing with Titanium: Proceedings of Conference, 1986, July 7-9: 198~204.

［28］Cope M T, Postans P J, Hicks M A. Microstructural optimization of titanium alloys for defect tolerance in gas turbine engine components ［C］. Microstructure, Fracture Toughness and Fatigue Crack Growth Rate in Titanium Alloys, Proceedings of the 1987 TMS-AIME Annual Symposia, Marriott City Center, Denver, Colorado, 1987, February 24-25: 137~145.

［29］Bache M R. A review of dwell sensitive fatigue in titanium alloys: the role of microstructure, texture and operating conditions ［J］. International Journal of Fatigue, 2003, 25 (9/11): 1079~1087.

［30］胡汉起. 金属凝固原理 ［M］. 2 版. 北京: 机械工业出版社, 2017.

［31］Seagle S R, Yu K O, Giangiordano S. Considerations in processing titanium ［J］. Materials Science and Engineering A, 1999, 263 (2): 237~242.

［32］Mitchell A, Tripp D W. HID and HDI dissolution during titanium melting processes ［C］. Ti-1992, The 7th World Conference on Titanium: 2257~2264.

［33］Bewlay B P, Gigliotti M F X. Hard alpha phase stability in nitride Ti-64 and Ti-17 ［C］. Ti-1999, Proceedings of the 9th World Conference on Titanium: 69~76.

［34］Bomberger H B. Alpha segregation in titanium alloys ［C］. Ti-1980, Proceedings of the 4th International Conference on Titanium: 2197~2202.

［35］蔡建明, 马济民, 郝孟一, 等. 钛合金中的硬 α 缺陷及其等离子体冷炉床熔炼控制技术 ［J］. 失效分析与预防, 2007 (2): 51~57.

［36］雷迅, 赵瑞贤, 姜涛, 等. 大型涡扇运输机严重飞行事故案例分析 ［M］. 北京: 国防工业出版社, 2014.

［37］606 所. 叶片振动疲劳断裂故障的预防和分析方法 ［C］. 航空发动机叶片故障及预防研讨会论文集. 北京: 航空工业出版社, 2005: 54~73.

［38］Mitchell A. The electron beam melting and refining of titanium alloys ［J］. Materials Science and Engineering A, 1999, 263 (2): 217~223.

［39］Paige J I, Redden T K. Melting of nitride seeded Ti-6Al-4V alloy ingots ［J］. JOM, 1988, 40 (3): 26~28.

［40］Bewlay B P, Gigliotti M F X. Dissolution rate measurements of TiN in Ti-6242 ［J］. Acta Materialia, 1997, 45 (1): 357~370.

［41］Chan K S, Perocchi L, Leverant G R. Constitutive properties of hard-alpha titanium ［J］. Metallurgical and Materials Transaction A, 2000, 31 (12): 3029~3040.

［42］Ghazal G, Jardy A, Chapelle P, et al. On the dissolution of nitrided titanium defects during vacuum arc remelting of Ti alloys ［J］. Metallurgical and Materials Transaction B, 2010, 41 (3): 646~659.

［43］Agarwal K, Shivpuri R. A computation framework for integrated process design of high performance parts ［C］. 2nd World Congress on Integrated Computational Materials Engineering, TMS, 2013: 135~140.

［44］Mitchell A. Melting, casting and forging problems in titanium alloys ［J］. Materials Science and Engineering A, 1998, 243: 257~263.

［45］Lütjering G, Williams J C. Titanium: Engineering Materials and Processes, 2nd ed. ［M］. Springer, 2007.

［46］Carreon H. Thermoelectric detection of hard alpha inclusion in Ti-6Al-4V by magnetic sensing ［J］. Journal of Alloys and Compounds, 2007, 427: 183~189.

［47］Bomberger H B, Froes F H. The melting of titanium ［J］. JOM, 1984, 36 (12): 39~47.

［48］Shamblen C E. Titanium alloy melt-related defect sources ［R］. Technical Information Series No. R89AEB141, GEAE, EMTL, Cinncinati, OH, 1989.

［49］Bellot J P, Foster B, Hans S, et al. Dissolution of hard-alpha inclusions in liquid titanium alloys ［J］. Metallurgical & Materials Transaction B, 1997, 28 (6): 1001~1010.

[50] Honnorat Y. Issues and breakthrough in the manufacture of turbo engine titanium parts [J]. Materials Science and Engineering A, 1996, 213 (1-2): 115~123.

[51] Bartos J L, Copley D C, Gilmore R S, et al. Advanced ultrasonic inspection techniques for titanium billet materials [C]. Ti-1995, The 8th World Conference on Titanium: 1513~1520.

[52] Venkatesh V, Wilson A, Kamal M, et al. Computational modeling in the primary processing of titanium: a review [J]. JOM, 2009, 61 (5): 45~50.

[53] Da-jian Wang, Mitchell A. Effects of alloying elements on nitrogen diffusion behavior around TiN/Ti interface α region in as-cast titanium alloys [J]. Transactions of Nonferrous Metals Society of China, 2001, 11 (5): 738~742.

[54] Ivasishin O M, Alexandrov A V. Recent trends in CIS titanium industry developments and research activities [C]. Ti-2011, Proceedings of the 12th World Conference on Titanium: 20~29.

[55] Shamblen C E, Buttrill W H, Hunter G B. Titanium alloy hearth melt technology [C]. Ti-1992, The 7th World Conference on Titanium: 2451~2458.

[56] 韩明臣. 钛的电渣重熔 [J]. 金属学报, 1999, 35 (增刊1): S530~533.

[57] Moyers J C, Seagle S R, Copley D C, et al. Multizone sonic testing of titanium billet [C]. Ti-1995, The 8th World Conference on Titanium: 1521~1526.

[58] 佟健, 邰文彬, 党永丰, 等. 钛合金棒材典型冶金次生缺陷超声波探伤波形特征分析 [J]. 钛工业进展, 2018, 35 (4): 40~43.

[59] AIAA-97-1068. The development of anomaly distributions for aircraft engine titanium disk alloys [R]. 1997.

[60] Enright M P, Hudak S J, McClung R C, et al. Application of probabilistic fracture mechanics to prognosis of aircraft engine components [J]. AIAA Journal, 2006, 44 (2): 311~316.

[61] Leverant G R, Littlefield D L, McClung R C, et al. A probabilistic approach to aircraft turbine rotor material design [C]. International Gas Turbine & Aeroengine Congress & Exhilition, 1997: 1~6.

[62] Laughlin J P. HDI's in turning, the only conern [C]. Ti-1988, The 6th World Conference on Titanium: 627~629.

[63] Rudinger K, Piper K E, Schneche H. Dissolution of tungsten carbide particles during vacuum arc melting of titanium base alloys [C]. Ti-1988, The 6th World Conference on Titanium: 609~614.

[64] Mitchell A. Melting, casting and forging problems in titanium alloys [J]. JOM, 1997, 49 (6): 40~42.

[65] Mitchell A. The influence of titanium alloy composition and application on melting and casting practices [C]. Metallurgy and Technology of Practical Titanium Alloys, The Minerials, Metals & Materials Society, 1994: 201~208.

[66] 周明玉. TC4 钛合金低倍组织中亮条的分析 [J]. 材料工程, 1989 (2): 36~38.

[67] 章锦如. TC4 钛合金中的偏析 [J]. 稀有金属, 1980 (6): 17~21.

[68] 蔡建明, 张旺峰, 李臻熙, 等. TC11 钛合金叶片上亮条和暗条的性质及控制 [J]. 材料工程, 2005 (1): 16~19.

[69] 袁定勋, 曹振新, 劳金海. TC4 钛合金中的亮条 [C]. 1981 年全国钛合金学术交流会论文集: 19~37.

[70] 曾泉浦, 吴爱珍, 窦永庆. TC9 钛合金中的偏析 [J]. 稀有金属材料与工程, 1983 (3): 11~16.

[71] 刘炳南. TC6 钛合金的宏观偏析分析 [J]. 稀有金属材料与工程, 1990 (1): 23~25.

[72] 马济民, 朱知寿, 蔡建明. 钛合金 β 斑点的研究 [J]. 金属学报, 1999, 35 (增刊1): S445~450.

[73] Chen C C, Boyer R R. Practical consideration for manufacturing high-strength Ti-10V-2Fe-3Al alloy forgings [J]. JOM, 1979, 31 (7): 33~39.

[74] Brody H D, David S A. Application of solidification theory to titanium alloys [C]. Ti-1968, The Science,

Technology and Application of Titanium, The 1st World Conference on Titanium: 21~34.

[75] Mitchell A, Kawakami A, Cockcroft S L. Segregation in titanium alloy ingots [J]. High Temperature Materials and Processes, 2007, 26 (1): 59~77.

[76] Mitchell A, Kawakami A, Cockcroft S L. Beta fleck and segregation in titanium alloy ingots [J]. High Temperature Materials and Processes, 2006, 25 (5-6): 337~349.

[77] 陈战乾, 高颀, 刘新, 等. Ti-1023 合金铸锭铁偏析控制 [J]. 钛工业进展, 2003, 20: 56~58.

[78] Shamblen C E. Minimizing beta flecks in the Ti-17 alloy [J]. Metallurgical and Materials Transaction B, 1997, 28 (5): 899~903.

[79] Helm D, Roder O. Recent titanium research and development in Germany [C]. Ti-2007 Science and Technology: 5~7.

[80] Donachie M J. Titanium: A Technical Guide [M]. 2nd Edition, ASM International, 2000.

[81] Richard Blockley, Wei Shyy. 航空航天科技出版工程4——材料技术 (Encyclopedia of Aerospace Engineering 4 Materials Technology) [M]. 北京: 北京理工大学出版社, 2016: 55.

[82] Williams J. Thermo-mechanical processing of high-performance Ti alloys: recent progress and future needs [J]. Journal of Materials Processing Technology, 2001, 117 (3): 370~373.

[83] Zhou Y G, Tang J L, Yu H Q, et al. On effects of beta fleck on the properties of Ti-10V-2Fe-3Al alloy [C]. Ti-1992, The 7th World Conference on Titanium: 513~521.

[84] Rüdinger K, Fischer D. Effect of beta flecks on the fatigue behaviour of Ti-6Al-6V-2Sn [C]. Ti-1980, Proceedings of the 4th International Conference on Titanium: 1907~1916.

[85] Blackburn M J, Malley D R. Plasma arc melting of titanium alloys [J]. Materials & Design, 1993, 14 (1): 19~27.

[86] 付宝全. VAR 工艺参数对 Ti-1023 宏观偏析的影响 [R]. ITA2010.

[87] Suzuki H G, Ishikawa S, Noda N, et al. Thermomechanical treatment to dimish β flecks in Ti-6Al-6V-2Sn plate [C]. Ti-1992, The 7th World Conference on Titanium: 489~495.

[88] 马济民, 蔡建明, 李成功. 提高钛合金冶金质量与冷炉床熔炼技术的发展 [J]. 材料工程, 2002 (增刊): 15~18.

[89] Hayakawa H, Fukada N, Koizumi M, et al. A new method to produce segregation-free ingot of Ti-6Al-6V-2Sn by VAR [C]. Ti-1992, The 7th World Conference on Titanium: 2324~2327.

[90] Suzuki K. An introduction to the extraction, melting and casting technologies of titanium alloys [J]. Metals and Materials International, 2001, 7 (6): 587~604.

[91] Chinnis W R, Buttrill W H. Production titanium plasma cold hearth melting [C]. Ti-1992, The 7th World Conference on Titanium: 2363~2370.

[92] 陈光. 航空发动机结构设计分析 [M]. 北京: 航空航天大学出版社, 2006.

[93] 美国金属学会. 金属手册 (第八版, 第十一卷) 无损检测与质量控制 [M]. 北京: 机械工业出版社, 1988: 405.

[94] Bieler T R, Nicolaou P D, Semiatin S L. An experimental and theoretical investigation of the effect of local colony orientations and misorientation on cavitation during hot working of Ti-6Al-4V [J]. Metallurgical & Materials Transaction A, 2005, 36 (1): 129~140.

[95] Bieler T, Goetz R L, Semiatin S L. Anisotropic plasticity and cavity growth during upset forging of Ti-6Al-4V [J]. Materials Science and Engineering A, 2005, 405: 201~213.

[96] Simiatin S L, Shell E B, Roca I R, et al. Design of thermomechancial processes for the breakdown of alpha/beta titanium alloys with transformed beta microstructures [C]. Ti-1999, Proceedings of the 9th World Conference on Titanium: 1553~1562.

［97］ Tamirisakandala S, Russo P. 60 years of microstructure voyage in titanium alloy technology development ［C］. Ti-2015, Proceedings of the 13th World Conference on Titanium: 713~716.

［98］ Tricot R. Thermomechanical processing of titanium alloys ［C］. Ti-1988, The 6th World Conference on Titanium: 23~36.

［99］ Prasad Y V R K, Sasidhara S. Hot Working Guide, A Compendium of Processing Maps ［M］. ASM International, 1997: 461.

［100］ Winkler P J. Recent advances in superplasticity and superplastic forming of titanium alloys ［C］. Ti-1988, The 6th World Conference on Titanium: 1135~1150.

［101］ Semiatin S L, Seetharaman V, Weiss I. Hot workability of titanium and titanium aluminide alloys—an overview ［J］. Materials Science and Engineering A, 1998, 243 (1-2): 1~24.

［102］ Seshacharyulu T, Medeiros S C, Frazier W G, et al. Microstructural mechanisms during hot working of commercial grade Ti-6Al-4V with lamellar starting structure ［J］. Materials Science and Engineering A, 2002, 325 (1-2): 112~125.

［103］ 周义刚, 曾卫东, 俞汉清, 等. 热加工图研究进展与应用 ［C］. 稀有金属材料与工程, 2005, 10 (增刊3): 715~719.

［104］ 冀胜利, 王林歧, 徐斌. TA7 合金环件低倍试样"麻坑"现象分析 ［J］. 热加工工艺, 2006, 35 (2): 59~60.

［105］ 高扬. 压气机叶片和盘的故障调研报告 ［R］. 航空工业部第六二一研究所, 1984 (内部资料).

［106］ 陈光. 一起因电蚀标记不当引起的风扇转子非包容故障 ［J］. 航空发动机, 2008, 34 (4).

［107］ 杨兆岚. XX-15 发动机一级整流叶片裂纹的研究 ［C］. 1981 年全国钛合金学术交流会论文集: 97.

［108］ 孙雪征. TC11 钛合金叶片"白斑"的金相分析 ［J］. 材料工程, 1987 (5): 25~26.

［109］ 王印庆. 压气机钛合金叶片断裂实例分析 ［J］. 航空维修, 1997 (9): 28~29.

［110］ 陈光. 频发的发动机钛着火故障 ［J］. 国际航空, 2009 (3): 45~47.

［111］ Elrod C W. Review of titanium application in gas turbine engines ［C］. Proceedings of ASME Turbo Expo 2003, Power for land, sea, and air, June 16-19, 2003, Atlanta, Georgia, USA.

［112］ Kosing O E, Scharl R, Schmuhl H J. Design improvements of the EJ200 HP compressor, from design verification engine to a future all Blisk version ［C］. Proceedings of ASME Turbo Expo 2001: Land, Sea, and Air, June 4-7, 2001, New Orleans, Louisiana, USA: 1~6.

［113］ Pingze Zhang, Zhong Xu, Gaohui Zhang, et al. Surface plasma molybdenized burn-resistant titanium alloy ［J］. Key Engineering Materials, 2007, 353-358: 1837~1841.

［114］ 汪瑞军, 马小斌, 鲍曼雨. 钛合金表面制备阻燃层力学性能研究 ［J］. 航空工程进展, 2019, 10 (S2): 152~156.

［115］ Eylon D, Fujishiro S, Postans P J, et al. High temperature titanium alloys-a review ［J］. JOM, 1984, 36 (11): 55~62.

［116］ Esslinger J. Titanium in aero engines ［C］. Ti-2003 Science and Technology: 2845~2852.

［117］ Wang F. Direct laser fabrication of Ti-25V-15Cr-2Al-0.2C (wt pct) burn-resistant titanium alloy ［J］. Metallurgical & Materials Transactions A, 2012, 43: 677~686.

［118］ Tal-Gutelmacher E, Eliezer D. Hydrogen-assisted degradation of titanium based alloys ［J］. Materials Transactions, 2004, 45 (5): 1594~1600.

［119］ Shih D S, Robertson I M, Birnbaum H K. Hydrogen embrittlement of α titanium: In situ TEM studies ［J］. Acta Metallurgica, 1988, 36 (1): 111~124.

［120］ 郑怡琳, 译. 钛的现在和未来的用途 ［J］. 材料工程, 1959 (7): 4~9.

［121］ Jaffee R I. An overview on titanium development and application ［C］. Ti-1980, Proceedings of the 4th International Conference on Titanium：53~74.

[122] Thomas M. Hydrogen absorption of titanium alloys during descaling process ［C］. Ti-1984, Proceedings of the 5th International Conference on Titanium：1275~1281.

[123] Covington L C, Schutz R W. The effects of iron on the corrosion resistance of titanium ［C］. Ti-1980, Proceedings of the 4th International Conference on Titanium：2669~2676.

[124] Miyazaki M, Yamamoto M, Ikeda K. Development of 40 inch long titanium alloy blade for steam turbine ［C］. Ti-1988, The 6th World Conference on Titanium：511~516.

[125] 陈蔚明. 工业纯钛吸氢及其氢脆的形态规律 ［C］. 1981 年全国钛合金学术交流会论文集：106.

[126] Jaffee R I. Metallurgical synthesis ［C］. Ti-1972, Titanium Science and Technology, Proceedings of the 2nd International Conference：1665~1693.

[127] 朱铭德, 沈一诺. 高强度钛合金螺栓断裂失效分析 ［J］. 理化检验—物理分册, 2008, 44：446~450.

[128] Scanlan J V, Chambers G J G. Forgings in titanium alloys ［C］. Ti-1968, The Science, Technology and Application of Titanium, The 1st World Conference on Titanium：79~95.

[129] 陈诗荪, 王承屏. 钛合金锻件的典型缺陷 ［J］. 稀有金属材料与工程, 1982 (8)：11~16.

[130] 勃拉图辛 А Г, 柯拉契夫 Б А, 萨得柯夫 В В, 等. 飞机钛合金结构制造技术 ［M］. 北京航空工艺研究所, 1998 (内部资料).

[131] 肖纪美, 黄显亚, 王得明, 等. 钛合金低应变速率氢脆及应力腐蚀机理的研究 ［C］. 1981 年全国钛合金学术交流会论文集：101.

[132] Rugg D. Environmental behavior of titanium alloys- threats, mechanisms and knowledge gap ［C］. Ti-2015, Proceedings of the 13th World Conference on Titanium：1475~1481.

[133] Chesnutt J C, Paton N E. Hold time effects on fatigue crack propagation in Ti-6Al and Ti-6Al-4V ［C］. Ti-1980, Proceedings of the 4th International Conference on Titanium：1855~1863.

[134] Evans W J, Bache M R. The role of hydrogen in cyclic ad dwell sensitive fatigue of a near alpha titanium alloy ［C］. Ti-1992, The 7th World Conference on Titanium：1693~1699.

[135] 中国材料工程大典编委会. 中国材料工程大典 (第4卷)——有色金属材料工程 (上) ［M］. 北京：化学工业出版社, 2006：574.

[136] Raring R H. Stress-corrosion cracking of titanium ［C］. Stress-Corrosion Cracking of Titanium, ASTM STP 397, 1966.

[137] Pilchak A L, Young A H, Williams J C. Stress corrosion cracking fracet crystallography of Ti-8Al-1Mo-1V ［J］. Corrosion Science, 2010, 52：3287~3296.

[138] 刘昌奎, 张兵, 刘德林, 等. TC11 钛合金离心叶轮内孔裂纹分析 ［J］. 金属热处理, 2009, 34 (12)：100~103.

[139] 航空产品腐蚀及其控制手册 (上册) ［M］. 航空工业部第六二一研究所, 1984 (内部资料).

[140] 霍武军, 孙护国. 海航发动机压气机叶片腐蚀与防护措施 ［J］. 航空工程与维修, 2002 (6)：39~41.

[141] Petersen V C, Bomberger H B. The mechanism of salt attack on titanium alloys ［C］. Stress-Corrosion Cracking of Titanium, ASTM STP 397, 1966：80.

[142] 虞炳西, 张绥生, 万晓景. Ti-6Al-4V 合金的热盐应力腐蚀 ［C］. 1981 年全国钛合金学术交流会论文集：102.

[143] Turley R V, Avery C H. Elevated-temperature static and dynamic sea-salt stress cracking of titanium alloys ［C］. Stress-Corrosion Cracking of Titanium, ASTM STP 397, 1966：1.

[144] Cash M, Nicholls J R. Hot salt stress corrosion cracking and corrosion fatigue of titanium alloys ［J］. Ma-

terials Science Forum, 1997, 251-254: 649~656.

[145] Encrenaz M, Faure P, Petit J A. Hot salt stress corrosion resistance of Ti6246 alloy [J]. Corrosion Science, 1998, 40 (6): 939~958.

[146] Beguin J D, Faure P, Adrian D, et al. Environmental protection of titanium alloys in centrifugal compressors at 500℃ in saline atmosphere [J]. Surface Engineering, 2004, 20 (2): 135~138.

[147] Green J A S, Sedriks A J. Surface films and stress-corrosion cracking in Ti-Al alloys [J]. Metallurgical Transaction A, 1971, 2: 1807~1812.

[148] Encrenaz M, Mestral F D, Faure P, et al. Survey of crack initiation mechanism in hot salt stress corrosion of titanium alloys [C]. Ti-1995, The 8th World Conference on Titanium: 1911~1918.

[149] Blackburn M J, Smyrl W H. Stress corrosion and hydrogen embrittlement [C]. Ti-1972, Titanium Science and Technology, Proceedings of the 2nd International Conference: 2577~2609.

[150] Duttweiler R E, Wagner R R, Antony K C. An investigation of stress-corrosion failures in titanium compressor components [C]. Stress-Corrosion Cracking of Titanium, ASTM STP 397, 1966: 152~178.

[151] Jones C D. Surface and substrate stability of titanium alloys used in aerospace applications [C]. Titanium Alloys at Elevated Temperature: Structural Development and Service Behaviour, 2001: 219~227.

[152] Cohen B, Burte H M, Forney D M. Failure experience with and failure anticipation in titanium components [C]. Ti-1972, Titanium Science and Technology, Proceedings of the 2nd International Conference: 679~692.

[153] Jahnke L P. Titanium in jet engines [C]. Ti-1968, The Science, Technology and Application of Titanium, The 1st World Conference on Titanium: 1099~1115.

[154] 赵元刚. 压气机叶片榫头处的微动磨损与"银脆"问题分析 [J]. 燃气涡轮试验与研究, 2001, 14 (2): 34~37.

[155] Freimanis A J, Segall A E, Conway J C, et al. Elevated temperature evaluation of fretting and metal transfer between coated titanium components [J]. Tribology Transactions, 2000, 43 (4): 653~658.

[156] Fridrici V, Fouvry S, Kapsa P. Fretting wear behavior of a Cu-Ni-In plasma coating [J]. Surface and Coatings Technology, 2003, 163-164: 429~434.

[157] 刘庆瑔. 某发动机四级压气机转子叶片榫头断裂分析 [J]. 材料工程, 1997 (6): 15~20.

[158] 高志坤, 韩振宇, 佟文伟, 等. 空心风扇叶片榫头裂纹原因分析 [J]. 失效分析与预防, 2012, 7 (2): 114~136.

[159] 陈光. 大型民用发动机的故障及其故障分析 [J]. 国际航空, 2005 (2): 56~58.

[160] Daeubler M A, Helm D. Surfaces and elevated temperature effects [C]. Ti-1992, The 7th World Conference on Titanium: 41~52.

[161] Chamont C, Honnorat Y, Berthier Y, et al. Wear problems in small displacements encountered in titanium alloys [C]. Ti-1988, The 6th World Conference on Titanium: 1883~1888.

[162] Wedden P R, Liard F. Design and development support for critical helicopter application in Ti-6Al-4V alloy [C]. Ti-1972, Titanium Science and Technology, Proceedings of the 2nd International Conference: 69~80.

[163] 沈桂琴, 吴宝利, 王世洪. TA11 叶片 CuNiIn 涂层抗微动损伤特性研究 [R]. 2003 (内部资料).

[164] Markovsky P E. Application of local rapid heat treatment for improvement of microstructure and mechanical properties of titanium products [J]. Key Engineering Materials, 2010, 436: 185~194.

[165] Nochovnaya N A, Shulov V A, Vinogradov M V, et al. Erosion and corrosion resistant coatings for refractory titanium alloys [C]. Ti-1999, Proceedings of the 9th World Conference on Titanium: 843~855.

[166] Nicholas T, Zuiker J R. On the use of the Goodman diagram for high cycle fatigue design [J]. International Journal of Fracture, 1996, 80 (2): 219~235.

[167] Xi Chen, Hutchinson J W. Particle impact on metal substrates with application to foreign object damage to aircraft engines [J]. Journal of the Mechanics and Physics of Solids, 2002, 50 (12): 2669~2690.

6 航空发动机钛合金关重件的使用性能及评估

　　相对于其他动力机械，航空发动机的工作条件更加恶劣，发动机中的转动件一般在高转速、大应力和温度不均的条件下工作，高压压气机、燃烧室及涡轮系统的部件还处于不同高温条件下工作。对于军用发动机转子，无论是转速、应力或者温度，还常常随着飞行条件的改变而急剧变化。复杂的发动机结构和苛刻工作条件的结合，使得发动机转动件承受大的交变载荷作用，易引发疲劳失效等问题。因减重需要，很多构件如叶片、隔圈、盘件辐板等的截面较小，刚性较差，易产生振动，加剧了高周疲劳失效风险。一台航空发动机的使用寿命一般要求 10 年以上，最长的可以用到 30~40 年，因此还需重视所用材料与时间相关的使用性能，如蠕变、腐蚀、磨蚀等。发动机在使用中还会受到外部环境作用，如当吸入的空气中含有盐分、酸等潮气、雨水、冰晶、沙石甚至飞鸟时，转子零件易被侵蚀、打伤、变形甚至断裂，特别是对于进气道后的风扇叶片，若叶片被打伤、掉块或折断，转子会产生很大的突加不平衡量，引起部件强迫振动和产生共振，这些均会危及发动机的安全可靠工作。

　　钛合金材料以其优异的低密度、高比强度、耐腐蚀性能，且能在一个较宽的温度范围（室温约 600℃）保持高的热强性，在航空发动机风扇和压气机的关键部件如叶片、盘、机匣上得到大量应用，恰如其分地展现了钛合金材料的综合性能潜力与优势。此外，钛合金具有比镍基高温合金更低的热膨胀系数和弹性模量，在相同温度梯度条件下，钛合金转子件内产生的热应力是镍基高温合金的约 37%。因此，在遇到有大的温度梯度情况下，钛合金转子内部产生的热应力较小，这也是发动机转子使用钛合金的优势之一，特别是对于使用工况更加复杂多变的军用发动机来说显得尤为重要。

　　航空发动机叶片、盘、轴等转子的断裂往往无法提前预知，一旦断裂，含有巨大动能的碎片具有巨大破坏力，往往会在极短的时间内造成发动机的损毁，甚至是发动机的非包容性损坏，来不及采取有效应对措施，严重威胁着飞机的飞行安全。其中因钛合金部件失效引发的飞行事故屡见不鲜，部分钛合金部件断裂引发的发动机非包容性损坏往往可以追溯到钛合金材料生产或维修时的反常或不当，其中著名案例如 1989 年的 Sioux 城事件（UA232 航班，DC-10 飞机，死亡 111 人，CF6 发动机 Ti-6Al-4V 钛合金风扇盘内含有硬 α 夹杂物缺陷引发过早低周疲劳断裂）、1996 年的 Pensacola 城事件（1288 航班，MD-88 飞机，死亡 2 人，重伤 2 人，JT8D 发动机 Ti-6Al-4V 钛合金风扇盘轴拉杆孔因钻孔加工控制不当产生异常组织，导致提前疲劳断裂）。近期的案例有发生于 2018 年 4 月 17 日的美国西南航空公司 1380 航班波音 737 飞机空难事件，因其中一台 CFM56-7B 发动机第 13 号 Ti-6Al-4V 钛合金风扇叶片从叶根燕尾凸面处低周疲劳断裂，造成发动机非包容性损坏，碎片穿透机身玻璃窗，导致机上 1 人死亡[1]。

航空发动机部件要求材料具有可追溯性和可说明性，可追溯性要可追溯到棒材和铸锭的熔炼、锻造、热处理及特种加工全过程的信息，可说明性包括材料供应商和锻件供应商能证明所有材料及部件生产相关的成分、力学性能、超声、X 射线、腐蚀等检验检测的记录和文件。

为了合理利用资源和保护环境，人们总是希望能够根据服役条件，以最佳的性价比选用最适当的材料和工艺，这就要求更加深入地了解材料的使用行为。所谓材料的使用行为是指材料或制件在各种环境和复杂的外加载荷作用下表现的行为，使用行为是连接材料研制、结构设计和工程应用的桥梁，是结构设计、强度计算、寿命预测和结构完整性评估的前提。我们不能简单地把金属材料看成是连续均匀介质，也不能认为材料性能与时间不相关，由于出现不连续性缺陷的必然性和随机性，使材料使用行为的无损检测具有重大现实意义。现代航空发动机除了要求具有高的使用性能外，还要求有良好的适应性、可靠性和可维修性。但是，高性能与高可靠性之间往往存在矛盾，因此航空发动机的设计、选材等需要解决好高性能与高可靠性之间的矛盾，应辩证地认识，采取一个折中合理并符合实际使用要求的方案。

6.1　航空发动机关重件的基本设计方法

航空发动机钛合金叶片和盘的使用可靠性格外受到关注，风扇叶片、风扇盘、压气机盘的破裂有造成发动机非包容性损坏的巨大风险，压气机叶片断裂还有可能造成钛火等二次故障。一旦产生故障，对发动机、飞机和司乘人员可能造成重大损害，因此大多数转子件被归为"关键件"或"重要件"，国外发动机公司将盘、鼓筒、轴、机匣等列为限寿件（LLP：Life Limited Parts），意指发动机中原发失效可能导致严重危害发动机的转子和主要静子件，如 CFM56-3 发动机将风扇盘和增压级转子寿命限定为 30000 次飞行循环，高压压气机转子限定为 20000 次飞行循环[2]，有些发动机未将机匣列为限寿件。按高压压气机转子寿命期 20000 次飞行循环并一年飞行 2000 次计算，一个盘大约要使用 10 年；大部分的叶片零件未归为限寿件，一般在发动机大修时更换或修补受损叶片，如采用等离子弧焊或激光堆焊修复叶片叶尖[3]，叶片的使用寿命一般也为 8～10 年[4]。在发动机修理时，要对这些叶片、盘部件进行高灵敏度的超声检测、荧光检测和/或涡流检测，以发现可能已产生的表面或近表面开裂。对这些部件必须进行寿命设计、制造控制和部件寿命期内的全面管理，适航条例提出了寿命控制的相关规定。航空发动机转动件定寿的主要目的是为了确保部件使用的安全性，但就经济性和用户角度考虑，需要尽可能延长部件的使用寿命。

20 世纪 60 年代以前，采用简单的静强度计算，以确定部件使用的安全系数。20 世纪 60 年代以后，采用安全寿命设计准则，以疲劳损伤理论和疲劳试验获得的 S-N 曲线为基础。20 世纪 70 年代以后，采用以 ε-N 曲线为基础的应变疲劳理论，适用于处理屈服强度范围内的低周疲劳和疲劳—蠕变交互作用等。20 世纪 80 年代以来，逐步引入损伤容限设计，以确定在零件的批准寿命期内，由于材料、制造和使用引起的缺陷而导致的潜在失效。之后又发展了概率设计方法，概率失效风险评估能够定量分析参数随机性及材料缺陷分布对发动机盘安全性的影响，克服安全寿命管理方法的局限性，预测预期的飞行事故率，进而通过控制发动机危害性影响事件率，从根本上提供部件使用寿命期内的安全性[5]。由于概率失效风险评估在发动机盘失效分析方面的巨大优势，国外航空工业界已开发了较为成熟的分析软件，如美国西南研究所（Southwest Research Institute）联合 Honeywell、RR、PW 和 GE 公司共同开发了概率为基损伤容限设计软件 DARWIN™（Design Assessment of Reliability With INspection），用于处理发动机盘件的失效概率问题。

目前常采用疲劳设计、损伤容限设计来评估航空发动机用材料及其关键零部件的使用寿命和使用可靠性。疲劳设计要求建立一套经过验证的安全寿命确定方法，包括力学性能数据分析、部件试验、整机试验或者经验积累。损伤容限设计要求建立考虑缺陷引起部件提前失效的评估流程、识别并控制与部件寿命属性有显著关联的制造过程和工艺参数，形成基于分析、试验、经验三位一体的部件使用文件。

军用发动机和民用发动机具有显著的服役要求差异，相应部件的受力受热条件、使用寿命、使用可靠性等方面的要求存在差异。民用发动机侧重要求长的使用寿命和高的使用可靠性，发动机部件的受力受热条件不是最为苛刻的，而且飞行状态的变化不大。另外，从降低运营成本角度考虑，尽可能地降低耗油率，尽量延长发动机的维修周期，因此相应地要求所使用的材料具有长寿命和高损伤容限性能，部件设计趋向采用损伤容限设计。军用发动机侧重要求优异的服役性能，部件的受力受热条件苛刻，而且部件的受力受热状态会随飞机飞行状态的急剧变化而变化，使用寿命要求不如民用发动机那么长，因此更强调材料具有高的力学性能，特别是拉伸强度、蠕变强度、疲劳强度等，部件设计趋向采用安全寿命设计。

零件结构形状和尺寸的突变是应力集中的结构根源，如发动机盘螺栓孔或其他应力集中位置，在使用时会承受最大的应力作用。为了降低应力集中，应尽量避免尖角、缺口和截面突变，使其变化尽可能地平滑和均匀，尽可能地增大过渡处的圆角半径，同一零件上相邻截面处的刚性变化应尽可能地小。由于材料缺陷、加工缺陷或疲劳引起的裂纹导致结构破坏，应正确地选用材料、控制应力水平、采取抗断裂的设计方案，制造和工艺处理控制适当，在生产和使用维修中采用可靠的检查方法。美国国防部提出了动力系统完整性项目（PSIP：Propulsion System Integrity Program）计划[6]，对于钛合金部件，要求明确统计学上最短的安全寿命以及对小的表面开裂或角裂具有损伤容限能力。未来的发动机设计会更多地依赖于计算机材料工程集成技术的发展，即通过概率模型和模拟，微型试样测试，材料力学行为的精确表征，材料和部件损伤、组织、残余应力的无损表征技术等领域的进步，集成材料科学与工程学科，更大程度地发挥钛合金材料的性能潜力，实现性能优化，提高部件在使用寿命周期内的使用可靠性，并降低部件寿命期内的使用成本和维修成本，更好地协调使用可靠性与经济性。

6.1.1　疲劳设计

疲劳设计是在试验台上对试样或构件进行典型载荷下的疲劳试验，生成 S-N 曲线或 ε-N 曲线，并根据实验结果的统计模型描述疲劳故障模式，外推获得适用的最低寿命，即首条可检裂纹（life to first crack）的"安全寿命"。

作为传统的发动机关键转子寿命管理方法，安全寿命方法由与高能转子的设计、制造、试验验证、认证和现场管理相关的综合过程和技术组成，主要靠大量的强度、振动和疲劳寿命试验，长期和加速寿命试车以及外场使用经验的综合考验确定[7]。轮盘低周疲劳寿命是根据无缺陷构件（即不考虑材料内部已存在的缺陷、服役引发的缺陷和材料加工时的内在缺陷）在存活率为 99.87%（-3σ）下出现 0.78mm 长的表面裂纹的循环数确定的，这意味着在一批 750 件轮盘中，只要发现其中一个轮盘出现首条可检裂纹，则认为这批轮盘均到了寿命[8]。疲劳设计忽略任何潜在的可用寿命，因此是相对保守但是比较可靠的设计方法。

　　航空发动机的转动部件往往受到交变循环载荷的作用，依据加载频率可分为三类，即低周疲劳（LCF：Low Cycle Fatigue）、高周疲劳（HCF：High Cycle Fatigue）和超高周疲劳（VHCF：Very High Cycle Fatigue）。

　　压气机盘在服役时，轮辐和轮毂区承受双轴拉应力作用，从长期服役角度看，主要承受典型的低周疲劳载荷。实际上，飞机在起飞和巡航阶段，分别在不同的拉应力作用下会有一段时间的保持，特别是起飞阶段的拉应力是最大的，如图 6-1 所示。盘件实际主要承受两段梯形波载荷作用，这个短时间（约小于 5min）的拉应力保持作用会显著影响钛合金部件的低周疲劳性能，特别是对于在较低温度下使用的风扇盘和压气机盘，低周疲劳寿命降幅甚至超过一个数量级，这个现象称为保载疲劳效应（DTF：Dwell Time Fatigue）。采用传统的低周疲劳三角波加载方式测试获得的低周疲劳性能不能直接用于盘件寿命计算，还必须考虑保载疲劳效应。另外，盘件工作时在低周高幅应力上还会叠加一个由高频振动引发的低幅应力，因此也要关注盘件的高周疲劳性能。

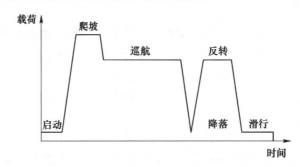

图 6-1　民用航空发动机在一次服役过程中盘件典型载荷谱示意图

　　如果没有内在的冶金缺陷和外在的表面损伤缺陷，发动机钛合金叶片和盘的使用寿命主要集中于疲劳裂纹萌生阶段，一般能占到总寿命的 90% 以上，一旦产生裂纹，裂纹扩展阶段的寿命占总寿命的比例是很低的，极限的一个例子是，疲劳裂纹扩展到失效只经历了50 次飞行循环[9]。发动机的一个部件在使用期内，在外加载荷特别是疲劳载荷的长期作用下，会引发微观层面的组织演变（主要是位错组态和密度的变化，对于高 Al 当量和高 Si 含量的钛合金，高温下还会析出 α_2 相和硅化物）和改变局部应力状态，会造成材料的累积损伤，诱发疲劳裂纹萌生。

　　据统计，高周疲劳是现代军用发动机部件失效的单个最大原因，因空气流压力扰动、转子不平衡和摩擦造成的力学振动、叶片颤振等因素造成高周疲劳损伤。当材料高周疲劳叠加上低周疲劳、微动磨损、擦伤、外物冲击等情况时，会进一步加剧高周疲劳损伤。工程上采用 Goodman 图评估部件的抗高周疲劳能力[10]。美国实施的 HCF 计划《国家涡轮发动机高周疲劳科学与技术计划》（National Turbine Engine High Cycle Fatigue Science and Technology Program）和 IHPTET 计划（1988~2003）《综合高性能涡轮发动机技术计划》（Integrated High Performance Turbine Engine Technologies），高周疲劳技术的重点研究目标是最大限度地降低发动机高周疲劳失效，进而大幅降低发动机的非定期维护成本，其主要技术途径是综合应用计算流体力学（CFD：Computational Fluid Dynamics）和计算结构力学（CSD：Computational Structural Dynamics）技术解决叶片高周疲劳和颤振问题，提出将黏弹性薄膜阻尼系统用于抑制风扇或压气机整体叶盘结构的叶片振动[11]。

对于在高温下使用的钛合金部件，要充分关注热机械疲劳。除了蠕变和疲劳加载之外，在航空发动机工作条件下还包含温度梯度和力学应变循环的组合，这个热机械疲劳加载一般控制着许多高温部件的使用寿命，其应力–应变响应、裂纹萌生行为、裂纹扩展速率与等温条件下的差别很大，而实验室阶段部件寿命评估通常是基于等温条件试验数据预测而得到的[12]。

6.1.2　损伤容限设计

用疲劳定寿的构件在实际中不一定安全，这是因为在构件中可能隐藏着漏检的缺陷或裂纹。尽管对航空发动机钛合金材料和锻件采取并实施了最为严格的加工过程控制和各种方法的检测检验，经验表明，虽然出现缺陷异常极为罕见，但有时用标准的无损检测方法还无法完全可靠地百分百地检出，缺陷或裂纹的存在会显著降低钛合金部件的疲劳性能，极大地威胁发动机的结构完整性。因此采用疲劳设计对于有缺陷部件的寿命预测是不适用的，需要采用其他更为适合的设计方法，如损伤容限设计。

损伤容限是指部件在规定的不修理使用期内抵抗裂纹、缺陷或其他损伤导致失效的能力[13]。20 世纪 70 年代开始，基于线弹性断裂力学（LEFM：Linear Elastic Fracture Mechanics）的损伤容限定寿方法得到工程应用，假设存在一个原始的缺陷，这个缺陷作为从第一次开始加载时就已预先存在的裂纹，忽略裂纹萌生[14]。理论上，损伤容限寿命预测过程假设：断裂关键位置裂纹尺寸刚刚小于无损检测技术漏检的最大裂纹尺寸（a_i），裂纹随后在服役时扩展，通过线弹性断裂力学或其他被认可的方法进行预测，直至达到失稳扩展的裂纹尺寸（a_d）。无损检测技术漏检的最大裂纹尺寸（a_i）到裂纹失稳扩展的尺寸（a_d）对应的疲劳时间或次数，定义为一个安全检查间隔（SII：Safe Inspection Interval），表明在一个安全检查间隔的最后，所有部件要经过无损检测，无裂纹的部件重新服役另一个安全检查间隔，这个过程重复直到发现裂纹。为了实施这个步骤，必须确定所选择的无损检测技术的检测能力极限，确保不漏过一个会导致失稳断裂的裂纹尺寸。基于对服役载荷和材料疲劳裂纹扩展特征及安全寿命计算的了解，建立裂纹扩展速率（da/dN）和失稳扩展的裂纹尺寸（a_d），裂纹扩展的寿命应能保证在一个安全检查间隔内部件的可靠使用。

对于主要承受低周疲劳载荷的钛合金压气机盘，美国将损伤容限设计于 1984 年纳入发动机结构完整性大纲（ENSIP：Engine Structural Integrity Program），即 MIL-STD-1783 标准，明确规定：对断裂关键件均进行损伤容限设计、分析、控制和试验，一旦发动机盘件达到安全寿命之后，使用损伤容限为基的寿命循环管理方法，因此裂纹扩展速率数据很关键。断裂关键件在有材料、制造和工艺缺陷的情况下，应能保持足够的损伤容限，应正确地选用材料，控制应力水平，采用抗断裂的设计方案、制造和工艺控制，采用可靠的检查方法来获得损伤容限能力[15]。美国已将损伤容限设计应用于 F100-PW-220、F110-GE-100 和 F109-GA-10 发动机，并规定：无损检测技术漏检的最大裂纹尺寸（a_i），对于渗透检测是 0.8mm，对于涡流检测是 0.4mm[16]。损伤容限设计方法的适当实施，可以减少发动机非包容性转子破裂事件的发生，特别是对于脆性材料，更应关注材料的损伤容限性能，如对于 TiAl 和 Ti_3Al 合金来说，无缺陷的材料可以得到长的疲劳裂纹萌生寿命，但是其裂纹扩展速率过大，断裂寿命太短，难以满足长寿命盘件的要求，因此该类材料用于导弹或一些军用发动机上更为合适[17]。

美国联邦航空局（FAA：Federal Aviation Administration）的咨询通告 AC33.14-1《高能涡轮发动机转子的损伤容限》（Damage Tolerance for High Energy Turbine Engine Rotors）[18]，使用了增强的寿命管理程序，对民用航空发动机关键钛合金转子设计进行损伤容限评估，保证钛合金转子断裂概率应小于设计目标风险值（DTR：Design Target Risk）。目前，单个部件的 DTR 值要求达到小于 1×10^{-9}，发动机的 DTR 值要求达到小于 5×10^{-9}[19]。发动机制造商有多种可用的方法来实现设计目标风险值，包括但不限于部件重新设计、材料更改、材料工艺改进、制造检测改进、在役检测和降低使用寿命要求。发动机转子设计是一个漫长过程，涉及无数次的反复迭代，每一次更改都会改变初始的设计目标风险值。

使用损伤容限设计方法需要了解：（1）分析使用的检测方法的分辨本领和测定原始缺陷可能的尺寸；（2）分析加载条件和仔细计算压气机盘的应力-应变状态（特别是应力集中区）；（3）研究裂纹扩展行为，计算临界尺寸裂纹出现前的加载循环次数；（4）制定发动机使用和修理时盘的检查方法。

要根据使用特点和可能存在的缺陷，确定表征材料及其相应工艺的特性及数据，重点应放在裂纹萌生与扩展特性及断裂韧性上[20]。出现频率很低但危害性大的缺陷的检查是影响材料发展以及结构高度完整性的关键挑战之一，最大限度地减小由于未被发现的缺陷或损伤的扩展引起结构发生灾难性疲劳破坏的可能性。

失效都是由于本身所具有的失效抗力与所承受的外力不相适应导致，总是从最不适应的薄弱环节开始，经历发生、发展直至最后失效的过程。发生失效往往是小概率事件，目前对于一些限寿件，提出了概率风险评估方法。采用断裂力学分析方法，考虑缺陷分布、无损检测检出概率分布、材料以及载荷等变量的随机性，应用数值模拟的方法获得限寿件在批准寿命期内的失效风险值，量化由缺陷导致的结构件在批准寿命内发生破裂的概率，并判断该值是否满足设计目标风险值的要求[21,22]。

6.1.3　全面定寿设计

传统疲劳设计（疲劳强度判据）假定材料是连续体，损伤容限设计（断裂强度判据）假定材料是裂纹体，这两个独立的寿命评估方法各有其工程应用的优缺点。如果采用一个全面定寿方法来描述疲劳裂纹从萌生、小裂纹、长裂纹扩展直至断裂的全过程，则更为完整且符合实际情况[14]。

对于具有裂纹缺陷零件的强度计算，必须同时满足疲劳强度判据和断裂强度判据，两者不能互相取代，而是互相补充，使结构的强度设计更趋于完善。将损伤容限方法与疲劳设计集成并用于高能转子，得到一个加强的寿命管理方法。压气机钛合金部件高的工作应力，意味着能容忍一个小尺寸的初始缺陷，采用全面定寿设计特别有吸引力，因为零部件工作寿命的大部分消耗于裂纹萌生和裂纹的早期扩展阶段，这意味着对微尺度如一个晶粒到另一个晶粒的裂纹扩展必须有一个深入的理解。研究晶粒尺寸较大特别是初生 α 相有明显择优晶体取向情况下钛合金的力学行为是非常必要的，目前钛合金保载疲劳敏感性研究集中在保载条件下裂纹萌生和早期生长的微观机理，涉及位错滑移、晶粒间的应力集中与应力再分配、晶粒取向与加载方向关系、微织构等方面。

在使用钛合金部件时，应当综合强度、刚度、损伤容限、耐久性和可靠性几方面的要求，合理确定和控制结构的设计应力与技术指标。对于航空发动机关键钛合金部件，必须完善质量控制和质量保证体系，采取更可靠的熔炼工艺，采用先进的无损检测技术来检出缺陷的可能性，包括在制造阶段（检查冶金缺陷）和服役阶段（检查裂纹和开裂），定期检查在役发动机钛合金盘件。考虑到损伤容限设计，假定存在缺陷，保证裂纹的扩展在安全检查间隔期内没有达到瞬断的临界值。

工程部件寿命预测正确与否，依靠从最小裂纹尺寸到最终断裂扩展阶段预测的正确性，这需对裂纹生长的各个阶段有深入了解。在具有良好塑性的金属中，长裂纹与显微组织不会产生强烈的交互作用，采用弹塑性力学可以很好地进行实验表征，而裂纹萌生和小裂纹的扩展往往受局部显微组织的强烈影响，因存在显微组织敏感性，裂纹萌生存在强烈的分散性。密排六方结构的 α-Ti 具有本质的显著各向异性，不仅放大了组织对裂纹萌生的敏感性，而且也强烈影响长裂纹的扩展和断裂。Wilson[23]引入一个显微组织敏感的存储能密度概念，用于计算裂纹生长的影响因素之一，采用位错动力学来计算位错构型能量的分布和大小。

力学性能数据的分散给设计和部件定寿提出了挑战，民用发动机安全关键部件的失效概率要小于每 10^9 飞行次数发生一次。为了达到这么低的风险值，设计者必须采用最低值来进行设计，而不是典型值或最大性能。尽管材料标准提供了基本力学性能，但这些性能无法代表在更加复杂载荷作用下的材料力学行为，也无法反映在标准范围内难以理解的性能波动[24]。

6.2　航空发动机关重件钛合金材料选用的基本原则

采用钛合金材料代替钢或镍基高温合金，可以实现发动机的显著减重，从而提高发动机的推重比（或功重比）和服役性能。钛合金是先进航空发动机的主干材料，大量应用于风扇和压气机的叶片、盘、整体叶盘、离心叶轮、机匣、轴颈等，还应用于接头、盖板、支架、销轴等结构件，以及螺母、螺栓、螺塞等紧固件。其中，转子叶片、盘、整体叶盘、离心叶轮、轴颈是转动件，一般归为关键件或重要件（合起来简称关重件），国外也有将盘、整体叶盘、轴颈等归为寿命限制件，它们承受复杂多变且严苛的温度和应力耦合作用，这些关重件的可靠工作是决定发动机使用可靠性的重要因素，了解并掌握这些钛合金部件的真实服役条件及可能因疲劳、腐蚀、磨损、氢脆、摩擦钛火等产生断裂等失效故障的边界条件，对于进行针对不同部件的材料选择、加工工艺制定及过程质量控制是非常必要的。对于民用发动机，所用材料还需要通过民用航空适航认证，必须符合经过批准的规范和标准，保证这些材料能达到设计要求的性能，并保证材料使用的适用性与耐久性。

对于一个特定发动机部件用途进行材料选择时，单项的力学性能数据往往不能作为设计的唯一依据，更要重视材料的综合性能，即不仅要看某个单项性能的水平，更重要的是要看几个相互竞争性能的组合结果，而且这些性能随着外在使用条件的变化会发生变化。特别对于温度条件是很敏感的，比如高压压气机钛合金盘件，往往是在相对的高温条件下使用，当低于某一温度时，疲劳性能往往是最主要的限制因素，而当超过某一温度后，蠕变性能逐渐成为最主要的限制因素，同时要求兼具足够的高温拉伸性能、疲劳抗力，甚至当温度超过一个更大的值如 600℃，表面氧化又将成为最主要的限制因素。

同时在任何的服役条件下，都需要所用材料及部件有良好的损伤容限能力（高的断裂韧度和低的疲劳裂纹扩展速率），以防止部件发生不可预防的灾难性断裂故障。在设计选材时切忌追求单一的高强度指标，一般规律是，强度越高，疲劳裂纹扩展速率越大，一旦出现裂纹或构件表面或内部已存在裂纹缺陷，在外加载荷作用下，裂纹快速扩展导致构件断裂。要重视材料及构件在接近使用条件下使用性能如保载疲劳的评价，在疲劳和蠕变交互作用下会加速钛合金构件的疲劳损伤。与单纯的低周疲劳寿命相比，保载疲劳寿命降幅可能达到一个数量级以上。由于保载疲劳断裂造成的发动机非包容性损坏故障案例很多，如 GE 公司 CF6 发动机 Ti-6242S 钛合金高压压气机鼓筒转子发生过多起提前疲劳断裂故障，RR 公司 RB211 发动机 IMI685 钛合金风扇盘在不到半个月时间内发生过两起提前疲劳断裂故障，分析认为均与保载疲劳失效有关。要重视部件的残余应力及应力集中，特别是对于焊接结构以及带孔、台阶、薄壁几何要素的部件，应力集中问题更为突出。在部件设计时，应适当降低部件承受的应力，并提高材料的塑性和韧性，通过局部的塑性应变以降低应力集中。选择发动机转子材料时，应多考虑塑性，因为脆性材料产生塑性变形的能力相对不足，不能很好地释放局部集中的应力，当零件任何一点处达到强度极限时，零件就可能发生突然断裂；而延性材料通过塑性变形的屈服作用，使应力集中处的应力重新分布，从而减小不可预测的断裂失效风险。某些弱项如低塑性可以通过设计、材料、工艺的综合优化而加以克服。选材还受到经济因素、以往的经验、服役条件（温度、应力、结构类型、环境条件）、定寿准则等因素的影响[25]。

钛合金材料的选用应遵循"高低搭配"和"一材多用"的原则，目前针对新型先进发动机而开发的高性能新材料，往往只在某项性能特别是高温性能方面有独特优势，不代表比传统的"老材料"更有全面的综合力学性能优势，因此应根据部件工作温度、应力、寿命、可靠性等综合要求，恰当地选择适合的材料，重点是关注使用性能。钛合金压气机叶片和盘的使用性能应包括：（1）缺口敏感性，特别是高应力集中系数下的缺口疲劳特性；（2）抗疲劳裂纹扩展能力，这是损伤容限设计的基础；（3）长期高温使用后材料力学性能的变化，从而可以更科学地确定零件的剩余寿命；（4）特殊环境介质条件下材料的腐蚀特性，包括接触腐蚀、热盐应力腐蚀、腐蚀疲劳等；（5）各种工艺条件下材料抗磨损磨蚀性能，包括叶片榫头和盘榫槽间的微动磨损性能。这些使用性能是设计选材的依据，也是故障分析的基础，所以离开这些具有实际意义的使用性能而去追求某个常规性能的高指标是无意义的。材料应用研究需要积累材料组织—常规性能—使用性能的关系，合理地确定零件的加工工艺，包括电解加工、化学铣削、腐蚀检验、表面镀银、真空除氢退火等，这些工艺过程往往对零件的表面粗糙度、残余应力状态、微裂纹、腐蚀坑、烧伤、划痕甚至零件圆角尺寸影响很大，进而影响零件的使用可靠性。

6.3 航空发动机钛合金典型部件的使用特点与性能要求

在航空发动机上，钛合金主要集中应用于相对低温的压气机系统。压气机的主要功能是对进入发动机内涵道的空气进行增压，作为燃烧室的气源。对于大涵道比发动机，风扇转子受低压涡轮驱动，风扇出口的气流被在其后方的中介机匣分成两股分别排入内涵道和外涵道，风扇叶片高速旋转流入外涵道提供了发动机的大部分推力。根据压气机的结构形式和空气流动特点，可以分为轴流式、离心式以及轴流-离心组合式三大类。对于轴流式发动机，根据转子数目可以将压气机分为单转子、双转子和三转子。双转子发动机压气机分为低压压气机和高压压气机两部分，三转子是 RR 公司独有的结构设计，对应的压气机分为低压压气机、中压压气机和高压压气机三部分。在民用大涵道比涡扇发动机中，风扇往往设计成单级，并在风扇后面的内涵流道中设有多级增压级。一些直升机用的涡轴发动机往往采用离心式或轴流-离心组合式压气机。

压气机组件主要由转子、静子和一些功能件（如叶片角度调节、引气、防冰等）组成，轴流式转子一般由转子叶片、轮盘（鼓筒转子）、轴和一些连接件组成，是一个高速旋转对气流做功的组合件。静子是压气机不转动的部分，是压气机机匣及其内装的静子叶片装置的统称，它除了承受静子叶片所受的轴向力、扭矩和振动负荷外，还要传递转子支承所受的各种负荷。静子结构与转子结构是相对应的。离心式压气机也是由转子部分和静子部分组成的，转子部分包括导风轮、离心叶轮以及带动它们的转子轴，静子部分由叶轮罩壳、扩压器以及支承转动部分的机匣等组成。高速旋转的离心叶轮使气流获得动能，气流以很高的速度由叶轮排出，高速气流在静止的扩压器内滞止并扩压，使气流压力提高。

6.3.1 叶片

6.3.1.1 分类

压气机叶片分为转子叶片和静子叶片两种。转子叶片又称工作叶片，由叶身和叶根组成，与盘一起通过燕尾型榫齿连接配合组成转子，现代高推重比军用发动机的压气机转子趋向采用整体叶盘结构。整体叶盘结构没有传统榫齿连接结构接头处的机械阻尼，使得叶片振动问题更为严重，盘/片耦合振动问题更为突出[26]。有些发动机的整体叶盘采用双频设计，如 PW1000 发动机 Ti-6246 钛合金高压压气机第 4 级整体叶盘，间隔一个叶片采用相同频率。另外，整体叶盘叶片发展了两个新结构：（1）叶尖削薄，也称中弧过弯，即在叶尖比较小的一段高度上，将叶身材料铣去一部分，使叶尖处的加工量增大，从而延迟端壁附面层的分离，不仅扩大了压气机的稳定工作范围，还有利于提高增压比和效率；此外，万一叶尖与机匣相碰磨，也不会引起严重的后果。（2）端弯叶片，即将叶片叶尖与叶根前后缘稍作弯曲的一种设计，能消除端壁附面层的影响，可提高压气机的喘振裕度与工作效率。

转子叶片具有气动翼型截面，从叶根到叶尖扭转叶型，叶身的横截面由顶部到根部逐渐加厚。静子叶片又称整流叶片，由叶身和大小缘板组成，与机匣配合组成静子。有些静子叶片作为引导气流用，称为导向叶片。涡扇型发动机的低压压气机还称为风扇，对于大涵道比发动机，整个风扇结构由一级风扇和多级增压级组成，风扇叶片的尺寸要远大于压气机转子叶片，风扇叶片做功提供的推力能达到发动机总推力的 70% 以上。为了提升降噪和节油效能，现代民用发动机朝"大风扇"和"小核心机"方向发展，风扇有增大趋势，如 GE90-115B 发动机的风扇直径达到 3251mm，以增加进入发动机的空气流量，从而加大推力。

实心结构的钛合金风扇叶片的弦长由于受到叶片质量的限制不能设计得太大，窄弦风扇叶片的气动弹性又不稳定，常采用叶身凸肩（阻尼台）方式解决过大的振动问题（见图 6-2）。减振凸肩具有如下优势：（1）增加叶片两端夹持刚性，提高自振频率。（2）在振动中相邻叶片凸肩工作面相互摩擦，吸收振动能量，达到减振目的；通过喷涂 WC 或 CrC 涂层，提高叶片阻尼台接触面的耐磨性。（3）有利于解决发动机颤振问题。（4）提高抗外物冲击损伤能力。尽管存在气动性能损失大和加工工艺性差的缺点，减振凸肩在军民用发动机风扇叶片上还是得到了广泛应用[27]。有些高压压气机前面一级或几级的转子叶片

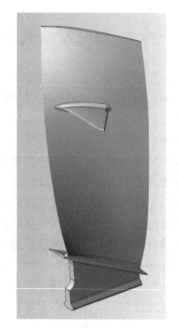

图 6-2　航空发动机窄弦风扇叶片叶身减振凸肩（阻尼台）设计示意图

也会采用减振凸肩设计，如我国某型发动机高压压气机第一级 TA11 钛合金转子叶片。

为了提高风扇叶片的工作效率和抗外物冲击能力，一些发动机如 RB211、Trent 系列采用 Ti-6Al-4V 钛合金超塑成形/扩散连接（SPF/DB：Super Plastic Forming/Diffusion Bonding）的空心风扇叶片，如图 6-3 所示。RR 公司第一代宽弦空心风扇叶片心部采用轻质的蜂窝结构，用于 RB211-535E4、RB211-524G/H、V2500 发动机。第二代宽弦空心风扇叶片改为桁架式结构，第三代风扇叶片也为桁架式结构，只是叶型采用弯掠形结构。更新的发动机如 GEnx、GE90、LEAP 设计采用树脂基复合材料风扇叶片，但是叶片进气边用胶粘上薄的钛合金蒙条，以消散外物冲击产生的能量，并抑制叶尖边缘复合材料的剥离趋向。

6.3.1.2　工作条件

现代高性能、高推重比发动机风扇和压气机设计，在保持高效率和足够失速裕度的同时，尽量采用更少的级数并达到更高的压比，提高转子转速是提高单级做功增压能力最有效的措施[28]。对于推重比 15 一级发动机，与推重比 10 一级发动机相比，风扇将由 3~4 级减至 1~2 级，平均级压比要大于 2.2，高压压气机由 5~6 级减至 3~4 级，单级压比不小于 1.8，叶尖速度大于 500m/s[29]。

压气机转子叶片和静子叶片均在逆压力梯度条件下工作，压力梯度与气流流动方向相反，不利于气流稳定流动。当流量和转速偏离设计值时，容易发生叶片气动失速和压气机气流突然减少的现象[30]，气流的这种突然减少导致产生一个强激波，通过主通道内逆流移动，引起发动机喘振。

作为增压系统的压气机，转子旋转速度很高，转子叶片承受着巨大的离心力以及由于气动引起的弯曲应力和由于温度梯度和热约束引起的热应力作用。通常，叶片的许用离心

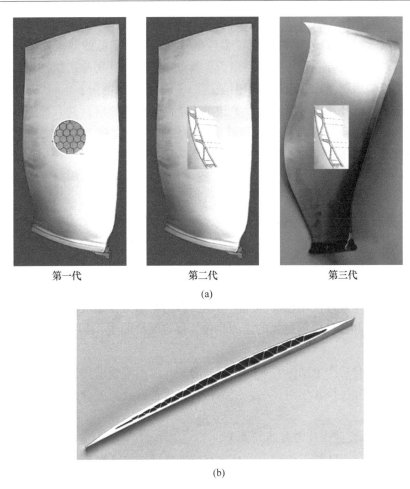

第一代　　　　　　　　　　第二代　　　　　　　　　　第三代

(a)

(b)

图 6-3　RR 公司开发的超塑成形/扩散连接宽弦空心风扇叶片示意图

（a）三代宽弦空心风扇叶片；（b）桁架式空心叶片实物横截面结构

应力大约不超过材料屈服强度的 70%[31]。由于空气增压作用，压气机叶片温度从前向后逐级升高，后几级叶片是在相当高的温度下工作。提高叶片切线速度会受到材料和结构强度的限制，特别是对于高压压气机后面几级转子，牵涉到与高温使用条件相关的材料力学性能问题，即随着温度的升高，钛合金的蠕变和疲劳性能问题逐渐凸显。

压气机转子与静子间的叶尖径向间隙控制很重要，间隙过小易引发叶尖与机匣的碰磨，间隙过大会降低压气效率。影响叶尖间隙的主要因素有热负荷、离心负荷、转子不平衡响应、转子热弯曲、机动载荷等[32]。高压压气机机匣的膨胀要与转子的膨胀相匹配，以确保叶尖间隙可以在高转速和高压比的情况下变得更小，CFM56-5C 发动机在高压压气机上使用了主动间隙控制技术，即通过使用高压压气机的热气流来加热静子以实现间隙主动控制[33]。

6.3.1.3　对材料的性能要求

压气机转子叶片从前向后分别在低温、中温、高温及复杂环境介质下高速转动，对所用材料提出了极苛刻的要求，如高的比强度、疲劳强度、抗腐蚀性能和冲击韧度（抵抗外物冲击损伤能力）。

　　与铝合金及钢相比，钛合金具有显著的比强度和耐腐蚀性优势，是理想的叶片材料。早期的压气机叶片如 Avon 发动机使用了铝合金叶片，适用于低的叶尖速度条件，当叶尖速度达到亚音速时，铝合金叶片变得易损，且具有很差的抗外物冲击损伤能力。从疲劳性能的角度来看，使用钢制叶片会好些，但是钢的密度大。20 世纪 60 年代，钛合金快速地被选用于制造压气机叶片，可以满足叶尖超声速条件工作的要求，并有极强的抵抗外物冲击损伤能力，而且钛合金的高周疲劳和低周疲劳性能都很优越。对于使用温度不高的情况，疲劳强度往往是压气机叶片最重要的性能要求。

　　Ti-6Al-4V 钛合金是航空发动机工业的"骏马合金"，在它的使用温度范围内几乎是唯一选择，发动机的风扇叶片、风扇盘、风扇机匣、增压级叶片和盘、高压压气机较低温度段（300℃以下）使用的叶片、盘等部件，一般首选 Ti-6Al-4V 钛合金。随着工作温度的升高，压气机叶片须选用耐热能力更强的钛合金。大量生产和使用经验表明，采用初生 α 相含量适中的细晶双态组织，控制初生 α 相尺寸在 5~10μm，初生 α 相含量约为 30%，可以获得最高的疲劳强度。细晶组织还有助于获得高的部件表面光洁度，这对于提高疲劳强度也很重要[7]。不推荐叶片使用粗晶的片层组织，长的平面型位错滑移容易穿过片层组织中的 α 集束，容易在晶界处引起过大的应力集中，促进裂纹萌生，其结果是得到一个低的高周疲劳强度。

　　考虑到钛合金有易产生摩擦着火的风险，静子叶片不希望采用钛合金。与转子叶片和盘零件相比，静子叶片尺寸相对要小，使用钛合金代替钢或高温合金，获得减重的效益不那么显著。

6.3.1.4　叶片疲劳设计与超高周疲劳

　　实践表明，钛合金叶片工作时，一旦含有或产生微裂纹，在高频振动载荷作用下裂纹会快速扩展直至断裂，有时甚至发生于一个飞行循环内，因此压气机叶片叶身的寿命预测没有采用损伤容限设计。压气机叶片属于无限寿命设计的零件，当前进行叶片力学设计时主要采用传统的高周疲劳 S-N 曲线和 Goodman 图，考虑到影响叶片高周疲劳的一些不确定性因素，一般采用很大的安全系数[34]，叶片承受的应力不超过材料高周疲劳强度的50%[35]。首先是发动机不正常情况下因结构响应造成的振动应力；其次，叶片受到外物冲击损伤、缺口损伤、微动疲劳等，这些耦合损伤会严重降低高周疲劳寿命[36]。这个问题同时伴随冲击引发的残余应力、显微组织损伤、初期的微裂纹形成、应力集中等，加剧叶片的失效[37,38]。

　　随着疲劳寿命指标的提高，疲劳问题从传统的高周疲劳（HCF：High Cycle Fatigue）发展到超高周疲劳（VHCF：Very High Cycle Fatigue）。叶片工作时振动频率高，风扇叶片约为 100Hz，高压压气机叶片达到 1kHz 以上，压气机后段甚至达到 2~3kHz，极端的高频率（按 1kHz 计，1h 内将经历 $3.6×10^6$ 次循环）条件下，如有 18000h 使用时数，则总循环次数达 $6.5×10^{10}$ 次，落入了超高周疲劳的循环范围[9]。风扇叶片在高应力比（$R=0.6~0.9$）条件下工作，压气机叶片在低应力比（$R=0.3~0.6$）条件下工作[39]。即使以极小的扩展速率（如 $10^{-10}~10^{-9}$m/周次）扩展，到断裂失效也只需很短的时间。例如，当裂纹以 10^{-10}m/周次扩展时，对于 20mm 厚的部件，大约只需 30h（1kHz）就会断裂失效[36]。超高周疲劳已成为发动机叶片重点关注问题。

实际上，钛合金材料不存在高周疲劳极限（见图 6-4）。到了 10^7 次循环后，疲劳强度依然会随着循环周次的增加而下降，随着作用应力的下降，疲劳裂纹萌生位置由表面转移至亚表面[40]。Oguma[41] 研究表明，Ti-6Al-4V 钛合金超高周疲劳开裂为 α 相内小平面裂纹萌生，小平面尺寸为 $5\sim25\mu m$，其尺寸略大或相当于初生 α 尺寸。经过对 TA11 合金超高周疲劳与常规高周疲劳对比试验可知，与传统 1×10^7 疲劳极限相比，TA11 合金的超高周（循环数 N 为 3×10^7 及 1×10^8）疲劳强度表现出继续降低的趋势，负应力比（$R=-1$）时降低 $10\sim20$MPa，正应力比（$R=0.1$ 或 0.5）时，室温下循环数 N 为 3×10^7，疲劳强度降低 $30\sim40$MPa，循环数 N 为 1×10^8，疲劳强度降低 $60\sim80$MPa，裂纹萌生于表面；高温下，循环数 N 为 3×10^7，疲劳强度降低 $20\sim30$MPa，裂纹萌生位置与应力比有关，$R=-1$ 和 0.1 时，疲劳裂纹萌生于表面，$R=0.5$ 时，疲劳裂纹萌生于内部[42]。裂纹萌生于内部称为"鱼眼"失效，这一类断口在黑色金属及钛合金中均有发现。显微组织对于某一疲劳寿命区域是有利的，有可能对另一疲劳寿命区域是不利的。

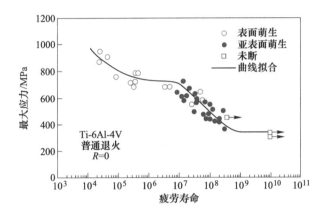

图 6-4 退火态 Ti-6Al-4V 钛合金的高周和超高周疲劳 S-N 曲线

美国发动机结构完整性大纲（ENSIP）MIL-HDBK-1783B 的 1999 版要求：钛部件循环周次 $N=10^9$，黑色金属和镍基高温合金要求 $N=10^7$，其他材料要求 $N=3\times10^7$。到了 2004版，新增条例：发动机零部件高周疲劳寿命最低应达到 10^9 周次，该周次是基于大多数材料不存在疲劳极限而设定的[43]。我国 GJB 241A—2010《航空涡轮喷气和涡轮风扇发动机通用规范》的 3.3.2.2.1 条"高循环疲劳寿命"要求：在使用环境条件和工作包线范围内，振动应力和稳态应力联合作用条件下，发动机钛合金零件应至少有 10^9 次的循环疲劳寿命；经受高循环疲劳和低循环疲劳复合载荷的零件，其设计应考虑低循环疲劳损伤对材料高循环疲劳寿命的影响。

可采用激光冲击强化（LSP：Laser Shot Peen）和低塑性滚压（LPB：Low Plastic Burnishing）提高叶片的高周疲劳性能。Ti-6Al-4V 钛合金表面经低塑性滚压加工后表面的残余压应力可以达到合金的屈服强度，且渗透深度可达到 1.3mm，深的残余压应力可以显著提高金属材料的损伤容限和疲劳强度。低塑性滚压在一个机加工环境中使用传统的 CNC加工刀具，可以很容易地引入现有的叶片制造和修理操作，低塑性滚压对于改善钛合金风扇和压气机叶片损伤容限具有很好的效果，且具有良好的经济性[44]。

6.3.1.5　叶片失效模式与典型案例

在发动机故障中,与叶片相关的故障占比高,无论是风扇叶片、压气机叶片还是涡轮叶片,主要故障形式有:根部裂纹、榫齿裂纹、凸肩开裂、缘板裂纹、叶身断裂、叶冠磨损变形等。叶片故障产生原因主要有:叶片振动引起的高周疲劳、包括热疲劳在内的低周疲劳、氧化腐蚀及外物损伤、高温持久载荷作用下蠕变变形和持久断裂等[45]。叶片高周疲劳多由振动引起,可分为低阶模态振动和高阶模态振动。在叶片的振动疲劳故障中,低阶模态振动一般为单纯的弯曲、扭转振动,或为简单的弯扭复合,振动能量大,其振动疲劳故障形式大多表现为叶片榫头、伸根或叶片根部的断裂,危害性很大。高阶振动疲劳损伤常见形式为叶尖开裂或掉块,相对于低阶振动,高阶振动引起的危害性小得多。在沿海区域飞行会有盐雾侵蚀作用;叶片榫头与盘榫槽配合处还存在微动疲劳风险,可见压气机叶片工作条件是极其恶劣的。

钛合金在发动机中的应用主要集中于风扇和压气机,即位于发动机的前半部分,钛合金叶片的断裂会随着气流向后的快速流动而打伤后面的部件,甚至造成整台发动机损坏。发动机前几级叶片特别是风扇叶片在地面有沙石吸入造成外物冲击损伤的可能,在空中有遭遇鸟击的可能,严重时会打伤发动机风扇叶片继而引发空中停车。

发动机运转过程中,当出现转子不平衡量过大、转轴不对中、机匣局部变形及转子与静子间的间隙过小等问题时,就可能发生转子与静子的碰磨。一旦碰磨发生在转子叶片与机匣之间,碰磨力的冲击载荷将直接作用于转子叶片,叶片将产生强迫振动,其结果是叶片承受冲击载荷[46],因此叶片的冲击性能是需要充分考虑的因素,不仅对于风扇叶片,压气机叶片也需要考虑外物冲击问题。因外物冲击作用,会在叶片受冲击部位形成一个微坑或撕裂,造成叶片边缘几何尺寸的变化及类似于缺口的应力集中、因塑性变形而引入残余应力以及造成显微组织损伤,包括形成微裂纹到形成剪切变形带,导致疲劳性能骤降[38]。为了提高叶片的抗外物冲击能力,RR公司开发Trent 1000发动机时,将高压压气机第1级工作叶片由原来的IMI685钛合金(β热处理)改为IMI679钛合金(α+β热处理)[2],以提高冲击韧性。在特定的冲击条件下,冲击时产生裂纹,有必要考虑早期非常小的裂纹扩展门槛值。实际受到外物冲击对具体钛合金叶片疲劳强度以及显微组织的损伤程度差别很大,取决于外物冲击速度、冲击能量及材料本身的抗冲击能力。2009年1月15日,全美航空公司1549号航班的A320飞机从纽约拉瓜迪亚机场(LaGuardia Airport)起飞爬升时遭遇一群加拿大黑雁的撞击,根据事后发动机的受损情况表明,两台CFM56-5B发动机同时分别吸入两只加拿大黑雁,导致风扇叶片严重受损,增压级叶片断裂,增压级和高压压气机受到二次损伤,两台发动机同时停车并失去动力。在发动机失效的情况下,依靠机组人员努力,飞机在纽约哈德逊河(Hudson River)上成功迫降,创造了155名乘客和5名机组人员全部生还的奇迹[47]。

压气机叶片所出现的疲劳损伤大多是由于强迫共振、颤振、气流分离引起的振动及其他非整阶次振动引起的高周疲劳失效[48]。另外,叶片表面烧伤、小的刮擦、残余拉应力对叶片的疲劳性能影响很大[49],如1981年1月31日美国西北航空公司79号航班DC-10飞机的JT9D发动机第30号Ti-6Al-4V钛合金风扇叶片进气边处表面的一个电弧烧伤引起叶片快速疲劳断裂,造成发动机产生严重振动和随后爆炸[50]。

对于大尺寸的风扇叶片而言,还要考虑叶根榫头区的低周疲劳性能,叶根燕尾榫头与盘榫槽连接部位常受到大的接触应力作用，如图 6-5 所示，会引发低周疲劳断裂失效。2018 年 4 月 17 日，美国西南航空公司 1380 号航班波音 737-700 型飞机的 CFM56-7B 发动机第 13 号 Ti-6Al-4V 钛合金风扇叶片在距进气边约 15.24mm 的叶根燕尾榫头凸面处断裂并脱落（称为风扇叶片脱落，FBO：Fan Blade Out），分离的风扇叶片撞击风扇机匣后断成几个碎块，使机匣局部产生变形，其中一些碎块进入短舱进气道，造成进气道损伤并部分离开飞机，引起发动机非包容性损坏。图 6-6 为 2018 年 4 月 17 日美国西南航空公司 1380 号航班 CFM56-7B 发动机第 13 号 Ti-6Al-4V 钛合金风扇叶片叶根燕尾榫头凸面处疲劳断裂断口特征，根据对疲劳条带数与实际服役飞行循环数的比较分析可知，该裂纹在上一次检修时就已存在，采用荧光渗透检查未检出该裂纹[51]。美国国家运输安全委员会（NTSB：National Transportation Safety Board）分析后认为，该部位实际承受的载荷大于设计值。在此故障之前的 2016 年 8 月 27 日，另一架美国西南航空公司波音 737-700 飞机 CFM56-7B 发动机风扇叶片也曾发生断裂脱落，该事件之后，CFM 公司开发了一种在翼超声检测技术和高灵敏度的涡流检测，以更可靠地检测风扇叶片上已存在的裂纹。

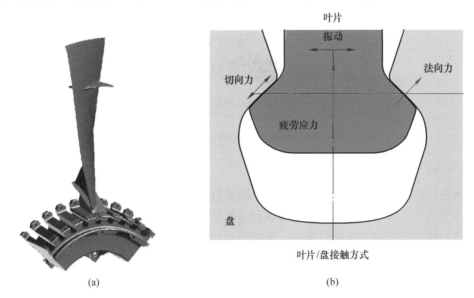

(a)　　　　　　　　　　　　(b)

图 6-5　风扇叶片与盘榫槽之间大的接触应力

（a）风扇叶片与盘连接示意图；（b）风扇叶片榫头与盘榫槽的受力示意图

6.3.2　盘件

6.3.2.1　分类

盘类零件是航空发动机的关键件之一，压气机（包括风扇）中的盘类零件包含风扇盘、压气机盘以及与盘连成一体的鼓筒、盘轴、封严算齿等。盘类件的功能是安装叶片以传输功率，在轮毂外缘上有安装叶片的轴向燕尾型榫槽或环形燕尾型榫槽，盘与盘之间如果采用螺栓连接，则在辐板上设有螺栓孔，如果采用焊接结构，则在轮缘处设有焊接凸缘。目前，一些先进的高推重比发动机将盘与叶片设计成一体，称为整体叶盘。根据设计需要，整体叶盘零件之间的连接可以采用机械连接，亦可采用焊接连接。

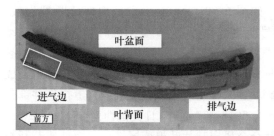
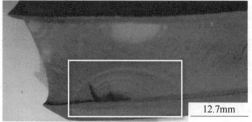

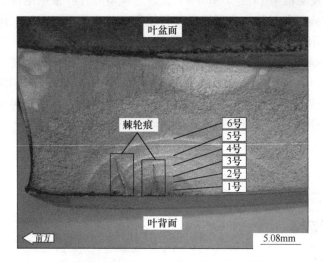

图 6-6 风扇叶片叶根断口裂纹源的形貌

6.3.2.2 盘件间的连接方式

机械连接结构一般用安装边以螺栓或径向销钉连接，转子零件多，制造和装配的偏差会影响转子的定心和平衡。由于连接垫板和需要补偿螺栓孔对材料的削弱而使连接处结构加宽加厚，螺栓和螺帽的本身质量等，这些因素均导致螺栓接头质量增加。焊接转子往往更加得到认可，军用发动机 F110、F404、M88、EJ200 高压压气机转子，均采用同种材料转子焊为一体的结构，F100-PW-100 最早的转子沿用 JT9D 的短螺栓连接结构，到 F100-PW-229 发动机时，风扇和高压压气机改用了焊接转子，以消除螺栓连接结构的盘辐板和盘毂部位的螺栓孔及应力集中。Adour 发动机钛合金压气机转子采用 7 条环形电子束焊缝。米格 29 飞机所用的 РД-33 发动机高压压气机转子前 3 级盘和第 4~6 级盘鼓，АЛ-31Ф 发动机高压压气机第 1~3 级盘和第 4~6 级盘均采用电子束焊接结构。GE90 发动机高压压气机第 1 级钛合金盘是单独的，第 2~6 级钛合金盘鼓焊接成整体转子，第 7 级 Rene88DT 盘是单独的，第 8~10 级为 Rene88DT 粉末合金盘焊为一体，然后在几处用螺栓连接而成。焊接转子使发动机的质量、结构设计、制造精度、使用寿命均得到改善，为许多整体加工难以实现的零件制造提供一种途径[52]。

焊接可以采用惯性摩擦焊或电子束焊，焊接的鼓盘式转子不需要连接件，控制焊接变形以保证转子、轴类组件的同轴度和平行度要求，避免了加工和装配环节可能产生的质量不稳定因素，有效减轻结构质量，提高转子的工作可靠性。采用合理设计电子束焊或摩擦焊的连接接头并严格控制焊接工艺，钛合金的连接接头强度可达到或接近母体材料性能。

转子的电子束焊接要保证精度高、变形小、无氧化、高强度、低残余应力和质量稳定，这就必须有大型的数控电子束焊接设备和成熟的焊接技术，同时还要靠焊接工装和合理的工艺来保证[53]。

在生产钛合金焊接结构时，要考虑钛合金的氢脆倾向，焊接区的高氢含量与高的残余焊接应力相结合会导致焊接结构的延迟断裂。为了防止出现这种现象，焊接后应进行真空去应力退火，以消除残余应力和降低氢含量。从工艺的角度来看，增加焊接与退火之间的间隔时间是有利的，但从另一方面看，这样会增大产生延迟氢脆开裂的风险。因此，确定焊接与随后退火之间最长间隔时间是一个很重要的参数。焊接过程采取的一些措施可以增加焊接与退火之间的间隔时间，如减少焊接件本身的氢含量、焊接后直接用散焦电子束局部退火处理以降低残余应力[54]。

除了螺栓连接和焊接连接外，压气机转子还有一种紧度连接。如 PW4000 发动机前级的鼓环用较大的紧度装于后级盘的圆孔中，装配时将轮盘加温到一定温度，鼓环用干冰降温，然后将鼓环压入，两者间产生较大紧度，这种方法连接成的转子是不可拆卸的[2]。任何形式的连接结构都没有绝对优势，根据设计者的设计经验、技术储备和加工条件来决定其结构形式。

6.3.2.3 工作条件和失效模式

依据盘所在风扇和压气机的位置，钛合金盘件是在-60~600℃不同温度、高转速的严苛条件下工作，受到的典型载荷包括叶片及盘质量引起的离心力、温度梯度产生的热应力以及相关零件非协调变形的附加应力。盘件的离心载荷和温度载荷是不同步的，如从发动机启动至较高转速时，轮缘的热应力为压应力，通常大于离心拉应力，而轮心的热应力和离心应力均为拉应力，叠加后应力较大，发动机减速至停车时，轮缘温度降低较快，轮心温度降低较慢，可能出现轮心温度高于轮缘温度的情况，此时轮缘的热应力为拉应力，轮心则为压应力，发动机的起降过程就形成了轮缘、轮心应力—应变循环响应。

盘件往往具有复杂的几何外形，如存在燕尾槽、螺栓孔和显著的轮廓变化，这会导致应力分布的不均匀，需要考虑由于几何不连续性引起的应力集中效应，整体上控制承载应力水平，在关键部位减小应力集中。提高外加应力，会使盘件对设计误差、材料缺陷、使用条件和工艺过程等因素更趋敏感。同时避开共振和减小振动应力，防止高周疲劳断裂[11]。

压气机盘的失效模式有超转破裂、低循环疲劳（包含保载疲劳）、振动引起的高周疲劳（包括超高周疲劳）、蠕变变形导致的外径伸长、辐板屈曲变形等，最常见的失效模式是低周疲劳破坏。轮盘的超转破裂或低周疲劳破裂形式有两种，即按子午面破裂（即周向破裂）和按圆柱面破裂（即径向破裂）。我国 GJB 241A—2010 的"包容性"一节和 GJB 3366—1998《航空涡轮发动机包容性要求》的"包容性要求"一节均作出如下相同规定，即要求发动机应进行下列损伤安全设计，以消除灾难性的故障：在超转或超温故障时，应使叶片首先破坏来保护风扇盘、压气机盘和涡轮盘。ENSIP 的 2004 版要求：美国联邦航空局（FAA）采用稳态转子速度的 120%；美国空军（USAF）允许稳态转子盘破裂速度为 115%~117%，对于钛合金风扇盘，USAF 要求最小转子速度为 130%。GJB 241A—2010 要求轮盘承受最大温度梯度和最高工作温度时，轮盘的设计破裂转速不低于稳态最高允许转速的 122%，试验转速至少达到稳态最高允许转速的 122% 后保持 30s，试验后轮盘不破坏，即认为试验满意地完成。

　　轮盘的超转破裂与所用材料、零件剖面形状、几何尺寸、加工工艺以及发动机的最大工作状态有关。决定轮盘低周疲劳性能的关键因素是应变集中处的最大局部塑性应变，循环塑性变形是造成疲劳损伤的根本原因，疲劳破坏都是从最大局部应变开始的，局部塑性变形是疲劳裂纹萌生和裂纹扩展的先决条件。因此，对于压气机盘件，所选用的材料应具有一定的塑性，一旦局部有应力集中，可以通过良好的循环塑性变形降低局部集中的应力值。当有螺栓孔结构存在时，破裂后形成的分离碎片相对更多，往往给失效分析时疲劳裂纹源的找寻和定位造成很大困难，如我国于 2013 年发生的连续两起 TC17 钛合金风扇整体叶盘破裂故障，产生几十余个碎块，叶片全部从根部断裂，只有少数叶片保存部分的叶身，初步分析认为是鼓筒安装边过载造成瞬断引起的[55]。

6.3.2.4　对所用材料的性能要求

　　压气机盘是发动机的关键件，工作条件相对恶劣，需要满足载荷（强度、比强度）、振动（疲劳、摩擦腐蚀、擦伤）、温度（蠕变、持久、氧化、腐蚀、热膨胀、导热）、环境介质（一般腐蚀、应力腐蚀）、刚性（弹性模量、塑性）、安全性（伸长率、韧性、性能一致性）、经济性（材料成本、生产、技术维护费用、使用期限）等方面的综合要求。

　　具体而言，盘件对所用材料的力学性能要求主要有：（1）足够的强度和比强度（σ，σ/ρ），在工作条件下能承受质量负荷和温度负荷，以提高高速转动破裂抗力，满足超转完整性要求；（2）高的弹性模量（E），保证盘件有足够的刚度，以减小气动激振作用，当吸入外来物时可防止产生过量的变形；（3）低的膨胀系数；（4）良好的耐蚀性，特别是抗热盐应力腐蚀开裂（HSSCC：Hot-Salt Stress Corrosion Cracking）能力要好；（5）高的疲劳性能（高周疲劳、低周疲劳、保载疲劳）；（6）良好的抗氧化性；（7）在应力和高温条件下良好的组织稳定性；（8）良好的加工工艺性（良好的锻造成形工艺性和可焊性，很多鼓筒组件是需要焊接的）。

　　在一定温度下长时间承受拉应力作用的钛合金材料会发生不可恢复的塑性变形，即产生蠕变变形，使轮盘外径增大，有引起转子与静子相碰磨的风险。蠕变因素是高温段使用钛合金盘件一个重要的设计准则，在涡轮设计中，要求总蠕变应变量限制在不大于 0.2%，对于轮缘直径 600mm 的盘或整体叶盘，相当于是 0.12mm 轮缘径向伸长量。美国 MIL-STD-1783 第 4.9 节中关于发动机零部件蠕变的设计要求是：在规定的工作状态和寿命期内，发动机的静止和转动件蠕变变形不能影响发动机外场正常使用，零件蠕变变形不能影响发动机的分解与再装配，或者在发动机整个规定寿命期内翻修时不得更换零件。MIL-STD-1783 第 4.3 节中的"设计使用寿命"和"设计用法"中指出：在金属工作温度和此温度持续时间内，设计应力不得超过蠕变强度最低允许值的 0.2%，同时建议在"设计用法"和"设计使用寿命"期间设计应力不大于最小持久寿命的 50% 所对应的应力值[56]。斯贝 MK202 发动机应力标准（EGD-3）第 2.1.3 节提出：只有在要求发动机作连续的或累积的长时间工作时才考虑蠕变，通常将蠕变条件下的应力与材料的 0.1% 蠕变强度作比较。该标准的"结构设计准则"提出：压气机转子叶片的蠕变应力要求叶身弯曲应力和拉伸应力的合力应小于规定的蠕变强度。工程中常用的蠕变评价方法是 Lason-Miller 法，该方法与寿命—时间分数法结合起来，可计算蠕变累积的损伤。

　　为了保证盘的可靠使用，冲击韧性也是一个很重要的参数。Shaniavski[57]认为，钛合金盘要求冲击韧度不得小于 $8J/cm^2$。对于 BT8 钛合金，当其冲击韧度小于 $19J/cm^2$ 时，不推荐用于制造盘件，以防止裂纹的快速扩展。俄罗斯标准中对于一些热强钛合金制造的重要零件如盘锻件，要求测量带"T"形预制裂纹的冲击韧性（K_{CT}，测试方法参见 ГОСТ 9454《金属低温、室温和高温冲击弯曲试验方法》，可选择 6 种试样类型，即 15～20 号，获得不同的初始应力集中区），如 ТУ1-92-32-80《高热强钛合金盘模锻件》中要求 BT25 钛合金盘模锻件的 $K_{CT} \geq 0.8kgf \cdot m/cm^2$（$7.8J/cm^2$）。ОСТ1 90002-86《钛合金模锻叶片》中规定 BT3-1 和 BT9 钛合金的 $K_{CT} \geq 0.8kgf \cdot m/cm^2$（$7.8J/cm^2$），而 BT8 钛合金的 $K_{CT} \geq 1.2kgf \cdot m/cm^2$（$11.8J/cm^2$），BT6 钛合金的 $K_{CT} \geq 1.5kgf \cdot m/cm^2$（$14.7J/cm^2$）。$K_{CT}$ 性能可以说是俄罗斯独有的，据资料报道，许多试验结果表明，钛合金的断裂韧度 K_{1C}、带缺口试样的低周疲劳强度与 K_{CT} 值呈正比关系。一些钛合金在新型发动机上不被选用的原因与 K_{CT} 值偏低有关，更倾向于采用高 K_{CT} 值的钛合金材料，如用 BT8 和 BT8M 代替 BT3-1 和 BT9，可以明显提高钛合金零件的工作寿命。

钛合金盘件的断裂韧度是损伤容限的重要评价参数之一，它同热处理状态、组织状态、温度等因素密切相关。当通过热处理提高材料的强度时，往往会降低断裂韧度。如 Ti-6Al-4V 钛合金，虽然拉伸强度不高，但是断裂韧度很高，特别是低间隙元素状态时具有极高的断裂韧度；而目前国内外用量很大的 TC17 钛合金，虽然其拉伸强度超过 Ti-6Al-4V 钛合金 20% 以上，但断裂韧性严重降低，因此相应地可容忍的临界缺陷尺寸减小。为了弥补其 α+β 区加工的等轴组织或双态组织无法接受的低韧性，不得不采用 β 锻获得网篮组织而使用，以提高部件的断裂韧度，满足盘件损伤容限设计要求，特别是对于要求长寿命和高可靠性的民用发动机盘件[58]。即使严密地控制材料及加工工艺的质量，以及采取严密的无损检测，也不能绝对地避免零部件中存在细微的初始缺陷或裂纹。在压气机盘件的设计选材及确定热处理制度时，一定要充分考虑钛合金材料强度与韧度的矛盾关系，切忌盲目追求过高的静拉伸强度，而严重降低断裂韧度。

钛合金盘件的厚度也极大地影响部件的振动情况和裂纹扩展行为。对于薄截面（6～9mm）的盘，在高应力保持加载时，会改变裂纹扩展方式，还会受到振动的影响，裂纹扩展很快，所需时间很短。而对于厚截面（>20mm）盘件，疲劳裂纹扩展较慢，当出现疲劳裂纹直至断裂所经历的循环数更多[59]。因风扇叶片巨大的离心力作用，导致风扇盘是发动机中承力最大的部件。目前，多数发动机如 M88、CFM56、CF6 的风扇盘和增压级鼓筒选用 Ti-6Al-4V 钛合金，其最大的结构特点是截面厚。Trent 1000 和 Trent XWB 发动机的风扇盘采用 Ti-6Al-4V 钛合金带 3 个轮盘的混合式转子，榫槽为圆弧形，插入超塑成形/扩散连接工艺制造的 Ti-6Al-4V 钛合金第三代桁架式结构的宽弦空心风扇叶片，叶片表面采用激光强化处理[60]。

对于发动机风扇盘来说，由于其工作温度较低，决定轮盘低周疲劳性能的主要载荷是转子的离心力，也就是说，主要与发动机的工作转速有关。对高压压气机后几级的轮盘来说，工作温度较高，除了转子离心力外，温度对材料疲劳性能的影响以及由于轮盘上的温差会产生很大的热应力也是不容忽视的因素。另外，对于轮盘榫槽部位，由于高温作用，在持续时间下的材料蠕变累积损伤对其低周疲劳寿命的影响同样也不可忽略，两种损伤可能存在疲劳与蠕变的交互作用，其结果是降低低周疲劳寿命。对于高压压气机盘来说，转速、温度的变化以及高温下保持时间是循环载荷的主要参数[15]，钛合金盘高温应用还需要考虑环境与疲劳裂纹萌生的交互作用。钛合金表现有一种"环境温度门槛"，当超过某一温度时，裂纹扩展速率急剧增大，评估钛合金盘件最高使用温度时要充分考虑到此现象。

6.3.3　机匣

6.3.3.1　分类

压气机机匣包括进气机匣、风扇机匣、低压压气机机匣、中介机匣、高压压气机机匣。按制造工艺，压气机机匣分为铸造机匣、锻造机匣、焊接机匣以及锻铸焊组合机匣。压气机机匣可以设计成分段整体式机匣，也可设计成沿轴向对开式机匣。上述机匣与相邻的静子叶片、内外环、支板等零件组成静子机匣部件，是发动机的主要承力件，也是形成发动机气流通道的主要构件，其结构和承载情况复杂。机匣是航空发动机支承转子和固定静子的重要部件，发动机的推力通过机匣传递到飞机上。发动机机匣通常由数段组成，彼此借安装边连接在一起。

6.3.3.2　工作条件

压气机机匣内压力逐级增大，温度逐级升高，空气流动异常复杂，一方面要抵御外来物的撞击和进入，另一方面要传递和承受转子和静子轴向力、扭矩和振动负荷、内压力以及飞行中给予机匣的各种负荷等，要求机匣有足够的刚度、强度、低周疲劳寿命和蠕变寿命，防止屈曲失稳等。对于风扇包容机匣，在发动机发生故障时，还要尽可能地包容住风扇叶片，以免发生断裂时造成的冲击不至于击穿风扇机匣，给飞机提供一个内部的可靠屏障。为增大风扇机匣包容能力，在机匣外围缠裹多层 Kevler 环氧树脂层，不仅包容能力大大增强，而且质量较小。

机匣零件大多是薄壁构件，有些采用薄壁焊接结构，以最大限度地简化结构，减轻质量，且含有开孔、安装凸台、拐角、焊缝以及各种过渡截面等结构，容易造成应力集中。任何疲劳破坏具有局部性质，总是起因于零件关键部位或应力集中区材料的循环塑性应变，不牵涉到整个结构。因此，机匣局部结构的细节设计或工艺措施制定显得更为重要。

6.3.3.3　对所用材料的性能要求

根据机匣的结构特点和工作环境，机匣用材料应具有足够的强度和比强度（承受应力和温度负荷以及较轻的质量）、高的弹性模量（保证薄壁机匣良好的刚性）。另外，要求选用的材料具有良好的锻造、铸造和切削加工工艺性。在高空工作时，因大气密度的降低，发动机机匣与外界空气对流换热量减少，导致发动机机匣的冷却困难，机匣趋于过热，机匣受热膨胀后，叶片与机匣之间的叶尖径向间隙增大，导致发动机效率下降。因此，发动机机匣除了采用主动间隙控制技术或更先进的密封技术外，在材料上选用热膨胀系数低、抗蠕变性能好的钛合金是合适的。另外，为了提高机匣的刚性，发动机结构设计时常采用双层机匣，外层机匣作为承力与传力构件，而内层机匣主要作为气流通道，不论外层机匣在大负荷作用下可能产生多大的变形，内层机匣与叶片之间仍有较均匀的叶尖径向间隙，以保持较高的效率。RR 公司的三转子设计，各转子设计更短，显著提高了转子的刚度，使转子的弯曲度减少，不仅能保持压气机与涡轮在工作中有较均匀的叶尖径向间隙，而且不易使叶尖与机匣相碰磨。

与压气机叶片和盘相比，压气机机匣的受力、受热条件要低得多且也简单些，对压气机机匣所用材料、锻件、铸件的技术要求可以低于对叶片和盘相应的要求，叶片和盘所用的材料基本能满足机匣对于力学性能的要求。我国航空发动机压气机用的铸造机匣主要是两种铸造钛合金，即 ZTC4 和 ZTC3，变形机匣用的钛合金有 TA7、TC4、TC1 和 TA19 等，一般采用环轧工艺生产机匣环形件。国际上，军民用航空发动机风扇和压气机机匣在使用温度能满足要求的情况下，大多选用 Ti-6Al-4V 钛合金，如 Trent XWB、Trent 900 和 Trent 1000 发动机风扇包容机匣采用 Ti-6Al-4V 钛合金锻造成形的带加强环的大型环形机匣，该设计不仅具有足够的包容能力，而且质量轻。随着树脂基复合材料及其制造技术的成熟，逐步应用于发动机风扇机匣中，如 Trent XWB 发动机风扇后机匣由复合材料制成，这是 Trent 系列发动机第一次在风扇后机匣上采用复合材料[61]。

6.4 保载疲劳敏感性

研究表明，大部分钛合金材料在传统低周疲劳加载方式的最大拉应力处保持一段时间（见图 6-7），疲劳寿命会严重降低，特别是在从室温到 200℃温度区间，会表现不同程度的保载疲劳敏感性，导致保载疲劳最坏情况的对应温度约是 120℃[62]。Rokhlin 等[63]采用原位超声导向波（ultrasonic guided wave）技术研究 Ti-6242 钛合金保载疲劳过程的裂纹萌生与扩展，认为初始的亚表面裂纹萌生大约占整个疲劳寿命的 80%~90%[64]。因此，疲劳裂纹萌生对于评估部件寿命最为重要，而且在低周疲劳保载条件下，一旦产生裂纹，裂纹以小平面扩展方式的长大速率比非保载条件快 10 倍以上。

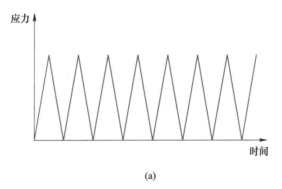

(a)

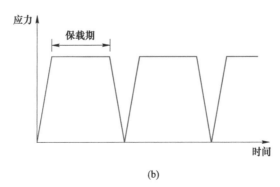

(b)

图 6-7 低周疲劳和保载疲劳的加载方式

（a）低周疲劳；（b）低周保载疲劳

　　Tympel 等[65]研究了 Ti-6Al-4V 钛合金的保载疲劳性能。在保载疲劳和低周疲劳加载下，保载疲劳寿命下降了 8 倍，疲劳裂纹萌生小平面是近基面的，与加载方向大约成 30°角。保载疲劳裂纹萌生于硬取向和软取向晶粒的界面，硬取向晶粒的 c 轴平行于加载方向，晶界的应力集中（局域化）起着重要作用，而低周疲劳裂纹则萌生于软取向晶粒内。低周疲劳裂纹一般萌生于表面，为单个小平面起始裂纹，而保载疲劳裂纹则萌生于亚表面。

　　与 α+β 型（如 Ti-6Al-4V 和 Ti-6246）和近 β 型钛合金（Ti-17）相比，近 α 型钛合金（如 IMI685、IMI834）具有更明显的保载敏感性。相对而言，粗大片层组织的保载敏感性要显著大于细小双态组织，细小等轴组织的保载敏感性也是较强的。局部粗大的显微组织和微织构、近表面的残余应力、加载应变速率、试样或部件的外形和体积、氢元素引发氢脆均会影响钛合金的保载敏感性程度，众多的影响因素使得保载疲劳行为十分复杂。大尺寸的微织构会导致低温保载疲劳寿命的急剧下降。随着加载应力的提高，保载敏感性急剧增加，实验结果表明，Ti-6Al-4V 钛合金在小于 870MPa 应力作用下，蠕变变形速率很小，一般不会产生失效。当应力在 870MPa 以上时，会促进准解理小平面的开裂[66]。保载疲劳测试得到的性能数据分散性也要相对大于常规的低周疲劳测试，这给航空发动机盘的寿命预测与使用可靠性评估带来了很大难度。

6.4.1　与保载疲劳断裂相关的发动机盘件破裂故障

　　低周保载疲劳的加载方式是发动机盘类件实际服役典型的受力状态，在应用史上，有不少钛合金盘件发生提前疲劳断裂故障与保载疲劳有关。保载疲劳断裂是发动机钛合金部件特别是盘件应用的潜在风险之一，因此保载敏感性问题在一定程度上减弱了发动机设计对于选择钛合金的信心。

　　1972 年 12 月 28 日，在美国新泽西（New Jersey）州的 Atlantic 城，装于 L-1011 三星飞机的 RB211 发动机 IMI685 钛合金风扇盘断裂，该风扇盘仅服役了 355 次飞行循环。此故障后不到半个月的 1973 年 1 月 10 日，在美国科罗拉多（Colorado）州的 Grand Junction 城，又发生了 L-1011 三星飞机的 RB211 发动机 IMI685 钛合金风扇盘断裂故障，该风扇盘仅服役了 274 次飞行循环。洛克希德（Lockheed）公司和 RR 公司对 L-1011 飞机 RB211-22B 发动机超过 150 次飞行循环的 IMI685 钛合金风扇盘检查后发现，其中 10% 的轮盘已产生裂纹。经分析，认为是 IMI685 钛合金风扇盘零件因低温保载疲劳断裂造成发动机非包容性破坏。这两起接连发生的事故引起了航空界、工业界和学术界的极大关注，从 20 世纪 70 年代初开始，钛合金保载敏感性研究逐步成为一个重要研究热点。

　　据美国国家安全运输委员会（NTSB）的统计，在 1996 年 Pansacola 城事件之前，有 10 起 CF6 系列发动机 Ti-6242 钛合金高压压气机第 3~9 级鼓筒转子破裂故障，其中的 6 起认为是因钛合金中的硬 α 夹杂物导致的，4 起是因显微组织中存在平行排列的 α 集束组织引发保载疲劳提前断裂失效引起的。这 4 起故障分别是：（1）1985 年，塞内加尔达喀尔，CF6-50 发动机，第 9 级盘，服役了 4075 次飞行循环；（2）1991 年，韩国首尔，CF6-50 发动机，第 9 级盘，服役了 10564 次飞行循环；（3）1993 年，美国加州洛杉矶，CF6-80C2 发动机，第 6 级盘，服役了 4403 次飞行循环；（4）1995 年，泰国曼谷，CF6-50 发动机，第 8 级盘，服役了 8438 次飞行循环。

另据 NTSB 安全建议 A-00-104 报告：GE 公司称，在 2000 年前 GE 公司 CF6 发动机 Ti-6242 钛合金高压压气机第 3~9 级鼓筒转子无损检测时至少发现过 21 起因保载疲劳导致裂纹的案例。2000 年 6 月 7 日，Varig Brasil 航空公司 886 号航班（从巴西圣保罗（Sao Paulo）飞往秘鲁利马（Lima））的波音 767-241ER 飞机的 CF6-80C2B2 发动机 Ti-6242 钛合金高压压气机第 3~9 级鼓筒转子发生非包容性失效，累计使用 9948 次（或 37755h）飞行循环；1997 年 9 月 22 日大修之后又使用了 2375 次（或 8907h）飞行循环，大修时进行了荧光渗透检查，盘毂进行了超声检测，均未发现裂纹。经分析，裂纹起源于第 7 级盘的辐板亚表面，有一个 3mm×1mm 准解理平面，经 EBSD 晶体取向分析，解理小平面为基面，几乎垂直于周向应力，具有明显的保载疲劳断裂特征。裂纹源区附近的盘辐处初生 α（α_p）相含量为 75%，α_p 颗粒呈定向排列分布，而盘缘处的 α_p 含量为 50%。保载疲劳裂纹均萌生于零件内部，荧光渗透检查方法从来没有检测到过一起保载疲劳亚表面的开裂。

6.4.2 钛合金冷蠕变特征

钛合金材料在远低于扩散蠕变对应的温度下，会发生与时间相关的塑性变形，因此称为冷蠕变或低温蠕变。据报道，当施加应力低至屈服强度的 60% 时，就会产生塑性应变的累积，实际上这个塑性变形是通过在优先取向的晶粒以棱柱面或基面上的位错滑移而产生的[67]。在多晶钛合金中，低温蠕变主要是以初始蠕变变形模式发生的，是耗竭型的，在室温下不会产生稳态蠕变[68]。与其他金属材料相比，在给定比例 $\sigma/\sigma_{0.2}$ 时，钛合金的低温蠕变变形幅度要大得多，可能的原因之一是钛合金具有明显的应变速率敏感性。英国 Swansea 大学 Evans 教授团队研究结果表明：钛合金低周疲劳和保载疲劳在塑性应变累积方面存在着显著差异，保载加载与否与疲劳寿命之间存在显著的对应关系。

Ti-6242 钛合金在单纯的蠕变加载时，应力从 0 升至 869MPa（$\sigma_{0.2}$ 的 95%），持续加载 744min（即 12.4h），通过超声检测发现已产生裂纹。在最大拉应力 869MPa、最大应力保持 2min 及卸载—再加载时间 2s 的测试条件下，经 450 周次疲劳循环后试样发生断裂[69]。

6.4.3 保载疲劳裂纹萌生机制

目前开发的晶体塑性模型（CP：Crystal Plasticity）和离散位错塑性模型（DDP：Discrete Dislocation Plasticity）已用于钛合金疲劳裂纹萌生机制的理解与应用。采用聚焦离子束加工成微型试样如微悬臂梁（micro-cantilever）和微米柱（micro-pillar）试样，研究钛合金微米/纳米尺度的基础力学行为，测试单个 α 晶粒、α/β 晶粒组合时的变形行为，以理解高度局域化的位错滑移带、不同滑移系的临界分切应力（CRSS）等，预测位错滑移发生的条件[70]。与大尺寸的试样力学测试相比，微型试样体积小，晶界少或无，测试时要考虑尺寸效应、晶界、位错密度差异等问题[71]。

研究疲劳裂纹萌生位置对于理解钛合金的保载疲劳力学行为以及裂纹源与周围显微组织之间的关系很重要。在个别晶粒上应力和应变的局域化是产生疲劳裂纹萌生的主因，然后，各种显微组织形貌参量如晶体取向分布对这个应力和应变的局域化分布有很大影响。大量研究结果表明，钛合金的保载疲劳裂纹一般萌生于试样亚表面的 α 相，断裂面一般为与加载应力轴方向垂直的 α 相基面，并具有典型的小平面准解理开裂特征，如图 6-8 所示[14]。单个小平面的尺寸与 α_p 晶粒或 α 集束尺寸相当，当有微织构存在时，小平面尺寸与微织构尺寸相当。这些小平面不是脆性断裂机理的表现，而是在一个平面滑移带内持续的位错滑移损伤累积造成逐渐分离的结果。

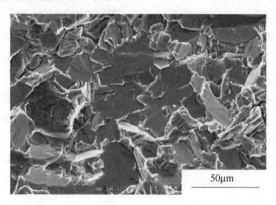

50μm

图 6-8　Ti-6Al-4V 钛合金保载条件下亚表面裂纹萌生位置的准解理小平面

从显微组织的尺度，α 相晶粒的晶体取向与加载方向的夹角对于保载疲劳裂纹萌生极其关键。Evans 和 Bache[14] 提出了 Stroh 位错堆积模型，如图 6-9（a）所示，在外加正应力 σ_0 的作用下，由一列离散位错形成一个持续的滑移带，并在分切应力 τ_s 的作用下发生位错滑移，造成变形的局域化和不均匀滑移，在晶粒内某一晶面上产生正应力 σ 和剪切应力 τ_f。基面垂直于加载方向的 α 晶粒不利于位错的 a 型滑移，因此称为硬取向晶粒（简称硬晶粒），而与其相邻的具有一定位向差的晶粒则称为软取向晶粒（简称软晶粒）。相邻晶粒的相对强度依赖于基面的取向与加载方向的夹角。相邻晶粒有不同的弹性模量也是事实，这个各向异性行为在显微组织尺度上完全符合应力再分布模型。这种硬晶粒与软晶粒的组合往往是保载疲劳裂纹萌生的源头，因此它们称为是一种最坏（rogue）的组合，如图 6-9（b）所示。

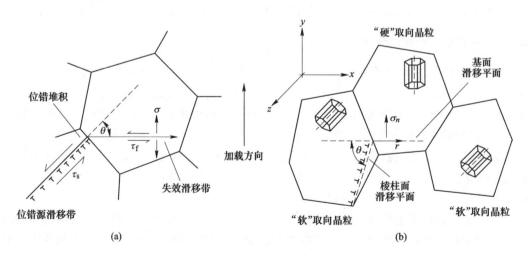

图 6-9　钛合金在保载加载条件下准解理小平面形成示意图

（a）平面滑移的 Stroh 模型；（b）不利于保载疲劳的硬晶粒与软晶粒的最坏组合

Hasija[67]第一次报道了采用晶体塑性模型研究单一 α 相的 Ti-6Al 钛合金在保载应力作用下从软晶粒到硬晶粒的与时间相关的应力再分布情况。在不断的循环拉应力保载作用下，在软晶粒内剪切应力 τ_s 的作用下，在晶粒内 c 轴与加载方向大约成 45°取向的 α 相棱柱面或基面上发生位错滑移，即不断产生塑性应变累积（即宏观尺度的蠕变应变），主要的变形来自 Schmid 因子大于 0.4 的基面和棱柱面滑移，棱柱面滑移要比基面滑移更多[72]，导致在软晶粒与硬晶粒的界面上形成大的应力集中，局部应力不断升高，随后通过载荷转移（load shedding）将应力部分地卸载到硬晶粒上。局部的应力集中强烈依赖于组织形貌和晶体取向，精确的应力和应力集中必须考虑关键的局部组织形貌。在软晶粒/硬晶粒之间的应力分布变化要保证晶粒间的相容性与平衡，在硬晶粒上形成很大的剪切应力（τ_f）和正应力（σ），这个峰值应力足以超过合金宏观的屈服强度，一旦达到某一临界值，就会萌生小平面型的疲劳裂纹。在硬晶粒基面上无法产生 a 型位错滑移，足以导致在基面上发生解理开裂[66]。Cuddihy[73]分析了 IMI834 钛合金压气机盘台架试车后断口表面的 22 个小平面位置，结果表明，基面上小平面裂纹形核所对应的临界正应力约为 1200MPa，该值接近 IMI834 钛合金 α 相在 c 轴方向的拉伸强度，认为当 α 相基面上承受的拉应力达到 1200MPa 时，会萌生小平面裂纹。

虽然采用晶体塑性模型和离散位错模型在理解保载疲劳条件下裂纹萌生机理方面取得了很大进展，目前基本仅限于较小尺度（微米级）条件的预测，需要考虑实际部件显微组织的特征和演变规律，以进一步提高模型的预测能力。在涉及工程应用时还需要与实际测试及应用经验相结合，以确保工程部件在实际服役条件下在使用寿命期内保证结构完整性。

6.4.4　影响保载敏感性的主要因素

影响钛合金保载疲劳敏感性的因素众多，包括合金成分、显微组织、微织构（宏区）、应力水平、保载时间、温度、体积效应、可能的氢效应等[74]。实际的保载疲劳裂纹萌生机制十分复杂，它高度依赖于合金的相结构、微织构程度、相邻晶粒的取向差、晶粒尺寸、滑移的不均匀性、位错密度以及对不同尺度显微组织的高度依赖性。

6.4.4.1　合金成分

实验室研究结果表明，在航空发动机用钛合金材料中，与 α+β 型和近 β 型钛合金相比，近 α 型钛合金被认为对保载疲劳更加敏感。典型的 α+β 型钛合金 Ti-6Al-4V 被认为是对保载疲劳相对不敏感的，近 α 型钛合金 Ti-6242、IMI685、IMI834 则对保载疲劳较为敏感。在发动机工程应用中，Ti-6242 合金盘件出现过多次保载疲劳提前断裂故障的案例。随着钛合金中稳定 β 相含量增加及尺寸减小，保载敏感性逐渐下降。

邱建科[75]开展了 Ti-624XMo(X=2~6) 钛合金的保载敏感性研究，当 Mo 含量从 2%增加到 6%时，保载敏感性下降。随着 Mo 含量增加，在相近的热机械处理工艺下，原始 β 晶粒尺寸减小，β 相含量增加，α 晶粒取向分布更加均匀，同时 Ti-6242 钛合金更倾向于形成并列组织，而 Ti-6246 钛合金则易形成网篮组织。网篮组织具有更多不同取向的 α 变量，具有最低的应变速率敏感性。Ti-6246 钛合金从 -60~150℃温度范围对保载疲劳不敏感，合金中 β 相含量高，滑移变形时相对更加均匀，减小了局部的从一个晶粒到下一个晶粒的各向异性。

当钛合金中发生 Ti 与 Al 原子的短程有序化（SRO：Short Range Ordering），甚至 α_2 的析出会增强平面滑移特征，并增大位错的有效滑移长度时，一方面阻碍交滑移的进行，另一方面可能会促进晶界上的应力集中程度，对于保载疲劳来说是不利的。减小滑移运动的障碍，如 α_2 相和硅化物，会改善保载疲劳性能。

6.4.4.2　显微组织

在显微组织类型中，双态组织被认为是相对地对保载疲劳不敏感，而粗大的片层组织和有织构取向的含大量球状 α 的等轴组织对保载疲劳更为敏感。虽然 Ti-6Al-4V 钛合金本身具有低的保载疲劳敏感性，但是 Evans 认为 Ti-6Al-4V 钛合金在 β 区加热并慢冷得到粗晶片层组织也有保载敏感性问题，粗晶片层组织会促进平面滑移变形机制，这种情况在焊接状态会存在。当然在大应力，特别是差的显微组织条件（含 α_p 多，严重微织构）下测得了保载疲劳性能的下降。对于两相钛合金，保载条件下寿命下降 2~3 倍，而像 Ti-6242、Ti-811 这一类近 α 型合金，保载条件下寿命会下降 10~20 倍[76]。

航材院早在 20 世纪 80 年代就已开展了 TC11 钛合金保载疲劳研究，进行了室温、$f=0.5Hz$、$R=0.1$ 条件下的应力控制低周疲劳试验，最大加载拉应力为 980MPa，保载 3min，比较了网篮组织、等轴组织、并列组织、混合组织的保载疲劳性能。结果表明：网篮组织的保载寿命最长，这对于当时制定的 TC11 钛合金 BRCT 工艺是一个很好的技术支撑[77]。研究表明，IMI685 和 Ti-6242 钛合金网篮组织对保载不敏感，可能与网篮组织具有更低的应变速率敏感性有关。Ti-6246 钛合金具有更小的保载敏感性，与其显微组织有很大关系，获得的网篮组织中，α 片的取向变化更大，而 Ti-6242 钛合金的片层组织，α 取向变化小[78]。

Jun[79] 用纳米压痕法研究钛合金的应变速率敏感性，发现 Ti-6246 钛合金的硬晶粒和软晶粒具有相近的应变速率敏感性值，即 $m=0.025$；而 Ti-6242 钛合金的应变速率敏感性值与晶体取向有很大关系，硬晶粒的 $m=0.039$，软晶粒的 $m=0.005$。因此，Ti-6246 钛合金 α 相变量可以有效阻止位错滑移累积和局域化，因此软晶粒与硬晶粒对之间的应力再分布和载荷转移会更加均匀，具有低的保载敏感性[80]。因此，仔细设计和控制显微组织，可以获得好的保载疲劳性能。

钛合金网篮组织的局部往往有一种特殊的形貌，即在原始 β 晶界两侧存在"羽毛"状的平行排列的并列片层，如图 6-10 所示。EBSD 分析表明这些平行的 α 片具有相同的晶体取向（见图 6-11），在保载疲劳加载条件下，容易从此处萌生裂纹，将疲劳断口经过适当腐蚀之后呈现的形貌与晶界羽毛状并列组织有很好的对应（见图 6-12）。因此，从提高保载疲劳性能角度分析，虽然良好编织的网篮组织具有低的保载疲劳敏感性，但是需要避免出现如图 6-10 所示的"羽毛状"组织。

晶粒尺寸对保载疲劳敏感性的影响也很显著，减小晶粒尺寸，在晶界上积累的塑性应变下降[81]，有助于降低保载疲劳敏感性。图 6-13 为 IMI834 钛合金轧棒和盘件的常规低周疲劳与保载疲劳性能的对比[82]，轧制棒材的组织更细小，对保载疲劳相对不敏感，盘件中 α_p 尺寸大，而且具有拉长 α 形貌，还有择优取向的织构，这会促进基面小平面的裂纹形核，α_p 裂纹扩展进入相邻的 β 转变组织，它们之间可能具有相同的基面，因此表现为如同 IMI685、IMI829 这样的粗晶组织，这对保载疲劳是非常不利的。

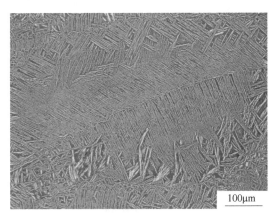

图 6-10 TC17 钛合金网篮组织中的羽毛状形貌

图 6-11 网篮组织原始 β 晶界两侧平行排列的 α 相的晶体取向 EBSD 分析

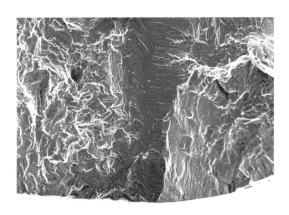

图 6-12 钛合金网篮组织在保载疲劳条件下裂纹萌生于粗大的羽毛状组织

6.4.4.3 微织构区域 (宏区)

密排六方结构的 α 相存在本质的各向异性特征,在 c 方向和 a 方向的弹性模量差异达 30%。不同滑移系 (滑移面和滑移方向) 差异大,引起不同的变形机制。如果变形量不足以使材料得到完全的 α+β 区再结晶组织,或者由于变形温度太低造成 α 相的织构组织 (变形织构),其结果是:形成局部区域有晶体取向一致的组织,称为微织构区域 (MTR:Micro Textured Region),亦称宏区 (macrozone)。

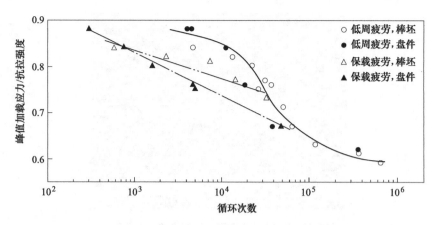

图 6-13　IMI834 钛合金轧制棒材（坯）和盘锻件的低周疲劳和保载疲劳性能

微织构的存在是降低钛合金疲劳寿命的主要因素之一，特别是在大应力长时间保持时，微织构区域的尺寸相对于初生 α 晶粒来说要大得多，大致是毫米尺度。如果微织构区域邻近的软 α 晶粒取向有利于滑移，在应力保载期间，从软晶粒到硬晶粒发生载荷转移，在微织构区域会造成一个大尺寸的小平面开裂，会穿过整个 α 集束单元，引起保载疲劳萌生寿命的显著下降[81]。

邱建科等[83]研究了 Ti-6Al-2Sn-4Zr-XMo（X = 2～6）的保载疲劳性能，认为 Ti-6242 和 T-6243 钛合金有明显的微织构区域，随着 Mo 含量的增加，微织构区域的尺寸以及织构密度逐渐降低，所以保载敏感性下降。改善微织构区域的几何以及晶体取向形貌（形状、尺寸、织构密度、晶体取向的综合），应力再分布会发生变化，保载开裂倾向和保载敏感性会下降。

作为发动机转子的盘和叶片，主要承受疲劳载荷作用。虽然微织构还没有被认为是钛合金的组织缺陷，但越来越多的研究表明，微织构对钛合金的保载疲劳具有强烈的不利作用[84]，因微织构区域的尺寸、形状和密度不同，对保载疲劳的影响也相应不同。因此，应针对具体的钛合金部件，制定一个合理优化的制造工艺（包括全过程的锻造变形和热处理），预防在显微组织中出现锋锐的微织构区域。钛合金在热机械处理过程中存在组织遗传的特征，坯料或锻件中的微织构可能来源于特定的原始 β 晶粒或集束，形成微织构的严重程度与 α_p 相关，也会因次生 α（α_s）片层的形成而加剧，不同的冷却速率会使得 α_s 的形貌和取向不同。

从工艺的角度来看，与锻造的变形程度及随后的再结晶程度有关。降低微织构的方法有：在传统高应变速率变形时使用较大的应变量，确保 α_p 的充分球化和再结晶，促使 α_p 的晶体取向趋向任意分布；通过慢速变形，变形过程中促使 α_p 颗粒发生转动；适当改变变形方向和温度，不同取向的 α 集束得到相对均匀的应变[85]。对于近 α 型钛合金，因其本身的 T_β 比较高，采用相对高的锻造和热处理温度，可以促进再结晶过程的进行，可以减弱微织构的严重程度，这对于发动机钛合金盘锻件来说很重要。

6.4.4.4　应力因素

Dunne[86] 和 Zheng[87] 证实，应力控制要比应变控制加载方式对应的载荷转移对硬取向晶粒的作用更大。图 6-14 为 IMI834 钛合金在不同的应力条件下低周疲劳和保载疲劳性能[82]，随着应力水平的提高，保载疲劳敏感性增加，当低于某一应力水平时，保载疲劳敏感性减弱。Pilchak[76]认为，对于 Ti-6Al-4V 钛合金，在峰值应力为屈服强度的 84% 条件下，没有发现明显的疲劳裂纹萌生寿命下降。因此，当钛合金在发动机中实际使用时，要注意控制施加的载荷水平。

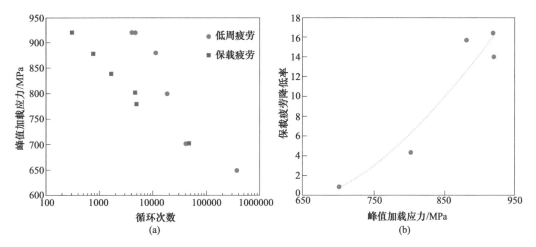

图 6-14 IMI834 钛合金在低周疲劳和保载疲劳加载条件下的 S-N 曲线和保载
疲劳寿命损失与载荷的关系
（a）峰值加载应力；（b）保载疲劳降低率

另外，疲劳加载时的应力比（R）对疲劳性能也有很大影响，R 越大，平均拉应力则越大，有助于软晶粒中塑性应变累积及相应的位错滑移运动，促进应力再分布，降低保载疲劳寿命。

发动机盘承受多轴应力状态，包括在双轴和大应力作用下 LCF 和 HCF 的交互作用。开发了室温和高温下多轴测试设备，通常采用十字形试样、薄壁管状试样。管状试样几何外形可以很丰富，而且可以采用轴向—扭转、轴向—内压加载方式，允许将拉压应力和剪切应力结合[88]。由于实验室经常研究的单轴加载与工业零件的多轴应力状态相差甚远，因此这种多轴复杂试验必不可少。

Evans[89]认为：双轴受力会进一步降低保载疲劳性能，所以实际全尺寸盘件的寿命比试样预测寿命更低。当然还与实际盘件的晶粒尺寸、体积效应、最坏晶粒的数量有关。Song[90]认为：小试样与实际盘件疲劳寿命的差异还与局部高应力区域周围所受的约束条件有关。

6.4.4.5 温度效应

研究表明，钛合金在较低的某个温度范围才表现显著的保载敏感性，近 α 型钛合金最大的保载敏感性效应在 120℃ 最为显著，当高于某一温度值时，保载敏感性下降甚至消失。

在单相的 Ti-6Al 钛合金中，当温度从 20℃ 提高到约 120℃ 时，在硬晶粒与软晶粒界面上的载荷转移最为明显，但到 230℃ 时载荷转移降为零，意味着保载敏感性的消失[91]。Zheng[92]采用离散位错塑性模型研究了 Ti-6242 和 Ti-6246 钛合金的保载疲劳，对于 Ti-6242 钛合金，在 20℃ 保载时从软晶粒向硬晶粒载荷转移作用下，晶界上 σ_{yy} 值从 900MPa

增至 1400MPa；在 120℃时，σ_{yy} 值从 750MPa 增至 1600MPa，意味着在硬晶粒上有更大的拉应力，120℃具有更明显的保载敏感性。利用离散位错塑性模型预测表明，Ti-6242 钛合金具有与 Ti-6Al 钛合金相近的与温度相关的载荷转移行为；而 Ti-6246 钛合金在 20℃ 和120℃时在软晶粒和硬晶粒内的应力分布更均匀，没有明显的应力再分布和载荷转移，因此对保载不敏感。

在较高的温度下（如大于 200℃），随着温度的升高，由于热激活的作用，a 型位错滑移所需的临界剪切应力降低，$c+a$ 型位错滑移临界剪切应力下降得更快，其结果是各型位错容易滑移，甚至发生交滑移，塑性变形各向异性的程度在减弱[93]。另外，在高温下由于塑性变形的作用而发生快速的应力松弛，局部的蠕变和载荷转移不均匀程度会下降，因此难以产生大的应力集中，从而降低局部的大应力作用。如果在硬晶粒基面上的应力始终低于某一临界值，不会发生保载疲劳小平面形核。

但是，Zheng[92] 的研究认为，Ti-6246 钛合金在 300℃时会发生明显的载荷转移，意味着 Ti-6246 钛合金在 300℃时具有保载敏感性，到 390℃以上保载敏感性消失（见图 6-15）。目前 RR 公司 Trent 系列发动机中压压气机盘均采用 Ti-6246 钛合金，其服役的温度恰好就在 300℃左右。

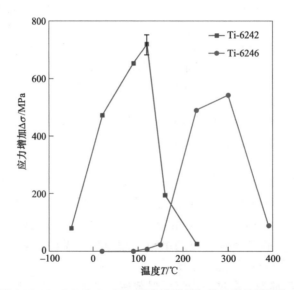

图 6-15　Ti-6242 和 Ti-6246 钛合金保载加载过程局部因应力
集中引起的峰值应力随温度的变化

另外，当温度变化时，密排六方结构 α 相的热膨胀各向异性对基面正应力也有一定影响，随着零件使用温度的变化，织构的存在会造成在不同方向发生不同程度的膨胀，引起弹性应变的非均匀分布，这个应力甚至可以高达屈服强度的水平。例如对于 Ti-6242 钛合金，沿 a 向的膨胀系数 $\alpha_{<a>}$ 为 $1.8 \times 10^{-5} \mathrm{K}^{-1}$，沿 c 向的膨胀系数 $\alpha_{<c>}$ 为 $1.1 \times 10^{-5} \mathrm{K}^{-1}$，因沿 c 向的膨胀系数要小于 a 向，在基面上会因热载荷引发拉伸正应力，这可能对于钛合金的保载疲劳裂纹萌生和扩展起着重要作用[93]。

6.4.4.6　体积效应

实际上全尺寸发动机盘的体积要远远大于实验室测试试样，这样在盘的整个体积范围内与载荷方向具有不利于软晶粒/硬晶粒取向的数量大大增加，亦即"弱环"的数量增加，引起保载疲劳下降的概率也在增大，因此分析保载疲劳时要考虑零部件的体积效应[94]。小尺寸的试样不能完全代表部件的力学行为，一部分原因来自微织构区域中没有大角度晶界，裂纹扩展阻力小。一旦离开微织构区域，裂纹以长裂纹方式，不再以小平面机制方式扩展，因而在峰值应力下保载，对裂纹扩展的影响就很小了[95]。因此，当使用实验室试样保载疲劳数据进行盘件寿命预测和评估时，需要采取相对保守的做法。

到目前为止，还无法精确确定微织构与保载疲劳性能之间的对应关系。实际上，实验室阶段保载疲劳测试数据的分散性是很大的，何况投入使用的发动机盘件全体积的微织构分布情况及严重程度实际上是很难有一个完整了解的。微织构区域大约在几毫米的尺寸范围内，且微织构的特征存在显著差异，采用典型工作段直径为 4~5mm 的疲劳试样进行测试，出现疲劳寿命严重的分散性是合理的。

目前，采用 EBSD 技术是分析微织构的得力工具，分析的区域仅限于比较小的尺寸范围（1mm 以下）。要对锻件更大尺度进行织构取向分析，需要扫描几百甚至几千张照片，然后拼接形成一个尺寸较大的图，来判断织构分布情况，显然这是一件费时费力的工作。

超声检测的一个重要分支是 Rayleigh 波技术，因 Rayleigh 波只限于近表面很薄的一层，其尺寸相当于波长，广泛用于探测表面裂纹。在表面织构分析方面也找到了应用，但还不能用于大块材料内部的织构分析[96]。

6.4.4.7 氢效应

Evans[97]认为，对于 IMI685 钛合金全片层组织，当 H 含量小于 0.01%（100ppm）时，H 元素起着重要作用，如改变变形行为，促进应变硬化、滑移带的形成和集中化以及滑移带为基面的小平面裂纹萌生。当 H 含量大于 0.01%（100ppm）时，在应变累积作用下可能会形成氢化物，在应力梯度的作用下会促进 H 的扩散，降低氢化物析出的临界值，沿着 α/β 界面开裂，或沿着原始 β 晶界开裂，应变会诱发氢化物的形成，可能导致提前疲劳失效。

6.4.5 降低保载敏感性的具体措施

在实验室测试条件下，研究钛合金保载疲劳往往采用较大的应力条件（典型值为屈服强度 $\sigma_{0.2}$ 的 90%~105%），而发动机转子服役时，实际承受的工作应力往往是屈服强度 $\sigma_{0.2}$ 的 50%~70%，这是一个理解保载疲劳在发动机应用中的重大技术问题。

发动机钛合金转子部件实际服役时保载敏感性的严重程度与所承受的温度和应力综合作用有关，只要避开低温和大应力的共同作用，就可以很好地避开保载敏感性的范围。飞机实际服役时，起飞之前在地面要经过几分钟的热启动，即在慢速状态下空转，使得压气机部件的温度有所提升，并提高压气机鼓筒转子沿径向温度场的均匀性，可以避开保载敏感性的范围，也可以降低部件的热应力作用。因此，在理解和处理钛合金转子保载疲劳问题时，要特别关注实际转子承受的应力情况；而且发动机盘件高速旋转时，盘件承受多向应力作用，从盘缘到盘心承受大小不同的径向拉应力和周向拉应力作用。

以 Ti-6Al 钛合金为例，建立了一个带中心孔的简单通用盘模型，转速为 4774r/min，采用有限元模拟和公式计算的径向应力和周向应力如图 6-16 所示。可以看出，盘件实际承受多轴应力作用，盘中心孔处的周向应力最大，盘辐中心位置具有最大的径向应力，优化设计可以减小这个径向应力。盘件实际使用时还存在残余应力和热应力，会增加应力状态的复杂程度。同一区域的周向应力往往比径向应力要大，因此周向应力是盘小平面开裂的主要应力作用。这种多轴应力状态比单轴应力对于保载疲劳更有积极的作用，在多轴保载方式下，在硬晶粒上因循环引起的应力集中更小有关[98]。

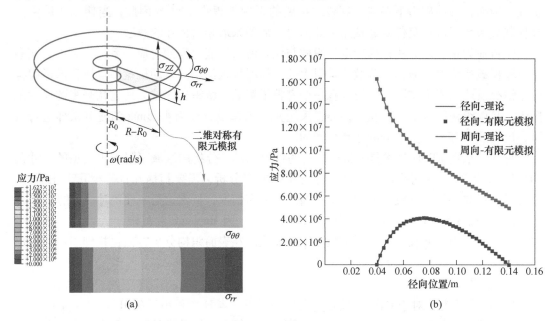

图 6-16　Ti-6Al-4V 钛合金盘模拟件旋转时承受的径向应力和周向应力
（a）应力有限元模拟；（b）应力场理论分析与实际结果对比

径向应力（σ_{rr}）和周向应力（$\sigma_{\theta\theta}$）按如下公式计算（其中 ν 为泊松比；ρ 为密度；ω 为角速度；R 为外圆半径；R_0 为内圆半径；r 为某一位置的半径尺寸。假设 σ_{ZZ} 为零）：

$$\sigma_{rr} = \frac{3+\nu}{8}\rho\omega^2\left(R^2 + R_0^2 - \frac{R^2 R_0^2}{r^2} - r^2\right)$$

$$\sigma_{\theta\theta} = \frac{3+\nu}{8}\rho\omega^2\left(R^2 + R_0^2 + \frac{R^2 R_0^2}{r^2} - \frac{1+3\nu}{3+\nu}r^2\right)$$

从显微组织的角度看，要避免盘件内部的组织中出现晶体取向为最坏情况的晶粒对，这些极端的晶粒组织的组合，会加剧疲劳变形不均匀程度，不同于显微组织平均分布的行为，可以在最初的几个疲劳循环作用下在局部区域达到一个临界的塑性应变值，其发生的概率取决于显微组织、载荷水平与试样体积，并随着应力的降低而减小[99]。严重微织构的存在会降低 Ti-6242 等钛合金的低温保载疲劳寿命[100]，特别是要避免出现尺寸较大的微织构区域。小平面区域的尺寸和形状往往与微织构有关，应减小钛合金锻件中微织构的体积分数和尺寸。采用相对小规格的棒材或坯料，采用多向锻造方法，在较低的 α+β 区并以低应变速率变形，可以得到相对细小均匀的组织，并降低微织构的程度。对于大型发动机锻件如风扇盘、压气机盘用的大规格棒材，微织构的控制极其关键，棒材的制备技术及过程控制是一个巨大挑战。通过改进热加工过程中的显微组织和织构，在很大程度上可以改善部件的服役性能，不仅提高性能的平均水平，而且还可以减小不同部件性能数据的分散性。

在考虑钛合金冷保载疲劳时，还需要考虑发动机的动力极限（即红线）。如果双发结构飞机在工作时发生其中一台发动机因着火、吸入外来物、叶片断裂等原因发生功能失效失去动力，那么另一台发动机需要更大的动力来保证飞机的正常飞行并安全着陆。在高于红线状态以上工作时，钛合金盘的保载疲劳寿命快速下降。

在缺乏对显微组织、织构、性能复杂性的预测能力时，发动机制造商不得不采用一个完整的盘进行模拟实际服役条件的昂贵又费时的旋转试验，来获得盘件的破裂转速和疲劳性能数据。这对于在役钛合金部件的使用性能跟踪，发动机零部件的设计、试验台评估和使用应力都有很重要的参考价值。

参 考 文 献

［1］ NTSB/AAR-19/03. Left Engine Failure and Subsequent Depressurization, Southwest Airlines Flight 1380, Boeing737-7H4, N772SW, Philadelphia, Pennsylvania, April 17, 2018.

［2］ 陈光. 航空发动机结构设计分析［M］. 北京：航空航天大学出版社，2006：191.

［3］ 康静. 民用航空发动机维修管理及其先进技术［J］. 航空制造技术，2009，18：51~53.

［4］ Bill Bihlman. Aerospace Titanium Demand Outlook［C］. ITA 2010.

［5］ 丁水汀，潘博超，李果，等. 寿命限制件概率失效风险评估材料缺陷数据模型［J］. 航空动力学报，2018，33（5）：1270~1280.

［6］ Larsen J M, Jha S K, Szczepanski C J, et al. Reducing uncertainty in fatigue life limits of turbine engine alloys［J］. International Journal of Fatigue, 2013, 57（12）：103~112.

［7］ Gräter R, Huff H. Fatigue behaviour of titanium materials in aircraft engines［C］. Ti-1984, Proceedings of the 5th International Conference on Titanium：1269~1273.

［8］ Goswami T. Dwell fatigue design criteria［C］. Fatigue of Materials II, Advances and Emergences in Understanding, Edited by T. S. Srivatsan, M. Ashraf Imam, R. Srinivasan, TMS, 2013.

［9］ Shanyavskiy A A. Fatigue limit-material property as an opened or closed system? Practical view on the aircraft components failures in GCF area［J］. International Journal of Fatigue, 2006, 28（11）：1647~1657.

［10］ Cowles B A. High cycle fatigue in aircraft gas turbines-an industry perspective［J］. International Journal of Fracture, 1996, 80（2）：147~163.

［11］ 李其汉，王延荣. 航空发动机结构强度设计问题［M］. 上海：上海交通大学出版社，2014.

［12］ Pototzky P, Maier H J, Christ H J. Thermomechanical fatigue behavior of the high-temperature titanium alloy IMI834［J］. Metallurgical & Materials Transaction A, 1998, 29（12）：2995~3003.

［13］ Nicholas T. Critical issues in high cycle fatigue［J］. International Journal of Fatigue, 1999, 21：S221~231.

［14］ Bache M R. A review of dwell sensitive fatigue in titanium alloys：the role of microstructure, texture and operating conditions［J］. International Journal of Fatigue, 2003, 25（9/11）：1079~1087.

［15］ 苏清友. 航空涡喷、涡扇发动机主要零部件定寿指南［M］. 北京：航空工业出版社，2004.

［16］ Koul A K, Bellinger N C, Fahr A. Damage tolerance based life prediction of aeroengine compressor discs：I. A deterministic fracture mechanics approach［J］. International Journal of Fatigue, 1990, 12（5）：379~387.

［17］ Postans P J, Cope M T, Moorhouse S, et al. Applications of titanium aluminides in gas turbine engine components [C]. Ti-1992, The 7th World Conference on Titanium: 2907~2914.

[18] AC33. 14-1: Damage Tolerance for High Energy Turbine Engine Rotors [R]. 2001, Augest.

[19] Millwater H R, Enright M P, Fitch S H K. A convergent probabilistic technique for risk assessment of gas turbine disks subject to metallurgical defects [C]. 43rd AIAA/ASME/ASCE/AHS/ASC Structures, Structural Dynamics, and Materials Conference and Exhibit, Non-Deterministic Approaches Forum, 2002, Denver, Colorado.

[20] 傅恒志. 未来航空发动机材料面临的挑战与发展趋向 [J]. 航空材料学报, 1998, 18 (4): 52~61.

[21] 孙杨慧, 杨坤, 侯乃先, 等. 涡轮盘概率风险的评估方法 [J]. 航空动力学报, 2016, 31 (9): 2195~2202.

[22] Corran R S J, Williams S J. Lifing methods and safety criteria in aero gas turbines [J]. Engineering Failure Analysis, 2007, 14 (3): 518~528.

[23] Wilson D, Zheng Z, Dunne F P E. A microstructure-sensitive driving force for crack growth [J]. Journal of the Mechanics and Physics of Solids, 2018, 121: 147~174.

[24] Evans W J, McElhone M, Rugg D. Designing for variability in fatigue performance [C]. Ti-2007 Science and Technology: 1337~1340.

[25] Borradaile J B, Jeal R H. Mechanical properties of titanium alloys [C]. Ti-1980, Proceedings of the 4th International Conference on Titanium: 141~152.

[26] 江和甫, 古远兴, 卿华. 航空发动机的新结构及其强度设计 [J]. 燃气涡轮试验与研究, 2007, 20 (2): 1~4.

[27] 李宏新, 赵开宁, 张连祥. 航空发动机风扇叶片凸肩的结构设计 [J]. 航空发动机, 2004, 30 (4): 14~17.

[28] 陈懋章. 中国航空发动机高压压气机发展的几个问题 [J]. 航空发动机, 2006, 32 (2): 5~11.

[29] 王占学, 刘增文, 蔡元虎, 等. 推重比 15 一级发动机关键技术及分析 [J]. 航空发动机, 2010, 36 (1): 58~62.

[30] 刘永泉. 国外战斗机发动机的发展与研究 [M]. 北京: 航空工业出版社, 2013: 3.

[31] Saravanamuttoo H I H. 燃气涡轮原理 [M]. 6 版. 北京: 航空工业出版社, 2015: 314.

[32] 胡延青, 申秀丽. 航空发动机叶尖径向间隙研究进展综述 [J]. 航空发动机, 2014, 40 (1): 60~67.

[33] Andreas Linke-Diesinger. 民用涡扇发动机系统 [M]. 北京: 航空工业出版社, 2015: 22.

[34] Nalla R K, Boyce B L, Campbell J P, et al. Influence of microstructure on high-cycle fatigue of Ti-6Al-4V: bimodal vs. lamellar structures [J]. Metallurgical & Materials Transaction A, 2002, 33 (3): 899~918.

[35] Rugg D, Dixon M, Burrows J. High-temperature application of titanium alloys in gas turbines, material life cycle opportunities and threats-an industrial perspective [J]. Materials at High Temperatures, 2016: 1~6.

[36] Ritchie R O, Boyce B L, Campbell J P, et al. Thresholds for high-cycle fatigue in a turbine engine Ti-6Al-4V alloy [J]. International Journal of Fatigue, 1999, 21 (7): 653~662.

[37] Boyce B L, Chen X, Peters J O, et al. Mechanical relaxation of localized residual stresses associated with foreign object damage [J]. Materials Science and Engineering A, 2003, 349 (1-2): 48~58.

[38] Ruschau J, Thompson S R, Nicholas T. High cycle fatigue limit stresses for airfoils subjected to foreign object damage [J]. International Journal of Fatigue, 2003, 25 (9/11): 955~962.

[39] Jenkins N, Rugg D. Improved process/property/design integration of titanium based aeroengine components [C]. COMPASS'99: 275~281.

[40] 洪友士, 赵爱国, 钱桂安. 合金材料超高周疲劳行为的基本特征和影响因素 [J]. 金属学报, 2009, 45 (7): 769~780.

[41] Oguma H, Nakamura T. The effect of microstructures on interior-originating fatigue fractures of Ti-6Al-4V in gigacycle region [C]. Ti-2003 Science and Technology：1767~1790.

[42] 焦泽辉，于慧臣，钟斌，等．TA11 钛合金超高周疲劳行为 [J]．航空材料学报，2017, 37 (3)：84~90.

[43] 李其汉．航空发动机结构完整性研究进展 [J]．航空发动机，2014, 40 (5)：1~6.

[44] Prevey P S, Hornbach D J, Cammett J T, et al. Damage tolerance improvement of Ti-6Al-4V fan blades with low plasticity burnishing [C]. 6th Joint FAA/DoD/NASA Aging Aircraft Conference, Sept. 16-19, 2002.

[45] 肖波，李聚丰，张宗林．某系列发动机叶片故障问题及解决办法 [J]．科技与创新，2003 (3)：1~9.

[46] 姜广义，王德友．转子叶片和机匣的碰磨与叶片振动应力关系试验研究 [J]．航空发动机，2007 (增刊)：16~18.

[47] NTSB/AAR-10/03. Loss of Thrust in Both Engines After Encounting a Flock of Birds and Subsequent Ditching on the Hudson River, US Airways Flight 1549, Airbus A320-214, N106US, Weehawken, New Jersey, January 15, 2009.

[48] 宋兆泓．浅谈航空发动机可靠性工程的几个主要方面 [J]．航空发动机，2001 (3)：48~51.

[49] Jahnke L P. Titanium in jet engines [C]. Ti-1968, The Science, Technology and Application of Titanium, The 1st World Conference on Titanium：1099~1115.

[50] NTSB-AAR-81-10. Aircraft Incident Report—Northwest Airlines Flight 79 McDonnell Douglas DC-10-40, N143US, Leesburg, Virginia, January 31, 1981.

[51] NTSB/AAR-19/03. Left Engine Failure and Subsequent Depressurization, Southwest Airlines Flight 1380, Boeing 737-7H4, N772SW, Philadelphia, Pennsylvania, April 17, 2018.

[52] 薛松柏，张亮，皋利利，等．航空器制造中的焊接技术 [J]．航空制造技术，2009, 19：26~29.

[53] 康文军，梁养民．电子束焊接在航空发动机制造中的应用 [J]．航空制造技术，2008, 21：54~56.

[54] 布拉图赫音 A Г．航空装备质量、可靠性和寿命的工艺保证 (下卷) [M]．北京：航空材料研究院，1999 (内部资料).

[55] 刘庆瑔．航空发动机钛合金叶片制造技术及失效分析 [M]．北京：航空工业出版社，2018.

[56] 饶寿期．航空发动机的高温蠕变分析 [J]．航空发动机，2004, 30 (1)：10~13.

[57] Shaniavski A A, Losev A I. The effect of loading waveform and microstructure on the fatigue response of titanium aero-engine compressor disk alloys [J]. Fatigue & Fracture of Engineering Materials & Structures, 2003, 26：329~342.

[58] Roder O, Helm D, Lütjering S, et al. Comparison of microstructure and mechanical properties of die-forged aero engine compressor disk alloys Ti-6242, Ti-6246 and Ti-17 [C]. Ti-2003 Science and Technology：1839~1846.

[59] Shaniavski A A, Losev A I, Banov M D. Development of fatigue cracking in aircraft engine compressor disc of titanium alloy Ti-6Al-3Mo-2Cr [J]. Fatigue & Fracture of Engineering Materials & Structures, 1998, 21：297~313.

[60] 陈光．遄达 1000 发动机的设计特点 [J]．航空发动机，2009, 35 (4)：1~6.

[61] 陈光．遄达 XWB 发动机发展与设计特点 [J]．航空发动机，2015, 41 (4)：1~7.

[62] Zheng Z, Balint D S, Dunne F P E. Dwell fatigue in two Ti alloys：an integrated crystal plasticity and discrete dislocation study [J]. Journal of the Mechanics and Physics of Solids, 2016, 96：411~427.

[63] Rokhlin S I, Kim J Y, Xie B, et al. Nondestructive sizing and localization of internal microcracks in fatigue samples [J]. NDT & E International, 2007, 40：462~470.

[64] Ghosh S, Chakraborty P. Microstructure and load sensitive fatigue crack nucleation in Ti-6242 using acceler-

ated crystal plasticity FEM simulations [J]. International Journal of Fatigue, 2013, 48: 231~246.

[65] Tympel P O, Lindley T C, Saunders E A, et al. Macrozones and dwell fatigue crack initiation in Ti-6Al-4V [C]. Ti-2015, Proceedings of the 13th World Conference on Titanium: 985~991.

[66] Harrison W J, Whittaker M T, Lancaster R J. A model for time dependent strain accumulation and damage at low temperatures in Ti-6Al-4V [J]. Materials Science and Engineering A, 2013, 574: 130~136.

[67] Hasija V, Ghosh S, Mills M J, et al. Deformation and creep modeling in polycrystalline Ti-6Al alloys [J]. Acta Materialia, 2003, 51: 4533~4549.

[68] Neeraj T, Hou D H, Daehn G S, et al. Phenomenological and microstructural analysis of room temperature creep in titanium alloys [J]. Acta Materialia, 2000, 48: 1225~1238.

[69] Venkataramani G, Deka D, Ghosh S. Crystal plasticity based FE model for understanding microstructural effects on creep and dwell fatigue in Ti-6242 [J]. Journal of Engineering Materials and Technology, 2006, 128: 356~365.

[70] Dunne F P E. Fatigue crack nucleation: mechanistic modelling across the length scales [J]. Current Opinion in Solid State and Materials Science, 2014, 18: 170~179.

[71] Rugg D, Britton T B, Gong J, et al. In-service materials support for safety critical applications—A case study of a high strength Ti-alloy using advanced experimental and modeling techniques [J]. Materials Science and Engineering A, 2014, 599: 166~173.

[72] Zhen Zhang, Lunt D, Abdolvand H, et al. Quantitative investigation of micro slip and localization in polycrystalline materials under uniaxial tension [J]. International Journal of Plasticity, 2018, 108: 88~106.

[73] Cuddihy M A, Stapleton A, Williams S, et al. On cold dwell facet fatigue in titanium alloy aero-engine components [J]. International Journal of Fatigue, 2017, 97: 177~189.

[74] Anahid M, Samal M K, Ghosh S. Dwell fatigue crack nucleation model based on crystal plasticity finite element simulations of polycrystalline titanium alloys [J]. Journal of the Mechanics and Physics of Solids, 2011, 59: 2157~2176.

[75] Qiu J K, Ma Y J, Lei J F, et al. A comparative study on dwell fatigue of Ti-6Al-2Sn-4Zr-XMo (X = 2 to 6) alloys on a microstructure-normalized basis [J]. Metallurgical & Materials Transaction A, 2014, 45: 6075~6087.

[76] Adam L. Pilchak, Hutson A, et al. On the cycle fatigue and dwell fatigue crack growth response of Ti-6Al-4V [C]. Ti-2015, Proceedings of the 13th World Conference on Titanium: 993~998.

[77] 郭超祺, 曹春晓. 显微组织对 TC11 变形钛合金低周疲劳停留效应的影响 [J]. 航空材料, 1988, 8 (2): 39~45.

[78] Zhen Zhang, Dunne F P E. Microstructural heterogeneity in rate-dependant plasticity of multiphase titanium alloys [J]. Journal of the Mechanics and Physics of Solids, 2017, 103: 199~220.

[79] Tea-Sung Jun, Zhen Zhang, Sernicola G, et al. Local strain rate sensitivity of single α phase within a dual-phase Ti alloy [J]. Acta Materialia, 2016, 107: 298~309.

[80] Zhen Zhang, Dunne F P E. Phase morphology, variants and crystallography of alloy microstructures in cold dwell fatigue [J]. International Journal of Fatigue, 2018, 113: 324~334.

[81] Ashton P J, Tea-Sung Jun, Zhen Zhang, et al. The effect of the beta phase on the micromechanical response of dual-phase titanium alloys [J]. International Journal of Fatigue, 2017, 100: 377~387.

[82] Bache M R, Cope M, Davies H M, et al. Dwell sensitive fatigue in a near alpha titanium alloy at ambient temperature [J]. International Journal of Fatigue, 1997, 19 (S1): S83~88.

[83] Jianke Qiu, Yingjie Ma, Jiafeng Lei, et al. Comparison of the dwell fatigue behavior of Ti6242 and Ti6246

［C］. Ti-2015, Proceedings of the 13th World Conference on Titanium: 941~948.

［84］ Sinha V, Mills M J, Williams J C. Dwell-fatigue behavior of Ti-6Al-2Sn-4Zr-2Mo-0. 1Si alloy ［C］. Lightweight Alloys for Aerospace Application, TMS, 2001: 193~207.

［85］ Pilchak A L, Szczepanski C J, Shaffer J A, et al. Characterization of microstructure, texture, and microtexture in near-alpha titanium mill products ［J］. Metallurgical & Materials Transaction A, 2013, 44: 4881~4890.

［86］ Dunne F P E, Walker A, Rugg D. A systematic study of HCP crystal orientation and morphology effects in polycrystal deformation and fatigue ［J］. Proceedings of the Royal Society, 2007, 463: 1467~1489.

［87］ Zebang Zheng, Balint D S, Dunne F P E. Discrete dislocation and crystal plasticity analyses of load shedding in polycrystalline titanium alloys ［J］. International Journal of Plasticity, 2016, 87: 15~31.

［88］ Bonnand V, Chaboche J L, Gomez P, et al. Investigation of multiaxial fatigue in the context of turboengine disc applications ［J］. International Journal of Fatigue, 2011, 33: 1006~1016.

［89］ Evans W J, Bache M R. Dwell-sensitive fatigue under biaxial loads in the near-alpha titanium alloy IMI685 ［J］. Fatigue, 1994, 16: 443~452.

［90］ Song Z, Hoeppner D W. Size effect on the fatigue behaviour of IMI829 titanium alloy under dwell conditions ［J］. International Journal of Fatigue, 1989, 11 (2): 85~90.

［91］ Zhen Zhang. Micromechanistic study of textured multiphase polycrystals for resisting cold dwell fatigue ［J］. Acta Materialia, 2018, 156: 254~265.

［92］ Zebang Zheng, Balint D S, Dunne F P E. Mechanistic basis of temperature-dependent dwell fatigue in titanium alloys ［J］. Journal of the Mechanics and Physics of Solids, 2017, 107: 185~203.

［93］ Ozturk D, Shahba A, Ghosh S. Crystal plasticity FE study of the effect of thermo-mechanical loading on fatigue crack nucleation in titanium alloys ［J］. Fatigue & Fracture of Engineering Materials & Structures, 2016, 39: 752~769.

［94］ Zebang Zheng, Stapleton A, Fox K, et al. Understanding thermal alleviation in cold dwell fatigue in titanium alloys ［J］. International Journal of Plasticity, 2018, 11: 234~252.

［95］ Pilchak A L. A simple model to account for the role of microtexture on fatigue and dwell fatigue lifetimes of titanium alloys ［J］. Scripta Materialia, 2014, 74: 68~71.

［96］ Lan B, Lowe M, Dunne F P E. Experimental and computational studies of ultrasound wave propagation in hexagonal close-packed polycrystals for texture detection ［J］. Acta Materialia, 2014, 63: 107~122.

［97］ Evans W J, Bache M R. Hydrogen and fatigue behaviour in a near alpha titanium alloy ［J］. Scripta Metallurgica et Materialia, 1995, 32 (7): 1019~1024.

［98］ Doquet V, Greef V D. Dwell-fatigue of a titanium alloy at room temperature under uniaxial or biaxial tension ［J］. International Journal of Fatigue, 2012, 38: 118~129.

［99］ Jha S K, Szczepanski C J, John R, et al. Deformation heterogeneities and their role in life-limiting fatigue failures in a two-phase titanium alloy ［J］. Acta Materialia, 2015, 82: 378~395.

［100］ Norfleet D, Williams J, Ghosh S, et al. The use of modeling and experiment to understand "dwell fatigue" in Ti alloys ［C］. Ti-2007 Science and Technology: 1341~1344.